高 等 学 校 专 业 教 材

 中国轻工业"十三五"规划教材

水产品加工学
（第二版）

彭增起　熊善柏　刘承初　邓尚贵 等　编著

中国轻工业出版社

图书在版编目（CIP）数据

水产品加工学/彭增起等编著. —2 版 . —北京：
中国轻工业出版社，2024.7
高等学校专业教材　中国轻工业"十三五"规划教材
ISBN 978-7-5184-3659-0

Ⅰ.①水…　Ⅱ.①彭…　Ⅲ.①水产品加工—高等学校—
教材　Ⅳ.①S98

中国版本图书馆 CIP 数据核字（2021）第 182775 号

责任编辑：马　妍

策划编辑：马　妍　　　责任终审：白　洁　　封面设计：锋尚设计
版式设计：砚祥志远　　　责任校对：吴大朋　　责任监印：张　可

出版发行：中国轻工业出版社（北京鲁谷东街 5 号，邮编：100040）
印　　刷：北京君升印刷有限公司
经　　销：各地新华书店
版　　次：2024 年 7 月第 2 版第 2 次印刷
开　　本：787×1092　1/16　印张：22.25
字　　数：510 千字
书　　号：ISBN 978-7-5184-3659-0　　定价：56.00 元
邮购电话：010-85119873
发行电话：010-85119832　010-85119912
网　　址：http://www.chlip.com.cn
Email：club@ chlip.com.cn
版权所有　侵权必究
如发现图书残缺请与我社邮购联系调换
241169J1C202ZBQ

本书编审人员

编　　著　彭增起　熊善柏　刘承初　邓尚贵
　　　　　张雅玮　庞　杰　张宇昊　张俊杰
　　　　　王　浩　李志成　李　春　杨文超
　　　　　沈晓盛　袁　丽　高瑞昌

主　　审　周光宏　薛长湖　章超桦

随着我国水产品加工业与水产品加工学的发展，现代水产品加工专门技术人员的培养需要一本可反映现代水产品加工理论，且符合我国水产品加工生产实际和技术水平的教科书，编写本书的目的就在于此。《水产品加工学》自 2010 年出版以来，多次印刷。本书作为本科生教材在南京农业大学、浙江海洋大学等多所高校广泛应用，教材的学术水平和质量得到了师生的认可。但教材自出版至今已有十余年，部分内容有了新的研究进展，出现一些新的研究成果和新技术、新方法、新应用。鉴于此，为适应专业培养目标要求，有必要根据学科发展和人才培养需求，对教材进行修订，改正在使用中发现的缺陷和不足，同时吸收、借鉴国内外的最新研究成果，吸纳同行及广大师生的合理意见和建议，字斟句酌地对内容进行修改，力争使教材成为一部在国内有较大影响，被使用院校高度认可的优秀教材。

本次修订主要有以下几个方面：

1. 更新绪论中最新数据。

2. 删去原有第二章水产品工厂设计与原则。

3. 增加水产品加工单元操作章节作为新的章节，将"干制方法、腌制方法"相关内容移至本章；补充"煮制、烧烤、油炸、烟熏"加热方法的一般特点及在加工过程中产生的有害物质，将"凝胶及凝胶形成机理蛋白质凝胶的流变特性"和"罐藏原理与方法"移至本章，对水产品加工过程中的方法进行更加详细的阐述，突出专业特点，提高内容的深度与广度。

4. 依据 GB 2762—2017《食品安全国家标准 食品中污染物限量》，更新酶香鱼质量卫生标准、蚝油质量标准、盐渍海蜇皮和海蜇头的加工理化和微生物指标。

本次邀请了新的编写人员进行教材修订完善与补充。全书共三篇、十五章。绪论由彭增起编写。第一章由邓尚贵、彭增起编写，主要描述了水产品原料品种和特性。第二章由彭增起、张雅玮编写，主要讨论了鱼肉的组织结构、化学组成、水产品中的酶和鱼肉的加工特性，力求阐明鱼肉主要组成成分的结构与功能、主要酶类的酶学特性以及酶活力调控对鱼肉感官特性、加工特性和产品质量的影响。第三章由高瑞昌、袁丽、邓尚贵编写，介绍了鱼类死后生物化学变化过程及其对鲜度的影响。第四章由刘承初、邓尚贵、张宇昊编写，讨论了海藻的种类及其主要成分的结构与功能。第五章由庞杰、彭增起、高瑞昌、杨文超编写，主要介绍了鱼类活体运输、水产品的保鲜和冻藏。第六章由熊善柏、张雅玮、李志成、李春编写，介绍了干制方法、腌制与盐渍及其成分变化和加热方法。第七章由刘承初、熊善柏、张雅玮编写，主要介绍了鱼糜加工工艺、鱼肉的重组成软化、鱼糜制品及其质量控制。第八章由高瑞昌、张俊杰编写，介绍了典型的干制品。第九章由王浩、李志成、李春编写，介绍了腌制品与熏制品的加工工艺。第十章由熊善柏、邓尚贵编写，介绍了典型水产品的加工。第十一章由邓尚贵、王浩编写，讨论了蟹酱、虾酱、虾油、鱼露等发酵水产品的加工。第十二章由刘承初、邓尚贵编写，介绍了海带食品加工、紫菜、裙带菜的加工。第十三章由邓尚贵、彭增起编写，叙述了鱼粉和鱼油生产，鱼鳞、鱼皮、鱼头、蟹虾副产品和贝类的综合利用等。第十四章由沈晓盛、刘承初编写，介绍了水产品生产中的主要危害、相关食源性疾病及预防。第十五章由刘承初编写，叙述了水产品良好操作规范（GMP）、卫生标准操作程序（SSOP）、危害分析与关键控制点（HACCP）及 HACCP 体系的审核。

　　本书以修正错误、弥补不足、理论联系实际、应用和学术并重，以及紧跟科技和学科发展为修订指导思想，限于作者的经验和知识，恳请读者和同行专家批评指正。

编　者
2021 年 7 月

第一版前言 | Preface

科学技术的发展日新月异。随着我国水产品加工业和水产品加工学的发展，现代水产品加工专门技术人员的培养需要一本可反映水产品加工科学理论在现代水产品加工业中的应用，并符合我国现今水产品加工生产实际和技术水平的教科书。编写本书的目的就在于此。在编写过程中力求反映现代水产品加工学的最新理论和研究成果，具有一定的理论深度，强调基本概念的准确性和基本理论的正确性，以期提高学习者的基本技能。

本书共三篇，十五章。绪论由彭增起编写。第一篇第一章由邓尚贵、彭增起编写，主要描述了鱼贝类和藻类品种及特性。第二章由刘源、邓尚贵编写，涉及了水产品加工厂的建厂原则和加工车间的卫生要求。第三章由彭增起、赵立艳编写，主要讨论了鱼肉的组织结构、化学组成、水产品中的酶和鱼肉的加工特性，力求阐明鱼肉主要组成成分的结构与功能、主要酶类的酶学特性以及酶活调控对鱼肉感官特性、加工特性和产品质量的影响。第四章由高瑞昌、袁丽、邓尚贵编写，介绍了鱼类死后生物化学变化过程及其对鲜度的影响。第五章由刘承初和邓尚贵编写，讨论了海藻的种类及其主要成分的结构与功能。第二篇第六章由庞杰和彭增起、高瑞昌编写，主要介绍了鱼类活体运输、水产品的保鲜和冻藏。第七章由彭增起、刘承初和熊善柏编写，主要涉及鱼肉蛋白质凝胶形成和流变特性、鱼糜及其制品的加工与质量控制技术。第八章由熊善柏、高瑞昌、彭增起编写，介绍了干制原理、方法与设备和典型干制品加工。第九章由韩建春、李志成、李春编写，介绍了腌制和烟熏方法、腌制品和熏制品加工。第十章由熊善柏、邓尚贵编写，涉及了罐藏原理、水产罐头加工工艺和典型水产罐头的加工技术。第十一章由邓尚贵、韩建春编写，讨论了蟹酱、虾酱、虾油、鱼露等发酵水产品的加工。第十二章由刘承初、邓尚贵编写，涉及了海带食品加工、紫菜、裙带菜的加工。第十三章由邓尚贵、彭增起编写，叙述了鱼粉和鱼油生产，鱼鳞、鱼皮、鱼头、蟹虾副产品和贝类的综合利用等。第三篇第十四章由沈晓盛、刘承初、赵立艳编写，介绍了水产品生产中的主要危害、相关食源性疾病及预防。第十五章由赵立艳、陈贵堂、刘承初编写，叙述了水产品良好操作规范（GMP）、卫生标准操作程序（SSOP）、危害分析与关键控制点（HACCP）和 HACCP 体系的审核。

本书的编写得到了上海市高校高水平特色发展项目（6870309）的资助，在编写过程中得到徐淑琴和张伟清等的大力帮助，在此一并表示感谢。

限于作者的经验和知识，恳请读者和同行专家批评指正。

编者

| 目录 | Contents

绪论

一、 水产品加工学定义

水产品加工学（Technology of Aquatic Products Processing）是一门以水产资源为对象，借助基础科学理论和工程学的研究方法，研究原料和产品的基本物理化学特性、生物化学特性以及保藏加工原理与技术的应用学科。它主要研究海水产品和淡水产品的理化性质、营养与药用性能、加工特性及其在贮运加工过程中的变化规律、贮藏加工原理与技术、产品安全性等内容。所以要求学生具备扎实的生物学、无机化学、有机化学、生物化学、营养学、高等数学、试验设计与统计、物理学、物理化学、工程学原理和单元操作、普通微生物学、食品分析、食品加工与储藏原理等基础知识，必须理论联系实际。

二、 水产品加工业在国民经济中的重要地位

水产品加工业（Aquatic Products Processing Industry）是以水产动植物为原料，采取各种物理、化学或生物学方法，进行保鲜、贮藏和加工的产业部门。现代渔业是水产养殖或捕捞、加工、销售、服务等多方面相互作用、相互衔接、相互支撑，能实现渔业产前、产中和产后协调发展的有机整体。水产品加工业是水产品从养殖或捕捞到流通上市过程的重要中间环节，起着连接渔业生产与消费的桥梁作用。在新时代背景下，发展水产品加工业，可有效组织水产品养殖、加工、物流与销售等生产环节，促进"三产"融合发展。

我国水产品加工与物流业发展迅速，在渔业中占有重要地位。2020 年，我国水产品总产量高达 6549 万 t，养殖水产品产量占 79.8%。2020 年，我国水产品加工业、流通业、仓贮运输业三者产值之和达 11384.16 亿元，是 2005 年的 4 倍。2020 年我国水产品进出口总量 949.04 万 t，其中出口量 381.18 万 t，出口额 190.41 亿美元，贸易顺差 34.76 亿美元，水产品出口自 2002 年以来始终居世界第一。水产品加工业在水产产业链中起着价值创造和利润反哺作用，发展水产品加工业是优化产业结构、实现产业增值增效和渔民增收的有效途径。

水产品营养丰富，向人类提供全价蛋白。水产品含有丰富的蛋白质、脂肪、矿物质和高度不饱和脂肪酸等营养成分和生物活性物质。在全球范围内，人们通过水产品摄入的蛋白质占食物中总蛋白质的 6.5%，占食物中动物性蛋白质的 17%（2020 年《世界渔业和水产养殖现状》），而我国居民水产品人均占有量是世界人均水平的 2 倍，水产蛋白摄入量占居民动物蛋白摄入量 30% 以上，水产品已成为高效供给优质膳食蛋白，保障国家食物安全的重要战略资源。水产品具有品种多样性、组织易腐性、渔获量不稳定性、产区的地域性等特点，发

展水产品加工业，能及时对捕获后的水产品进行保鲜加工处理，保证水产品品质和营养价值，对改善膳食结构和营养结构，提高人民生活和健康水平具有重要意义。

三、 中国水产品加工业的发展历程与发展态势

1. 中国水产品加工业发展历程

我国水产品加工历史悠久，加工方式和产品多样，开发出许多特色水产食品、生活用品及其生产技术。我国水产品加工业是伴随水产品养殖业发展和产量快速增加而发展的，经历了原始利用与技艺传承阶段，保值加工与稳定发展阶段，高质加工与创新发展阶段三个发展阶段，形成了较为完整的水产品加工产业体系。

（1）原始利用与技艺传承阶段（公元前 11 世纪—20 世纪 60 年代） 水产品生产、加工及消费远在种植业和畜牧业发明以前。中国原始时代已经有了相当发达的水产捕捞业，夏商周时代捕鱼工具与方法进一步发展；春秋战国时代，渔业已逐步成为独立的生产部门，其特点是海产捕捞已见于记载，并出现了生产性人工养鱼业；到了汉代，不但江湖之鱼不可胜食，且大规模陂池养鱼也很多，有些郡县特设"水官"征收渔税，可见当时渔业经济已相当发达。中国水产品加工历史悠久，早在《诗经》（公元前 11—7 世纪）和《易经》（周代早期）中就分别记录有"脯"（音 fǔ，干肉）和"腊"（音 xī，干鱼）字，"脯"和"腊"已是当时人们的日常食物；在《周礼·考工记》（春秋战国）中就有（鱼）鳔胶粘弓的记载。在周朝，干鱼被列入菜谱，成为了宫廷礼仪和日常生活中非常重要的菜品。在《庄子》（公元前 290 年）中记载了将鱼制作成腊（干鱼）的方法。在《齐民要术》（533—544 年）中分别介绍了鱼脯、浥鱼、鱼酱、鱼鲊、鱼饼的制作方法。在《梦粱录》（1320 年）和《醒园录》（1750 年）中则分别记载了"鱼鲞"（半干腌鱼）和鱼松的生产技术。清末新建了一批水产品罐头厂，生产对虾、乌贼、鲤等罐头，但由于罐头生产所需的机械设备、铁筒、玻璃瓶等全靠进口，产品成本高、质量差，国民的购买力低，中国近代罐头制造业发展缓慢。我国水产加工业在中华人民共和国成立以前，设备简陋、技术落后，多数为手工作坊操作，水产业未受国民重视，在国民经济中处于次要位置。

中华人民共和国成立后，中央和地方相继建立水产行政管理机构来领导水产生产，水产品产量逐年增加；1956 年初，成立中国水产供销总公司及各地分支机构，负责水产品加工和供销业务。鉴于水产品产量增长较快、渔汛期间大量鱼品需要及时处理，1956—1957 年间国家投资改造和新建了一些冷藏、制冰、仓库和运输汽车与船只。1958 年后，全国广泛开展了水产加工综合利用的试验研究工作，并取得许多可贵的经验。除了冷冻、盐干以外，开发出罐藏、卤制、熟制、熏制、糟制等水产品加工新方法，开发出食品、药品及制药原料、工业原材料、肥料、饲料等产品。1958—1969 年，我国水产品年产量一直徘徊在 310 万 t 以下，水产品加工业发展比较缓慢。尽管在此期间，沿海建造了一些冷藏、制冰和食用制品加工厂，但仍以腌干加工为主，腌干品、冷冻品等年产量有所增加，而水产罐头、鱼片等精加工品的产量增加甚微，鱼粉产量波动很大。

（2）保值加工与稳定发展阶段（20 世纪 70—90 年代） 20 世纪 70 年代，随着我国国民经济发展，我国渔业生产全面恢复，水产品总产量快速增加，由于水产品保鲜、加工、储运设施满足不了渔业生产需求，水产品变质腐烂严重，市场供应趋于紧张，重点研究了海水鱼、虾冷藏链保鲜技术、盐干鱼油脂氧化防止技术等。20 世纪 70 年代初，马面鱼养殖开发

成功，大量的马面鱼被捕捞上岸，由于马面鱼属低质鱼，消费者难以接受、市场销售不畅，大量的鱼货滞留在冷库和渔港，导致鱼价急剧下降、渔业公司经营亏损严重，国家迅速组织科技人员开展马面鱼加工技术攻关研究，开发出深受国内外市场欢迎的马面鱼片（干）及其生产技术，通过加工不仅解决了马面鱼销售问题，而且使之增值几十倍，渔业公司和加工厂都获得了很好的经济效益。

20世纪80年代，随着我国改革开放不断深化、国民经济快速发展，人民生活水平得以提高，我国水产品产量迅速增加。20世纪80年代初期，由于低温物流不发达，水产加工主要以海水鱼为中心，且以常温下能够长期保存的盐干鱼为主。20世纪80年代后期，随着水产冷库的普及和加工技术的改进，我国水产品加工条件得以改善。一方面，积极引进外资和先进加工技术及设备；另一方面，大力扶持水产加工业，有效推进了水产品加工业的发展，涌现出许多龙头企业，带动和促进了水产加工业的全面发展。20世纪80—90年代，随着我国养鳗业发展，我国积极开展了鳗鱼的加工技术研究，开发成功烤鳗加工技术，使我国的烤鳗产品行销海外几十个国家和地区。随着紫菜养殖业的发展，江苏等沿海省份组织力量开展了紫菜的干制加工技术研究，开发成功烤紫菜生产技术及装备，使紫菜产品畅销国内和日本市场，极大地促进了紫菜养殖业的发展，形成了具有很高经济效益的紫菜养殖、加工产业。

20世纪80年代以后，在引进日本鱼糜生产技术的同时，对鱼类精深加工和综合利用作了较系统的研究，取得了较好的研究成果。先后开展了罐头、鱼糜制品、冷冻调理食品、调味干制品、各种复配型食品生产技术的研究，开发生产出包括冷冻产品、干制品、腌熏制品、鱼糜制品、罐头制品在内的1200多种各类水产加工食品。还利用生物化学和酶化学，开展低值水产品加工和加工废弃物综合利用技术研究，研制出水解鱼蛋白、鱼明胶、蛋白胨、甲壳素、鱼油制品、琼胶以及海藻化工品等。烤鳗、鱼糜制品、紫菜、鱿鱼丝、冷冻小包装、鱼油、水产保健品以及综合利用产品等几十种水产加工品质量已达到或接近世界先进水平，水产品加工业得到飞跃发展，行业技术进步显著。

（3）高质加工与创新发展阶段（2000年至今）　2000年以来，淡水养殖技术的应用极大地促进了淡水渔业的发展，我国水产品产量持续快速增加，水产品特别是淡水鱼供给从不足转变为地域性过剩，水产品加工产业发展受到国家、地方政府的高度重视，以重大或重点攻关计划、支撑计划、现代农业产业技术体系建设项目等，组织开展了水产品加工保鲜技术创新研究，形成了水产品净化提质、应激控制与低温保活运输、调理水产食品加工与冷链物流、鱼糜制品质构调控、传统干腌制水产品工业化生产与副产物高值化利用等系列创新性科技成果，为我国水产品加工业快速发展提供了技术保障。

2. 中国水产品加工业发展现状

（1）水产品加工能力提升，淡水产品加工比例显著增加　2020年我国拥有9136家水产品加工企业、水产冷库8186座、冻结能力88.21万t/d、冷藏能力464.37万t/次、加工能力2853.4万t/年、平均产能3123.3t/年，比2005年分别增加8家、1860座、61.76万t/日、207.06万t/次、1157.27万t/年和1265.1t/年。2020年，水产加工品总量2090.79万t，其中淡水加工品411.51万t、海水加工品411.51万t，比2005年分别增加728.31万t、299.23万t、459.07万t，年均增长率分别为3.64%、17.77%和2.51%。2020年，全国用于加工的水产品总量2477.16万t，其中淡水产品524.18万t、海水产品1952.98万t，比2005年增加928.42

万 t、345.43 万 t 和 582.99 万 t，年均增长率分别为 3.99%、12.88% 和 2.83%。2020 年全国水产品加工比例 37.8%，其中淡水产品加工比例 16.2%、海水产品加工比例为 58.9%，而 2005 年三者比例分别为 35.0%、9.1% 和 55.5%。由此可见，目前我国水产品加工能力、实际加工量稳定增加，企业平均产能和淡水产品加工比例显著增加。

（2）产品结构不断完善，水产品精深加工比例显著增加　我国水产加工业已发展成为一个包括渔业制冷和水产食品、海藻化工、保健食品、海洋药物、医药化工、动物饲料、化妆品、制革等系列产品的加工体系。水产品加工制品主要有冷冻产品、干腌制品、鱼糜制品、罐头制品、藻类加工品、水产饲料、鱼油制品和其他加工产品等类型。2020 年，我国冷冻产品、干腌制品、鱼糜制品、罐头制品、藻类加工品、水产饲料、鱼油制品和其他加工产品的产量分别为 1475.91 万 t、138.32 万 t、126.77 万 t、32.98 万 t、104.81 万 t、70.76 万 t、5.32 万 t 和 111.60 万 t，比 2005 年分别增加 750.04 万 t、62.32 万 t、82.14 万 t、15.24 万 t、53.25 万 t、-94.68 万 t、3.48 万 t 和 21.56 万 t，年均增长率分别为 6.89%、5.47%、12.27%、5.73%、6.89%、-3.82%、12.61% 和 1.60%。冷冻制品中冷冻加工品发展较快，2020 年冷冻加工品产量 715.83 万 t，其年均增长率达到 9.60%。可见我国冷冻加工品、干腌制品、鱼糜制品、罐头制品、藻类加工品以及鱼油制品产量增加较快，而鱼粉等水产饲料有明显萎缩。

（3）加工技术装备升级，水产品质量与安全品质显著提高　改革开放以来，我国水产加工业的技术水平明显提高。通过引进和自主创新，一大批新产品、新设备开发出来，使原料及加工品的质量进一步提高。近年来，我国的水产冷库数、冻结能力及冷藏能力有了较大增加，自行设计制造了冷冻保鲜船和冷却海水保鲜船，2020 年我国拥有水产品冷库 8188 座、冻结能力 88.21 万 t/d、冷藏能力 464.37 万 t/次。全行业建有一大批冷冻调理食品、鱼糜及鱼糜制品、鱼片、烤鳗、干制品、盐渍海带、裙带菜、紫菜精加工等生产线。引进和自行设计制造了一批加工机械，如鱼糜生产线、湿法鱼粉设备、烘房、杀菌器和紫菜加工机械等，使产品质量和生产效率明显提高。GMP（良好操作规范）、GVP（良好兽医规范）、SSOP（卫生标准操作程序）和 HACCP（危害分析与关键控制点）在许多企业得到应用，产品质量安全得到保证，近 3 年水产品抽检合格率均在 98% 以上。

（4）产业布局日趋合理，水产品加工与物流业比例显著增大　水产品加工不仅在出口贸易中具有重要地位，而且对发展区域渔业经济具有显著作用。广东、海南、广西、福建四省形成了以罗非鱼、对虾加工为主的产业带，山东、辽宁两省巩固了来进料加工为代表的产业圈，江苏省贝类、藻类加工和浙江省近海捕捞产品、即食水产品加工已形成相当规模，内陆省份形成了以淡水产品（白鲢、小龙虾、鲴鱼等）为主的淡水产品加工产业区。水产品加工业产值逐年大幅增加，2020 年，我国水产品加工业产值 4354.19 亿元、水产流通业产值 6558.90 亿元、水产仓贮运输业产值 471.07 亿元，比 2005 年分别增加 3032.99 亿元、5146.00 亿元、372.37 亿元，水产品加工业、水产流通业、水产仓贮运输业产值占渔业总产值的比例分别为 15.81%、23.81% 和 1.71%，三者之和达到 41.33%。由此可见，我国渔业的第二、第三产业发展迅速。

3. 中国水产品加工业发展趋势

中国经过改革开放 40 余年的快速发展，人民生活水平明显提高，新零售、新餐饮和新业态不断涌现，居民消费习惯、消费理念和消费需求发展显著变化，水产品加工产业正在向技术高新化、装备智能化、产品方便化、质量可追溯、消费需求多样化、发展可持续方向发展。

（1）以高新技术促进水产资源高效利用和新产品创制　据联合国粮农组织（FAO）统计，2018 年全球水产品产量 1.78 亿 t，其中约 1.56 亿 t 供人类食用，2200 万 t 用于非食品用途（其中 1200 万 t 加工为鱼粉和鱼油），供人类直接食用的水产品比例从 1960 年的 67% 升高到 2018 年的 88%。中国水产品资源丰富，种类多、养殖产量大，水产品总产量约占全球水产品总产量 40%。随着人类对水产品需求的不断增加，以信息技术和绿色制造等高新技术提高水产品资源利用率、创制新的水产加工品，已成为水产品加工业的重要发展方向。在发达国家，生物加工技术、气调包装技术、冷链物流技术、膜分离与膜浓缩技术、超微粉碎与微胶囊造粒技术、真空冷却与冷冻干燥技术、微波加热与杀菌技术等高新技术在水产品加工中得到广泛应用，开发出多层次、多系列、多用途的水产加工品，拓展到食品、饲料、化工、医药、保健品等领域，不仅满足了不同层次、不同类型消费者需要，而且促进了水产品资源利用率的不断提高。据 2021 年《中国渔业年鉴》统计，2020 年我国水产品加工率为 37.82%、产成率 84.40%，其中海水产品分别为 58.92% 和 85.99%、淡水产品为 16.21% 和 78.51%，可见淡水产品不仅加工比例低，而且资源综合利用率低。我国淡水产品资源优势明显，2020 年淡水产品产量 3234.64 万 t，占水产品总产量的 49.4，其中淡水鱼产量 2697.27 万 t，占全国水产品总产量的 41.2%、占鱼类总产量的 76.6%，可见淡水产品加工业发展对我国渔业可持续发展具有重要意义。因此，需要采用高新技术来提升水产品特别是淡水产品加工技术和装备水平，促进水产品资源的高效利用，建设环境友好型和资源节约型社会。

（2）以方便化和功能化产品满足消费者的消费需求　据 FAO 统计，在全球人类直接食用水产品中，鲜活和冷藏水产品占 44%、冷冻水产品占 35%、制作和保藏水产品占 11%、加工预处理水产品占 10%，冷冻贮藏是保藏使用水产品的主要方法，占供人类消费的加工水产品总量的 62%（不包括鲜活和冷藏水产品）。自 20 世纪 70 年代以来，世界水产品产量的 70% 左右是经过加工后销售的，鲜销的比例占总产量的 1/4，而我国水产品市场仍以鲜活、冷冻品消费为主，适合国内消费者口味的水产加工品少。改革开放以来，我国社会经济和人民生活水平得到极大提高，特别是新零售、新餐饮等新业态的涌现，促使人们对于水产品的消费习惯从以鲜活为主转向加工制成品，消费追求从吃饱转向兼顾安全健康，多样化、方便化、功能化的水产食品成为人们的消费追求。在水产食品产业中，冷冻调理食品、鱼糜制品、即食食品及中间素材食品等方便水产食品得到快速发展，不仅满足了人类生活方式改变的需要，而且可以满足不同层次消费者的需要。为适应社会快速发展和节能减排的需求，需要重点开发方便食品、快餐食品、调理食品等适应中国居民消费习惯的方便水产食品。水产品种类繁多，不仅营养成分丰富，而且还含有大量对人体健康有益的功能肽、多糖、DHA、EPA 等生物活性成分。以水产品加工副产物和低值水产品为原料，用现代科学技术和装备，提取其中的生物活性成分并制备成功能食品，通过功能膳食干预老年人和亚健康水平人群身体健康，落实健康中国战略。

（3）以机械化与智能化装备促进加工业的技术升级　我国水产品加工装备制造业起步晚、起点低，经历了从完全依赖进口，到引进仿制，再到自主创新的过程。早期，水产品加工业属于劳动密集型产业，非标生产设备较多，加工装备开发成本较高，缺乏现代化的加工设备，生产效率低，生产能耗和物耗偏高。近年来，随着水产品加工产业规模的扩大、劳动力成本升高，推动了生产企业对加工机械需求的快速增加，装备制造企业投入大量资金研发制造了一系列具有自主知识产权的加工、保鲜与冷链物流装备，有效提升了水产品加工的机械化水平。新工艺、新技术需要机械装备为载体实现，水产品加工过程的机械化和智能化是水产品加工产业扩大生产规模、提高生产效率、保证产品质量安全的必然趋势。日本、欧美等发达国家在对各类水产品化学成分、生理生化特性进行系统研究的基础上，突破了水产品保鲜、加工与流通等关键技术，开发出鱼、虾、贝类自动化处理机械和小包装水产食品加工设备。在水产品流通体系建设方面，坚持供应链管理理念，积极发展冷链物流技术及装备，促进产业链、物流链、价值链和信息链四链融合，实现水产品加工技术和装备的升级。

（4）以安全评价和溯源技术保障水产品的质量安全　食品安全风险评估则是食品安全标准的制修订和对食品安全实施有效管理的科学依据。食品安全受到人们高度关注，需要采用成熟的食品安全风险评估技术，对现有风险因子开展风险评估分析，还要对新发现的、潜在的风险因子进行风险评估。食品安全受到国家的高度重视，提出了食品安全战略，并于 2011年确定每年 6 月第三周为"食品安全宣传周"。我国水产品加工业质量标准体系、安全控制体系及质量认证建设相对滞后，缺乏统一的产品分级标准、安全可追溯技术体系，不能实现优质优价。随着人们对水产加工品质量、安全的日益关注，水产品加工业从以"价格战"为主的终端竞争转向以诚信与创新为主的品牌竞争，以产业链安全为主的价值竞争。制定统一质量标准，完善质量保证与风险评估技术，构建全产业链质量安全可追溯体系。评价不同养殖环境、加工方法所生产的水产品质量指标及其贮藏过程中的品质变化规律，集成开发产品质量管理、评价与分级标准、风险评估技术，制定统一的产品质量标准体系，在水产品加工企业普遍实施 SSOP、GMP、HACCP 等质量安全控制体系，建设基于大数据的质量安全管理体系和智能化监管平台，实现水产品安全高效控制和全程可追溯。

参 考 文 献

[1]章超桦,薛长湖．水产食品学:第三版[M]．北京:中国农业出版社,2018.

[2]朱蓓薇,曾名湧．水产品加工工艺学[M]．北京:中国农业出版社,2011.

[3]农业农村部渔业渔政管理局．2005 中国渔业统计年鉴[M]．北京:中国农业出版社,2005.

[4]农业农村部渔业渔政管理局．2021 中国渔业统计年鉴[M]．北京:中国农业出版社,2021.

[5]黄兴宗著,韩北忠译．中国科学技术史[M]．北京:科学出版社,2008.

[6]国家大宗淡水鱼产业技术体系．中国现代农业产业可持续发展战略研究:大宗淡水鱼分册[M]．北京:中国农业出版社,2016.

[7]宫明山,涂逢俊．当代中国的水产业[M]．北京:当代中国出版社,1991.

[8]胡笑波,骆乐．渔业经济学 [M]．北京:中国农业出版社,2001,136.

[9]洪志鹏,章超桦.水产品安全生产与品质控制[M].北京:化学工业出版社,2005.

[10]熊善柏．水产品保鲜储运与检验[M]．北京:化学工业出版社,2007.

第一章

CHAPTER

1

水产品原料品种和特性

[学习目标]

　　了解水产品原料的主要品种以及加工、储运过程的主要辅料和添加剂，掌握鱼类、虾蟹类、贝类及藻类食物原料的主要特性和品质检验方法，达到能够根据原料的理化特性及加工特性确立基本加工利用方法的目标。

第一节　鱼类

一、主要品种

　　中国水产资源丰富，品种多、分布广，常见的经济鱼类就有 200 多种。大黄鱼、小黄鱼、带鱼和乌贼被称为四大海产经济鱼类。淡水鱼中，青鱼、草鱼、鲢鱼、鳙鱼是闻名世界的"四大家鱼"。鱼类是人类重要的动物性蛋白源，也是理想的食品原料。鱼类极易腐败，需要进行各种处理才能贮藏、运输，有时还要适应人们的饮食习惯和嗜好，采用不同的调理和加工方法，制成具有各种风味特征的产品来满足人们的需求。因此，了解鱼类的自身特点，对其进行有效、合理地加工利用是十分必要的。依据鱼类生活的水环境分为海水鱼和淡水鱼两大类，简单介绍如下。

（一）海洋鱼类

　　一部分鱼类由于肌红蛋白、细胞色素等色素蛋白的含量较高，肉色为红色，称为红肉鱼类。许多洄游性鱼类，如金枪鱼、鲐鱼、沙丁鱼等属于此类。肌肉中仅含少量色素蛋白，肉色几乎白色的鱼类，称为白肉鱼类，如鳕鱼、鲷鱼等游动范围小的鱼类属于此类。现将海洋鱼类分成这两大类加以叙述。

　　1. 白肉鱼类（White fish）

　　（1）带鱼（*Trichiurus lepturus*）　带鱼（图 1-1）又称刀鱼、牙鱼、白带鱼，属硬骨鱼纲、鲈形目、带鱼科、带鱼属，是暖温性近底层鱼类，分布很广，我国东海、黄海的分布密度较大。长年来带鱼是我国高产的经济鱼种，也是我国海产主要经济鱼类之一，但由于捕捞过度，20 世纪 80 年代以来资源渐趋恶化，目前仅有浙江舟山附近海域还能形成一定规模的渔汛。形态特征是体长，显著侧扁，呈带状，尾部似细鞭，口大，下颌突出，牙齿发达尖锐；侧线在胸鳍上方显著弯曲，折向腹面；眼大，间隔微凹。背鳍甚长，占整个背部，臀鳍不明显，无腹鳍；体表光滑，鳞退化成表皮银膜，体呈银白色，尾鞭呈灰黑色，体长 60～120cm。喜微光，畏强光。一般夜间上升至表层，白天下降至深层，有集群洄游习性。带鱼为多脂鱼类，肉味鲜美，经济价值很高。除鲜销外，可加工成罐头制品、鱼糜制品、腌制品和冷冻小包装制品。

（2）大黄鱼（*Pseudosciaena crocea*，large yellow croaker）　大黄鱼（图 1-2）又称大鲜、大黄花，属硬骨鱼纲、鲈形目、石首鱼科、黄鱼属。形态特征是体长而侧扁，尾部较细长，头大而钝，口裂大而倾斜，牙尖细，背鳍具一缺刻口而分成两部分，尾鳍稍呈楔形，侧线伸达尾鳍末端；体黄褐色，腹面金黄色；一般成鱼体长 30～40cm，大的个体体长达 50cm，体重可达数千克。大黄鱼为暖水性中下层结群性洄游鱼类，分布于我国黄海南部、福建和江浙沿海。我国捕捞大黄鱼已有 1700 年的历史。该鱼的种群资源量虽然较大，但近数十年来，由于捕捞过度，使该鱼资源几乎陷于枯竭境地。大黄鱼肉质鲜嫩，可鲜销或加工成黄鱼鲞，目前绝大部分为鲜销，是上等佳肴。大黄鱼的鱼鳔，能干制成名贵的食品——鱼肚。

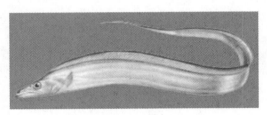 

图 1-1　带鱼　　　　　　　　　　　　图 1-2　大黄鱼

（3）小黄鱼（*Pseudosciaena polactis*，little yellow croaker）　小黄鱼（图 1-3）又称黄花鱼、小鲜，属硬骨鱼纲、鲈形目、石首鱼科、黄鱼属。小黄鱼的外形与大黄鱼很相像，它们的主要区别是：小黄鱼的鳞较大黄鱼大，而尾柄较短，此外，小黄鱼的鱼体较小，最大一般为 35cm，重 0.7kg。小黄鱼是温水性底层或近底层鱼类，分布于黄海、渤海、东海、台湾海峡以北的海域。与大黄鱼情况相同，该鱼资源也已趋于枯竭。小黄鱼肉味鲜美。可供鲜食或腌制，但由于个体较小，其利用价值不及大黄鱼。

（4）海鳗（*Muraeneox cinereus*，daggertooth pike-conger）　海鳗（图 1-4）又称狼牙鳝、门鳝，属硬骨鱼纲、鳗形目、海鳗科、海鳗属。海鳗是海产经济鱼类，广泛分布于非洲东部、印度洋及西北太平洋。中国沿海均产，主要产于东海。形态特征是体长，躯干部呈圆筒形，尾部侧扁，头尖长，口大，吻突出，眼椭圆形。全身光滑无鳞，有侧线，体背侧暗灰色，腹侧近乳白色；背鳍和臀鳍均与尾鳍相连，鳍的边缘为黑色。海鳗为暖水性近底层鱼类，也是凶猛肉食性鱼类。主要渔期是 7～12 月，在广东为 10 月至翌年 2 月。海鳗肉厚质细，滋味鲜美，营养丰富，是经济价值很高的鱼类。除鲜销之外，其干制品"鳗卷"是美味佳品。海鳗还可加工成罐头以及作为鱼丸、鱼香肠的原料，用鳗鱼制作的鱼糜制品不但味美且富有弹性。海鳗的肝脏可作生产鱼肝油的原料。

图 1-3　小黄鱼

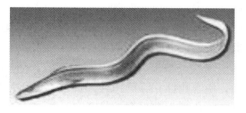

图 1-4　海鳗

（5）鲳鱼（*Stromateidae*）　鲳鱼（图 1-5）是鲳属鱼类的总称，属硬骨鱼纲、鲈形目、鲳科，是近海洄游性中上层鱼类，我国沿海均产。鲳的种类不多，产于我国的有三种，即银鲳、灰鲳和中国鲳。银鲳又称鲳鳊鱼、镜鱼。鲳的形态特征是体卵圆形，甚侧扁，尾柄短，眼、口均小，体披小圆鳞，侧线上侧位。银鲳、灰鲳的背鳍和臀鳍前部鳍条延长，呈镰刀状，灰鳍伸达尾鳍基部，无腹鳍，尾鳍分叉。银鲳体背部青灰色，腹部乳白色，各鳍浅灰色。灰鲳体灰黑色。中国鲳背鳍和臀鳍后缘呈截形，体暗灰色。三种鱼的鳍均呈暗灰色。鲳鱼的肉味鲜美，是上等海产经济鱼类，一般鲜销，也可加工做罐头。银鲳可加工成糟鱼。

（6）绿鳍马面鲀（*Navodon septentrionalis*，filefish）　马面鲀（图 1-6）又称象皮鱼、剥皮鱼，属硬骨鱼纲、鲀形目、单角鲀科、马面鲀属。它是暖水性中下层鱼类，有季节性洄游习性，我国沿海均产。马面鲀是 20 世纪 70 年代开发的鱼种，是我国主要加工对象之一。渔期为 2~4 个月，2 月下旬到 3 月下旬为旺季。形态特征是体甚侧扁，呈长椭圆形，体长为体高的两倍多；头短而吻长，口小，牙呈门齿状。鳞细小，具小刺，无侧线；第一背鳍有两鳍棘，第一鳍棘粗大，后缘两侧有倒刺，腹鳍退化成一短棘；体呈蓝灰色，鳍膜绿色；体长一般不超过 20cm。马面鲀肉质结实，除鲜销外，主要加工成调味干制品（马面鱼干片），也可加工成罐头食品、软罐头和鱼糜制品。鱼肝占体重 4%~10%，含油率较高且出油率高，可作为鱼肝油制品的油脂来源之一。

图 1-5　鲳鱼

图 1-6　绿鳍马面鲀

（7）大眼鲷类（*Priacanthidae*，bigeyes）　大眼鲷类是大眼鲷科鱼类的总称，属硬骨鱼纲、鲈形目，为暖水性中小型近底层经济鱼类，我国产于南海、台湾海峡及东海。我国现有的大眼鲷鱼类中，具有经济价值的有短尾大眼鲷（图 1-7）和长尾大眼鲷两种。该鱼分布广、产卵期长，可常年捕捞，是南海常见的经济鱼类。鱼体呈长椭圆形或卵圆形，体侧扁。头大，眼巨大，为头长之半。鳞片细小而粗糙。背鳍一个，连续；臀鳍棘强大；腹鳍大；尾鳍圆形、截形或浅凹形。体红色。大眼鲷类的肉质嫩，味鲜美，鲜食或加工成腌制品。

（8）鳕鱼类（*Gadus macrocephalus*，cods）　鳕鱼类是鳕形目鱼的总称，属硬骨鱼纲。鳕鱼类种类繁多，其中太平洋鳕（图1-8）及狭鳕最为有名。太平洋鳕，又称大头鳕，是冷水性底层鱼类，广泛分布于北太平洋，我国产于黄海和东海北部。体长，稍侧扁，尾部向后渐细，头大，下颌较上颌短，侧线不明显；背部褐色或灰褐色，腹部白色，散有许多褐色斑点。体长一般在20~70cm，也有的长达1m。鱼肉色白，脂肪含量低，是代表性的白色肉鱼类。冬季味佳，除鲜销外，可加工成鱼片、鱼糜制品、干制品、咸干鱼、罐头制品等。狭鳕是底层鱼类中产量居首的鱼种。广泛分布于朝鲜海域、北海道周围、鄂霍次克海、白令海、阿拉斯加以及加利福尼亚等北美洲沿海。俄罗斯、美国、日本是主要生产国。体形较太平洋鳕细长，体长达60cm。肉色与太平洋鳕相比，略带黑。狭鳕肉主要作为冷冻鱼糜或鱼糜制品的原料，也可加工成冷冻鱼片或咸干制品。

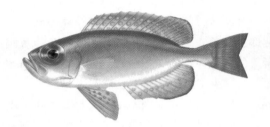

图1-7   短尾大眼鲷

图1-8   大头鳕

（9）鳓鱼（*Ilisha elongata*，elongate ilisha）   鳓鱼（图1-9）又称曹白鱼、鲞鱼、力鱼，属硬骨鱼纲、鲱形目、鲱科、鳓属，暖水性中上层经济鱼类。分布于印度洋和太平洋西部。中国南海、东海、黄海和渤海均产。形态特征是鱼体甚侧扁、背窄，腹缘具锯状棱鳞，头部背面通常有2条低的纵行隆起嵴；眼大，口向上；两颌腭骨及舌上均具细牙；鳃孔大，无侧线，体被薄圆鳞；背鳍短，腹鳍小；体呈银白色，体背、吻部、背鳍和尾鳍呈淡黄并带绿色。体长35~44cm，体重0.4~1kg。鳓鱼肉质肥美，除鲜销外，大都加工成咸干品，如广东的"曹白鱼鲞"和浙江的"酒糟鲞"都久负盛名，少数也加工成罐头远销海外。

（10）鲀类（*Tetraodontidae*，puffers）   鲀类是鲀科鱼类的总称，以东方鲀属为典型代表，俗称河豚，属硬骨鱼纲、鲀形目，广泛分布于各大洋的温带、亚热带和热带海区。中国沿海常见的有红鳍东方鲀（图1-10）、假睛东方鲀、暗纹东方鲀、棕兔鲀等。其形态特征是体形短粗肥满，呈椭圆筒形，头、背宽圆；体表光滑无鳞或有小刺；背鳍一个，与臀鳍相对，无腹鳍，尾鳍圆形、截形或新月形；有气囊，且发达，遇敌害时，能使胸腹部膨胀如球；背部一般呈茶褐色或黑褐色，腹部白色。鲀类体长一般在15~35cm，大者可达1m。鲀类栖息于近海底层或河口半咸水区，少数品种也能进入江湖、湖泊等淡水中产卵。幼鱼在淡水中成长后，重返海洋。我国沿海鲀类资源较为丰富，年产达数万吨。渔期为5月中旬至8月初。河豚肉味鲜美，除少数种类完全无毒外，多数种类的内脏含有剧毒的河豚毒素（tetrodotoxin），人误食后会中毒，甚至身亡。因此，我国对食用河豚有规定，河豚必须经专人做严格的去毒处理后，方可食用或加工，整鱼不得上市出售。除毒的河豚可加工成腌制品、熟食品（如鱼松）和罐头等。在日本，河豚鱼肉由受过严格训练、考试合格的厨师加工成生鱼片，为价格昂贵的高档食品。由于河豚的毒素含量因种类、部位而异，即使同一种类也会因性别、季节和地理环境而变化，含毒情况复杂，对其食用、加工必须经过有效除毒处理，绝不可掉以轻心。曾有因食用除毒处理不善的成品河豚鱼片中毒的事件，加工者应引以为戒。

图 1-9　鳓鱼

图 1-10　红鳍东方鲀

2. 红肉鱼类（Red fish）

（1）鲐鱼（*Pneumatophorus japonicus*，common mackerel）　鲐鱼（图 1-11）又称日本鲐，属硬骨鱼纲、鲈形目、鲭科。鲭为暖水性外海中上层集群洄游性鱼类。我国沿海一带均有分布，是我国重要的经济鱼类之一。其形态特征是鱼体呈典型的纺锤形，粗壮微扁，口吻呈圆锤形，背面有青黑色形状复杂的斑纹，腹部呈银白色，微带黄色。狭头鲐又称圆头鲐或胡麻鲐，形态与鲐鱼非常相似而稍圆，背面的花纹比较简单。以上两种鱼在东海混栖。渔期在辽宁、山东和浙江沿海，夏、秋、冬季均有捕获，以冬至前后为旺汛。鲐鱼产量较高，鱼肉结实，肉味可口，除鲜食外，是水产加工的主要对象之一。加工产品有腌制品、罐制品（水煮、调味、茄汁或油渍）等。鲐鱼与其他红色肉鱼类一样，肌肉中含有大量游离组氨酸，当受到能产生组氨酸脱羧酶的细菌污染时，组氨酸会被分解而产生有毒的组胺，使食用者发生过敏性食物中毒，出现脸部潮红、头痛、荨麻疹、发热等症状。组胺的产生与鲜度有关，非常新鲜的鲐鱼，一般不会产生较多的组胺。

（2）鲱鱼（*Clupea pallasi*，herring）　鲱鱼（图 1-12）又称青鱼、青条鱼，属硬骨鱼纲、鲱形目，是世界重要中上层经济鱼类。体形较远东拟沙丁鱼大，体长而侧扁，腹部近圆形，口较小，体被圆鳞，易脱落。无侧线，背鳍中位，始于腹鳍前方，尾鳍深叉形。背部灰黑色，体长一般 25～36cm，两侧及下方银白色。分布于北太平洋西部，中国产于黄海、渤海，有数百年的捕捞历史，但资源变动较大。近几年，我国鲱鱼产量极低，每年仅有数千吨。鲱鱼肉质细嫩，脂肪含量较高。除鲜销外，可加工成熏制品、干制品、罐制品、鱼油等。盐制鲱鱼子在日本视为佳肴。

图 1-11　鲐鱼

图 1-12　鲱鱼

（3）蓝点马鲛（*Scomberomorus niphonius*，Spanish mackerel）　蓝点马鲛（图 1–13）又称鲅鱼、马鲛鱼、燕鱼，属硬骨鱼纲、鲈形目、鲭科、马鲛属，为暖温性上层经济鱼类，分布于北太平洋西部。中国产于黄海、渤海、东海近海水域。其形态特征是体长，侧扁，尾柄细，每侧有 3 隆起嵴，中央嵴长而高，两侧短而低；口大，稍倾斜，牙坚而大；体被细小圆鳞，背鳍具 19～20 鳍棘，15～16 鳍条。体背部呈蓝黑色，腹部银灰色，体侧中央有数列黑斑。体长一般 26～52cm，大者可达 1m 以上。马鲛鱼肌肉结实，含脂丰富，主要用于鲜食，也可腌制和加工罐头。鱼肝维生素 A、维生素 D 含量较高，为我国北方地区生产鱼肝油制品的主要原料之一。但是，马鲛鱼肝和鳖鱼肝一样，其脂肪也会产生鱼油毒，鲜食时会引起中毒事故。症状多为眩晕、头痛、恶心呕吐、体温升高、口渴、唇干和剥脱性皮炎。中毒严重者还会脱发、脱眉，病程可持续 1～2 周，甚至 1 个月。然而，用马鲛鱼肝制作的鱼肝油制品，因加工过程中其脂肪经过专门处理，因而不会发生中毒现象。

（4）大眼金枪鱼（*Thunnus obesus*，bigeye tuna）　大眼金枪鱼（1–14）是金枪鱼类的一种，属硬骨鱼纲、鲈形目、金枪鱼属，为暖水大洋性中上层鱼类。广泛分布于世界热带、亚热带海域，中国见于南海和东海。其形态特征是体纺锤形，较高，被细小圆鳞，胸部鳞片较大，形成胸甲；眼大，口大，吻尖圆，上下颌各具小型锥齿 1 列，背鳍 2 个，第二背鳍和臀鳍后方各具 8～9 个分离小鳍，胸鳍长，末端达第二背鳍后端。体长可达 2m，体重一般在 80kg 以下，是远洋延绳钓渔业的主要渔获物。金枪鱼类肉味鲜美，素有海中鸡肉之称。冷冻品大多用于制罐，如油浸金枪鱼罐头、盐水金枪鱼罐头、茄汁金枪鱼罐头等。在日本用金枪鱼肉制作生鱼片，视为上等佳肴。

图 1–13　蓝点马鲛

图 1–14　大眼金枪鱼

（二）　淡水鱼类

（1）青鱼（*Mylopharyhgodon piceus*，black carp）　青鱼（图 1–15）又称黑鲩、乌青、螺蛳青，属硬骨鱼纲、鲤形目、鲤科、青鱼属。青鱼是生活在中国江河湖泊的底层鱼类，分布以长江以南为多，是中国主要养殖鱼类之一。形态特征是体长筒形，尾部侧扁，腹圆无棱，口端位，吻端较草鱼为尖；下咽齿 1 行，呈凹齿状，光滑而无槽纹；体色青黑，背部较深，腹部较淡；胸鳍，腹鳍和臀鳍均为深黑色。青鱼以浮游动物为食，生长快，鱼体大者可达 50kg 以上，食用青鱼的商品规格为 2.5kg，养殖周期为 3～4 年。青鱼肉厚刺少，富含脂肪，味鲜美，除鲜食外，也可加工成糟醉品、熏制品和罐头食品。

青鱼胆经泡制后可入药，但民间误传生吃青鱼胆可"明目"，结果引起中毒。症状是初起表现为急性肠胃炎，最后因急性肾功能衰竭而死亡。

（2）草鱼（*Ctenopharyngodon idellus*，grass carp）　草鱼（图 1–16）又称鲩、草青、棍

鱼。属硬骨鱼纲、鲤形目、鲤科、草鱼属。草鱼生活在中国江河湖泊水体的中下层，以水生植物为食，是中国主要养殖鱼类之一。形态特征是体长筒形，尾部侧扁，腹圆无棱；口端位，吻端较青鱼为钝；下咽齿 2 行，齿梳形，齿面呈锯齿状，两侧咽齿交错相间排列；体茶黄色，背部带青灰，腹部白色，胸鳍、腹鳍灰黄色。草鱼生长快，鱼体大的可达 30kg 左右，食用草鱼的规格为 1～1.5kg，长江流域草鱼养殖周期一般为 2～3 年，珠江流域为 2 年，东北地区则为 3～4 年。草鱼的加工食用与青鱼相似，口味稍逊。

图 1-15　青鱼

图 1-16　草鱼

（3）鲢鱼（*Hypophthalmichthys molitrix*，silver carp）　鲢鱼（图 1-17）又称白鲢、白鱼，属硬骨鱼纲、鲤形目、鲢科、鲢亚科。鲢鱼自然分布于中国东北部、中部、东南、南部地区江河中，但长江三峡以上无鲢鱼的自然分布。鲢鱼是生活在江河湖泊中的上层鱼类，与青鱼、草鱼一样，是中国主要养殖鱼类之一。鲢的体形侧扁，稍高。腹部狭窄隆起似刀刃，自胸部直至肛门，称为腹棱。头长约为体长的 1/4。体色银白，背部稍带青灰。鳞细小。胸鳍末端伸达腹鳍基部。口宽大，吻钝圆，眼较小。口腔后上方具螺旋形鳃上器。鳃耙密集联成膜质片，利于滤取微细食物。鲢鱼生长快，个体大的可达 10kg，食用鲢鱼的商品规格为 0.5～1kg。养殖周期为 2 年。鲢鱼以鲜食为主，也有加工成罐头、熏制品或咸干品。

（4）鳙（*Aristichthys nobilis*，bighead carp）　鳙（图 1-18）又称花鲢、胖头鱼，属硬骨鱼纲、鲤形目、鲤科、鲢亚科。鳙分布于中国中部、东部和南部地区的江河中，但长江三峡以上和黑龙江流域则无鳙的自然分布。鳙栖息于江河湖泊的中上层，以食各类浮游生物为主，生长快，人工饲养简便，是主要的经济鱼类。鳙与青鱼、草鱼、鲢一起合称为我国四大家鱼。鳙的外形似鲢，但腹部自腹鳍后才有棱。头特别大，头长约为体长的 1/3。体色稍黑，有不规则的黑色斑纹，背部稍带金黄色，腹部呈银白色。鳞细小，胸鳍末端超过腹鳍基部 1/3～2/5。口大而斜，咽齿 1 行，齿面光滑，口腔后上方具螺旋形鳃上器。鳃耙排列细密如栅片，但彼此分离。

图 1-17　鲢鱼

图 1-18　鳙

肠长约为体长 5 倍。个体大的鳙可达 35~40kg，食用鳙的商品规格为 0.5~1kg，养殖周期为 2 年。鳙以鲜食为主，特别是鱼头，大而肥美，可烹调成美味佳肴，也有加工成罐头、熏制品或咸干品。

（5）鲫鱼（*Carassius auratus*，crucian carp）   鲫鱼（图 1-19）又称喜头，属硬骨鱼纲、鲤形目、鲤科、鲤亚科，为中国广泛分布的杂食性鱼类，喜在水的底层活动。鲫对环境的适应能力很强，在中国西北、东北盐碱性较重的湖泊中也能正常生长发育。鲫对低氧的适应能力也很强。鲫个体小，体侧扁而高，无须，腹线略圆，吻钝。口端位，斜裂。鳃耙细长，排列紧密。咽齿 1 行，圆鳞，鳔 2 室。背部蓝灰色，体侧银白色或金黄色。腹膜黑色，肠长为体长的 2.7~3.1 倍。鲫鱼生长较缓慢，过去由于其个体小，产量不高，人工养殖不被重视。20 世纪 80 年代以来，移植银鲫，又从日本引入白鲫，通过试验发现，养殖鲫也能获得较高群体产量和较好的经济效益。鲫还可以与草鱼、鲢、鳙、鲂、鲤等鱼种混养，清除池中的残饵，对改善池塘水质条件有较大作用。食用鲫的规格为 150~250g，一般都以鲜食为主。可煮汤，也可红烧、葱烤等烹调加工。

（6）团头鲂（*Megalobrama amblycephala*，blunt snout bream）   团头鲂（图 1-20）又称武昌鱼，属硬骨鱼纲、鲤形目、鲤科、鳊亚科。团头鲂是温水性鱼类，原产中国湖北省和江西省，在湖泊、池塘中能自然繁殖，现已移植到中国各地，以江苏南部、上海郊区养殖较多。团头鲂栖息于底质为淤泥、有深水植物生长的敞水区中下水层，能在淡水和含盐量 0.5% 左右的水中正常生长，耗氧率较高。在池塘混养条件下，如遇池水缺氧，为首先浮头的鱼类之一。团头鲂体高而侧扁，长菱形。腹棱限于腹鳍至肛门之间；尾柄长度小于尾柄高。头短小，吻短而圆钝。口前位，上下颌等长。鳃耙短而侧扁，略呈三角形，排列稀疏。体被较大圆鳞，鳔分 3 室，中室最大呈圆形，后室最小。团头鲂体背侧灰黑色，腹部灰白色，各鳍青灰色，腹膜黑色。团头鲂在鱼苗和幼鱼阶段食浮游动物，成鱼以草类为食料，生长较快，抗病力强，已成为中国池塘和网箱养殖的主要鱼类之一。食用团头鲂的规格为 250~400g，一般都以鲜食为主，有清蒸、红烧、葱油等烹调方法。

（7）鲤鱼（*Cyprinus carpio*，common carp）   鲤鱼（图 1-21）又称鲤拐子，属硬骨鱼纲、鲤形目、鲤科、鲤亚科。鲤是中国分布最广、养殖历史最悠久的淡水经济鱼类，除西部高原水域外，广大的江河、湖泊、池塘、沟渠中都有分布。在世界上的分布遍及欧、亚、美 3 大洲。鲤是底栖性鱼类，对外界环境的适应性强，食量大，觅食能力强，能利用颌骨挖掘底栖生物。在池塘中，能清扫塘内的残余饵料。鲤体长稍侧扁，腹圆无棱。口端位，呈马蹄形。须 2 对，吻须短。背部在背鳍前隆起。背鳍长，臀鳍短，两鳍都具带锯齿的硬刺。咽齿 3 行，内侧齿呈臼状。体背部灰黑色，侧线下方呈金黄色，腹部白色，臀鳍和尾鳍下叶为橘黄色。鲤以食动物性饵料为主。在自然条件下，主要摄食螺蛳、黄蚬、幼蚌、水生昆虫及虾类等，也食水生植物和有机碎屑。鲤由于自然条件下的变异，以及人工选育和杂交形成许多亚种、品种和杂种。杂交的一代都有生长快、体型好、产量高的优势。食用鲤的商品规格为 0.5kg，养殖周期为 2 年。鲤鱼可鲜食，也可制成鱼干。北方地区视鲤鱼为喜庆时的吉祥物。

图 1-19 鲫鱼

图 1-20 团头鲂

图 1-21 鲤鱼

二、 特性

鱼类原料的特性包括资源特性、物理化学特性以及加工特性等，物理化学特性和加工特性参见本书第二章。本章仅介绍资源特性。

（一） 多样性

鱼类一般可分为无颌类和有颌类。现知全世界共有鱼类 21700 余种，分属于 51 目、445 科。中国有鱼类 2800 余种。中国黄海、渤海海区以暖温性鱼类为主，东海、南海以及台湾以东海区主要是暖水性鱼类。淡水鱼也有冷水性、冷温性、暖水性鱼类之分。不仅分类上有多样性，而且在鱼体各部分的化学成分方面，也具有明显差异。

（二） 捕获量的多变性

原料的稳定供应是产品生产的首要条件，但是鱼类的捕获受季节、渔场、海况、气候、环境生态等多种因素的影响，难以保证一年中稳定的供应，使水产品的加工生产具有明显的季节性。另外，鱼类资源的年际波动大，也给水产原料的稳定供应带来困难。近年来，随着冷冻技术的发展以及冷冻设备的改善与增加，鱼类可作较长期的贮藏，为鱼类加工提供了可靠的原料保证。

（三） 鱼体成分的变动性

鱼体的主要成分，如水分、蛋白质、脂肪等，以及呈味成分随季节（渔期）而变化，其中尤以脂肪的变动为甚。鱼体不同部位，肌肉成分也有一定差异，而脂肪的差异最为明显。此外，鱼龄、鱼体大小对成分也有影响。

三、 品质检验

鱼类原料的品质检验重点是鲜度鉴定，是按一定质量标准，对鲜鱼的鲜度质量做出判断所采用的方法和行为。捕捞和养殖生产的鲜鱼在体内生化变化及外界生物和理化因子作用下，原有鲜度逐渐发生变化，并在不同方面和不同程度上影响它作为食品、原料以及商品的质量。因此，对鱼类在生产、贮藏、运销过程中的鲜度质量鉴定十分重要。鉴定方法有感官、微生物、化学和物理方法，总的要求是准确、简便、迅速。由于鱼的种类繁多，组织结构复杂，即使同一鱼体内不同部位变化也有显著差异，仅用一个指标或特性来鉴定鱼类鲜度是不够的，往往需要采用 2~3 个指标结合起来进行综合鉴定。

（一） 感官鉴定

感官鉴定是通过人的五官对食物的感觉来鉴别鱼类鲜度优劣的一种鉴定方法。它可以在实验室或现场进行，是一种比较准确、快速的鉴定方法，现已被世界各国广泛采用和承认。由于感官鉴定能较全面地直接反映鱼类鲜度质量的变化，故常被确定为各种微生物、化学、物理鉴定标准的依据。但人的感觉或认识总是不完全相同的，容易造成鉴定结果的差别，因此，对鉴定人员、环境和鉴定方法应有一定的要求。表1-1所示是一般鱼类鲜度的感官鉴别特征。

表1-1   鱼类鲜度感官鉴定

项目	新鲜	较新鲜	不新鲜
眼球	眼球饱满、角膜透明清亮，有弹性	眼角膜起皱，稍混浊，有时发红	眼球塌陷，角膜混浊，虹膜眼腔被血红素浸红
鳃部	鲜红，黏液透明无异味，有海水味或淡水鱼的土腥味	淡红、深红或紫红，黏液发酸或略有腥味	褐色、灰白色，黏液混浊，带酸臭、腥臭或陈腐臭
肌肉	坚实有弹性，指压后凹陷立即消失，无异味，肌肉切面有光泽	稍松软，指压后凹陷不能立即消失，稍有腥酸味，肌肉切面无光泽	松软，指压后凹陷不易消失，有霉味和酸臭味，肌肉易与骨骼分离
鱼体表面	透明黏液，鳞片完整有光泽，紧贴鱼体不易脱落	黏液多不透明并有酸味，鳞片光泽差，易脱落	鳞片暗淡无光泽，易脱落，表面黏液污秽有腐败味
腹部	正常不膨胀，肛门紧缩	轻微膨胀，肛门稍突出	膨胀或变软，表面发暗色或淡绿色斑点，肛门突出

（二）　细菌学方法

细菌学方法是用检测鱼体表皮或肌肉细菌数的多少来判断鱼类腐败程度的鲜度鉴定方法。细菌数的增加和鱼体腐败的进程有着密切的关系，通过测定细菌数就可判断鱼体的鲜度。一般鱼体达到初期腐败时的细菌总数是：每 $1cm^2$ 皮肤为 10^6 个左右，一旦增加到 10^7 ~ 10^8 个，便有强烈的腐败臭味。但是，贮藏条件不同时也有特殊的情况，有时用其他方法判断已经达到腐败的鱼但其细菌总数却相当少。如把鱼放在通气条件差的地方，鱼腐败时的细菌总数就会出现这种情况。这是因为厌氧性细菌虽然已经达到 10^7 ~ 10^8 个，而测定是在好氧条件下进行的，被测定的仅仅是数量极少的好氧性细菌。细菌数检测采取平板培养测定菌落总数的方法进行，操作较烦琐，培养需要时间，故较多用于研究工作。

（三）　化学方法

化学方法是利用鱼类死后在细菌作用下或由生化反应生成物质的测定进行鲜度鉴定的方法。

1. 挥发性盐基氮（VBN 或 TVB-N）法

利用鱼类在细菌作用下生成的挥发性氨、三甲胺、二甲胺等低级胺类化合物，测定其总含氮量作为鱼类的鲜度指标，广泛用于判定鱼的鲜度。VBN 随着鲜度的下降而增加，在鱼体死后的前期主要是 AMP 脱氨产生的氨，接着是氧化三甲胺分解产生的三甲胺和二甲胺以及氨基酸等含氮化合物分解产生的氨和各种氨基。VBN 是对肌肉抽提液用蛋白沉淀剂除去蛋白质后再用水蒸气蒸馏法或 Conway 微量扩散法测定的。一般情况下，鱼肉的 VBN 为 5~10mg/100g 属于极新鲜，15~25mg/100g 属于一般新鲜，30~40mg/100g 属于初期腐败，50mg/100g 以上属于腐败。该法不适用于含大量尿素和氧化三甲胺的板鳃类鱼肉。鲜冻动物性水产品理化指标应符合表 1-2 中规定的指标要求。

表 1-2　　　　　　　　　　鱼、虾、蟹、贝类理化指标要求

项目	指标	检验方法
挥发性盐基氮[①]/（mg/100g）		
海水鱼虾	≤30	GB 5009.228—2016《食品安全国家标准　食品中挥发性盐基氮的测定》
海蟹	≤25	
淡水鱼虾	≤20	
冷冻贝类	≤25	
组胺[②]/（mg/100g）		GB 5009.208—2016《食品安全国家标准　食品中生物胺的测定》
高组胺鱼类	≤40	
其他海水鱼类	≤20	

注：①不适用于活体水产品；②高组胺鱼类：是指鲐鱼、鲹鱼、竹荚鱼、鲭鱼、鲣鱼、金枪鱼、秋刀鱼、马鲛鱼、青占鱼、沙丁鱼等青皮红肉海水鱼。

资料来源：GB 2733—2015《食品安全国家标准　鲜、冻动物性水产品》。

2. 三甲胺（TMA）法

多数海水鱼肉中含有的氧化三甲胺在细菌腐败分解过程中被还原成三甲胺，通过测定以此作为海水鱼的鲜度指标。但不适用于淡水鱼类，因其氧化三甲胺含量很少。活鱼肌肉中一般不存在 TMA 或含量很少，它是随着细菌腐败而增加的，是鉴定海水鱼鲜度的重要指标。初期腐败的临界值因鱼种和测定人员的不同而有差异，一般为 2~7mg/100g。值得注意的是，除了淡水鱼外，加热过的鱼肉氧化三甲胺存在热分解问题，此外，新鲜鱼肉氧化三甲胺也可能存在酶促分解作用。

3. K 值法

K 值法是以腺苷酸（ATP）的分解产物次黄嘌呤核苷和次黄嘌呤作为指标的判定方法，能从数量上反映鱼的鲜度。ATP 分解过程见图 1-22。

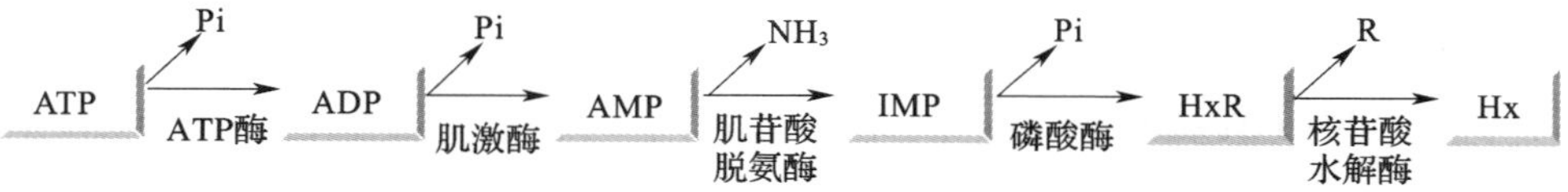

图 1-22　鱼肉 ATP 降解

K 值表达如下：

$$K = \frac{[HxR] + [Hx]}{[ATP] + [ADP] + [AMP] + [IMP] + [HxR] + [Hx]} \times 100\%$$

K 值代表的鲜度一般与细菌腐败有关的鲜度不同，它是反映鱼体初期鲜度变化和与品质风味有关的生化质量指标，又称鲜活质量指标，它比 VBN 和 TMA-N 更有效地反映出鱼的鲜

活程度。一般采用 $K \leqslant 20\%$ 作为优良鲜度指标（日本用于生食鱼肉的质量标准），$K \leqslant 60\%$ 作为加工原料的鲜度标准。测定方法有高效液相色谱法、柱层析法以及应用固相酶或简易试纸等测定方法。

还有采用测定 pH、组胺、挥发性还原物质等鲜度检测方法，但使用不多。

（四）物理方法

物理方法是根据鱼体物理性质变化进行鲜度判断的方法。有测定鱼体硬度、鱼肉电阻、眼球水晶体混浊度等方法，也有鱼肉压榨汁液黏度测定法。有些方法极其简便，但因鱼种、个体不同有很大差异，所以不是一般都适用的鲜度鉴定方法。

第二节　虾蟹类

一、主要品种

全世界的虾类约 2000 种，但有经济价值的种类只有近 400 种。虾类主要为海产，淡水种类较少。海虾以对虾、红虾、毛虾为主要品种，河虾则以沼虾、草虾为主要品种。在虾类中，以对虾类的产量最大，经济价值也最高。对虾的种类有产于墨西哥湾的褐对虾、白对虾和桃红对虾，产于西太平洋的墨吉对虾、中国对虾和斑节对虾等，其中绝大多数种类已发展成为养殖种类。此外还有鹰爪属、赤虾属等产量也较大。毛虾属为一群小型虾类，种类不多，但大量密集成群，成为热带浅海，特别是东南亚一带最重要的经济虾类之一。淡水虾的种类较少，有长臂虾科的青虾、罗氏沼虾、白虾等，还有螯虾类。目前，中国是世界上最大的对虾养殖基地，对虾养殖产量居世界首位。其他主要养殖地区还有厄瓜多尔、印度尼西亚、泰国、菲律宾、印度、越南、墨西哥、孟加拉国、秘鲁、马来西亚、日本等。

全世界的蟹类约有 4500 多种，中国约有 800 多种。蟹类中约 90% 为海产，主要品种有产于中国、日本近海的三疣梭子蟹、远海梭子蟹，产于大西洋沿岸的束腰蟹，产于印度洋-西太平洋区的青蟹，产于大西洋的滨蟹以及分布在各海区的黄道蟹，产于太平洋北部的鳕蟹等。中国的食用蟹主要有海产的三疣梭子蟹、远海梭子蟹、青蟹、日本鲟及淡水产的中华绒螯蟹等。目前，青蟹的人工养殖已在广东、海南、台湾等省开始小面积进行。中华绒螯蟹的人工培育近几年来正在沿海各省广泛开展。

（一）对虾（*Penaeus* shrimps）

对虾（图 1-23）在分类上属节肢动物门、甲壳纲、十足目、游泳亚目、对虾科、对虾属。对虾体躯肥硕，体形细长而侧扁，体外被几丁质外骨骼。身体分头胸部和腹部。

头胸部较短，腹部强壮有力，适于游泳活动。头胸部被有甲壳，称头胸甲，其前端有长而尖、平直前伸的额角。额角后脊上没有纵沟（中央沟），在头胸甲后部该脊的左右两侧没有侧沟，额角上下缘有齿。第一触角的触鞭较长，其长度大于头胸甲。对虾腹部强壮，较头胸部为长，每节的甲壳各自分离，下腹部可自由伸屈。腹部第 4~6 节背面中央有纵脊，尾节呈楔形，第 6 腹节长于其他各节。虾体透明，微呈青蓝色。胸部及胸部肢体略带红色，尾肢的末端为深棕蓝色并夹带红色。通常雌虾大于雄虾,雌虾生殖腺成熟前显豆瓣绿色,成熟后呈棕黄色,雄虾体色较黄。

对虾属种类多、分布广。在黄海、渤海有中国对虾（*Penaeus chinensis*）；台湾海峡有长毛对虾（*Penaeus penicillatus*）；南海有墨吉对虾（*Penaeus merguiensis*）。其中,中国对虾的产量最多,是黄海、渤海的主要捕捞对象之一。

图 1-23 中国对虾、长毛对虾和墨吉对虾

对虾喜温惧寒,随季节做洄游移动,越冬场在黄海南部。春季随着水温回升,对虾性腺（雌）逐渐发育,分散在越冬场的对虾开始集群。3月对虾开始大规模的生殖洄游,主群北上,绕过山角后分成两支：一支游向辽东半岛东岸、鸭绿江口一带；另一支通过渤海海峡后,分别游向辽东湾、渤海湾和莱州湾各河口附近产卵。对虾产卵后,亲虾大多死亡,幼虾在河口附近觅食成长,并逐渐游向深水。10月中旬幼虾性成熟,开始交配。11月中、下旬按原洄游线越冬洄游,返回越冬场。成熟雌虾平均体长18~19cm,体重75~85g,雄虾平均体长14~15cm,体重30~40g。

对虾体形较大,繁殖力强,生长期快,产量较高,渤海、黄海最高年产量达40000t。中国已大力发展人工养殖,遍及50多个县。对虾成为我国出口创汇的名贵水产品。

（二） 鹰爪虾（*Trachypenaeus*）

鹰爪虾（图1-24）是一种多年生小型经济虾类,体长约6cm,甲壳厚而粗糙,呈棕红色,干制品称"海米"。腹部弯曲时像鹰爪,故而得名。虾的额角发达,雌虾其末部向上扬起,如一把弯刀,雄虾则平直而短。头胸甲眼眶后方有一条短的纵缝。尾柄粗壮,背面中央沟宽且深,侧缘自基部起3/5处有一可动刺,其后另有两个较小可动刺。

鹰爪虾大量分布于中国沿海,在黄海、渤海也是一种长距离洄游的种类,4月上旬至5月上旬在山东半岛沿海形成鹰爪虾渔业。捕捞群体体重为0.4~15g。

（三） 沼虾（*Macrobrachium*, freshwater shrimps）

沼虾是沼虾属的总称,又称青虾,属甲壳纲、十足目、长臂虾科,是温、热带淡水中重要的经济虾类。沼虾绝大多数生活于淡水湖泊中,有时也出现于低盐度河口水域。中国已知沼虾20多种,其中以日本沼虾（*Macrobrachium nipponensis*）最为常见。

沼虾体侧扁,额角发达,上下缘均具齿。体青蓝色,透明带棕色斑点,故名青虾。头胸部较粗大,具1肝刺和1触角刺,无鳃甲刺。头胸甲的角具较多颗粒状突起,雄者尤显著。5对步足中,前2对呈钳状,第2对粗壮,雄性特别粗大,通常超过体长（图1-25）。体长在60~90mm。

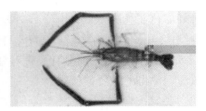

图1-24　鹰爪虾　　　　　　　　　　图1-25　罗氏沼虾

沼虾生命力强，易保鲜，肉味美，烹熟后周身变红，色泽好，并且营养丰富，一年四季均衡上市，是我国人民历来喜爱的风味水产品。特别是抱卵的青虾在渔业上称为带子虾，其味特别鲜美，颇受消费者青睐。虾卵可用明矾水脱下，晒干后销售。虾体晒干去壳后称为虾米，又称湖米，以区别海产的虾米。

（四）　梭子蟹（*Portunus*，swimcrab）

梭子蟹在分类上属节肢动物门、甲壳纲、十足目、梭子蟹科，是一群温、热带能游泳的经济蟹类。广泛分布于太平洋、大西洋和印度洋。中国沿海均有分布，群体数量以东海居首，南海次之，黄海、渤海最少。

中国沿海梭子蟹约有18种，其中三疣梭子蟹是经济价值高、个体最大的一种，又称枪蟹、蓝蟹。通常体宽近200mm，重约400g。背面呈茶绿色，螯足及游泳足呈蓝色，腹部为灰白色。头胸甲呈菱形，前侧缘各具9个锯齿，最后一锯齿特别长大，并向左右延伸，使整个体形呈梭形。头胸甲背面有3个隆起，其上面的颗粒较其他部分密集，故称三疣梭子蟹。额缘具4个小齿，螯足特别发达，末端呈钳状。第4对步足呈桨状，为游泳足。雄性腹部呈三角形；雌性腹部呈圆形，并有硬毛用以附着卵子。

三疣梭子蟹（*Portunus trituberculatus*）（图1-26）通常生活在3%~3.3%盐度的近海，栖于泥沙质的海底，有昼伏夜出的习性。白天匍匐于海底，夜间活动、觅食。属杂食性蟹类，在饵料生物中，以食底栖生物为主，也摄食鱼类的尸体、虾类、乌贼和水藻的嫩芽等。

梭子蟹是我国沿海重要的经济蟹类，传统的名贵海产品，肉味鲜美，营养丰富，可直接烹调成美味佳肴，深受国内外消费者喜爱。是重要的出口创汇产品。梭子蟹商品价值高，除活蟹直接供内、外销，还可加工成冻蟹肉块、冻蟹肉等冷冻小包装产品，也可加工成烤蟹、炝蟹、蟹肉干、蟹酱、梭子蟹糜、蟹肉罐头等食品。蟹壳经加工后制成的甲壳质可广泛应用于医药、化工、纺织、污水处理等行业中。

（五）　青蟹（*Scylla serrata*）

青蟹（图1-27）学名锯缘青蟹，分类上属甲壳纲、十足目、梭子蟹料、青蟹属。天然分布于温带、亚热带和热带的浅海区内，我国浙江以南的沿海均有分布。由于青蟹的天然产量有限，现已在广东、海南、台湾等省进行人工养殖。

图 1-26　三疣梭子蟹

图 1-27　锯缘青蟹

青蟹的头胸甲扁平，形似椭圆形，呈青绿色，其长度约为宽度的 2/3。头胸甲表面稍隆起，在其中央呈明显的"H"状凹痕，两侧无长棘。头胸甲的前侧缘左右各具 9 个等大的三角形齿凸，其形状似锯齿状，故得名锯缘青蟹。螯足呈钳状，左右不对称，主要用于捕食和御敌。第 2~4 对附肢呈尖爪型，用于爬行，称为步足。第 5 对附肢扁平呈桨状，适于游泳，称为游泳足。

青蟹是以肉食性为主的甲壳动物，在天然环境中常以小牡蛎、贝、蛤、鱼、虾、蟹等为食，也食腐肉、刚脱壳的蟹类以及藻类等。青蟹在受到强烈刺激或机械损伤，或脱壳受阻时，常会发生丢弃胸足的自切现象，这是一种保护性的本能。青蟹在脱壳后体重大幅度增加，例如壳宽 8.8cm，壳长 6.6cm 的青蟹，体重由临蜕壳前的 156g 增加到 219.5g，增重率 41%，这是因为青蟹在蜕壳后甲壳未硬化时，能大量吸收水分而使个体显著增大。青蟹成蟹个体可达 2kg。

青蟹是我国名贵海鲜，传统的出口产品。其肉鲜味美，营养丰富，可食率达 70%。蟹肉具有滋补强身、消肿的功能，蟹壳有活血化瘀的作用，为产妇、老幼和体弱者滋养疗身的高档食品。蟹肉也可加工成蟹肉干、冷冻蟹肉及蟹肉罐头。蟹壳经加工而成的甲壳质及其衍生物，可应用于纺织、造纸、印染、污水处理等行业中，也可精制成抗酸剂、抗癌药、减肥药、新型人造皮肤等。

图 1-28　中华绒螯蟹

（六）　中华绒螯蟹（*Eriocheir sinensis*，Chinese mitten carb）

中华绒螯蟹（图 1-28）俗称河蟹、毛蟹，属甲壳纲、十足目、方蟹科、绒螯蟹属。中华绒螯蟹是我国一种重要的水产经济动物，分布较广，北起辽宁，南至福建均有，长江流域

　　产量最大，在淡水捕捞业中占有相当重要的位置。中华绒螯蟹是洄游性水产动物。秋季性成熟的河蟹自内陆水域向大海迁移，在咸淡水交界处交配、产卵。卵于翌年春末夏初孵化，发育成大眼幼体（蟹苗）后即溯江河而上，进入内陆水域生长育肥。

　　中华绒螯蟹身体分头胸部和腹部两部分。头胸部背面覆一背甲，俗称"蟹斗"，一般呈黄色或墨绿色，腹部为灰白色。胸部有 8 对附肢，前 3 对为颚足，是口腔的辅助器官。后五对为胸足，其中第一对为螯足，俗称蟹钳。成熟的雄性中华绒螯蟹螯足壮大，掌部绒毛浓密，由此得名。成熟雌蟹的螯足略小，绒毛较稀，是分辨中华绒螯蟹雌、雄较直观的特征。中华绒螯蟹的足关节只能上下而不能前后移动，所以横向爬行。

　　中华绒螯蟹常穴居于水质清澈、水草丰盛、螺蚌类繁生的江河、湖荡两岸的黏土或芦苇丛生的滩岸地带。它是杂食性的甲壳动物，广泛摄食水草、螺、贝类、小虾、死鱼、水生昆虫及其幼虫、谷类、薯类、饼渣类及屠宰场的动物下脚料等。中华绒螯蟹昼伏夜出，性凶猛，缺食时自相残食，并有自切现象。

　　中华绒螯蟹的体重一般为 100~200g，可食部分约占 1/3。其肉质鲜美，尤以肝脏和生殖腺最肥，因此生殖洄游季节正是捕捞时节。中华绒螯蟹是我国重要的出口创汇水产品。阳澄湖的"清水大闸蟹"驰名中外，每年有数百吨销往港澳地区，海外市场潜力很大。20 世纪80 年代起，中华绒螯蟹的人工养殖业蓬勃发展。目前，中华绒螯已成为国内产量最大的淡水蟹类，2019 年国内产量约为 85 万 t。

二、 特性

（一） 生物学特性

　　虾和蟹的身体上都包裹着一层甲壳，虾的甲壳软而韧，蟹的甲壳坚而脆。它们一生中要蜕壳多次，否则会限制其身体的继续生长。只有在蜕去旧壳后，新壳尚未硬化前，身体的体积才会增大。

（二） 理化特性

　　虾蟹类作为食品，不但风味独特，而且富有营养价值。其肉一般含水量 70%~80%，富含蛋白质，脂肪含量较低，矿物质和维生素含量较高。以对虾为例，虾肉含蛋白质 20.6%，脂肪仅 0.7%，并有多种维生素及人体必需的微量元素，是高级滋补品。

1. 蛋白质

　　大多数虾蟹类可食部分蛋白质含量为 14%~21%。比较而言，蟹类的蛋白质含量略低于虾类，而虾类中对虾蛋白质含量高于其他虾类。

　　在蛋白质的组成氨基酸中，因种类的差异，色氨酸与精氨酸含量有较明显的差异，其余氨基酸含量的差异则不明显；与鱼类肌肉蛋白质相比，虾蟹类的缬氨酸含量明显不及鱼类的高，赖氨酸含量略低于鱼类，虾类的色氨酸含量明显低于鱼类，蟹类的色氨酸含量则明显高于鱼类。

2. 脂肪

　　虾蟹类的脂肪含量较低，一般都在 6% 以下。比较而言，蟹类的脂肪含量显著高于虾类，尤其是中华绒螯蟹高达 5.9%，而虾类脂肪含量一般都在 2% 以下。

　　虾蟹类胆固醇含量较低，远低于鸡蛋蛋黄（1030mg/100g）。虾蟹相较，虾的胆固醇含量约是蟹的 2 倍，如短沟对虾（*Penaeus semisulcatus*）为 156mg/100g、东方对虾（即中国对虾）

为132mg/100g、日本对虾（*Penaeus japonicus*）为164mg/100g，蟹类一般为50~80mg/100g。

3. 碳水化合物

除中华绒螯蟹含量高达7.4%外，其他虾蟹类碳水化合物都在1%以下。在虾蟹类的壳中，含有丰富的甲壳质，其衍生物广泛应用于食品、医药、建筑等行业。

4. 维生素

与鱼类相比较，除中华绒螯蟹维生素A含量为389mg/100g；虾蟹类脂溶性维生素A和维生素D的含量都极少，这与虾蟹类脂肪含量低有关，但维生素E的含量却与鱼类没有差异。

5. 矿物质

虾蟹类可食用部分Ca的含量都较高，为50~90mg/100g，远高于陆地动物肉。Fe含量因种类不同而不同，一般为0.5~2.0mg/100g，且因种类不同而不同，但鱼类差别不大。

虾蟹类Cu的含量较高，一般为1.3~4.8mg/100g，比鱼类高，而且虾蟹类血液颜色呈青蓝色，这主要因为血色素血蓝蛋白（hemocyanin）含Cu所致。

6. 抽提物成分

虾蟹类的抽提物量比鱼类的高，这是虾蟹类比鱼类味道更鲜美的主要原因之一。

虾蟹类游离氨基酸含量比较高，尤其是甘氨酸、丙氨酸、脯氨酸、精氨酸，分别为600~1300mg/100g，40~190mg/100g，100~350mg/100g，70~950mg/100g。虾蟹类ATP的降解模式与鱼类是一致的，因此，降解产物IMP在其呈味方面也有重要影响。虾蟹类含有丰富的甘氨酸甜菜碱，一般为300~750mg/100g，还含有龙虾肌碱及偶砷甜菜碱等。此外，虾蟹类抽提物中还有葡萄糖，大致为3~32mg/100g。

三、　品质检验

（一）　虾蟹鲜度感官鉴定方法

虾蟹类原料鲜度的感官鉴定，以对虾和梭子蟹为例进行说明，参见表1-3、表1-4。

表1-3　　　　　　　　　　　　　　　对虾感官鉴定

新　鲜	不新鲜
①色泽、气味正常，外壳有光泽，半透明，虾体肉质紧密，有弹性，甲壳紧密并附着虾体	①外壳失去光泽，甲壳黑变较大，体色变红，甲壳与虾体分离，虾肉组织松软，有氨臭
②带头虾头胸部和腹部联结膜不破裂	②带头虾头胸部与腹部脱开，头部甲壳变红、变黑
③养殖虾体色受养殖底质影响，体表呈青黑色，色素斑点清晰明显	

表1-4　　　　　　　　　　　　　　　梭子蟹感官鉴定

新　鲜	不新鲜
色泽鲜艳、腹面甲壳和中央沟色泽洁白有光泽，手压腹面较坚实，螯足挺直	背面与腹面甲壳色暗，无光泽，腹面中央沟出现灰褐色斑点和斑块，甚至能见到黄色颗粒状流动物质。开始散黄变质，螯足与背面呈垂直状态

（二）　虾蟹鲜度鉴定理化方法

1. 次黄嘌呤鲜度鉴定法

虾蟹死后 ATP 的降解途径与鱼类死后降解途径是一样的。除了可以采用 K 值鉴定其鲜度外，还可采用次黄嘌呤（Hx）来判定虾鲜度的方法。ATP 降解产物次黄嘌呤的含量与对虾鲜度评分具有较高的相关性，同时，发现 Hx 在储藏初期有快速大量积累且在后期缓慢增加的规律，当 Hx 积累到一定程度时，虾的质量可下降到不宜食用的程度。研究认为，鲜度质量较高的虾，Hx 含量为 $0 \sim 0.15\mu\text{mol/g}$，当 Hx 含量超过 $0.7\mu\text{mol/g}$ 时就不能食用。

2. 吲哚鲜度鉴定法

吲哚是虾产品中重要的腐败代谢物。虾产品吲哚含量的增加与从新鲜到腐败的变化呈线性关系，可以采用仪器分析法（如高效液相色谱和分光光度法）测定吲哚的含量，用以判断虾产品的新鲜度。虾鲜度等级与吲哚含量的美国标准是：一级鲜度，$<25\mu\text{g/100g}$；二级鲜度，$25 \sim 50\mu\text{g/100g}$；三级鲜度（初期腐败），$>50\mu\text{g/100g}$。

3. 挥发性盐基氮（VBN 或 TVB-N）法

与鱼类相似。

第三节　贝类

一、主要品种

贝类身体全由柔软的肌肉组成，外部大多数有壳。贝类的种类很多，有海产贝类和淡水产的贝类两大类。海产贝类比较普遍的有牡蛎、贻贝、扇贝、蚶、蛤、蛏、香螺等。淡水产的贝类主要有螺、蚌和蚬。

（一）　牡蛎（*Ostreidae*，oyster）

牡蛎俗称蚝、海蛎子，属软体动物门、双壳纲、珍珠贝目、牡蛎科。牡蛎在中国沿海分布很广，约有 20 种，常见的有褶牡蛎（*Crassostrea* sp.）、近江牡蛎（*Crassostrea rivularis*）、长牡蛎（*Crassostrea gigas*）、大连湾牡蛎（*Crassostrea talienwhanensis*），并已成为养殖的主要品种。

牡蛎的壳形不规则，大小、厚薄因种类而异。褶牡蛎贝壳小而薄，体形多变化，但大多呈三角形（图 1-29）或长条形。右壳（或称"上壳"）薄而脆，平如盖，表面有同心环状鳞片多层。左壳较大，凹陷很深，具粗壮放射肋，无足及足丝；右壳壳面多为淡黄色，杂有青色及紫褐色条纹；左壳颜色大多比右壳淡，壳内面灰白色。

（二）　贻贝（*Mytilidae*，sea mussel）

贻贝是贻贝属（*Mytilus*）贝类的总称，俗称淡菜或海红，属软体动物门、双壳纲、贻贝目、贻贝科。贻贝是重要的海产贝类，我国主要的经济品种有紫贻贝（*Mytilus edulis*）、翡翠贻贝（*Perna viridis*）、厚壳贻贝（*Mytilus coruscus*），并已进行人工养殖。紫贻贝主要

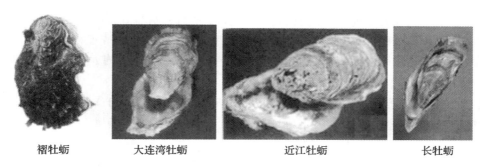

|褶牡蛎|大连湾牡蛎|近江牡蛎|长牡蛎|

图 1-29

产地在辽宁山东沿海；厚壳贻贝产于辽宁、山东、浙江、福建；翡翠贻贝主要产于广东和福建。

贻贝壳略呈长三角形。紫贻贝壳薄，外壳紫黑色，有光泽。厚壳贻贝壳较紫贻贝厚重，壳表为棕黑色。翡翠贻贝壳大，壳表呈翠绿色，有光泽，生长纹细密，壳内面瓷白色（图 1-30）。翡翠贻贝最大个体壳长可达 20cm，壳长与壳高比为 2.2~2.5。贻贝软体部分左右对称。前闭壳肌小，后闭壳肌大。有棒状足，不发达，由足丝腺分泌足丝，以附着澄清的浅海海底岩石上。

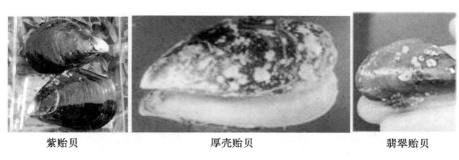

|紫贻贝|厚壳贻贝|翡翠贻贝|

图 1-30

（三）　扇贝（*Pectinidae*，scallop）

扇贝属软体动物门、双壳纲、珍珠贝目、扇贝科。世界扇贝及近缘种达 300 余种，广布全世界。中国沿海约有 10 余种，主要是栉孔扇贝（*Chlamys af.*），产于辽宁、山东沿岸；华贵栉孔扇贝（*Chlamys nobilis*）（图 1-31），产于广东、广西沿海。

|栉孔扇贝|华贵栉孔扇贝|

图 1-31

扇贝因其背壳似扇面而得名，前端具有足孔丝。壳顶前后有耳，前大后小，右壳较平，放射肋细而多；左壳稍凸，放射肋粗，约 10 条，肋上有棘状突起。壳面褐色，有灰白至紫红色纹彩，极美丽。栖息于水流较急，水质清的浅海底，以足丝附着于岩礁上。扇贝闭壳肌发达，壳开闭时能发出清脆的声响，略能游动。

（四）　中国圆田螺（*Cipangopaludina chinensis*，river snail）

中国圆田螺又称螺蛳。属腹足纲、节鳃目、田螺科、圆田螺属。中国各淡水域均有分布。

中国圆田螺是贝壳大、个体小的种类。壳质薄而坚，陀螺形，有 6~7 螺层，壳面凸，缝合线深。壳顶尖锐，体螺层膨大（图 1-32）。壳表光滑，无肋，黄褐色或绿褐色。壳口卵圆形，周边具有黑色框边。

（五）　蚌类（*Unzonacea*，unionids）

蚌类是珠蚌科的总称，属瓣鳃纲、真瓣鳃目，为经济价值较高的淡水贝类。中国各江、河、湖泊、池沼均有分布。

蚌类有 2 枚贝壳，在背面以韧带或齿相纹合。有些种类只有韧带而无纹合齿，属于无齿蚌亚科，如河蚌（图 1-33）；有些种类既有韧带也有纹合齿，属于珠蚌亚科。蚌壳的形状多种多样，有椭圆形、卵圆形、楔形、猪耳形等。蚌的肉体腹缘有一肉质的足，其状如斧，又称斧足。蚌就是靠斧足爬行。壳面黄褐色或绿褐色，有的个体有从壳顶射向腹缘的绿色放射线。蚌栖息于河底，不常爬行，滤食水中的微小生物和有机碎屑物。

图 1-32　中国圆田螺　　　　　　　　　图 1-33　河蚌

二、　特性

（一）　理化特性

1. 蛋白质

贝类肌肉蛋白质也包括肌浆蛋白、肌原纤维蛋白及基质蛋白；体内存在着内源蛋白酶，它能将不溶性肌肉蛋白质如肌原纤维蛋白转变为水溶性蛋白。与鱼肉相比，贝类蛋白质缬氨酸、赖氨酸、色氨酸等含量略低。

2. 脂肪

与鱼类一样，贝类肌肉或内脏也含有非极性脂肪（如甘油三酯、固醇、固醇脂等）和极性脂肪（如卵磷脂、鞘磷脂等），种类与含量也因种类不同而不同。翡翠贻贝二十碳五烯酸（EPA）和二十二碳六烯酸（DHA）总量占总脂肪酸的 26.01%，具有较高的利用价值。胆固醇含量蚬类相对较高，一般贝类为 60~80mg/100g，与鱼肉接近。

3. 碳水化合物

主要碳水化合物为糖原和黏多糖，糖原是贝类尤其是双壳贝的主要能量贮存物质，这与鱼类不同。一般来说，贝类肌肉的糖原含量高于鱼类肌肉，蛤蜊（*Dosinia japonica*）为 2% ~ 6.5%、蚬为 5% ~ 9%、牡蛎干为 20% ~ 25%、扇贝为 7%，红海鞘（*Halocnthia roretzi*）超过 10%。贝类糖原的含量存在明显的季节性，一般与其肥满期相一致。

4. 矿物质

Ca 和 Fe 含量较为丰富，如文蛤可食部分 Ca 含量达到 140mg/100g，是虾蟹类的 2 倍；Fe 含量以蛤蜊、文蛤和牡蛎为最高，分别达到 7.0mg/100g、5.1mg/100g 和 3.6mg/100g。

深海贝类 Cu 含量偏高，头足类的乌贼与章鱼和贝类的牡蛎与蛤蜊分别为 $0.78 ~ 12.30\mu g/g$ 和 $1.08 ~ 15.80\mu g/g$，是鱼类和甲壳类肌肉的数倍到数十倍。这些 Cu 主要存在于血蓝蛋白。

5. 维生素

脂溶性维生素 A 和维生素 D 含量极低，但维生素 E 含量却较多，如蝾螺（*Turbo cornutus*）、巨虾夷扇贝（*Patinopecten yessoensis*）和赤贝（*Scapharca globosa*）分别含 1.44，0.51，0.38mg/100g，80% 以上为 α-生育酚。一般都含各种水溶性维生素。

6. 抽提物成分

贝类抽提物的含量比鱼类多，这是贝类更鲜美的主要原因。

贝类游离氨基酸含量高，尤其是甘氨酸、丙氨酸、精氨酸以及牛磺酸，分别为 150 ~ 2000mg/100g，90 ~ 300mg/100g，80 ~ 400mg/100g，500 ~ 1000mg/100g。一般贝类牛磺酸含量最多，如黑鲍、巨虾夷扇贝和蛤蜊分别达到 946mg/100g、784mg/100g 和 664mg/100g；巨虾夷扇贝的游离甘氨酸含量最高可达 1925mg/100g。

一般情况下，贝类只含少量氧化三甲胺或没有。

（二）　加工特性

最重要的加工特性仍然是呈味特性，但与鱼类和虾蟹类具有明显区别，表现在核苷酸的代谢分解途径不同，其肌肉中积累的是 AMP 而鱼类和虾蟹类肌肉中积累的是 IMP。尽管 AMP 本身无味，但它却能显著增强谷氨酸的鲜味，因此，贝类同样也有很强的鲜味。尤其值得一提的是贝类含有较多的琥珀酸，这是贝类的特征呈味成分，在缺氧或死后会在体内大量积累，对贝类的鲜美是必不可少的。

三、　鲜度检验

1. 感官检验

表 1-5 列举了几种贝类的感官检验描述。

表 1-5　　　　　　　　　　　　　　　　　贝类感官检验

品名	新鲜	不新鲜
煮贝肉	色泽正常有光泽，无异味，手摸有滑感，弹性好	色泽减退无光泽，有酸味，手感发黏，弹性差
赤贝	深或浅黄褐色	灰黄或浅绿色
海螺	乳黄色或浅姜黄色，局部玫瑰紫色斑点	灰白色

续表

品名	新　鲜	不新鲜
杂色蛤	浅乳黄色	
蛏肉	浅乳黄色	
田螺	黑白分明或呈现固有色泽	黑色部分变灰黄，白色部分变黄白色

2. 理化和生物检验

与鱼类类似。

3. 贝毒的检测

目前尚无统一的可行的检测方法。我国商检采用日本官方承认的小白鼠试验法，采用腹腔注射贝类提取物，以可使小鼠 24h 致死的最低数量为 1Mu（Mice unit）来定量计算贝类食品的 Mu 数。小白鼠试验最低检出量为 0.05Mu/g，腹泻性贝毒（DSP）对人最低致病量为 12Mu。

第四节　藻类

一、　主要品种

世界上藻类植物约有 2100 属，27000 种。藻类对环境条件适应性强，不仅能生长在江河、溪流、湖泊和海洋，也能生长在短暂积水或潮湿的地方。藻类的分布范围极广，从热带到北极，从积雪的高山到温热的泉水，从潮湿的地面到不很深的土壤内，几乎都有藻类分布。经济海藻主要以大型海藻为主，可利用的约 100 多种，列入养殖的只有 5 属，即海藻、裙带菜、紫菜、江篱和麒麟菜属。海带养殖技术中国最早开发，2019 年产量 162 万，居世界各国之首。裙带菜以朝鲜和日本分布较广，中国仅分布于浙江嵊山岛。世界上的三大紫菜养殖国家是日本、朝鲜和中国。江篱是生产琼胶的主要原料，中国常见的有 10 余种，年产约 340000t。麒麟菜属热带、亚热带海藻，中国自然分布于海南省的东沙和西沙群岛及台湾省海区，近年还从菲律宾引入长心麒麟菜进行养殖。藻类除可直接食用外，藻胶是工业上的主要利用成分，单细胞藻类作为饲料蛋白质源也具有重要意义。

根据藻类细胞内所含不同的色素、不同的贮藏物以及植物体的形态构造、繁殖方式、鞭毛的有无、数目、着生位置、细胞壁成分等方面的差异，一般将藻类分为 8 个门。这里仅就与加工利用以及分类系统上关系较大的蓝藻门、绿藻门、红藻门和褐藻门等的代表藻类简介如下。

（一）　海带（*Laminaria*，kelp）

海带是海带属海藻的总称，属褐藻门、褐子纲、海带目、海带科。海带属的种类很多，全世界约有 50 种，东亚约 20 种。辽宁省的大连，山东省的烟台、威海，浙江省的舟山及福建省的莆田等地为我国的主要产区。

海带藻体呈褐色而有光泽，由"根"（固着器）、柄、叶3部分组成（图1-34），固着器有叉状分枝，用以固着在海底岩石上。成长的藻体叶片带状，无分枝，表皮上面覆盖着胶质层。叶片边缘呈波褶状，薄而软。柄部粗短圆柱状，生长后期逐渐变为扁圆形。海带是2年生的寒带性藻类，生长于水温较低的海中，过去多在我国北方海区养殖，1957年已成功地把海带养殖移到南方。目前，浙江、福建等南方省份已成为国内重要的海带养殖区。

图1-34　海带

（二）　紫菜（*Porphyra*，laver）

紫菜是紫菜属藻类的总称，属红藻门、紫菜目、红毛菜科。紫菜属有70余种，广泛分布于世界各地，但较多集中于温带。中国紫菜约有10多种，广泛分布于沿海地区，较重要的有甘紫菜（*P. tenera*）、条斑紫菜（*P. yezoensis*）、坛紫菜（*P. haitanensis*）等。

紫菜是由单层或双层细胞组成的膜状体，形状因种类而异，基部有不明显的固着器（图1-35）。藻体的边缘细胞形状分锯齿状、退化缩小、平滑3种类型。紫菜的颜色有绿色、棕红色以及其他鲜艳色，因叶绿素A和叶绿素B、胡萝卜素、藻红素和藻蓝素的含量及相互间的比例不同而有变化。紫菜的生长有两个阶段：叶状体和丝状体。

（三）　裙带菜（*Undaria pinnatifida*）

裙带菜又称若布、异名翅藻，属褐藻门、褐子纲、海带目、翅藻科、裙带菜属。裙带菜是1年生的大型食用经济海藻，也是北太平洋西部特有的暖温带性海藻。我国分布于浙江舟山、嵊泗列岛。1932年后经人工移植，大连、青岛、烟台、荣成、威海、长岛等地已有自然分布。

裙带菜藻体褐色，分为固着器、柄和叶片三部分。内部构造大致与海带相似。成藻体长1~1.5m。叶片有明显中肋，边缘作羽状分裂（图1-36）。柄扁圆柱形，两侧有呈木耳状的翼状膜。固着器由多次叉状分枝的假根组成，末端略膨大，呈小吸盘状，借以固着于岩礁上。

图1-35　条斑紫菜和坛紫菜

图1-36　裙带菜

（四）　螺旋藻

螺旋藻是一种单细胞藻类，世界各地均有分布，海水和淡水中均有生长，是一种热带和亚热带性藻类，我国在海南沿海和云南省内陆均有养殖和加工。螺旋藻营养丰富，蛋白质含量高达70%（干重），总脂量低，γ-亚麻酸含量较高，微量元素丰富，硒含量尤其高。此外，还含有大量的多糖、叶绿素和β-胡萝卜素，用于生产的螺旋藻主要有钝顶螺旋藻和巨人螺旋藻。

（五） 小球藻

小球藻也是一种单细胞藻类，是微藻类中产量最大的一类，生长受环境温度和 pH 等因素影响。在美国、墨西哥、我国和日本沿海均有分布，其中我国台湾地区产量较高。小球藻含有丰富的营养物质，蛋白质含量高达 40%～50%，含 8 种必需氨基酸，与陆生食物相比，维生素 A 和维生素 C 要高出 500 倍和 800 倍。此外，还含有大量的微量元素，是一种优良的功能性食品资源。

二、 特性

（一） 蛋白质

大多数海藻粗蛋白占干物质的 10%～20%，紫菜的蛋白质含量最高，可达 48%。海藻的蛋白质含量的多少因产地、采集时期和养殖方法的不同而有很大差异。一般而言，海藻蛋白质含量的高峰期出现的时间分别为：紫菜为 12 月至次年 4 月间的其中 1 月期或 2 月期内；浒苔（*Enteromorpha*）为 12 月，可达 30%；石莼（*Ulvalactuca*）为 5 月下旬；礁膜（*Monostromanitidum*）为 3～4 月。

海藻蛋白质的氨基酸组成因种类、季节、产地的不同而不同。与蔬菜相似，海藻蛋白的丙氨酸、天冬氨酸、谷氨酸、甘氨酸、脯氨酸等中性和酸性氨基酸含量较多；海藻蛋白组成氨基酸的特殊性表现在精氨酸含量比其他植物要高。海藻蛋白中含量较丰富的氨基酸分别是礁膜的谷氨酸、天冬氨酸和亮氨酸，海带的谷氨酸，羊栖菜（*Hizikia fusiformis*）的谷氨酸和天冬氨酸，裙带菜的亮氨酸，甘紫菜（*Porphyra tenera*）的丙氨酸、天冬氨酸和缬氨酸。

（二） 脂肪

与蔬菜相比，海藻的脂肪含量较低，多数都在 4% 以下。相对而言，绿藻的石莼、浒苔脂肪含量最低，为 0.3%；礁膜稍高，为 1.2%；褐藻中的海带为 1.3%、长海带（*L. angustata var. longissima*）为 1.7%、狭叶海带（*L. angustata*）为 2.1%。

海藻脂肪中的脂肪酸构成因种类不同差异较大。绿藻饱和脂肪酸中软脂酸占绝大多数，为 20%；不饱和脂肪酸中十八碳酸较多，为 10%～30%，C_{20} 以上的高不饱和脂肪酸含量甚微。褐藻的软脂酸含量约为 10%；不饱和脂肪酸则以 EPA 含量最高，约为 30%，油酸、亚麻酸含量最低，为 1%～4%。红藻软脂酸高达 30%，不饱和脂肪酸的 EPA 含量也较高（尤其是紫菜），为 26%～56%，因此，红藻在贮藏加工中脂肪容易氧化。

海藻的固醇含量较少。以干物质计算，绿藻为 0.05～0.2mg/g，大部分是 28-异岩藻固醇（28-isofucosterol），而 β-谷固醇（β-sitosterol）、24-亚甲基胆固醇（24-methylene cholesterol）以及胆固醇含量则较少；褐藻为 0.5～1.4mg/g，主要由岩藻固醇和 24-亚甲基胆固醇构成；红藻则主要由胆固醇和菜籽固醇（Brassicasterol）构成。

（三） 碳水化合物

海藻的碳水化合物包括支撑细胞壁的骨架多糖、细胞间质的黏多糖以及原生质的贮藏多糖，其中研究最多应用最广泛的是黏多糖类，褐藻胶、琼胶、卡拉胶等都属于这一类型。

（四） 维生素

海藻与蔬菜一样，也含有丰富的维生素，尤其是 B 族维生素。海藻收获后多数在陆地干燥，一般都做长时间的贮藏，致使海藻的维生素大量损失，这与陆地蔬菜有着很大的差别。

（五） 无机质

海藻具有吸收和积蓄海水中矿物质的功能，因此，海藻含有多种金属和非金属元素。可以说，海藻几乎是所有微量元素的优良供给源。一般而言，羊栖菜、裙带菜富含钙，为1100~1600mg/100g 干物质；羊栖菜、浒苔、紫菜含铁丰富，分别为 63.7，13.0 和 11.0mg/100g 干物质；海带、羊栖菜、裙带菜等褐藻富含碘，分别为 193，40，35mg/100g 干物质。

（六） 特殊成分

1. 甜菜碱

海藻含有各种甜菜碱，具有降低血浆胆固醇的功效。如礁膜的丙氨酸甜菜碱（占干物0.03%）、条斑紫菜的 γ-丁酸甜菜碱（占干物 0.036%）以及羊栖菜的偶砷基甜菜碱等。

2. 海带氨酸

海带氨酸（Laminine）又称昆布宁，是防治高血压的有效成分。主要存在于海带、异索藻（*Heterochordaria abientina*）、幅叶藻（*Patelonia fascia*）、侧枝伊谷草（*Ahnfeltia paradoxa*）中。

3. 六元醇

海藻富含六元醇如甘露醇（Mannitol）、山梨糖醇（Sorbitol）、肌醇（Inositol）。其中，甘露醇广泛存在于褐藻尤其是海带中，因此，干海带表面易析出白粉，是优质海带产品。

4. 砷

在海藻中，尤其是褐藻，一般砷的含量都较高，但毒性大的无机砷很少。海藻中的砷绝大部分以有机状态存在，如偶砷基甜菜碱。

三、 品质检验

（一） 感官检验

以盐渍裙带菜（表 1-6）、干海带、干裙带菜、紫菜为例。海带裙带菜淡干品以深褐色或褐绿色、叶长宽而肥厚、不带根、表面有微白色粉末状甘露醇泛出、含沙及杂质少的质量最好；叶短狭肉薄、黄绿色、含沙多的质量差。紫菜则以片薄、表面光滑、紫褐色或紫红色有光泽、口感柔软有芳香味、清洁无杂质的为质量最好；片张厚薄不均一且光泽差、呈红色并夹杂绿色、杂藻多的质量差。

表 1-6　　　　　　　　　　　　盐渍裙带菜感官检验

项目	盐渍熟裙带菜叶		盐渍熟裙带菜茎	
	一级品	二级品	一级品	二级品
外观	叶面平整，无枯叶，无病虫食叶，无红叶，无花斑，半叶基本完整	无枯叶，无红叶	茎条整齐，无边叶、茎叶，不带无茎部	茎条宽度不限，允许带边叶
边茎宽	≤0.2cm			

续表

项目	盐渍熟裙带菜叶		盐渍熟裙带菜茎	
	一级品	二级品	一级品	二级品
色泽	均匀绿色，有光泽	绿色或绿褐色或绿黄色或三种颜色同时存在	均匀绿色	绿色或绿褐色或绿黄色或三种颜色同时存在
气味	海藻固有气味，无异味	无异味		无异味
叶质	有弹性		脆嫩	较脆嫩无硬纤维质

（二）　理化检验

GB 19643—2016《食品安全国家标准　藻类及其制品》明确指出藻类制品必须检测的理化指标包括水分、重金属的无机砷和铅，同时还必须检测甲基汞和多氯联苯。现代工业污染废水流入大海，经由水中生物转化成剧毒的甲基汞，不仅破坏海洋生态，而且可以在海藻体内蓄积，进而通过食物链经动物传递到人，造成动物和人中毒，甚至产生病变；多氯联苯是一种致癌物质，也是工业污染所产生。上述理化指标的检测均按 GB 5009.12—2017《食品安全国家标准　食品中铅的测定》执行。

（三）　微生物检验

按 GB 4789.1—2016《食品安全国家标准　食品微生物学检验　总则》执行。

第五节　辅料与添加剂

一、　调味料

在水产品加工过程中，由于工艺技术的要求，或者消费者对产品口感和滋味的特殊需求，往往需要添加一些调味料。调味料是指能调节、改善食品风味的物质。常用的调味料按其呈味的特征，可分为咸味调味料、甜味调味料、鲜味调味料、酸味调味料、苦味调味料等。

（一）　咸味调味料

1. 食盐

食盐是水产加工中最常用的咸味调味剂，主要成分是 NaCl。在加工鱼糜制品时，食盐除调味作用外，还具有使盐溶性蛋白充分溶出形成溶胶，随之加热后赋予制品弹性的重要功能。可以说，没有食盐就无法生产鱼糜制品。此外，食盐还具有解除腥味的作用，能抑制一部分细菌的生长、发育和繁殖，从而起到抑菌、防腐的作用，以延长制品的保藏期。我国传统名优水产制品如咸鱼、虾酱、鱼露等的发酵生产就是利用食盐防腐抑菌这一重要功能而进行的。

2. 酱油

酱油（Soy Sauce）又称酱汁、清酱、豉油等，是以大豆或豆饼、面粉、麸皮、盐或动物的蛋白质和碳水化合物等为主要原料酿制的，具有特殊色泽、咸味的一类调味品。它含多种氨基酸、糖类、有机酸、色素和香料，以咸味为主，并有鲜味、香味，是一种能赋予食品适当色、香、味的天然调味料，广泛应用于水产方便食品的加工。

（二）　甜味调味料——糖类

糖类是甜味的主要物质基础。在鱼糜生产中，还具有减轻咸味、调味、防腐、去腥和解腻等重要作用。在冷冻鱼糜加工中，尤为重要的作用在于防止鱼肉蛋白的冷冻变性，因为在冷冻鱼糜生产中加入适量的蔗糖，可以降低鱼肉的冰点，减轻蛋白质的冷冻变性，防止水分的流失，提高产品的质量。在鱼香肠中加入糖，可以防止亚硝酸钠的氧化并起到辅助发色的作用。此外，糖类还能降低食品的水分活度，抑制微生物的生长繁殖，在水产方便食品、休闲食品中体现出重要的意义。

（三）　鲜味调味料

鲜味是食品的一种复杂的美味感，需要在咸味的基础上发挥作用。当酸、甜、苦、咸四味协调时，就感觉到可口的鲜味，故鲜味是综合性的味觉。用于增加鲜味的各种物质即鲜味调味料，又称鲜味剂。鲜味的呈味物质有核苷酸、氨基酸、酰胺、肽、有机酸等物质。目前使用的鲜味调料主要是味精，此外还有传统的鲜味调料蚝油、鱼露、虾油、虾子以及新型鲜味料动物提取物、蛋白质水解液、酵母精等。

1. 味精

味精是一种重要而使用最广的鲜味剂，其主要成分是 L-谷氨酸的钠盐（MSG），含有一个水分子的结晶水。其味觉呈味成分中，鲜味占 71.4%，咸味占 13.3%，甜味占 9.8%，酸味占 3.4%，苦味占 1.7%，其他占 0.4%。味精的溶解度较大，其阈值（即仅能察觉到味道时的最稀浓度）为 0.03%。

味精广泛使用于水产制品的加工。在鱼糜制品中为了调节咸味、增添鲜味都要添加味精。其使用量为食盐用量的 20%~30% 或鱼糜原料量的 0.4%~1.5%。除味精外，大部分游离氨基酸也都可以作鲜味剂。另外，与肌苷酸合并使用时，其呈味作用具有相乘的效果。某些工厂在鱼糜制品的加工中加入多种动物浸出汤汁作调味剂，也能起到很好的效果，这是因为汤汁中含有多种呈味物质的缘故。

2. 核苷酸系列

肌苷酸和鸟苷酸分别分布于动物肉和蕈类植物中，当两者在 5′碳原子上接磷酸时有鲜味，它们都结合两个钠离子。结晶化时，肌苷酸钠带 6~8 个水分子，鸟苷酸钠带 4 个或 7 个水分子。肌苷酸钠鲜味柔和，回味较强；鸟苷酸钠呈味与肌苷酸钠的呈味相同，但呈味力却高 2 倍。在谷氨酸钠中加入 10% 左右的肌（鸟）苷酸钠时，呈味效果最佳，出现其单独使用时所没有的复杂鲜味。但须注意：在有强烈甜味共存时会减弱其缓解咸味的效果；为防止鱼肉中的磷酸酶对肌（鸟）苷酸的脱磷酸作用，尽可能在低温条件下添加或添加后尽快在 75℃ 以上加热，使酶失活。

3. 新型鲜味料

（1）动物蛋白质水解物　是指在酸或酶的作用下，水解含蛋白质的动物组织而得到的产物。为淡黄色液体、糊粉状、粉状或颗粒，含有多种氨基酸，具有特殊的鲜味和香味。在各种食品加工和烹饪中与调味料复配使用，可产生独特风味。

（2）植物蛋白水解物　是指在酸、碱、酶的作用下，水解含蛋白质的植物组织而得到的产物。为淡黄色至黄褐色液体、糊粉状、粉状或颗粒，制品中氨基酸组成及制品的鲜味因所用原料不同而不同。

（3）酵母抽提物　又称酵母精、酵母味素，是将啤酒酵母、糖液酵母、面包酵母等酵母细胞内的蛋白质降解成小分子氨基酸和多肽，核酸降解成核苷酸，并把它们和其他有效成分，如 B 族维生素、谷胱甘肽、微量元素等一起抽提出来，所制得的可溶性营养物质与风味物质的浓缩物，人体可直接吸收利用。其滋味鲜美，香味浓郁而持久，集营养、调味和保健于一体，广泛用作液体调料、鲜味酱油、肉类加工、粉末调料、罐头、饮食业等食品的鲜味增强剂。

（四）　酸味调味料

酸味调料是以赋予食品酸味为主要目的的食品调味料的总称，是食品中主要的调味料之一。它不仅能够调味，还可增进食欲，溶解纤维素和钙、磷等物质，帮助消化，并具有一定的防腐作用。常用的酸味料主要有食醋、柠檬汁、山楂汁、番茄酱、酸菜汁以及各种酸味剂等。

1. 食醋

食醋的主要成分是乙酸。食醋包括酿造醋和人工合成醋两大类，从色泽分为白醋和红醋两种。酿造醋即发酵醋，多以米、麦等含糖或淀粉的原料为主，以谷糠、糠皮等为辅料，经糖化、发酵、下盐、淋醋，并加香料、糖等工序制成。除乙酸外，还含挥发酸、氨基酸、糖等。其酸味醇厚，香气柔和。酿造醋按原料分，主要有米醋、果醋、熏醋、糖醋、酒醋等。人工合成醋，即化学醋，是用食用乙酸、水或加食用色素配制而成，其乙酸的含量高于酿造醋，酸味极大，无香味。

2. 酸味剂

常用的有机酸有柠檬酸、乳酸、酒石酸、苹果酸、乙酸等，这些酸均能参加体内正常代谢，一般使用剂量下对人体无害。

（1）柠檬酸，2-羟基丙烷-1，2，3-三羧酸，以游离状态存在于多种植物果实中。如柠檬、葡萄等，其中以柠檬汁内含量最多，占 6%～10%。柠檬酸为无色半透明结晶或白色颗粒或白色粉末，具有强酸味，酸味柔和爽快，入口即达到最高酸感，后味延续时间较短。与柠檬酸钠复配使用，酸味更为柔美。柠檬酸的酸味是所有的有机酸中最柔和而可口的，所以广泛用作酸味调味剂。柠檬酸是食品工业制作饮料、果酱、罐头、糖果的重要原料。我国食品添加剂使用卫生标准规定柠檬酸可在各类食品中按"正常生产需要"添加。

（2）苹果酸又名羟基丁二酸，广泛存在于未成熟的水果如苹果、葡萄、樱桃中，为白色的结晶或结晶粉末，易溶于水，有吸湿性，酸味较柠檬酸强约 20%，呈味缓慢，且保留时间长，爽口，但微有苦涩味。GB 2760—2014《食品安全国家标准　食品添加剂使用标准》规定可在各类食品中按"正常生产需要"添加。其广泛应用于果酱、饮料、罐头、糖果、多种酒类、口香糖等多种食品中，在烹调中可作甜酸点心的酸味剂。

（3）磷酸，又称正磷酸，为无机酸，为无色透明糖浆状液体。无臭，味酸。极易溶于水和乙醇，其酸味比柠檬酸大 2.3～2.5 倍，有强烈的收敛味和涩味。一般认为磷酸风味不如有机酸好，一般的食品中应用很少，多用于可乐型饮料。

（五）　苦味调味料

苦味是调味的基本味之一，但一般不单独使用。单纯的苦味给人们不愉快的感觉，但稍具苦的调料在食品中具有特殊作用，与其他调料配合使用可形成特殊风味。如茶、咖啡、啤酒、巧克力中都含有某种苦味，这些苦味实际上有助于提高人们对该食品和饮料的嗜好。苦味调料一般都兼有香味，所以又可归为香辛调味料。苦味料大多来源于植物，常见的苦味调味品有陈皮、茶叶、苦杏仁、山药、菊花、茶叶、西洋参等。

1. 陈皮

陈皮又称橘皮、红皮、柑皮，为芸香科植物橘类的果皮经干制而成，多呈椭圆形片状或不规则状，片厚1~2mm，通常向内卷曲，外表呈橙红色至棕色，内皮淡黄白色。陈皮味苦而芳香，一般用作菜肴的调料和配料，特别是药膳菜肴的制作中多用，也用于港澳菜肴的制作，现以陈皮酱多见。我国柑橘产地均有加工，有时还把陈皮加工成陈皮粉，以便烹制一些菜肴。在使用时先将陈皮用热水浸泡，使苦味水解，陈皮回软，香味外溢，在烹调中多用于炖、烧、炸制的菜品调味，主要起除腥、增香、提味的作用，如陈皮牛肉、陈皮兔丁、陈皮鸭等。

2. 菊花

菊科多年生草本植物菊的花，有多种颜色和3000多个品种，以蜡黄菊、细黄菊、白菊花为佳。不但能做饮料和菊花酱，还有多种烹调方法。

3. 茶叶

茶叶具有微苦和清香的特点，可用于制作菜肴的调料或配料。在茶叶中，咖啡碱、茶碱、可可碱组成了茶叶的苦味。茶叶的苦味不但具有刺激中枢神经的作用，而且烹调中也有一定的作用。另外，茶叶还有一些其他作用，可使烹调得益不少，如烧鱼时可解腥味，煮牛肉等高蛋白、不易成熟的原料时可速烂、增香。还可制作药膳，如江南人用绿茶清蒸纫鱼，可以治虚弱和糖尿病。烹调中常用的茶叶有龙井茶、云雾茶叶、毛岭茶叶、雀舌茶叶、乌龙茶叶、花茶等。

二、　香辛料

香辛料在食品工业中扮演着重要的角色，主要的呈香基团和辛味物质是其中的醛基、酮基、酚基以及一些杂环化合物，它除了有增香、调味、除臭、矫味的效果外，还含有抗菌和抗氧化性的成分。香辛料的使用种类、配比，除了根据原料的鲜度，其他调味料的配比情况以及加工方法等方面的情况考虑外，应重视消费者的嗜好这一关键性因素。

虽然香辛料的种类繁多，但常用于鱼糜制品的种类却很少。在鱼糜制品中常用的香辛料有使制品形成独特香气的胡椒、丁香、茴香；对制品有除臭、抑臭和增加芳香性的肉桂和花椒；有以增香为主的玉果；有以辣味为主的生姜和以颜色为主的洋葱等。辣味是各种味中刺激性最强的味道，感觉也最为灵敏，少用可以增加风味，促进食欲，帮助消化，并起到促进血液循环的作用。各种辛辣成分具有一定的杀菌能力，可以延长鱼糜制品的保藏期限。与香味成分在一起使用还可以改善食品的风味并可起到除臭的作用。但要注意使用方法不当则效果适得其反，所以必须合理调配。在鱼糜制品中使用香辛料，最好不直接加入香辛料原料，以免在制品上形成斑点，造成色泽不均，影响质量。一般是使用香辛料的抽提液，或者使用经加工后的香辛料的粉末。另外，由于香辛料主要是来源于植物部分，存在易污染的芽孢杆菌，所以最好使用经加工和杀菌后的产品。

（一）辣椒

辣椒具有强烈的辣味，其呈辣味的主要成分是辣椒碱，几乎不溶于水，微溶于热水，易溶于醇、油脂中，煮沸时不破坏。

鱼糜制品中使用的辣椒是经加工过后的辣椒粉，其调味效果十分明显，加入量以适口为宜，还要注意不同地区人们的消费习惯，适当搭配。

（二）姜

姜是植物的根茎，鲜姜辣味的主要成分是姜辣素和姜油酮，二者均是油状液体，具有强烈的辛辣味。生姜切碎后蒸馏可得到一种淡黄色或黄绿色的油状液体，称为姜油，鲜姜含姜油 0.05%~0.20%，干后的老姜含油 0.15%~0.5%。

鱼糜制品中多使用姜汁进行调味，除了具有较强的去腥和解毒作用外还有一定的抗氧化功效。加入量很少，也无具体规定，一般视原料新鲜程度而定，鲜度较差的原料可多加些。此外，姜还具有发汗、散寒、止呕、祛痰等功效。

（三）胡椒

胡椒是胡椒树的果实，分为黑白两种。黑胡椒是未成熟的果实，白胡椒是去掉种皮后完全成熟的果实。

胡椒也是一种辛辣植物，呈辛辣味的主要成分是两种生物碱：一种是结晶状的胡椒碱；另一种是油状的异胡椒碱。在鱼糜制品调料中，主要用商品胡椒粉，且多用白胡椒粉，加入量较少，视产品需求而定。另外，胡椒粉还有一定的抗氧化作用。

（四）葱

葱是植物的茎叶部分，多用色香味正常的青葱，其呈味成分主要是两种：一种是挥发性油中的大蒜素，又香又辣；另一种是油脂性挥发液体——硫化丙烯，有辛辣味和杀菌能力。在鱼糜制品（尤其是油炸类制品）中，一般使用葱汁。与姜类似，具有较好的去腥效果。

（五）蒜

蒜是植物的鳞茎，它的辣味成分是两种挥发油：一种是大蒜素；另一种是含硫的大蒜素，又香又辣。在鱼糜制品中一般是用捣碎后的蒜汁来进行调味，与姜和葱一样，具有去腥和杀菌作用，同时还有刺激食欲、帮助消化的功效。但因蒜有强烈的刺激性气味，用量不宜过多。

在水产加工中，香辛料的确是必不可少的材料，为了有效地掩盖腥味、泥土味，人们大量使用胡椒、花椒、葱、姜、蒜等香辛料，不但矫正水产品原料的不良风味，而且使制成品体现出海鲜品的美味。但在使用食用香料与香精获得味道鲜美的同时，人们最关心的是其安全性。1909 年成立的国际食用香料和萃取物制造协会（FEMA），在 100 多年的发展过程中，对香料进行了"通常认为安全（GRAS）"的评审，从而成为香料行业最具权威性并产生巨大影响的专业组织。FEMA 对通过 GRAS 评审的香料编发编号，编号从 2001 为起始，迄今为止已达到 4023 个编号。特别是近年来，在世界范围内对食用香精的安全性越来越重视。随着细胞融合、组织培养、遗传因子诱变等生物技术的发展，通过微生物代谢或酶制剂制取香料的技术不断有新的突破，对天然植物香料的应用研究也更为深入。例如，以迷迭香提取物作为抗氧化剂，在大豆油和猪油中抗氧化能力是人工合成的丁羟基茴香醚（BHA）的 2~4 倍。在 120℃ 的高温条件下，迷迭香表现出更强的抗氧化性和稳定性。在天然植物香辛料的提取技术方面，天然树脂精油（也称油树脂）得到长足的发展。目前，液态树脂精油最常用的制取方法有：溶剂浸提、减压蒸馏脱除溶剂、浸提物用微胶囊包埋。另外，二氧化碳超临界萃取法、微波辐照诱导萃取法，已进入工业化生产。

三、添加剂

为改善食品品质和色、香、味、形、营养价值以及为保存和加工工艺的需要而加入食品中的化学合成或者天然物质称为食品添加剂。食品添加剂可以是一种物质或多种物质的混合物，它们中大多数并不是基本食品原料本身所固有的物质，而是在生产、贮存、包装、使用等过程中在食品中为达到某一目的，有意添加的物质。它们一般都不能单独作为食品来食用，其添加量有严格的控制，而且很少的添加量就能取得很好的效果。

目前，国际上对食品添加剂的分类，还没有一个统一的标准。除香料外，在 GB 2760—2014《食品安全国家标准　食品添加剂使用标准》中，将其分成 21 类：酸度调节剂、抗结剂、消泡剂、抗氧化剂、漂白剂、膨松剂、胶姆糖基础剂、着色剂、护色剂、乳化剂、酶制剂、增味剂、面粉处理剂、水分保持剂、营养强化剂、防腐剂、稳定和凝固剂、甜味剂、增稠剂和其他。

（一）明胶

明胶是加热水解动物的皮、骨、软骨等胶原物质后得到的一种胶原蛋白质，胶原蛋白经过脱脂、浓缩、干燥等工艺处理后得到的干燥明胶是一种无色无味的物质。由于缺少很多必需氨基酸，其营养价值并不高。但明胶凝胶的链状蛋白质在热水中溶解，冷却时能形成特殊的网状结构。

明胶能形成高水分凝胶的特点，被应用添加于各种食品中，也常被用作悬浊液和油脂乳化剂，色素和香料的分散剂，产品的增亮剂等。鱼糜制品中明胶的添加量一般为 3%～5%，它能填满肌肉纤维间隙，增加断面光泽，切薄片时也不易崩坏。而且，各种呈味溶出成分和香辛料在明胶凝胶中含量均匀，不易产生味的分离现象。

一般情况，明胶在冷水中膨润，提高温度后明胶长链分子分散于水中形成高黏度的溶胶，随着温度降低其黏度升高。在 1%以上的浓度时可失去流动性而变成有弹性的凝胶。溶胶与凝胶的转换温度一般为：温度上升到 30～35℃时发生溶胶；温度下降到 26～28℃时开始凝胶。

（二）淀粉

淀粉的分子式为 $C_6H_{10}O_3$，是葡萄糖脱水缩合后形成的天然高分子物质，可分为直链淀粉和支链淀粉，一般的淀粉是 20%～25%的直链淀粉与 75%～80%的支链淀粉的混合物。它的种类很多，但在食品工业上应用的一般为马铃薯淀粉、小麦淀粉、山芋淀粉和玉米淀粉等。

淀粉为白色粉末，无臭无味，相对密度 1.499～1.513。商品淀粉含水量在 12%～18%；它不溶于冷水，在水中形成悬浮浊液，具有悬浊液特性，把淀粉放在水中边加热边搅拌，到一定温度后淀粉颗粒开始吸水，黏度上升，透明度增大，这一温度称为糊化起始温度。随着加热温度继续上升，淀粉颗粒继续吸水膨润，体积增大直至达到膨润极限后颗粒破坏，黏度下降，这种淀粉加热后的吸水—膨润—崩坏—分散的过程称作淀粉的糊化和液化。高浓度的淀粉糊放冷后易形成凝胶，其凝胶强度与膨润度呈相关关系，浓度、温度和加热时间是很重要的因素；凝胶化的淀粉糊在放置一段时间后，由于糊化而分散的淀粉分子会再凝集，使凝胶劣化，水分离析，出现淀粉老化现象。鱼糜制品中的淀粉因处于半膨胀状态，分散度较低，其老化速度与一般淀粉糊相比可快 1 倍左右，使用时需引起注意。目前，日本已经生产一种弹性补强剂，称为"高度柔软剂"，是天然淀粉经物理处理后的变性淀粉，具有良好的保水性、耐热性及耐老化性。一般来讲，不同的淀粉凝胶形成能力的强弱顺序为：玉米淀粉>马铃薯淀粉>小麦淀粉。

在鱼糜制品中添加淀粉，既可提高制品的凝胶强度，增强保水性，也起增量、降低成本作用。因而对于一些弹性差的鱼肉，加入一定数量的淀粉后就可以起到提高凝胶强度的作用。但并不是淀粉加得越多越好，因为淀粉在储藏中会发生老化，含淀粉多的鱼糜制品在低温（5℃以下）下贮藏时这种现象尤为显著，它使凝胶变脆，水分游离，甚至产生龟裂现象，严重影响产品的质量。因此，添加的淀粉量不宜过高，一般控制在 5%~20%，高品质的鱼糜制品其淀粉含量都不高，含淀粉的鱼糜制品不宜在低温下长时间放置和贮藏。

（三）　食用色素

食用色素可分为合成色素和天然色素两大类，在鱼糜制品中一般使用天然色素。日本鱼糜制品的种类很多，如三色鱼糕和竹轮等，所以色素的使用种类也较多。我国鱼糜制品工业起步较晚。色素的使用方法主要是两种：一种是直接添加到鱼糜制品中，如鱼红肠；另一种则是给鱼糜制品着色，即在鱼糜制品加工即将完成时，在其外表面涂上不同的色素，以增加产品的色泽，满足消费者的需要，如模拟蟹肉和鱼糕产品表面的红色。目前我国允许使用的天然色素有红曲米、紫胶色素、甜菜红、姜黄、红花黄、β-胡萝卜素、叶绿素铜钠及焦糖等。现选择几种主要色素简要介绍如下。

1. 红曲

在生产中应用的红曲是经发酵工艺制成的红曲米，红曲色素为橙红色，酸碱溶液中稳定，耐热性、耐光性强，几乎不受金属和氧化剂、还原剂的影响，对蛋白质染着性好，不易褪色，常用量为 1%~2%。

2. 姜黄

姜黄为多年生草本植物，味辛、苦，含有挥发性姜油酮和姜黄素等。干燥姜黄为橙黄色粉末，不溶于冷水，溶于乙醇、丙二醇、乙酸和碱溶液。碱性时呈红褐色，耐还原性，但耐光性、耐热性、耐铁离子性较差，对蛋白质的染色性强。

3. 红花黄

红花黄系红花中所含的黄色色素，味辛、微苦，为黄色均匀粉末，溶于水、乙醇等，不溶于油脂。0.02%水溶液呈鲜艳黄色，色调在 pH2~7 时基本不变，碱性时带红色。耐光性、耐盐性较好，耐热性稍差，对鱼片的着色效果较好，最大使用量为 0.02%。

4. β-胡萝卜素

β-胡萝卜素广泛存在于胡萝卜、辣椒、南瓜和谷类等植物以及蛋黄、奶油中，是维生素 A 的前体。它是红紫色至暗红色结晶粉末，不溶于水，难溶于乙醇，在酸性和碱性条件时不稳定，对光和氧较不稳定，但不受还原物质影响，重金属特别是铁离子可促使其褪色。主要应用于油性食品的着色，同时兼有营养强化的作用，最大使用量是 0.02%。

5. 叶绿素

叶绿素包括叶绿素铜钠 a 盐和 b 盐两种，是墨绿色、有金属光泽的粉末，易溶于水，稍溶于乙醇，水溶液呈蓝绿色，透明无沉淀。1%水溶液 pH 为 9.5～10.2，耐光性强，适用于鱼糜制品的着色，最大使用量为 0.05%。

6. 焦糖

焦糖（酱色）是我国传统使用的色素之一，它是一种黑褐色胶状物，含有 100 种左右不同的化合物，可溶于水和稀乙醇溶液，在使用上无特别限制。

随着人们饮食水平的提高，越来越趋向于利用天然食用色素，因此，在加工鱼糜制品生产上要尽可能采用既有营养价值又具有着色作用的天然色素，如使用番茄酱、植物汁、蛋黄等进行调色。

（四）　其他添加剂

1. 乳化稳定剂

乳化稳定剂主要的作用是使添加的各种辅料和其他添加剂能与鱼糜充分地乳化，在鱼糜制品中常用的有卵磷脂、蔗糖脂肪酸酯和酪朊酸钠等。

2. 抗氧化剂

鱼糜制品中含有一定量的脂肪，尤其是鱼糜自身的脂肪含有较多的不饱和脂肪酸，容易氧化而影响产品质量，为防止脂肪的酸败，提高贮藏期，一般都需要加入适量的抗氧化剂，如维生素 E、L-抗坏血酸、L-抗坏血酸钠、烟酰胺和 2-叔丁基对苯二酚（TBHQ）等。其中维生素 E 还有一定的营养价值，L-抗坏血酸及其钠盐还具有促进亚硝酸的发色作用和抑制亚硝胺生成的效果。

3. 辅助呈味剂

辅助呈味剂主要是起增强鲜味功效，与味精、肌苷酸混合使用有风味叠加的效果。这部分辅助呈味剂主要是各种氨基酸，常用的有甘氨酸、天冬氨酸钠等。

4. 品质改良剂

品质改良剂主要是复合磷酸盐，包括三聚磷酸钠、焦磷酸钠、六偏磷酸钠等及它们的混合物，添加在鱼糜中既可作为鱼肉蛋白冷冻变性防止剂，也可起到增强鱼糜制品弹性的作用。在防止冷冻变性方面的作用主要有两种：一是使鱼糜的 pH 保持中性。因为肌原纤维蛋白质（及肌动蛋白）的冷冻变性速度在中性附近为最小，鱼肉蛋白质稳定，并且糖类也最能发挥作用。二是提高鱼糜的离子强度，一般在离子强度 0.1 附近肌原纤维变性速度最慢。由于漂洗作用，一部分金属离子被除去使得鱼肉中的离子强度随之降低。0.2%～0.3%多磷酸盐的加入，可将脱水肉的离子强度调至 0.1 左右。

多磷酸盐对鱼糜的弹性增强效果被认为是由于其与食盐、无机质等共存时，显著增加了肌原纤维蛋白质的溶解性所致。由于提高了鱼糜的离子强度和 pH，为肌原纤维的溶解创造好的条件，而且能与各种阻碍蛋白质水合作用的 Ca、Mg 离子发生螯合，使得鱼糜弹性得到提高。

对冷冻鱼糜来说，复合磷酸盐和糖类一样是一种不可缺少的添加物。但加至 0.5%时有异味，也无弹性增强效果，所以一般加入 0.2%～0.3%即可。

5. pH 调节剂

pH 调节剂分为两类：一类是提高鱼糜的 pH，如上述的复合磷酸盐（三聚磷酸钠、焦磷酸钠），使 pH 远离鱼肉的等电点，向中性或偏碱性方向扩展，从而提高鱼糜的保水性和弹性；另一类是降低 pH，常用的有柠檬酸、葡萄糖酸内酯、富马酸钠等，使鱼糜 pH 调向酸性，可抑制霉菌生长繁殖，增加储藏期。但一般在生产中不常用，因为 pH 过低会导致鱼糜制品弹性下降。

6. 发色剂

常用的发色剂有硝酸钠和亚硝酸钠，一般是两者混合使用。发色剂具有使肌肉中血红素保持其还原性及使高铁血红素还原为低铁血红素的作用，能使肌肉保持鲜红色。但发色剂的使用量必须严格控制，以免导致毒性和诱发其他疾病，硝酸钠的使用量控制在 0.05% 以下，亚硝酸钠的使用量则控制在 0.015% 以下。

7. 防腐剂

常用的防腐剂有山梨酸、山梨酸钾，可抑制霉菌、酵母菌、好气性细菌的生长繁殖，从而起到延长制品贮藏期的作用，和亚硝酸钠并用可提高保存性。

8. 营养强化剂

添加的营养强化剂有维生素 A、B 族维生素、维生素 D、钙盐、赖氨酸等。一般可根据不同消费对象添加，能调整产品的组分含量，提高其营养价值。

9. 抗冻剂

抗冻剂的作用主要是防止鱼糜蛋白质在冻结冻藏中的变性，使用最多的是蔗糖，若与山梨醇结合使用，效果更佳。此外，麦芽糖醇和 TGase 也都具有一定的抗冻作用。

🔍 思考题

1. 鱼类有哪些主要特点？为什么鱼类比陆地动物肉更容易腐败变质？
2. 为什么水产动物肉比陆地动物肉更鲜美？其蛋白质氨基酸构成与陆地动物肉有哪些显著的差异？
3. 我国有哪些主要的海洋鱼类资源、虾类资源、贝类资源和藻类资源？
4. 水产品加工中常用的调味料、香辛料、添加剂有哪些？
5. 如何控制水产品的腥味？

参 考 文 献

[1] Yang R, Chen F, Chen F, et al. Purification, characterization and crystal structure of parvalbumins, the major allergens in mustelus griseus[J]. Journal of Agricultural and Food Chemistry, 2018, 66(30): 8150~8159.

[2] 林洪, 刘勇. 国际贸易水产品图谱[M]. 青岛: 中国海洋大学出版社, 2008.

[3] F Shahidi, 李洁, 朱国斌. 肉制品与水产品的风味[M]. 北京: 中国轻工业出版社, 2001.

[4] 夏文水. 食品工艺学[M]. 北京: 中国轻工业出版社, 2020.

第二章

CHAPTER

鱼肉的组织结构和特性

2

[学习目标]

　　了解鱼肉的组织结构特性和化学组成，掌握主要化学成分的结构和功能的关系。

第一节　鱼肉的组织结构

　　鱼类是易腐食品，需要进行各种处理才能贮藏、运输和加工，有时还要适应人们的饮食习惯和嗜好，采用不同的加工方法，制成具有各种风味特征的产品。因此，了解鱼贝类的组织结构和各种特性，才能有效、合理地加工利用。

一、　鱼体器官

　　鱼体由头、躯干、尾、鳍四部分组成（图2-1、图2-2）。体形一般呈纺锤形，两侧稍扁平，在水中游动时阻力较小，典型的如金枪鱼、鲣鱼等。也有从此基本体形稍作变动的，如鲷鱼、石斑鱼等。还有像比目鱼那样，身体扁平，双眼均在一侧的体形。鳗鱼、鳝鱼等鱼类，则体形细长，呈圆筒形。

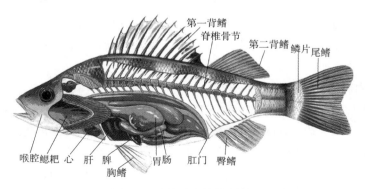

图2-1　硬骨鱼解剖示意图

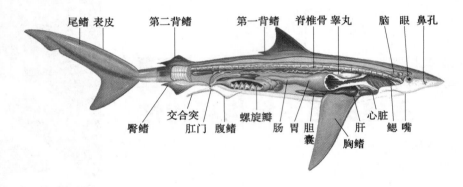

图 2-2　软骨鱼解剖示意图

（一）　皮肤与体色

鱼皮由数层上皮细胞构成，最外层覆有薄的胶原层。表皮下面有真皮层，鱼鳞从真皮层长出。鱼鳞主要由胶原与磷酸钙组成，起到保护鱼体的作用。鱼鳞形成的成长线与树木年轮相当，读取其成长线数可知鱼的大概年龄。真皮层具有色素细胞，含有表现鱼体颜色的红、橙、黄、蓝、绿等各种色素。鱼的体色与栖息的生态环境有密切关系，与射入水中的日光有强烈的补色倾向，而且有表现与栖息海底相似色彩的倾向，即色素细胞具备形成"保护色"的功能。另外，体表的鸟嘌呤细胞中沉积着主要由鸟嘌呤和尿酸构成的银白色物质，它强烈反射光线，使鱼体呈现银光闪亮。

（二）　骨骼

鱼有硬骨鱼和软骨鱼之分。硬骨的骨化作用充分，主要有机成分是胶原、骨黏蛋白（Osseomucoid）、骨硬蛋白（Osseoalbumoid）等，钙质无机成分几乎全是磷酸钙，这与哺乳类几乎全是碳酸钙是不同的。软骨像鲨鱼和鳐那样，骨化作用处于不完全阶段。此外，硬骨与软骨的水分含量也有较大差别。

鲨鱼软骨中含有抗癌物质。科学研究证实，将癌细胞移植到鲨鱼体内，鲨鱼不会患癌症。因此，可从鲨鱼软骨中提取这种物质制成药丸或者将软骨进行适当处理制成骨制品或方便食品。据研究，世界上三种不患癌症的动物除鲨鱼外，还有鲸和蟑螂。乌贼骨的中药名称为"海螵蛸"，内服可治胃溃疡、胃酸过多和消化不良。

（三）　鳍

鱼鳍按照所处部位可分为五种，即背鳍、腹鳍、胸鳍、尾鳍和臀鳍。有些鱼类缺少其中几种，也有些则鳍与鳍之间连续，不分开。鳍是运动时保持身体平衡的器官。鱼在水底游动时，扇动鱼鳍掘起泥沙，既可觅食又可隐藏身躯。某些鱼种带有吸盘状的鱼鳍，可吸附在物体上，也有一些鱼，鳍的基部具有毒腺。

（四）　内脏

鱼的内脏大致与陆上哺乳动物相似。然而，有的鱼没有胃，有的鱼则胃壁特别厚而强韧，还有些鱼的胃其后端具有许多细房状的幽门垂。幽门垂起到分泌消化酶和吸收消化物的作用。肾脏一般长在沿脊椎骨的位置，呈暗红色。有些鱼，如鲫鱼和鲤鱼，其肝和胆是互不分开的。除了某些硬骨鱼类及板鳃类外，几乎所有的鱼类具有由银白色薄膜构成的鱼鳔，通过调节其中的气体量，鱼类进行上浮下沉运动。鱼鳔可作菜肴，也可作为鱼胶的原料。

二、　鱼肉组织

鱼肉组织主要由肌肉组织、结缔组织、脂肪组织和骨组织组成。

（一）　肌肉组织

鱼类的肌肉主要由横纹肌和平滑肌构成。横纹肌在显微镜下观察有明暗相间的条纹。从数量上讲，横纹肌占绝大多数，是鱼类的主要可食部分。横纹肌对称地分布在脊椎骨的两侧，故称为体侧肌。运动中可通过左右体侧纵向纤维的伸缩，使鱼体摆动前进。体侧肌又可划分为背侧肌和腹侧肌，在鱼体横断面中分别呈同心圆排列（图2-3）。

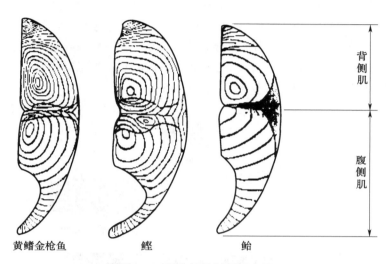

黄鳍金枪鱼　　　　　鲣　　　　　　鲐

图2-3　鱼体侧肌断面示意图

1. 肌肉节

（1）肌肉节（Myomeres，Myotomes，Muscle Flakes）　鱼体除去皮层后，可看到体侧肌从前部到尾部呈块状连续排列着很多呈W形的肌肉节（图2-4），肌肉节是由体节发育而来，是体节的一部分，长度1~2cm。肌肉节间由结缔组织膜或肌膈（Myosepta）连接。蒸煮时肌膈胶原蛋白变性，肌肉节彼此分离开来，形成一块块鱼肉。肌肉节数与鱼的脊椎骨数相等。每一肌肉节由无数平行的肌纤维纵向排列构成。

（2）肌纤维（Muscle Fibers）　肌肉组织由肌细胞构成。肌细胞呈纤维状，又称肌纤维。肌纤维本身的膜称肌膜或肌细胞膜，由蛋白质和脂质构成，具有很好的韧性，可承受肌纤维的收缩和舒张。在脊椎动物中，鱼肉肌纤维最粗（50~

图2-4　鱼体侧肌肌肉节

250μm），白身鱼肌纤维直径100~250μm，红身鱼肌纤维直径100μm以下，但是很短，不超过肌膈间距。肌纤维两端与肌膈相连，故其长度与肌膈间距相等（图2-5）。

（3）肌原纤维和肌节   肌原纤维（Myofibrils）是肌细胞独有的细胞器，浸润于肌浆中，占肌纤维固形成分的 60%~70%，是肌肉的伸缩装置。肌原纤维呈细长的圆筒状结构，直径 1~2μm，其长轴与肌纤维的长轴相平行。一个肌纤维含有 1000~2000 根肌原纤维。肌原纤维由三种类型的肌丝构成，即粗丝（Thick Filaments，Thick Myofilaments）、细丝（Thin Filaments，Thin Myofilaments）和连接丝（Connecting Filaments）。粗丝和细丝平行排列，整齐地贯穿于整个肌原纤维。由于粗丝和细丝在某一区域形成重叠，从而形成了横纹，这也是"横纹肌"名称的由来。光线较暗的区域称为暗带（A 带），光线较亮的区域称为明带（I 带）。I 带的中央有一条暗线，称为"Z 线"，它将 I 带从中间分为左右两半；A 带的中央也有一条暗线称"M 线"，将 A 带分为左右两半。在 M 线附近有一颜色较浅的区域，称为"H 区"。两个相邻 Z 线间的肌原纤维称为肌节（Sarcomeres），它包括一个完整的 A 带和两个位于 A 带两边的半 I 带。肌节是肌原纤维的重复构造单位，也是肌肉收缩、舒张交替发生的基本单位。肌节的长度是不恒定的，它取决于肌肉所处的状态。当肌肉收缩时，肌节变短；舒张时，肌节变长。肌肉舒张时的肌节长度约为 2.5μm。

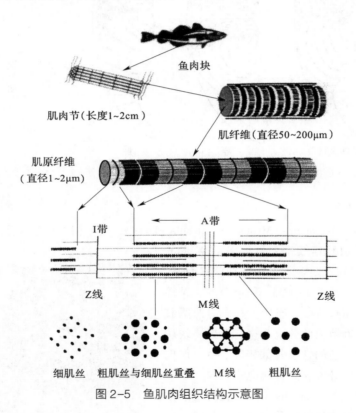

图 2-5   鱼肌肉组织结构示意图

构成肌原纤维的粗丝和细丝不仅大小形态不同，而且它们的组成、性质和在肌节中的位置也不同。粗丝主要由肌球蛋白组成，故又称肌球蛋白丝（Myosin Filament），直径 10nm，长约 1.5μm。A 带主要由平行排列的粗丝构成，另外有部分细丝插入。每条粗丝中段略粗，形成光镜下的中线及 H 区。粗丝上有许多横突伸出，这些横突实际上是肌球蛋白分子的头部。横突与插入的细丝相对。细丝主要由肌动蛋白分子组成，所以又称肌动蛋白丝（Actin Filament），直径 6~8nm，自 I 线向两旁各扩张约 1.0μm。I 带主要由细丝构成，每条细丝从

I 线上伸出，插入粗丝间一定距离。在细丝与粗丝交错穿插的区域，粗丝上的横突（6 条）分别与 6 条细丝相对。因此，从肌原纤维的横断面上看 I 带只有细丝，呈六角形分布。在 A 带由于两种微丝交错穿插，所以可以看到以一条粗丝为中心，有 6 条细丝呈六角形包绕在周围。而 A 带的 H 区则只有粗丝呈三角形排列。粗丝和细丝的结构见图 2-6。

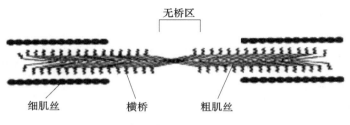

图 2-6　粗肌丝、细肌丝及其排列

（4）肌浆（Sarcoplasm）　肌浆是肌纤维中的细胞质，填充于肌原纤维间和细胞核的周围。肌浆是细胞内的胶体物质，含水量 75% ~ 80%。肌浆内含有肌浆蛋白（肌溶蛋白、肌红蛋白、肌浆酶等）、肌糖原及其代谢产物和无机盐类等。横纹肌的肌浆内有发达的线粒体分布，通常把肌纤维内的线粒体称为肌粒。

肌浆中有一种重要的细胞器称溶酶体（Lysosomes），溶酶体内含有多种能消化细胞和细胞内容物的蛋白质水解酶。其中一些组织蛋白酶（Cathepsins）对一些肌肉蛋白质有分解作用，它们对肉的成熟、鱼肉凝胶软化具有重要作用。

（5）肌细胞核　横纹肌纤维为多核细胞，核呈椭圆形，位于肌纤维的边缘，紧贴在肌纤维膜下，呈有规则的分布，核长约 5μm。

2. 肌纤维的种类

鱼肉有红身鱼肉和白身鱼肉之分（表 2-1）。长距离持续经常性洄游的鱼类肌肉色泽较红（红身鱼），只在小范围内移动的鱼类肌肉多为淡色和白色（白身鱼）。

表 2-1　　　　　　　　　　　　　　红身鱼肉和白身鱼肉的特性

红身鱼肉	白身鱼肉	红身鱼肉	白身鱼肉
肌纤维稍细	肌纤维稍粗	细胞色素活性高	细胞色素活性较低
肌红蛋白较多	肌红蛋白较少	收缩缓慢，有持久性	收缩迅速，易疲劳

鱼肉横纹肌有红肌（Red Muscle）和白肌（White Muscle）之分。红肌由红肌纤维构成，白肌由白肌纤维构成。这两种类型肌纤维的特性列于表 2-2。暗色肉（Dark Muscle）属于红肌。鱼类的肌肉类似于陆上动物的肌肉，但在背肉和腹肉的连接处有一种暗色肉的肌肉组织存在。它呈深红色，与普通鱼肉颜色有明显区别。这是由于暗色肉比普通肉含有较多血红蛋白、肌红蛋白等呼吸色素蛋白质的缘故。鱼体暗色肉的多少和分布状况因鱼种而异（图 2-7）。一般活动性强的中上层鱼类，如鲐、鲣、金枪鱼、沙丁鱼等暗色肉多，不仅鱼体表层部分有，内部伸向脊骨部分也有。活动性不强的底层鱼类，如鳕鱼、鲽鱼、真鲷等暗色肉少，而且仅分布在体表部分。暗色肉中除含有较多色素蛋白质外，还含有较多的脂质、糖原、维生素和酶等，在生理上可适应缓慢而持续性的洄游运动。普通肉则与此相反，主要适

于猎食、跳跃、避敌等急速运动。在食用价值和加工储藏性能方面，暗色肉低于白色肉。

表 2-2　　　　　　　　　　　　红肌纤维和白肌纤维的特性

性状	红肌纤维	白肌纤维
色泽	红色	白色
肌红蛋白含量	高	低
纤维直径	小	大
收缩特点	收缩缓慢、耐持久	收缩快、易疲劳
线粒体数量	多	少
线粒体大小	大	小
有氧代谢	高	低
无氧酵解	低	高
脂质含量	高	低
糖原含量	低	高

鳕鱼　　　　　　　　竹荚鱼　　　　　　　　扁舵鲣

图 2-7　不同鱼种暗色肉的分布

（二）　结缔组织

从组织学上讲，鱼肉的结缔组织可分为肌膈、肌束膜（Perimysium）和肌内膜（Endo-mysium）。肌膈的胶原纤维粗，把鱼肉分隔成肌肉节。肌内膜是肌纤维与肌纤维之间的一层很薄的结缔组织膜，把肌纤维隔开，其胶原纤维很细。50～150 个肌纤维聚集成肌束（Muscle Fiber Bundle），包被着肌束的一层结缔组织鞘膜称为肌束膜，肌束膜的胶原纤维也很细。肌内膜通常与肌束膜连接，肌束膜与肌膈连接。这些结缔组织的支持和连接作用使肌肉保持一定的弹性和强度，其另一个主要作用是接受和传递肌肉收缩产生的力。

肌内膜和肌束膜都属于肌内结缔组织，其主要构成成分包括胶原纤维、弹性纤维、细胞（成纤维细胞、脂肪细胞、巨噬细胞）、糖蛋白和蛋白多糖等。

1. 胶原纤维

胶原纤维是结缔组织中最常见、分布最广的一种纤维，新鲜时呈白色，故又称白纤维。纤维呈波纹状，分布于基质内。纤维长度不定，粗细不等，直径 1～12μm，有韧性和弹性，每条纤维由更细的原胶原纤维和少量黏合物质粘连而成。每条原胶原纤维上有明暗交替的周期性横纹（图 2-8）。胶原纤维的主要化学成分是胶原蛋白。

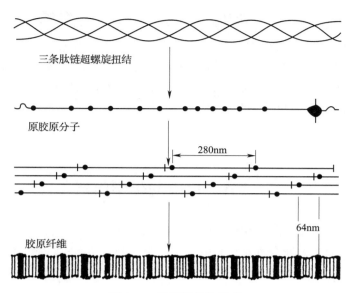

三条肽链超螺旋扭结

原胶原分子

280nm

64nm

胶原纤维

图 2-8　胶原纤维的形成

2. 弹性纤维

弹性纤维呈黄色，又称黄纤维，一般比胶原纤维少而细，有分枝，互相交织成网状，弹性大，易拉长。弹性纤维有弹性蛋白（Elastin）组成。

3. 网状纤维

网状纤维很细，有分枝，相互交织成网状。网状纤维和胶原纤维的化学性质相似，主要成分是胶原蛋白，也有周期性横纹，而在原纤维上附有黏性蛋白多糖。

（三）　脂肪组织

肠系膜、肝脏、暗色肉和腹肌是鱼体脂肪的主要分布部位。海洋鱼类的脂质主要来自少脂鱼（脂质含量<2%）的肝脏，如鳕鱼和大比目鱼，多脂鱼（脂质含量>5%）的体脂肪，如鲭鱼、鲱鱼、大麻哈鱼，以及海洋哺乳动物的体脂肪（如海豹、鲸）。这些脂肪由饱和脂肪酸、单不饱和脂肪酸和多不饱和脂肪酸构成。海洋鱼类的脂质区别于陆生动物脂质的唯一特性是含有短链 $\omega-3$ 多不饱和脂肪酸。

脂肪的构造单位是脂肪细胞，脂肪细胞或单个或成群地分布于疏松结缔。脂肪细胞包被一层原生质膜，细胞中心充满脂肪滴，细胞核被挤到周边。鱼类脂肪在体内蓄积依鱼种、组织、季节、栖息水域、产卵、年龄、性别和育肥程度等的不同而异。脂肪在活体组织内起着保护组织器官和提供能量的作用，也是重要的风味前体物之一。鱼肉内游离脂肪酸的高度蓄积可使鱼肉质构改变，也能促进脂类氧化而产生异味。

（四）　骨组织

鱼类骨骼有硬骨和软骨之分。硬骨的骨化作用充分，构成了鱼体的支架，具有支撑和保护体内器官的作用。骨组织由骨细胞、骨胶纤维和基质组成。骨组织的外面包被着骨膜。鱼类没有明显的骨髓腔和骨髓组织。

硬骨鱼骨组织的特点随鱼的种类和分布部位而异。一般来讲，硬骨鱼骨组织可分为密质骨和松质骨。松质骨多见于长形骨两端的骨骺部和扁形骨的中央部位。密质骨多分布于长形骨骨干和不规则骨的表层。鲤形目、鲱形目和鲑科鱼鳃盖骨的骨组织中有明显的骨陷窝和骨细胞，而鳕鱼、金枪鱼类鳃盖骨的骨组织只有少量的陷窝和骨细胞。鱼骨可制成骨粉，作为饲料添加剂，还可制备骨胶原蛋白。

软骨组织由软骨细胞和细胞间质构成。细胞间质包含胶原纤维和软骨基质。软骨基质的主要成分是蛋白质、硫酸软骨素 A、硫酸软骨素 C 和水。鳖鱼和鳐的骨化作用不完全，软骨组织较多。鲨鱼属软骨鱼类，鲨鱼鳍中的细丝状软骨可加工成鱼翅，鱼翅含有丰富的胶原蛋白。

第二节　鱼肉的化学组成

鱼肉的化学成分主要是指肌肉组织中的各种化学物质，包括水分、蛋白质、脂质、碳水化合物、含氮浸出物以及灰分和维生素等。鱼肉中水分占 70%～85%、蛋白质 10%～20%、脂肪 0.5%～30%、碳水化合物 1%以下、无机盐 1%～2%。

一、水分

水是鱼肉中含量最多的成分。鱼肌肉含水为 70%～85%。鲱鱼肌肉水分占 75%～79%，草鱼肌肉中水分占 70%～81%。水的含量受鱼种、季节、年龄、体重、性别、生长阶段、饵料组成、水体环境和养殖模式等很多因素的影响。鱼肉是一个复杂的胶体分散体系，水即为溶媒，其他成分作为溶质以不同形式分散在溶媒中。鱼肉中水分含量及存在状态影响鱼的加工特性及贮藏性。鱼肌肉中水分的存在形式大致可以分为三种。

（1）结合水　结合水约占肌肉总水分的 5%。由肌肉蛋白质亲水基所吸引的水分子形成一紧密结合的水层。结合水通过本身的极性与蛋白质亲水基而结合，水分子排列有序，不易受肌肉蛋白质结构或电荷变化的影响，甚至在施加严重外力条件下，也不能改变其与蛋白质分子紧密结合的状态。该水层冰点很低（-40℃），不能作为溶剂。

（2）不易流动水　鱼肌肉中 80%的水分是以不易流动水的状态存在于纤丝、肌原纤维及肌细胞膜之间。此水层距离蛋白质亲水基较远，水分子虽然有一定朝向性，但排列不够有序。不易流动水容易受蛋白质结构和电荷变化的影响，鱼肉的保水性主要取决于肌肉中肌原纤维对此类水的保持能力。不易流动水能溶解盐及溶质，在-1.5～0℃冰结。这部分水具有自由水的特性。

（3）自由水　自由水是指存在于细胞外间隙中能自由流动的水，具有水的一般特性。自由水约占总水分的 15%。常见鱼类一般成分的构成见表 2-3。

表 2-3　　　　　　　　　　　　常见鱼类一般成分的构成　　　　　　　　　　单位:%

种类	名称	水分	粗蛋白	粗脂肪	碳水化合物	无机盐
	大黄鱼	81.1	17.6	0.8	—	0.9
	带鱼	74.1	18.1	7.4	—	1.1
海水鱼	鲥	73.2	20.2	5.9	—	1.1
	鲐	70.4	21.4	7.4	—	1.1
	海鳗	78.3	17.2	2.7	0.1	1.7

续表

种类	名称	水分	粗蛋白	粗脂肪	碳水化合物	无机盐
海水鱼	牙鲆	77.2	19.1	1.7	0.1	1.0
	鲨鱼	70.6	22.5	1.4	3.7	1.8
	马面鲀	79.0	19.2	0.5	0	1.7
	蓝圆鲹	71.4	22.7	2.9	0.6	2.4
	沙丁鱼	75.0	17.0	6.0	0.8	1.2
	竹荚鱼	75.0	20.0	3.0	0.7	1.3
	真鲷	74.9	19.3	4.1	0.5	1.2
淡水鱼	鲤鱼	77.4	17.3	5.1	0	1.0
	鲫鱼	85.0	13.0	1.1	0.1	0.8
	青鱼	74.5	19.5	5.2	0	1.1
	草鱼	77.3	17.9	4.3	0	1.0
	白鲢	76.2	18.6	4.8	0	1.2
	花鲢	83.3	15.3	0.9	0	1.0
	鲂	73.7	18.5	6.6	0.2	1.0
	鲥	64.7	16.9	17.0	0.4	1.0
	大麻哈鱼	76.0	14.9	8.7	0	1.0
	鳗鲡	74.4	19.0	7.8	0	1.0

资料来源：摘自《中国农业百科全书·水产业卷（下）》，中国农业出版社，1994。

二、　蛋白质

　　鱼肌肉蛋白质通常分为三大类，肌原纤维蛋白、肌浆蛋白和结缔组织蛋白（表2-4）。一般来讲，肌原纤维蛋白占鱼肉总蛋白质含量的65%~75%，占肌纤维总容积的80%，是鱼类食品加工中最主要的结构和功能性蛋白质。肌原纤维蛋白与肌原纤维蛋白的相互作用，与非蛋白添加物的相互作用可使鱼肉制品获得理想的品质特性。肌浆蛋白是水溶性蛋白，蒸煮时变性沉淀，与鱼肉的质构关系不大。结缔组织蛋白主要由胶原蛋白组成。与家畜和家禽肉相比，鱼肉胶原蛋白的融化温度较低，蒸煮时很容易转变为明胶。

（一）　肌原纤维蛋白（Myofibrillar Proteins）

　　肌原纤维蛋白大约占肌肉总重量的11%，或占肌肉蛋白质总重的55%~70%。肌原纤维蛋白是构成肌原纤维的蛋白质，支撑着肌纤维的形状，因此又称结构蛋白或不溶性蛋白质。根据其在活体中的作用，肌原纤维蛋白又可分为收缩蛋白、调节蛋白和支架蛋白。收缩蛋白（包括肌球蛋白和肌动蛋白）直接参与肌肉收缩，构成肌原纤维。调节蛋白包括原肌球蛋白、肌原蛋白和其他小分子蛋白，参与肌肉收缩的启动和控制。支架蛋白包括伴肌球蛋白或肌联蛋白、C蛋白、肌间线蛋白和一些其他小分子蛋白。顾名思义，支架蛋白起支撑作用。

表 2-4　　　　　　　　　　几种鱼肉和动物肉的蛋白质组成

动物种类	总蛋白占比/%		
	肌浆蛋白	肌原纤维蛋白	基质蛋白
鳕鱼	21	76	3
鲤科鱼	23~25	70~72	5
比目鱼	18~24	73~79	3
牛肉	16~28	39~68	16~28
鲐	38	60	1
远东拟沙丁鱼	34	62	2
鲤鱼	33	60	4
鳙鱼	28	63	4
团头鲂	32	59	4
乌贼	12~20	71~85	2~3

1. 肌球蛋白（Myosin）

（1）肌球蛋白的基本特性　　肌球蛋白是肌肉中含量最高也是食品加工中最重要的蛋白质，约占肌肉总蛋白质的 1/3，占肌原纤维蛋白的 55%~60%。肌球蛋白构成粗肌丝，分子质量为 470~510ku，形状很像"豆芽"，由两条肽链相互盘旋构成，全长约 160nm，头部直径约 8nm，尾部直径 1.5~2nm。在胰蛋白酶的作用下，肌球蛋白裂解为两个部分（图 2-9），即由头部和一部分尾部构成的重酶解肌球蛋白（Heavy Meromyosin，HMM）和尾部的轻酶解肌球蛋白（Light Meromyosin，LMM）。在肌球蛋白的头部有四个轻链，分别为两个 LC-1、一个 LC-2 和一个 LC-3。肌球蛋白不溶于水或微溶于水，可溶解于离子强度为 0.3 以上的中性盐溶液中，等电点 5.4。肌球蛋白可形成具有立体网络结构的热诱导凝胶和高压诱导凝胶。肌球蛋白的溶解性和形成凝胶的能力与其所在溶液的 pH、离子强度、离子类型等有密切的关系。肌球蛋白形成热诱导凝胶是非常重要的工艺特性，直接影响碎肉或肉糜类制品的质地、保水性和感官品质等。

肌球蛋白在饱和的 NaCl 或 $(NH_4)_2SO_4$ 溶液中可盐析沉淀。肌球蛋白的头部有 ATP 酶活性，可以分解 ATP，并可与肌动蛋白结合形成肌动球蛋白。ATP 酶对肌球蛋白的变性和凝集程度很敏感，所以，可用 ATP 酶的活性大小指示肌球蛋白的变性程度。

（2）肌球蛋白的聚合与解聚　　每个天然的粗肌丝大约由 300 个肌球蛋白分子依靠其尾部间的静电作用而有序排列形成的，头部向外突出。在离子强度大于 0.5mol/L KCl 时，粗肌丝发生解聚，致使肌小节解体。肌球蛋白溶解于 10~80g/L NaCl 溶液，在这种情况下，肌球蛋白多以单体形式存在；而在低离子强度（0.5~5g/L NaCl）的水溶液中，肌球蛋白则大部分不溶解，多以聚合体的形式存在。改变溶液的 pH 和离子强度，干扰了离子间的静电作用，肌球蛋白的聚合程度会随之发生变化（图 2-10）。

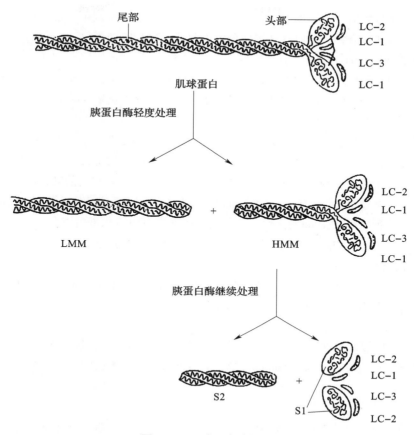

图 2-9 肌球蛋白酶解图

2. 肌动蛋白（Actin）

肌动蛋白约占肌原纤维蛋白的 20%，是构成细肌丝的主要成分。肌动蛋白只有一条多肽链构成，其分子质量为 41.8~61ku。肌动蛋白能溶于水及稀的盐溶液中，在半饱和的 $(NH_4)_2SO_4$ 溶液中可盐析沉淀，等电点 4.7。肌动蛋白单体为球形结构的蛋白分子，称为 G-肌动蛋白，分子质量为 43ku。在磷酸盐和 ATP 的存在下，G-肌动蛋白聚合成 F-肌动蛋白，其形状像"串珠"，后者与原肌球蛋白等结合成细肌丝。肌动蛋白不具备凝胶形成能力。

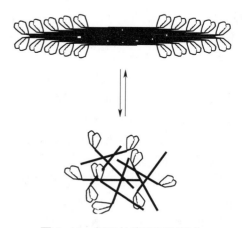

图 2-10 粗肌丝的解聚和聚合

3. 肌动球蛋白（Actomyosin）

鱼经宰杀后，肌球蛋白与细肌丝或肌动蛋白紧紧结合，形成肌球蛋白和肌动蛋白复合物，即肌动球蛋白。肌动球蛋白的黏度很高，由于聚合度不同，其分子质量不定。肌动蛋白与肌球蛋白的结合比例约为 1：（2.5~4）。肌动球蛋白也具有 ATP 酶活性，但与肌球蛋白不同，Ca^{2+} 和 Mg^{2+} 都能激活。肌动球蛋白能形成热诱导凝胶，影响肉的加工特性。鱼糜及其制品加工中，肌动球蛋白是主要的蛋白质，其浓度和性质决定着鱼糜凝胶的性质。加工中，如果肌球蛋白变性不明显，可向鱼糜或尸僵后的鱼肉中添加多聚磷酸盐化合物，使肌动球蛋白分解为肌球蛋白和肌动蛋白。

4. 原肌球蛋白（Tropomyosin）

原肌球蛋白占肌原纤维蛋白的 4%~5%，形为杆状分子，构成细丝的支架。每 1 分子的原肌球蛋白结合 7 分子的肌动蛋白和 1 分子的肌钙蛋白，分子质量 65~80ku。

5. 肌钙蛋白（Troponin）

肌钙蛋白又称肌原蛋白，占肌原纤维蛋白的 5%~6%。肌钙蛋白对 Ca^{2+} 有很高的敏感性，每一个蛋白分子具有 4 个 Ca^{2+} 结合位点。肌钙蛋白沿着细丝以 38.5nm 的周期结合在原肌球蛋白分子上，分子质量为 69~81ku。肌原蛋白有 3 个亚基，各有自己的功能特性。它们是钙结合亚基，分子质量为 18~21ku，是 Ca^{2+} 的结合部位；抑制亚基，分子质量为 20.5~24ku，能高度抑制肌球蛋白中 ATP 酶的活性，从而阻止肌动蛋白与肌球蛋白结合；原肌球蛋白结合亚基，分子质量为 30~37ku，能结合原肌球蛋白，起连接的作用。

6. M 蛋白（Myomesin）

M 蛋白占肌原纤维蛋白的 2%~3%，分子质量为 160ku，存在于 M 线上，其作用是将粗丝联结在一起，以维持粗丝的排列（稳定 A 带的格子结构）。

7. C 蛋白（C-Protein）

C 蛋白约占肌原纤维蛋白的 2%，分子质量为 135~140ku。它是粗丝的一个组成部分，结合于 LMM 部分，按 42.9~43.0nm 的周期结合在粗丝上。C 蛋白的功能是维持粗丝的稳定，并有调节横桥的功能。

8. 肌动素（Actinin）

肌动素约占蛋白质的 2.5%，分为 α、β 和 γ 三种类型。α-肌动素为 Z 线上的主要蛋白质，分子质量为 190~210ku，由二条肽链组成，在 Z 线上起着固定邻近细丝的作用；β-肌动素分子质量为 62~71ku，位于细丝的自由端上，有阻止肌动蛋白连接起来的作用，因而可能与控制细丝长度有关；γ-肌动素分子质量为 70~80ku，能竞争与 F-肌动蛋白结合，从而阻止 G-肌动蛋白聚合成 F-肌动蛋白。

9. I 蛋白（I-Protein）

I 蛋白存在于 A 带，I 蛋白在肌动球蛋白缺乏 Ca^{2+} 时，会阻止 Mg^{2+} 激活 ATP 酶的活性，但若 Ca^{2+} 存在，则不会如此，因此，I 蛋白可以阻止休止状态的肌肉水解 ATP。

10. 肌联蛋白（Connectin）

肌联蛋白分子质量为 700~1000ku，位于 Z 线以外的整个肌节，起联结作用。

11. 肌间线蛋白（Desmin）

肌间线蛋白位于 Z 线以及 Z 线和肌细胞膜之间，直径为 10nm，是一种不溶性蛋白质，其亚基的分子质量约 53ku。肌间线蛋白的作用是维持肌原纤维的有序排列和肌细胞的完整性。肌间线蛋白在肉的成熟过程中发生降解。

12. 伴肌球蛋白（Titin）

伴肌球蛋白不溶于水，分子长度大于 1μm，分子质量为 2800~3000ku，位于 Z 线和 M 线之间。在活体组织中伴肌球蛋白具有稳定粗丝，调节粗丝长度，保持肌节和肌细胞完整性等功能。伴肌球蛋白在肉的成熟过程中被钙激活中性蛋白酶降解，肌原纤维结构受到破坏。

13. 伴肌动蛋白（Nebulin）

伴肌动蛋白难溶于水，分子质量为 600~900ku。伴肌动蛋白从 Z 线伸出，伴随细丝并延伸到细丝的自由端。在活体肌肉中它的作用是稳定细丝，控制和调节细丝的排列。伴肌动蛋白在肉的成熟过程中降解，其降解速度大于伴肌球蛋白。

（二）　肌浆蛋白

肌浆蛋白占鱼肉总重的 5%~6%，或者占鱼肉总蛋白质含量的 20%~30%（表 2-4）。肌浆蛋白是水溶性的，溶解于低离子强度的水溶液（离子强度 0.05~0.15，pH6.5~7.5），主要包括参与肌纤维代谢的酶类，其特点是分子质量较小，等电点、pH 较高，绝大多数的肌浆蛋白质为球状。肌浆蛋白中主要包括肌溶蛋白、肌红蛋白、肌浆酶、肌粒蛋白、肌质网蛋白等，是鱼肉中最容易提取蛋白质，30~40℃凝固，黏度较低。肌浆蛋白中含有肌红蛋白。在鱼糜加工过程中，如果肌红蛋白变性并结合到肌原纤维蛋白上，就会引起鱼糜变色。

一般认为，肌浆蛋白不参与肌肉蛋白质热诱导凝胶的形成，并且其结合水的能力也较弱，有可能对凝胶的形成产生影响。如肌浆蛋白中的一些蛋白酶能降解蛋白质，破坏蛋白质的结构，所以对肌原纤维蛋白的凝胶形成有不利影响。

（三）　胶原蛋白

肌纤维间隙中的结缔组织含有三种胞外基质蛋白，即胶原蛋白、弹性蛋白和网状蛋白，其中主要是胶原蛋白。

胶原蛋白分子由三条多肽链组成，它们之间由氢键连结形成超螺旋结构。每一个分子含有螺旋区和非螺旋区。胶原蛋白分子通过疏水作用和静电作用，按头尾相连的方式排列。每个胶原蛋白分子与相邻的胶原蛋白分子相互交错大约自身长度的 1/4，形成胶原纤维。到目前为止，发现至少有 19 种类型的胶原蛋白，鱼肉肌内结缔组织有 Ⅰ 型、Ⅲ 型、Ⅳ 型、Ⅴ 型和Ⅵ型胶原蛋白，肌膈中的胶原蛋白主要是 Ⅰ 型胶原蛋白。

胶原蛋白呈白色，是一种多糖蛋白，含有少量的半乳糖和葡萄糖。甘氨酸占到总氨基酸的 1/3，是其最重要的组成部分，其次是羟脯氨酸和脯氨酸，两者合起来也有 1/3，其中羟脯氨酸含量稳定，一般在 13%~14%，所以可以通过测定它来推算胶原蛋白的含量。

关于胶原蛋白的交联，在 Ⅰ 型和Ⅲ型胶原蛋白分子中，有四个部位发生交联，两个在 N 端（其中一个在尾肽部分，另一个在螺旋区），另外两个在 C 端（一个在尾肽部分，另一个在螺旋区）。胶原纤维聚集成束时，交联在由赖氨酰氧化酶氧化赖氨酸或羟赖氨酸形成的醛赖氨酸和醛羟赖氨酸残基处形成。胶原蛋白分子头尾侧向排列并以 1/4 距离错开，使得醛赖氨酸和醛羟赖氨酸与邻近分子的肽酰醛基或赖氨酸、羟赖氨酸相互作用。醛赖氨酸形成醛亚胺交联（Aldimine），而醛羟赖氨酸形成酮胺交联（Ketoaine）。初始形成的交联因含有 Schiff 碱基双键而具有还原性。这种还原性交联是二共价键的，即只在两个胶原蛋白分子之间形成，而且这种还原性交联是不稳定的。非还原性的交联是三共价键的，连结三个胶原蛋白分子，使胶原纤维网状结构更加稳定。

哺乳动物胶原蛋白在酸性溶液中的溶解度小，而鱼类胶原蛋白的溶解度则较高，并且交联含量低。鱼肉经过冻藏后，其胶原蛋白的酸溶部分增多，不溶部分减少。这是由于冻藏期间鱼肉中胶原蛋白酶、中性、酸性蛋白酶把胶原蛋白分子由非螺旋部分切开，导致其非螺旋部分降解，分子间交联断裂，溶解性增加，从而影响鱼肉的质构。胶原蛋白不溶于水，鱼糜加工中与肌原纤维蛋白一起保留下来。这些胶原蛋白受热转变为可溶性明胶，后者影响肌原纤维蛋白热诱导凝胶的形成。

　　鱼肉胶原蛋白含量一般为 0.2%~2.0%，占粗蛋白的 1%~12%。胶原蛋白的等电点为 7.0~7.8。鱼皮和鱼肉胶原蛋白在稀盐溶液和稀酸溶液中的溶解度可达 80% 以上（表 2-5）。真鳕鱼皮胶原蛋白在 0.45mol/L NaCl 溶液中加热到 45℃ 则完全溶解。

表 2-5　　　　　　　　　　　　　　鳕鱼胶原蛋白的溶解度

鱼的种类	部位	在稀盐溶液中的溶解度/%	在稀酸溶液中溶解度/%
真鳕	鱼皮	1.5	86.0
	鱼肉	4.2	76.3
狭鳕	鱼皮	5.2	60.3
	鱼肉	5.1	55.0

　　胶原蛋白对生鱼片、红烧或清蒸鱼肉的质构（Texture）有显著影响。鱼肉胶原蛋白含量低的生鱼片较嫩，但这种鱼肉在蒸煮后呈纤维状，口感发干。胶原蛋白含量高的鱼肉，其生鱼片韧性大，蒸煮后却因胶原蛋白的明胶化而多汁性好，富有弹性。胶原蛋白遇热会发生收缩，热收缩温度随动物的种类有较大差异，一般鱼类为 45℃，哺乳动物为 60~65℃。当加热温度大于热收缩温度时，胶原蛋白就会逐渐变为明胶，变为明胶的过程并非水解的过程，而是氢键断开。

　　胶原蛋白纤维降解可引起鱼肉离刺（Gaping）。离刺是鱼肉在贮藏期间发生的，是一种鱼肉结缔组织不能再把肉块连接在一起而引起肉刺分离、肌纤维与肌膈（Myosepta）、肌纤维与肌纤维分离的现象，表现为鱼肉外观不佳、组织软而松散、不易分切、质构差。离刺程度取决于鱼种及其生理状态、捕捞和宰杀方式、贮藏温度等。

　　肌纤维与肌膈的分离主要由于胞外基质中胶原蛋白和蛋白多糖的分解所引起。鱼肉死后僵直（Rigor Mortis）产生的机械力促进了肌纤维与肌膈分离。

（四）　弹性蛋白和网状蛋白

　　弹性蛋白呈黄色，在结缔组织中比例很小。其氨基酸组成有 1/3 为甘氨酸，脯氨酸、缬氨酸占 40%~50%，不含色氨酸和羟脯氨酸，另外它含特有的羟赖氨酸。弹性蛋白加热不能分解，因而其营养价值甚小。

　　网状蛋白（Reticulin）的氨基酸组成与胶原蛋白相似，水解后可产生与胶原蛋白同样的肽类。网状蛋白对酸、碱比较稳定。

三、脂质

　　鱼类脂质的含量与鱼种、组织、性别、年龄以及环境有关。一般情况下，红肉鱼的脂质含量要比白肉鱼的含量高。

　　鱼体脂质的种类主要有脂肪酸、三酰甘油、磷脂、蜡以及不皂化物中的固醇（甾醇）、烃类、甘油醚等。脂质在鱼体组织中的种类、数量、分布，还与脂质在体内的生理功能有关。存在于组织细胞中具有特殊生理功能的磷脂和固醇等称为组织脂质，在鱼肉中的含量基本是一定的，为 0.5%~1%（表 2-6）。多脂鱼肉中大量脂质主要为三酰甘油，是作为能源的贮藏物质而存在，一般称为贮存脂质。在饵料多的季节含量增加；在饵料少或产卵洄游季节,即被消耗而减少。在深海中层和底层栖息的鱼类,三酰甘油的含量较少,高级醇形成的蜡含量较多,取代三酰甘油作为贮存脂质,并且蜡的含量也与其生长的环境有关。

表2-6　　　　　　　　　　　　　　鱼类肌肉脂肪含量

种类	总脂质/%	中性脂/(mg/kg)			极性脂/(mg/kg)		
		三酰甘油	游离脂肪酸	固醇固醇脂	磷脂酰乙醇胺磷脂酰丝氨酸	卵磷脂	鞘磷脂
大麻哈鱼	7.4	527		93	11	36	5
虹鳟	1.3	30.2	2	25	16.6	41.4	
鲱							
普通肉	7.5	566.6	46.5	35.5	20.8	47	
暗色肉	23.8	1815.6	101.6	84.7	90.4	127.6	
竹荚鱼							
普通肉	7.4	617	6.4		14	41	7.1
暗色肉	20.0	1680	20		54	97	11
金枪鱼	1.6	73	6.9	13.4	17.1	36.6	
狭鳕	0.8	6		9	17	33	
牙鲆	1.6	74		24	18	29	
鲍鱼	1.1			12	22	25.1	1.3

鱼类脂质的脂肪酸组成和陆产动物脂质不同,二十碳以上的脂肪酸较多,其不饱和程度也较高。海水鱼脂质中的 C_{18}、C_{20} 和 C_{22} 的不饱和脂肪酸较多;而淡水鱼脂质所含 C_{20} 和 C_{22} 不饱和脂肪酸较少,但含有较多的 C_{16} 饱和酸和 C_{18} 不饱和酸。表2-7所列是主要鱼类体内高度不饱和脂肪酸的含量。由于二十碳五烯酸(EPA)和二十二碳六烯酸(DHA)等 $\omega-3$ 系列多烯酸具有防治心脑血管疾病和促进幼小动物成长发育等功效,具有重要开发利用价值。

表2-7　　　　　　　　　　　　　　鱼体高度不饱和脂肪酸含量

种类	脂肪酸总量/g	EPA/mg	DHA/mg
金枪鱼	20.12	1972	2877
鰤鱼	12.48	893	1784
鲐鱼	13.49	1214	1781
秋刀鱼	13.19	844	1398
鳝鱼	19.03	742	1332

续表

种类	脂肪酸总量/g	EPA/mg	DHA/mg
沙丁鱼	10.62	1381	1136
虹鳟	6.34	247	983
鲑鱼	6.31	492	820
竹荚鱼	5.16	408	748
鲣鱼	1.25	78	310
鲷鱼	2.70	157	297
鲤鱼	4.97	159	288
鲽鱼	1.42	210	202
比目鱼	0.84	108	176
乌贼	0.39	56	152

四、 糖类

鱼类中糖类的含量很少，一般在1%以下，并且与鱼种、生长阶段、营养状态、饵料组成以及鱼的致死方式有关。鱼体中的糖类有多糖、双糖和单糖。多糖主要是糖原和黏多糖。与高等动物一样，鱼类的糖原作为能量来源贮存于肌肉和肝脏中，并且红色肌肉比白色肌肉含量略高。黏多糖通常以蛋白多糖复合物的形式存在，分布在软骨、皮、结缔组织等结构中，与组织的支撑和柔软性有关。

五、 矿物质

鱼体中的矿物质以化合物和盐溶液的形式存在。包括含量较多的钙、钾、镁、磷、硫、氯、钠七种常量元素和其他含量较少的微量元素。钙、磷和硫等矿物质是构成鱼体骨骼和牙齿等硬组织的主要成分；钾、钠等矿物质起到调节体液的渗透压，维持酸碱平衡的作用；铁、镁、锌、硒等矿物质是体内酶的活性因子、维生素和激素的重要成分。总的来说，矿物质是鱼体的组织构成和新陈代谢不可或缺的成分。钙、铁是婴幼儿、少年及妇女营养上容易缺乏的物质，鱼肉中钙的含量为 $60 \sim 1500 mg/kg$，较畜肉高；鱼肉中铁含量为 $5 \sim 30 mg/kg$。其中含肌红蛋白多的红色肉鱼类，如金枪鱼、鲣、鲐、沙丁鱼等含铁量更高。锌对机体的生长发育、性成熟和生殖过程等起到重要作用。鱼体中锌的平均含量为 $11 mg/kg$，是人类重要的锌源。硒是人体必需的微量元素，具有抗氧化、抗衰老、抗毒性、抗肿瘤等重要生理功能。鱼肉中硒的含量达 $1 \sim 2 mg/kg$（干物），较畜肉含量高 1 倍以上，尤其是食草鱼类含量更高，是人类重要的硒来源。

六、 维生素

鱼类的可食部分含有多种人体所需的维生素，包括脂溶性维生素 A、维生素 D、维生素 E、水溶性 B 族维生素和维生素 C。含量的多少依种类和部位而异。维生素一般在肝脏中含量多，可作鱼肝油制剂。在海鳗、河鳗、油鲨、银鳕等肌肉中含量也较高，可达 10000 ～

100000IU/kg。维生素 D 同样存在于鱼类肝油中。长鳍金枪鱼维生素 D 的含量高达 250000IU/kg油。肌肉中含脂量多的中上层鱼类高于含脂量少的底层鱼类。如远东拟沙丁鱼、鲣、鲐、鲕、秋刀鱼等的含量在 3000IU/kg 以上。鱼类肌肉中含维生素 B_1、维生素 B_2 较少（大多数鱼类维生素 B_1 含量为 15~49mg/g），但在鱼的肝脏、心脏及幽门垂含量较多。鱼类维生素 C 含量很少，但鱼卵和脑中含量较多。

七、 色素

不少鱼类具有色彩缤纷的外观。不仅体表、肌肉、体液，连鱼骨及卵巢等内脏也有鲜艳的颜色，其色调与各部位含有的色素有关。鱼类有鳕鱼、鲽鱼那样的白色肉鱼类，也有鲣鱼、金枪鱼那样的红色肉鱼类。除鲑、鳟类外，肌肉色素主要是由肌红蛋白和血红蛋白构成，其中大部分是肌红蛋白。红色肉鱼类的肌肉，以及白色肉鱼类的暗色肌，所呈红色主要由所含肌红蛋白（Myoglobin）产生，也与毛细血管中的血红蛋白（Hemoglobin）有一定关系。鱼肉中肌红蛋白的含量，在红色肉鱼类（如金枪鱼）的普通肉中约为 0.5%，而白色肉鱼类的普通肉中几乎检测不到。肌红蛋白是一种含铁的红色卟啉色素，由称为血红素（Heme）的色素部分与珠蛋白结合而成，分子质量约为 17ku。肌红蛋白存在于细胞的肌浆部分，具有接受血红蛋白从外界摄取的氧并与之结合的能力，随着组织内的呼吸和氧气分压的降低，它又重新释放出氧气。结合氧的肌红蛋白称为氧合肌红蛋白（Oxymyoglobin），呈鲜红色；不结合氧的肌红蛋白称为脱氧肌红蛋白（Heoxymyoglobin），呈紫红色。红色肉鱼类死后，由于自动氧化，血红素铁变为+3 价，生成暗褐色的高铁肌红蛋白（Metmyoglobin）。肌红蛋白的自动氧化性质，对于红色肉鱼类肉色的保持特别重要。

鲑、鳟类的肌肉色素为类胡萝卜素，大部分是虾黄质。这种色素广泛分布于鱼皮中。虾黄质能与脂肪酸结合生成色蜡，能与蛋白质结合生成色素蛋白。

鱼类的血液色素与哺乳动物相同，是含铁的血红蛋白，即血红素和珠蛋白结合而成的化合物。软体动物的血液色素是含铜的血蓝蛋白，还有含钒、锰的，其中主要是血蓝蛋白。还原型血蓝蛋白是无色的，氧化型血蓝蛋白呈蓝色。软体动物的乌贼、章鱼都具有这样的血液。

鱼类的皮中存在着黑色色素胞、黄色色素胞、红色色素胞、白色色素胞等，由于它们的排列、收缩和扩张，使鱼体呈现微妙的色彩。鱼皮的主要色素是黑色素、类胡萝卜素、胆汁色素、嘌呤等。有些鱼类的表皮呈银光，主要是混有尿酸的鸟嘌呤沉淀物，因光线折射的缘故。这种鸟嘌呤，可用作人造珍珠的涂料。

黑色素是广泛分布于鱼的表皮和乌贼墨囊中的色素，它是酪氨酸经氧化、聚合等过程生成的复杂化合物，在体内与蛋白质结合而存在。由于氧化、聚合的程度不同，其呈现褐色乃至黑色。有时因其他色素的存在，也会呈现蓝色。

乌贼和章鱼的表皮色素是眼色素，与昆虫中的眼色素相同。眼色素的母体是以色氨酸为出发物质的 3-羟基犬尿氨酸。眼色素用碱抽出呈葡萄酒色。乌贼活着时，表皮有很多褐色的色素胞存在，死后因色素胞收缩而呈白色，以后随着鲜度的下降逐渐出现红色，这是由于眼色素溶解于微碱性的体液造成的。煮熟的章鱼呈红色，也是眼色素溶出的缘故。

鱼皮的红色和黄色呈色物质，主要是类胡萝卜素。红色的有虾黄质，黄色的有叶黄素，此外，还有蒲公英黄质和玉米黄质等。

嘌呤类是一种发出蓝色荧光，并带黄色的色素，它有好几个同族体，在鱼皮中同时存在数种，目前还未充分研究。秋刀鱼鳞的绿色色素，光嘴腭针鱼的皮和骨的绿色色素，以及偶尔见到金枪鱼骨的蓝色物质等，都是胆汁色素的胆绿素，在组织中与蛋白质结合而存在。

八、 风味物质

（一） 呈味成分

鱼肉的呈味成分是鱼类肌肉中能在舌部产生味感的物质，主要是肌肉提取物中的水溶性低分子化合物，它和各种与嗅感有关的挥发物质以及与口感有关的质地和黏弹性等共同形成鱼肉的风味特色。近年来，各种色谱和质谱分析技术的发展应用，使各种水产品风味物质的研究不断取得进展。特别是呈味物质方面，通过对鱼类肌肉提取物的全面分析和味感的测定研究，确定了一些具有主要呈味作用物质的种类和作用性质，但也有一些未完全肯定和需要进一步研究的成分。

各种鱼类都含有谷氨酸，谷氨酸钠盐是具有鲜味的物质，在鱼肉中其阈值为 0.03%。谷氨酸钠与鱼死后肌肉中蓄积的肌苷酸（IMP）两者有相乘作用，所以如有 IMP 存在时，即使谷氨酸钠含量在阈值以下，仍能产生鲜味。

脯氨酸是带有苦味的甜味物质，其阈值为 0.3%。

组氨酸是鲐、鲣、金枪鱼等红肉鱼类肌肉中含量较高的一种氨基酸。是否有呈味作用，尚无定论。有人认为，在鲣节等产品中组氨酸含量多，它与乳酸、KH_2PO_4 等形成缓冲能时，可能具有增味作用。

核苷酸类中的 IMP、鸟苷酸（GMP）是重要的鲜味物质。前者 IMP·Na·$7.5H_2O$ 的阈值为 0.025%，后者 GMP·Na·$7H_2O$ 的阈值为 0.0125%，两者的阈值都很低。当它们中任一与谷氨酸钠（MSG）共同存在时，两者之间有相乘效果，使 MSG 的鲜味成倍增加。此外，腺苷酸（AMP）本身几乎无味，但与 MSG 共存时，同样具有相乘作用。鱼类肌肉中含量最多的是 IMP 和 AMP，GMP 的含量较少，但在 MSG 存在的情况下，AMP 仍能起到增加鲜味的作用。

氧化三甲胺（TMAO）是具有甜味的物质，大量存在于底层海水鱼类和软骨鱼类的肌肉中。

无机盐的 Na^+、K^+、Cl^-、PO_4^{3-} 等离子与呈味有关，特别是 Na^+ 和 Cl^- 对呈味极为重要。在一些水产品提取物人工合成试验中发现，只有在 Na^+、K^+、Cl^-、PO_4^{3-} 等无机离子存在下，有机呈味成分才能发挥它应有的呈味效果。

一般认为，鱼类所具有的固有味道，是由它的肌肉提取物中各种呈味成分综合作用的结果。因此，对某种鱼类的肌肉提取物进行全面分析，然后按分析结果的呈味成分种类，用同样的化合物进行人工配合，即有可能得到具有与天然味道相同的人工合成肌肉提取液。

（二） 气味成分

鱼类的气味成分是存在于鱼类本身或贮藏加工过程中各种具有臭气或香气的挥发性物质，它与鱼肉呈味物质一起构成鱼类及其制品风味的重要成分。这类挥发性物质的种类很多，但含量极微，主要有含氮化合物、挥发性酸类、含硫化合物、羰基化合物及其他化合物等。

挥发性含氮化合物主要是氨、三甲胺、二甲胺以及丙胺、异丙胺、异丁胺和一些环状胺类化合物。三甲胺是海鱼的主要成分，在水中的阈值为 0.6mg/L。三甲胺来源于海水鱼肉中的氧化三甲胺，在微生物和酶的作用下降解生成。当海鱼鲜度下降时，就会被觉察到。鱼类罐头食品在高温加热时，氧化三甲胺可还原分解生成三甲胺和二甲胺。鱼体死后初期，ATP分解的关联产物——腺苷酸转化成肌苷酸的过程中有氨生成，更多的氨则来自鱼肉中氨基酸的脱氨基作用。此外，鲨、鳐等软骨鱼类肌肉中存在大量尿素，在细菌脲酶的作用下，会产生多量的氨。环状含氮化合物的哌啶存在于鱼皮中，是一种带有腥气的化合物，它的一些衍生物被认为是构成淡水鱼类腥气的主要成分。存在于鱼类体表黏液中的 δ-戊氨酸和 δ-氨基戊醛同样是呈腥臭的物质。色氨酸在细菌腐败分解中生成吲哚、甲基吲哚（粪臭素），也是鱼肉鲜度下降时的臭气物质。在鱼肉及其加工制品中还有丙胺、异丙胺、异丁胺等胺类成分检出。各种胺类物质的挥发，与鱼肉的 pH 有关。pH<6 时一般不易挥发，而在 pH7 左右时则容易挥发，产生臭气。

挥发性酸类主要是低级脂肪酸，如甲酸、乙酸、丙酸、戊酸、己酸等，它们本身都具有不愉快的臭味。在鱼体鲜度下降过程中，因细菌分解使氨基酸脱氨基，生成与之相对应的挥发性脂肪酸。它的含量是随鱼类鲜度的下降而增加。在鱼类的生干品、盐干品中，也存在这些挥发性酸类。

含硫化合物主要是硫化氢、甲硫醇、甲硫醚等，是在细菌腐败分解或加工中的加热分解作用下，由鱼肉中的含硫氨基酸生成。鱼类罐头加热生成的硫化氢会在开罐时带来不愉快气味。

碳基化合物主要是 5 个碳原子以下的醛类和酮类化合物，如甲醛、乙醛、丙醛、丁醛、异丁醛、戊醛、异戊醛、丙酮等。大多存在于不新鲜的鱼类或烹调加工食品中，由不饱和脂肪酸的氧化分解或加热分解生成。鳕鱼在冻藏中常见的冷冻鱼臭，被认为与几种 7 个碳原子的不饱和醛，特别是顺-4 烯庚醛有关。

其他化合物主要有醇类、酯类、酚类、烃类等，存在于各种加热和加工处理的鱼肉中。如远东拟沙丁鱼中存在甲酸和乙酸乙酯及烃类。冷冻鳕鱼中存在 2~8 个碳原子的醇、苯乙醇、14 种烃、2 种酚、2 种呋喃化合物。一些酚类和酚的酯类是熏制品和鲣节的主要香气成分。

九、毒素

鱼类毒素是指鱼体内含有的天然有毒物质，包括由鱼类对人畜引起食物中毒的自然毒和通过外部器官刺咬传播的刺咬毒。引起食物中毒的鱼类毒素有河豚毒、雪卡毒和鱼卵毒等；刺咬毒素存在于某些鱼类，例如虹科、䲗科、鲵科鱼类，其放毒器官是刺棘，毒素成分主要是蛋白质类毒素。通过刺咬动作使对象中毒，产生剧痛、麻痹、呼吸困难等各种不同症状，严重的可导致死亡。

河豚毒是存在于河豚鱼体内的剧毒物质。经过提纯的称为河豚毒素，其分子结构如图 2-11 所示，对白鼠的最低致死量为 10μg/kg。1972 年人工合成河豚毒素成功。由于其在人体内具有阻碍神经组织兴奋传导的作用，成为肌肉生理和药理研究上的有用试剂。河豚鱼类食物中毒的死亡率很高，中毒症状主要是感觉神经和运动神经麻痹，以致最后呼吸器官衰竭而死。中国有毒河豚鱼类有 7 个科约 40 余种。体内毒素分布以肝脏和卵巢的毒性最强，其次是皮和肠。肌肉和精巢除少数种类外，大都无毒。研究发现，人工养殖的河豚也是无毒的，野生河豚毒素来自肠内的褐藻胶分解弧菌。

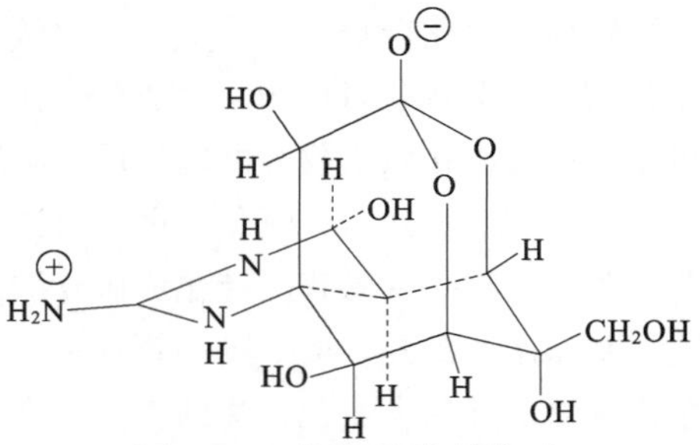

雪卡毒是存在于热带、亚热带珊瑚礁水域某些鱼类的有毒物质。食用这些鱼类会引起一种死亡率并不高的食物中毒，称为雪卡中毒。它是加勒比海、中太平洋到西南太平洋热带至亚热带海岛地区常见的食物中毒症。中国南海诸岛以及广东、台湾等地分布的海鳝科、鲹科、笛鲷

图 2-11　河豚毒素结构式
（ $C_{11}H_{17}N_3O_8 \cdot 1/2H_2O$ ）

科、鰕虎鱼科和蛇鲭科中存在一些有毒鱼类。雪卡毒素并不是单一物质，有脂溶性和水溶性的，毒性强弱也不同。其化学结构尚不清楚。一般认为，鱼类引起雪卡中毒的毒素来源于有毒藻类，由食物链进入藻食性鱼类，再转到肉食性鱼类。一般内脏毒性高于肌肉。雪卡中毒症状比较复杂，主要是对温度的感觉异常。如手在热水中感觉是冷的，并有呕吐腹泻、神经过敏、步行困难、头痛、关节痛等，死亡率不高，但恢复期长，可达半年甚至 1 年以上。

其他引起食物中毒的鱼类毒素，如鱼卵毒中的线鳚卵毒素，存在于革鲀等食道的沙海葵毒素，都会引起腹泻。

十、　生物活性物质

鱼类不仅营养丰富、味道鲜美，而且是营养平衡性很好的天然食品，其蛋白质是营养价值很高的完全蛋白质。海产鱼类脂质中还含 ω-3 系列的二十碳五烯酸（EPA）和二十二碳六烯酸（DHA），具有降低血脂，防止心血管疾病和提高智力的功能。

（一）　ω-3 系多不饱和脂肪酸

鱼油中富含 ω-3 系多不饱和脂肪酸，其不饱和度甚至达到 5~6 个，不仅为人体提供必需脂肪酸和脂溶性维生素等营养功能，而且还有很多生理功能，尤其是 EPA 和 DHA，对防治心血管疾病、抗炎症、抗癌作用以及促进大脑发育等方面也具有很好的功效。

（二）　牛磺酸

鱼肉中还含有一种称为牛磺酸的氨基酸。牛磺酸又称 α-氨基乙磺酸，它是一种含硫的非蛋白氨基酸。牛磺酸与胱氨酸和半胱氨酸的代谢密切相关。它在人的初乳中含量高于成熟乳，对促进婴幼儿的脑组织和智力发育有重要的作用。牛磺酸对人体的肝脏具有解毒作用，并能适当控制胆固醇的合成、分解，预防动脉硬化，调节人体血压，而且可以提高神经传导和视觉机能。牛磺酸在鱼肉中的含量如表 2-8 所示。

表 2-8　　　　　　　　　鱼肉中牛磺酸的含量　　　　　　　　单位：mg/kg

章鱼	乌贼	鲷鱼	鲣鱼	鳕鱼	鲐鱼	竹荚鱼
1670	3416	2300	1677	1350	955	1094

（三）　活性肽

短肽是由数个氨基酸结合而成。对人体具有特殊营养生理功能的短肽称为活性肽，种类达到几千种，远高于氨基酸。有研究显示，短肽的消化吸收功能、营养和生理功能比氨基酸的效果更佳。沙丁鱼体和金枪鱼中的八肽具有降血压的功能，日本已经从大麻哈鱼脑中提出了具有降血压的成分。除此之外，不同的活性肽还具有促进钙的吸收、降血脂、提高免疫调节等功能。但是由于活性肽的研究周期长、投入大，至今还未工业化规模生产。

（四）　鱼也可药用

乌贼的墨汁为止血良药，可治各种出血症。乌贼骨的中药名称为"海螵鞘"，内服可治胃溃疡、胃酸过多和消化不良。鱼体中还含有丰富的钙质、维生素 A、维生素 D 及 B 族维生素、矿物质等。特别是微量元素碘的含量很高，在海水鱼中含碘 $500\sim1000\mu g/kg$，所以海水鱼是人类摄取碘的主要来源。

十一、　影响鱼体成分变化的因素

中国鱼类种类很多，不同鱼类之间的肌肉化学组成有着不同的特点。鱼体的不同部位、不同年龄、不同季节等也给鱼肉的化学组成带来不同的变化。

（一）　鱼的种类

在鱼类中，海洋洄游性中上层鱼类，如金枪鱼、鲱、鲐、沙丁鱼等的脂肪含量大多高于鲆、鳕、鲷、黄鱼等底层鱼类。前者一般称为多脂鱼类，其脂肪含量高时可达 20%~30%；后者称为少脂鱼类，脂肪含量多在 5% 以下，鲆、鲽和鳕鱼则低至 0.5%。鱼类的脂肪含量也与水分含量呈负相关，水分含量少的脂肪含量多，反之则少（表 2-9）。不同鱼类间的蛋白质含量差别不大，一般在 15%~22%。此外，鱼肉中含有的碳水化合物主要是极少量的糖原，它与无机盐含量一样，在不同种类间差别很小。

（二）　鱼体部位和年龄

同一种鱼类肌肉的化学组成，因鱼体部位、年龄和体重而异。一般头部、腹部和鱼体表层肌肉的脂肪含量多于尾部、背部和鱼体深层肌肉的脂肪含量（表 2-9）；年龄、体重大的鱼肉中的脂肪含量多于年龄、体重小的。与此相对应的是脂肪含量多的部位和年龄、体重大的鱼肉中，其水分含量就比较少；而蛋白质、糖原、无机盐等成分相差很少。此外，暗色肉的脂肪含量高于白色肉。

表 2-9　　　　　　　　　　　鲷不同部位肌肉的化学组成　　　　　　　　　　　单位:%

项目	水分	蛋白质	糖原	脂肪	灰分
头肉	71.36	18.08	0.11	7.94	1.21
背肉	73.99	20.53	0.11	4.12	1.37
腹肉	73.08	19.65	0.019	6.02	1.23
尾肉	74.27	19.54	0.011	4.95	1.23

资料来源：摘自《中国农业百科全书·水产业卷（下）》，中国农业出版社，1994。

（三）　季节

鱼类由于一年中不同季节的温度变化，以及生长、生殖、洄游和饵料来源等生理生态上的变化，会造成脂肪、水分，甚至蛋白质等成分的明显变化。鱼类中洄游性多脂鱼类脂肪含量的季节变化最大（图2-12）。一般在温度高、饵料多的季节，鱼体生长快，体内脂肪积蓄增多，到冬季则逐渐减少。此外，生殖产卵前的脂肪含量高，到产卵后大量减少。

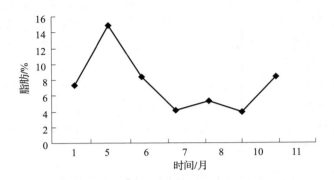

图2-12　鳀鱼肌肉脂肪随季节的变化

资料来源：张衡，张波，金显仕等，黄海中南部水域鳀鱼脂肪含量的季节变化，《海洋水产研究》，2004：25（1）。

此外，饵料对于鱼类肌肉成分的变化也是有影响的。以天然鳗鲡和养殖鳗鲡鱼肉的化学组成作比较（表2-10），养殖鳗鲡的脂肪含量明显高于天然鳗鲡，水分含量则与此相反，其他成分，如蛋白质等变化不大。

表2-10　　　　　　　　　天然鳗鲡与养殖鳗鲡的化学组成差异　　　　　　　　单位:%

成分	天然鳗鲡（135~150g/尾，3尾）	养殖鳗鲡（130~200g/尾，14尾）
水分	69.35~71.98	56.3~64.2
干物质	28.02~30.75	35.8~43.7
灰分	1.60~2.54	1.41~1.95
粗脂肪	9.94~13.81	18.74~27.01
总氮	2.21~2.62	2.25~2.62

资料来源：摘自《中国农业百科全书·水产业卷（下）》，中国农业出版社，1994。

第三节　水产品中的酶

一、肌球蛋白ATP酶

鱼肉的可食用部分主要为肌原纤维蛋白，其中肌球蛋白占肌原纤维蛋白的55%。肌动球蛋白也具有肌球蛋白Mg^{2+}-ATP酶的活性。无脊椎动物肌肉的粗肌丝无ATP酶的活性。

提取的肌球蛋白有时混有肌动蛋白，这种肌球蛋白称肌球蛋白B。分离的肌球蛋白和肌动蛋白以1∶2的比例混合可形成肌动球蛋白（又称重组肌动球蛋白），这种蛋白因缺乏原肌球蛋白和肌钙蛋白而不同于肌球蛋白B。鱼肉肌球蛋白很不稳定，对ATP酶的失活和内源蛋白酶的水解很敏感，容易发生凝集。

肌球蛋白可将 ATP 水解成 ADP 和正磷酸盐。在缺乏肌动蛋白时，Ca^{2+} 可激活肌球蛋白 ATP 酶，Mg^{2+} 却抑制肌球蛋白 ATP 酶。而在肌动蛋白存在时，Mg^{2+} 和 Ca^{2+} 两者均可激活肌球蛋白 ATP 酶。此酶的底物专一性很低，正磷酸盐、三磷酸核糖、三磷酸核苷都可作为肌球蛋白的底物。在 $3 \sim 5mmol/L$ Ca^{2+} 时，肌球蛋白 ATP 酶的活性达到最大。这种活性仅归因于肌球蛋白，与肌动蛋白无关。Ca^{2+}-ATP 酶活性是评价肌肉蛋白质品质和变性程度的主要参数。一般来说，鱼肉肌球蛋白的 Ca^{2+}-ATP 酶的最适 pH 约为 6 和 9，在生理离子条件下，Mg^{2+} 能抑制肌球蛋白 ATP 酶活性。在肌原纤维蛋白中，Mg^{2+} 的生理浓度为 $2 \sim 3mmol/L$。K^+ 和乙二胺四乙酸（EDTA）存在时，肌球蛋白 ATP 酶也可被激活。此时 ATP 酶在碱性 pH 条件（pH 9 左右）活性最大。肌球蛋白形成肌丝的程度明显地影响 ATP 酶活性。活性巯基、对氯汞苯甲酸（pCMB）以及 N-乙基顺丁烯二酰亚胺（NEM）明显地影响 ATP 酶活性。半胱氨酸被烷基化后，K^+-EDTA-ATP 酶失活，而 Ca^{2+}-ATP 酶被激活。硫醇可导致 Ca^{2+}-ATP 酶的失活。

肌球蛋白 ATP 酶的底物实际上是 Mg-ATP。反应机制如下：

$$M+ATP \longleftarrow M_1ATP \longrightarrow M_2ATP \longleftarrow M. ADP. Pi \longrightarrow M. ADP+Pi \longrightarrow M+ADP+Pi$$

M 表示肌球蛋白，Pi 表示正磷酸盐。

首先，肌球蛋白和 ATP 形成松散复合体（M_1ATP），然后转变成一个牢固的复合体（M_2ATP），此反应速度非常快。ATP 分解成正磷酸盐的过程是限速步骤，特别是在肌动蛋白不存在时，这步反应很慢，实际上在有 Mg^{2+} 存在的情况下，纯化的肌球蛋白其 ATP 酶的活性非常弱。M-ADP-Pi 呈亚稳态，在三氯乙酸存在时不稳定。肌动蛋白可促进 M-ADP-Pi 的分解，从而使 Mg^{2+}-ATP 酶的活性提高到 $100 \sim 200$ 倍。

有时，由于环境温度发生变化，鲤鱼（Carp）等肌原纤维蛋白 ATP 酶活性也随之发生变化。肌原纤维蛋白 ATP 酶也可作为评价鱼肉蛋白质变性的指标。例如，鱼糜中 Ca^{2+}-ATP 酶活力与它的凝胶特性密切相关。随着中性盐浓度的增加，Ca^{2+}-ATP 热诱导酶失活逐渐加强。

二、　谷胺酰胺转移酶

转谷氨酰胺酶（EC2. 3. 2. 13，蛋白质-谷氨酰胺-γ-谷氨酰胺转移酶，TGase）是一种转移酶，能催化蛋白质、多肽和伯胺中谷氨酰胺残基的 γ-酰胺之间的酰基转移反应。TGase 的作用特点是将小分子蛋白质通过共价交联来形成更大的蛋白质分子。蛋白质间共价交联的形成是转谷氨酰胺酶改变蛋白食品物理特性的基础。

TGase 广泛存在于哺乳类动物（如牛、羊、猪）、鸟类、鱼类、贝类、微生物及植物等组织中。II 型 TGase 是一种胞浆酶或可溶性酶，I 型 TGase 结合在有机体的溶酶体或线粒体膜上。TGase 依据其来源不同，有单体、二聚体和四聚体之分。如豚鼠肝中的 TGase 是单体，而多头绒孢菌（*Physarum polycephalum*）中的 TGase 酶是二聚体。血浆因子XIII作为四聚体酶原，以两个二聚体形式存在，TGase 活性就存在于其中一个二聚体。海洋鱼类肌肉中的 TGase 一般是单体。鲤科鱼、虹鳟、大麻哈鱼、马鲛鱼肌肉中有 TGase 酶的活性。白身鱼 TGase 酶活性最高（2.41U/g 湿重），鲤科鱼、狭鳕、大麻哈鱼 TGase 酶活性依次降低，虹鳟鱼的 TGase 活性最低（0.1U/g 湿重）。

由于来源不同，TGase 在分子质量、热稳定性、等电点和底物专一性上也有区别。日本牡蛎的 TGase 分子质量为 84ku，而其同工酶分子质量为 90ku。豚鼠肝的 TGase 酶等电点是

4.5。链轮丝菌属（*Streptoverticillium*）的 TGase 酶等电点是 8.9。TGase 最适温度为 50~55℃，最适 pH 5~8。而日本牡蛎 TGase 最适温度 45℃，而其同工酶最适温度 25℃。

TGase 酶是一种巯基酶，Cu^{2+}、Zn^{2+}、Pb^{2+} 都能抑制其活性。毫摩尔浓度的三磷酸腺苷（ATP、GTP、UTP 和 CTP）能抑制豚鼠肝 TGase，而鲨鱼血球中该酶并不受三磷酸腺苷的影响。NaCl 对鲷科鱼肝和豚鼠肝 TGase 都没有影响，鲤科鱼背侧肌肉的 TGase 也是如此。1mol/L 的 NaCl 就会抑制鲨鱼血球 TGase，而日本牡蛎中的两种同工酶既不被抑制也不被激活。扇贝、虾和鱿鱼的 TGase 的活性随着 NaCl 浓度的增加而提高。有些 TGase 酶是 Ca^{2+} 依赖型的，有些则不然。海产品的 TGase 是 Ca^{2+} 依赖型的，然而其对 Ca^{2+} 的敏感性不同。例如狭鳕的 TGase 活性最大时所需的 Ca^{2+} 浓度是 3mmol/L，而鲷科鱼肝和鲤科鱼肌肉在钙离子浓度为 0.5mmol/L 和 5mmol/L 可达到最大活性。鲨鱼血球 TGase、豚鼠肝 TGase 和日本牡蛎 TGase 活性最大时所需的 Ca^{2+} 浓度分别是 8mmol/L，10mmol/L 和 25mmol/L。

TGase 酶在蛋白质交联中具有高度专一性。TGase 是立体专一性的酶，只作用于 L 型的氨基酸，同时对于不同的底物其反应速率也不同。在肌肉蛋白中，肌球蛋白最容易与 TGase 反应，而肌动蛋白不受 TGase 的影响。用鲤科鱼肌肉 TGase 交联不同鱼类的肌动球蛋白时，反应速率不同。众所周知，鱼肉在 20~40g/L NaCl 和 5~40℃ 条件下，通过内源 TGase 的作用可以自发重组。在阿拉斯加狭鳕和大黄花鱼鱼糜中加入豚鼠肝 TGase，鱼糜的凝胶强度会增强，而重组反应所需的最适 pH 和最适温度与这些鱼糜发生自然重组时的最适 pH 和最适温度一样。这说明鱼的内源 TGase 在发挥作用。

影响鱼肉组织 TGase 活性的因素很多。重组温度和持续时间是鱼糜加工的关键控制点。阿拉斯加狭鳕和大黄花鱼鱼糜在 40℃ 下重组 2~3h，凝胶强度增加，而重组超过 3h，凝胶强度则下降。添加 L-赖氨酸、降低 pH 都会抑制 TGase 酶的活性。添加脱乙酰壳多糖、牛血浆会增强海产品中 TGase 酶的活性。影响钙的利用率的因素也能影响 TGase 酶的活性。添加焦磷酸盐能降低狭鳕鱼糜的重组能力，而向鱼糜中加入少量的钙盐则能消除磷酸盐的不利影响。

三、 蛋白水解酶

鱼肉的鲜度对鱼肉品质的影响非常明显，特别是肌肉蛋白质变性、肌球蛋白和肌动球蛋白的完整性对鱼肉的质构和鱼肉加工特性的损伤为甚。鱼类蛋白质的自溶速度是陆生动物肌肉蛋白质的 10 倍，而且，鱼类蛋白水解酶的最适 pH 和最适温度范围大。大部分鱼体内含有热稳定的蛋白水解酶（蛋白酶）。不同种类的鱼，蛋白酶的来源、类型、含量差别很大。

鱼肉蛋白水解酶存在于肌纤维、细胞质以及结缔组织胞外基质中。大多数蛋白水解酶都是溶酶体酶和细胞质酶，也有一些酶或存在于肌浆中，或与肌原纤维结合在一起，或来自于巨噬细胞。宰后鱼肉的质构变化和蒸煮软化主要涉及两类蛋白水解酶，即溶酶体组织蛋白酶与钙蛋白酶，死后尸僵过程及鱼肉凝胶的软化与其有关。根据酶的活性部位不同，水产品内源蛋白酶可以分为丝氨酸酶、半胱氨酸酶、天冬氨酸酶和甲硫氨酸酶。这些酶的活性取决于特异性内源蛋白酶抑制剂、激活剂、pH 和环境温度，也因鱼的种类、捕鱼季节、性成熟和产卵期等可变因素而变化。

（一）　组织蛋白酶（Cathepsins）

溶酶体中含有 13 种组织蛋白酶，这些酶在鱼体死后肌肉流变特性变化中有重要作用。组织蛋白酶 A、B_1、B_2、C、D、E、H 和 L 8 种已从鱼贝肌肉中分离纯化得到。

1. 组织蛋白酶 A

组织蛋白酶 A 的分子质量为 100ku，最佳 pH5.0~5.2。Carp 组织蛋白酶 A 对完整的蛋白质几乎没有影响，而与组织蛋白酶 D 有协同作用，能进一步水解由组织蛋白酶 D 释放的多肽产物。

2. 组织蛋白酶 B（Cathepsin B）

组织蛋白酶 B 是溶酶体巯基蛋白水解酶。牛肝脏溶酶体组织蛋白酶 B 有两个亚基，即组织蛋白酶 B_1 和组织蛋白酶 B_2。前者是肽链内切酶，分子质量在 24~28ku，等电点为 5.0~5.2，最适 pH6.0，其靶蛋白是肌球蛋白、肌动蛋白和胶原蛋白，超过 pH7.0 则不稳定。后者分子质量为 47~52ku，其特异性不强。pH5.5~6.0 时，水解 Bz-Gly-Arg，而在 pH5.6 时，则具有酰胺酶的活性。

马鲛肌肉组织蛋白酶 B 分子质量为 30ku，水解 Z-Phe-Arg-MCA 的最适 pH6.0，能水解多种肽类，并生成三肽及二肽。鲐鱼肉组织蛋白酶 B 能把肌原纤维蛋白和肌球蛋白重链降解为 150~170ku 的片段。pH6.0 时能轻度水解肌动蛋白和肌钙蛋白 T。大麻哈鱼组织蛋白酶分子质量为 28ku，pI4.9，最适 pH5.7，能水解肌球蛋白、肌联蛋白及伴肌动蛋白。

贝类消化腺组织蛋白酶 B 是单一多肽链，其分子质量为 13.6~25ku，最适 pH 范围为 3.5~8.0。贝类消化腺组织蛋白酶 B 可被 Cl^- 激活，也需要巯基还原剂和金属螯合剂的作用。这些酶的抑制剂有碘乙酰胺、NEM 和重金属等。海洋动物消化腺组织蛋白酶 B 可从腺体内渗漏出来，从而导致肉的质地软化。鲤鱼、胭脂鱼、罗非鱼和马鲛组织蛋白酶分子质量为 23~29ku，最适 pH5.5~6.0。巯基乙醇、半胱氨酸、双硫腙、谷胱甘肽以及金属络合剂（EDTA、EGTA、柠檬酸）都是该酶的激活剂。碘乙酸（iodoacetic acid）、碘乙酸盐（iodoacetate）、氨基氯代甲苯磺酰基庚酮（TLCK）、甲苯磺酰氨基苯乙基氯甲基酮（TPCK）等是该酶的抑制剂。组织蛋白酶 B 的来源不同，其水解各种底物的特点各异。鲤鱼组织蛋白酶 B 能降解肌球蛋白重链、肌动蛋白和肌钙蛋白-T，而对原肌球蛋白没有水解活性。组织蛋白酶 B、D、H、L 是死后鱼肉蛋白降解的主要蛋白酶。

3. 组织蛋白酶 C

组织蛋白酶 C 对完整的蛋白质没有水解活性，而在溶酶体多肽酶中，其特异性最强，能进一步水解组织蛋白酶 D 降解的多肽片段。真鳕组织蛋白酶 C 的最适 pH6.0。

鲤鱼组织蛋白酶 C 在 60℃ 下加热 20min 仍然稳定，而组织蛋白酶 B 则完全失活。大西洋鱿鱼组织蛋白酶 C（25ku）是 Cl^- 和巯基依赖型的，巯基酶抑制剂碘乙酸盐、对氯汞苯甲酸酯（PCMB）和 $HgCl_2$ 均可抑制其活性，而 EDTA、丝氨酸蛋白酶抑制剂苯甲基磺酰氟化物（PMSF）、酸性蛋白酶抑制剂胃酶抑素等不能抑制其活性。

4. 组织蛋白酶 D

鱼肉横纹肌组织蛋白酶 D 在鱼肉冷藏期间质构劣变有重要作用。组织蛋白酶 D 属于天冬酰胺酶，分子质量为 42ku，最适 pH3.0~4.5，等电点为 5.7~6.8，有几个同工酶。组织蛋白酶 D 能直接降解完整的肌肉蛋白质，如肌球蛋白、伴肌球蛋白、伴肌动蛋白、M 蛋白和 C 蛋白，产生多肽，后者被其他组织蛋白酶进一步降解。组织蛋白酶 D 能缓慢降解肌动蛋白、肌钙蛋白和原肌球蛋白。羧基蛋白酶特异性抑制剂胃酶抑素能明显抑制组织蛋白酶 D，而巯基蛋白酶抑制剂对组织蛋白酶 D 的活性几乎没有影响。

组织蛋白酶 D 的活性强，且与组织蛋白酶 A、B、C 有协同作用，但其热稳定性差，在中性 pH 时活性较低。鲤鱼组织蛋白酶 D 在 pH3.0~4.0 时水解肌原纤维的活性最强。胭脂鱼组织蛋白酶 D 在 pH4.0 时的活性最强，直至 45℃时仍然稳定，70℃时完全失活。

5. 组织蛋白酶 E

组织蛋白酶 E 分子质量 90~100ku，最适 pH2~3.5，对完整的蛋白质没有水解活性。大麻哈鱼组织蛋白酶 E 比较特别，其最适 pH2.8。组织蛋白酶 E 属于天冬酰胺酶，是 COOH-依赖型肽链内切酶。鉴于此酶容易冷冻灭活，且最适 pH 很低，其在贮藏加工中的作用不大。

6. 组织蛋白酶 H

组织蛋白酶 H 分子质量 28ku，最适 pH5.0，靶蛋白为肌球蛋白和肌动蛋白。太平洋牙鳕肉组织蛋白酶 H 在 20℃时活性最大，在 55℃时其活性是组织蛋白酶 L 的 75%。产卵期大麻哈鱼组织蛋白酶 H 的活性比平常高 2 倍。

7. 组织蛋白酶 L

组织蛋白酶 L 分子质量 24ku，最适 pH3.0~6.5，能降解肌球蛋白、肌动蛋白、胶原蛋白、α-肌动素、肌钙蛋白 T 和 I。兔肉骨骼肌组织蛋白酶 L（24ku）在 pH4.1 时降解肌球蛋白的活性最大。组织蛋白酶 L 可引起大麻哈鱼死后肌肉变软。在 pH3~5 时，大麻哈鱼鱼肉自溶，其中 80%是由于组织蛋白酶 L，20%是由于组织蛋白酶 D 和 E。在 50℃左右，组织蛋白酶 L 是鲽鱼肌肉发生自溶的主要蛋白酶。鲭鱼（Mackerel）肉组织蛋白酶 L 抗冻性好，即使在-20℃下冻藏 50d 仍有较高活性。鲽鱼肌肉、鲭鱼肉和牙鳕组织蛋白酶 L 在 55℃时的活性最高，可见，采用传统蒸煮方法加工鱼肉时，组织蛋白酶 L 能降解鱼肉，使鱼肉和鱼糜凝胶质构变差。

有的组织蛋白酶与肌原纤维紧密结合。漂洗难以洗脱鱼肉组织蛋白酶 L，而其他组织蛋白酶可以从肌原纤维蛋白上洗脱下来。牙鳕组织蛋白酶 L 是单一多肽链，分子质量 28.8ku，最适 pH5.5，接近中性 pH 时，也能降解肌原纤维蛋白。

（二） 钙蛋白酶（Calpains）

钙蛋白酶在牛肉、羊肉等陆生动物肌肉宰后变化中的作用已经得到证实，而在鱼肉宰后变化过程中的作用尚不完全清楚。钙蛋白酶包括 μ-钙蛋白酶（钙蛋白酶 1）、m-钙蛋白酶（钙蛋白酶 2）及其特异性钙蛋白酶抑制蛋白。

鲤鱼肌肉钙蛋白酶（80ku）能降解肌原纤维蛋白，可被 Ca^{2+} 激活，被碘乙酸抑制。海鲈鱼、鳟鱼、罗非鱼和大鳞大麻哈鱼肌肉也有中性蛋白酶的活性。在鲤鱼肌肉中也分离出了钙蛋白酶抑制蛋白（300ku），能特异地抑制鲤鱼钙蛋白酶 II 降解酪蛋白的活性。钙蛋白酶可能与鱼肉离刺无关。

四、 核苷酸降解酶

鱼死后，肌肉的外观、质构、化学性质和氧化还原电位都会发生明显变化。在缺氧情况下，肌肉可利用的主要能量为三磷酸腺苷（ATP），随着肌肉尸僵的发展，ATP 很快耗尽。参与 ATP 降解的酶主要有 ATP 酶、肌激酶、AMP 脱氨酶、5'-核苷酸酶、核苷酸磷酸化酶、次黄嘌呤核苷酶、黄嘌呤氧化酶。

在生理条件下，静息的鱼肌肉中 ATP 含量平均为 $7 \sim 10 \mu mol/g$。ATP 酶的活性受钙离子调控。当肌浆内的 Ca^{2+} 含量大于 $1 \mu mol/L$ 时，Ca^{2+} ATP 酶降解肌浆中的游离 ATP，释放能量，肌动蛋白和肌浆蛋白发生交联，肌肉收缩。当肌浆中 Ca^{2+} 小于 $0.5 \mu mol/L$ 时，Ca^{2+} ATP 酶失活，ATP 将不再水解。

AMP 脱氨酶（AMP Deaminase，EC3.5.4.6）催化 AMP 产生氨和一磷酸肌苷（IMP）。IMP 转化为次黄嘌呤核苷（HxR），而后转化为次黄嘌呤（Hx），同时氨随着血液转运到鳃。氨在此排泄，同时也有少部分氨随尿排出。在僵直前的鳕鱼肌肉中，AMP 脱氨酶主要以水溶性肌浆蛋白的形式存在，在僵直后期，该酶与肌肉纤维蛋白紧密结合。ATP 和 K^+ 激活 AMP 脱氨酶。无机磷酸盐抑制其活性，且抑制作用受到 5′-AMP 含量的影响。3′-AMP 是 AMP 脱氨酶的竞争性抑制剂。离体条件下，鳕鱼 AMP 脱氨酶催化反应的最适 pH6.6 $\sim$ 7.0，其米氏常数（K_m）为（$1.4 \sim 1.6$）$\times 10^{-3}$ mol/L。

肌激酶（Myokinase）是 ATP 酶的抑制剂，使 ADP 脱磷产生 AMP。肌肉静息条件下由于缺乏 AMP，几乎不发生 AMP 脱氨酶反应。

5′-核苷酸酶（5′-nucleotidase，EC3.1.3.5）、碱性磷酸酶、酸性磷酸酶都参与了 IMP 向 HxR 的转化。鱼肉在死后冷却时，5′-核苷酸酶起主要作用。该酶是具有两个或多个亚基的糖蛋白，对 5′-AMP 的亲和力极强，专一性很强，该酶也能使 5′-UMP 和 5′-CMP 去磷酸化，而不与 2′和 3′-磷酸盐发生反应。可溶性和不可溶性的 5′-核苷酸酶都能被 ADP、ATP 和高浓度的磷酸肌酸抑制。大部分 5′-核苷酸酶可被二价阳离子激活，被 EDTA 抑制。毫摩尔浓度的 BHA 具有抑制作用，而 BHT 没有抑制性。

5′-核苷酸酶的活性水平对鱼肉的鲜度影响极大，它们之间的关系可用 ATP 的降解程度 K_i 表示：

$$K_i = \frac{[HxR] + [Hx]}{[IMP] + [HxR] + [Hx]} \times 100$$

核苷酸磷酸化酶（Nucleoside Phosphorylase，NP），存在于细菌、红血球、鱼肉和鸡肉中，能催化以下反应：

$$HxR + 磷酸 \rightleftharpoons Hx + 核糖-1-磷酸盐$$

大部分 NP 在 pH6.5 $\sim$ 8.0 时活性最高。从鳕鱼腐败菌中纯化的 NP 分子质量为 120ku，米氏常数为 3.9×10^{-5} mol/L，等电点为 6.8。NP 还能够催化鸟苷的降解，并受腺苷抑制。鱼肉自身的和细菌 NP 和 IP 使大部分 HxR 降解为 Hx。腐败菌极大地加快了 Hx 的生成。在腐败前期，NP 发挥重要作用，而在腐败后期 IN 发挥重要作用。

次黄嘌呤核苷酶（Inosine Nucleosidase，IN，肌苷酶）存在于细菌、真菌、原生动物、酵母、植物和鱼类中。催化的反应为：

$$HxR + 水 \longrightarrow Hx + D-核糖$$

鳕鱼中的 IN 最适 pH 为 5.5，能够作用于鸟苷、腺苷、黄苷和胞苷。与 NP 一样，在鱼类体内 HxR 的自溶降解过程中，HxR 的活性与鱼的种类有关。

黄嘌呤（Xa）氧化还原酶有两种形式，黄嘌呤氧化酶（XO）和黄嘌呤脱氢酶（XD）。XO 能够催化核苷降解的最后一步反应：

$$Hx + 水 + 氧气 \longrightarrow Xa + 过氧化氢$$

Xa+水+氧气──→尿酸+过氧化氢

Hx 不仅是冷藏鱼腐败的客观指标，也与典型的腐败味有关。Hx 在水溶液中的苦味阈值比在鱼肉中的阈值低得多，当腐败微生物达到 10^6 cfu/g 肉时，Hx 呈阳性。鱼肉尸僵后 ATP 和 ADP 逐渐消失，同时，XO 活性增强，羟自由基（·OH）随之产生。·OH 能导致鱼肉在尸僵后发生脂质氧化，细胞膜破坏。

贮藏温度、鱼的种类和肉的部位不同，核苷酸降解速度也有差异。捕捞、鱼肉分割、切片和绞肉等各种加工处理对核苷酸的降解都有影响。

五、 多酚氧化酶

叶绿素、类胡萝卜素、花色素及其他天然色素通过酶促反应和非酶促反应都会对色泽产生影响。由多酚氧化酶（Polyphenoloxidases PPO，1，2-邻苯二酚氧化还原酶；EC1.10.3.1）催化的酶促褐变是水产品尤其是甲壳纲动物中重要的颜色反应。甲壳类水产品极易发生酶促褐变。褐变起初发生于甲壳表面，最终扩展到肌肉。死后褐变影响甲壳类动物的食用品质和消费者的可接受性。

多酚氧化酶存在于表皮、血淋巴和血液中，可以催化两个反应。一是有 O_2 和底物存在时，该酶催化酚羟基邻位上的羟化反应；二是将二元酚氧化为苯醌。一元酚氧化酶能把一元酚羟基化，形成二元酚（图 2-13）。L-酪氨酸是一元酚氧化酶的主要底物，所以甲壳纲动物一元酚氧化酶又称酪氨酸酶，后者与表皮硬化有关。

二元酚氧化酶能把二元酚氧化为醌，如把儿茶酚氧化为苯醌（图 2-14），后者通过非酶促机制进一步氧化成黑色素（图 2-15）。对虾表皮中的多酚氧化酶可以催化一元酚羟化和二元酚氧化反应。

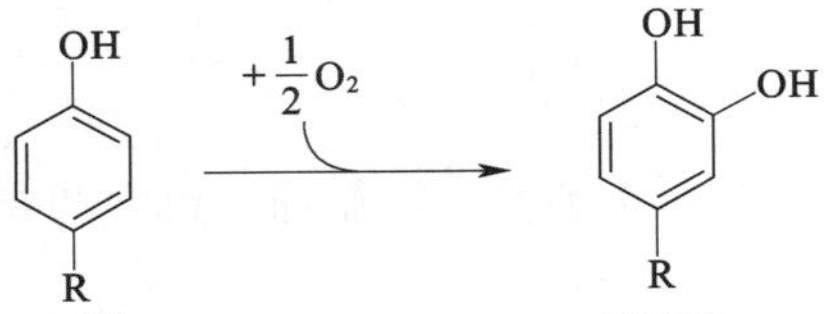

图 2-13　一元酚氧化酶反应途径

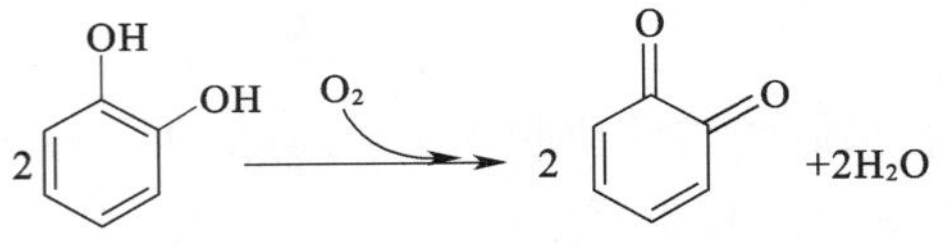

图 2-14　二元酚氧化酶反应途径

在甲壳纲动物中，酪氨酸是多酚氧化酶的天然底物。酪氨酸属于一元酚，羟化后形成二羟苯丙氨酸（DOPA，多巴）。对虾和龙虾多酚氧化酶可被胰岛素激活，而胰凝乳蛋白酶和胃蛋白酶不能激活龙虾多酚氧化酶。

多酚氧化酶是含铜蛋白，其活性位点由两个 Cu^{2+} 组成，每个 Cu^{2+} 都可与三个组氨酸残基结合。这两个 Cu^{2+} 也是多酚氧化酶与 O_2 和底物酚相互作用的位点。在甲壳类动物，多酚氧化酶以酶原的形式存在于血淋巴中，必须由蛋白酶、脂类或多糖激活。甲壳类动物的鳃内富含多酚氧化酶的活性。小龙虾血细胞中的多酚氧化酶酶原的分子质量为 76ku，等电点约为 5.4，可被 $\beta-1$，3 葡聚糖、糖蛋白、海带多糖和脂多糖激活。白虾多酚氧化酶分子质量为 30ku，K_m 为 2.83mmol/L，最适 pH7.5（pH6.0～7.5），最适温度 45℃（25～50℃）。青虾多酚氧化酶分子质量为 210ku，最适 pH6.0～6.5，温度适应范围 20～40℃；红虾多酚氧化酶分子质量

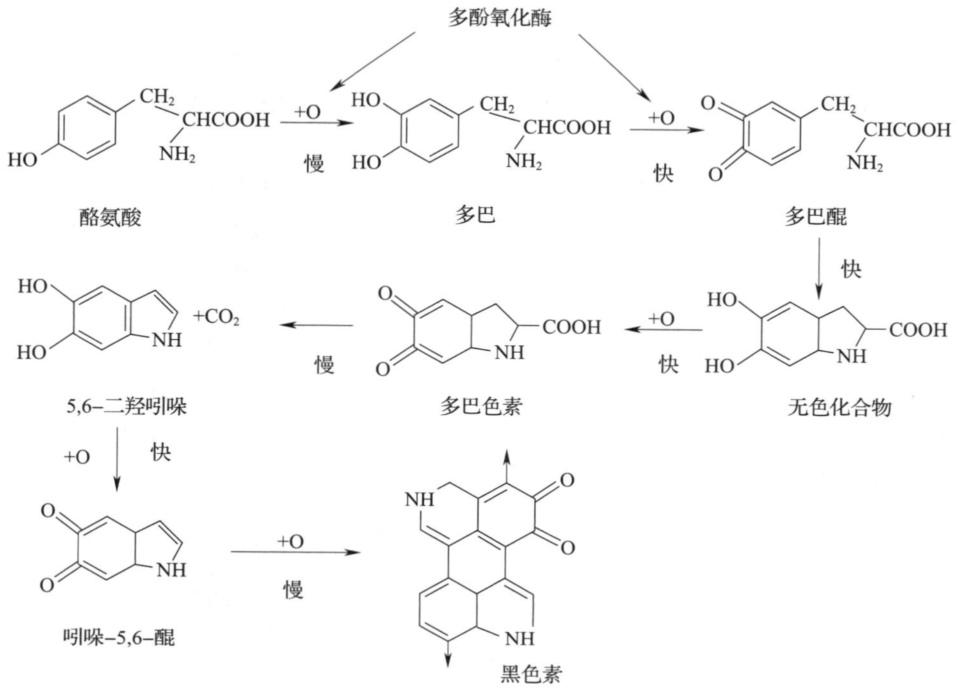

图 2-15　酪氨酸形成黑色素的反应途径（ "+O" 表示氧自由基）

为 40ku，K_m 为 1.63mmol/L，最适 pH8.0（6.5~9.0），最适温度 40℃（20~40℃）；0℃；佛罗里达龙虾多酚氧化酶分子质量为 82~97ku，K_m 为 9.85mmol/L，最适 pH6.5（6.5~8.0），最适温度 35℃（30~40℃）；澳大利亚龙虾多酚氧化酶分子质量为 87~97ku，K_m 为 5.57mmol/L，最适 pH7.0（5.0~9.0），最适温度 30℃（25~35℃）。

多酚氧化酶的稳定性及活性受温度、pH、底物、离子强度等诸多因素影响。不同来源的多酚氧化酶分子质量大小不同，如对虾多酚氧化酶分子质量比龙虾的小。过酸过碱的条件都会降低多酚氧化酶活力。甲壳纲动物的大部分多酚氧化酶对热敏感，在 20~50℃时尚能保持一定活力，70~90℃会导致酶蛋白部分或完全不可逆变性。红虾多酚氧化酶比白虾对温度更敏感，在 50℃下作用 30min，其酶活力只有原有的 65%，而白虾多酚氧化酶活力在相同条件下几乎不变。

六、脂肪酶（Lipases）

食肉鱼类的主要能量来源是脂类，其中的多不饱和 n-3 脂肪酸如二十碳五烯酸（EPA）和二十二碳六烯酸（DHA），是鱼类生长发育所必需的。食物中的脂类在鱼消化道中经胰脂肪酶（PL）和胆盐激活脂肪酶（BAL）分解为脂肪酸和甘油，这些分解产物在小肠被鱼体吸收。鱼体脂肪库主要有四个部位，即肠系膜、肝脏、腹肌和暗色肉。在贮藏和加工过程中，通过脂肪水解作用积累了游离氨基酸（FFA），从而引发鱼肉品质变化。

（一）鱼类脂肪酶的存在部位和特性

鱼类消化道脂肪酶主要来自胰脏、肝脏、胆汁等。鳕鱼幽门垂脂肪酶分子质量为 60ku，最适 pH6.5~7.5，最适温度 25℃；角鲨胰脏脂肪酶最适 pH8.5，最适温度 35℃；沙丁鱼肝胰脏脂肪酶分子质量为 54~57ku，最适 pH8，最适温度 37℃。

（二） 脂肪酶对鱼肉品质的影响

鱼肌肉组织有红纤维和白纤维。红肌脂类含量和磷脂含量比白肌高，而且脂肪水解占优势。虹鳟鱼暗色鱼肉中的长链三酸甘油酯（TAG）经脂肪酶水解后产生游离脂肪酸（FFA）。鲱鱼在冷藏期间红肌和白肌都会发生三酸甘油酯水解。沙丁鱼和带鱼在−18℃贮存 6 个月后仍有脂肪酶的活性。4d 内贮存温度由−12℃下降到−35℃，或缓慢冻结却会激活虹鳟鱼暗色肉溶酶体脂肪酶，而速冻不会使溶酶体释放脂肪酶。鳕鱼肉在冻藏期间产生的游离脂肪酸（FFA）是磷脂和中性脂肪的分解产物。脂类成分、贮藏温度和时间影响脂肪水解。−5℃时磷脂水解为主；−40℃时磷脂和中性脂肪水解参半；−12℃以上时磷脂水解比中性脂肪水解快，而−12℃以下时中性脂肪比磷脂水解快。三酸甘油酯水解也能促进脂类氧化。鱼在冻藏期间由于脂肪水解，游离脂肪酸（FFA）积累，促使脂类变性而引发鱼肉质构改变，也促进脂类氧化而产生异味。

七、 脂肪氧合酶

脂肪氧合酶（Lipoxygenase，LOX）（EC1. 13. 11. 12）属于氧化还原酶，是一种含非血红素铁的蛋白酶，能特异性地催化具有顺，顺−戊二烯结构的多不饱和脂肪酸，通过分子内加氧形成具有共轭双键的氢过氧化衍生物。LOX 常见底物有亚油酸、亚麻酸及四烯酸等游离的多元不饱和脂肪酸，也以三亚油酸甘油酯和三亚麻酸甘油酯或其他不饱和脂肪酸的类脂作为底物，但绝大部分 LOX 还是优先氧化游离脂肪酸，产生环或非环内酯。

脂肪氧合酶广泛存在于动植物。在动物的血液组织中，如血小板、白细胞、网状细胞、嗜碱细胞和嗜中性粒细胞中都含有丰富的脂肪氧合酶。脂肪氧合酶也存在于水产动物和藻类。鲑鱼、沙丁鱼的皮肤和鳃、海星和海胆的卵中均含有 LOX 活性，鳃和皮肤中的活性最高，其次是脑、卵巢、肌肉、眼、肝脏和脾。而心脏中的 LOX 活性仅是鳃和皮肤中的 10%。在新鲜水生绿色藻类、红藻和微绿藻类以及小球藻中均有 LOX 活性。脂肪氧合酶是一种含非血红素铁、不含硫的过氧化物酶，球形，无色，可溶，等电点范围 5.7~6.4，分子质量为 75~80ku（动物）和 94~104ku（植物）。鱼类脂肪氧合酶在 pH6.5~7.5 时活性最大，最适温度 38℃。

脂肪氧合酶分子中含有金属原子——非血红素铁，在一定条件下铁原子从 Fe（II）转变为 Fe（III），同时，也可以被它催化生成的氢过氧化物激活。LOX 的抑制剂多为抗氧化剂类化合物，其抑制作用可能是由于优先被氧化或终止 LOX 引起的脂质过氧化反应的结果，如多酚类化合物。多数 LOX 可以被 Ca^{2+} 激活，并且 LOX 对热和酸碱不稳定。低浓度的谷胱甘肽可以增加 LOX 的稳定性，但当浓度达到 1mmol/L 的时候就会有抑制作用。

LOX 催化产生的氢过氧化合物通过裂变分解形成醛、酮等二级氧化产物，氢过氧化合物进一步氧化可以转化为环氧酸。这些氧化产物导致油脂和含油食品在贮藏和加工过程中的色、香、味等发生劣变。同时在催化反应中形成的自由基能够攻击食品中的成分，如维生素、色素、酚类物质和蛋白质等，从而产生一系列的影响。LOX 的活性与海产品气味形成有关，同时通过加工方法的改进，利用 LOX 的作用可以产生让消费者感觉更加愉快的气味。由于水生动物 LOX 活性在不同部位有很显著的差异，并且与环境之间具有更直接的联系，所以现在人们可以把鱼鳃 LOX 活性作为衡量周围环境的一个重要指标。海藻的 LOX 比鱼类的更稳定，它可以形成持久稳定的海藻和鱼类海产品香气。利用海藻 LOX 对鱼油进行处理，可以产生更多令人愉悦的香气。

八、 磷脂酶

磷脂酶（Phospholipases）是降解磷脂的脂肪水解酶。磷脂酶 A_1（PLA_1）裂解 1 位上脂肪与酰基间的酯键；磷脂酶 A_2（PLA_2）裂解 2 位上脂肪与酰基间的酯键；磷脂酶 B 裂解上述两个酯键和溶血卵磷脂中的其他酯键。磷脂酶 C 作用于甘油二酯与磷酸之间的键，磷脂酶 D 作用于磷酸胆碱。磷脂酶与一般的酯酶不同，它们的天然底物不溶于水，而且只能当酶被吸附在脂-水界面上时其活力才能达最大值。鱼类磷脂酶是非常重要的脂肪分解酶，不仅具有多种生理功能，而且与鱼肉冻藏变质有关。

鱼肉磷脂酶可能与细胞膜完整性和鱼肉冷冻变质有关。狭鳕、绿青鳕、真鲷（Pagrus majoy）肝胰腺、虹鳟肝脏、真鳕肉中提纯的 PLA_2 的主要特性见表 2-11。

表 2-11　　　　　　　　　　　　鱼磷脂酶的主要特性

项目	青鳕	真鲷	真鲷 亚型-1	真鲷 亚型-2	鳕鱼	虹鳟鱼	鲤鱼 卵磷脂水解	鲤鱼 蜡酯合成
	肌肉	幽门垂	肝胰脏	肝胰脏	溶酶体	肝脏	肝胰脏	肝胰脏
分子质量/ku	≈13	≈14	≈13.5	≈13.5	>50	≈73	—	—
最适 pH	8.5~9	8~9	10	8~9	4	5N9	5	4~7
最适温度/℃	37~42	—	—	—	40	—	35~45	30~40
Ca^{2+}依赖性	绝对	绝对	绝对	绝对	无影响	活性最大	活性最大	—
EDTA 影响	抑制	抑制	无影响	无影响	无影响		无影响	无影响
脱氧胆酸钠的影响	—	活性最大	活性最大	PE：抑制活性 PC：活性最大			活性最大	无影响

注：PC—卵磷脂（2mmol/L），PE—磷脂酰乙醇胺（2mmol/L）。

（一） 鲣鱼中的磷脂酶 A_1

鱼肉在冻藏期间会产生溶血卵磷脂（LPC）。鱼的溶血磷脂酶（磷脂酶 B）的活性比磷脂酶高，所以溶血磷脂难以贮存。新鲜鲣鱼肉中磷脂的 10% 是溶血卵磷脂，其富含高不饱和脂肪酸，如 DHA 和 EPA。此外，冻藏期间鲣鱼肉中积累的溶血卵磷脂是冻藏前的两倍。鲣鱼肉的 PLA_1 在 pH6.5~7.0、温度 20~30℃ 时活性最强。4℃ 时 PLA_1 的活性为 20℃ 时的 50%，而且 PLA_1 的活性不受 Ca^{2+} 和 EDTA 影响。

（二） 真鲷中的磷脂酶 A_2

LPC 和 FFA 是磷脂酶 A_2 的产物。海产硬骨鱼中磷脂酶 A_2 水解食物中的磷脂。真鲷分泌的胰腺 PLA_2 分子质量为 13.5ku。这种 PLA_2 是受 Ca^{2+} 调节的，最适 pH 偏碱性，耐酸，耐热。

（三） 真鳕肉中的胞内酸性磷脂酶 A_2

鳕鱼肉中的 PLA_2 是一种特殊的 PLA_2，它对 pH 的要求与其他的鱼类 PLA_2 不同。鱼类

PLA_2 的最适 pH 通常为碱性，但是鳕鱼肉中 PLA_2 在 25℃、pH4.0 时活性最大。大约有 1/4 鳕鱼肉中的 PLA_2 具有较高活性，这种酶的最适温度在 40℃，等电点为 5.2。

（四） 冻藏对磷脂酶活力的影响

鱼类，特别是鳕鱼在冻藏期间肌肉组织发生韧化，这种变化是由于 FFA 的积累，致使蛋白质-脂类发生交联，肌原纤维变性。海产品中脂质的氧化作用可导致鲜味和异味的产生，异味是脂质过氧化作用的结果。鱼类冻藏期间，脂肪分解产生 FFA，从而招致脂质氧化。真鳕、大比目鱼、虹鳟鱼、鲱鱼、鲑鱼、大麻哈鱼、鲤科鱼、真鲷在冻藏期间都会发生磷脂的酶促水解。鲶鱼冻藏时发生游离脂肪酸氧化，产生腐臭味，缩短货架期。FFA 与异味形成、氨基酸和维生素破坏、质构变差、肌肉蛋白质保水性降低都有关系。

九、 氧化三甲胺降解酶

氧化三甲胺（Trimethylamine Oxide-degrading Enzymes，TMAO）代谢涉及的酶包括三甲胺单氧酶、三甲胺脱氢酶、氧化三甲胺还原酶和氧化三甲胺脱甲基酶（TMAOase）。氧化三甲胺在 TMAOase 的催化下通过脱甲基作用产生甲醛（FA）。FA 是一种很强的蛋白变性剂。如果 TMAO 脱甲基酶有活性且浓度足够，会使冷冻鱼肉韧化、发干等质构特性变差，鱼糜和鱼肉的凝胶特性会迅速下降，在鳕科鱼肉尤其如此。对鱿鱼类来说，氧化三甲胺则为非酶分解。

氧化三甲胺在鱼贝类中不仅具有重要的生理功能，也是原料和制品腐败的主要物质。十足类和甲壳类富含 TMAO，而牡蛎、贻贝、蛤类和扇贝 TMAO 的含量很少。鱼肉 TMAO 的含量因食物的不同而异，也受鱼的年龄和大小、水温和盐度、压力的影响。软骨鱼和深海硬骨鱼肌肉中 TMAO 的含量最高，每千克湿重高达 230mmol/L，多数海洋硬骨鱼肌肉中 TMAO 的含量为每千克湿重 20~100mmol/L。淡水鱼肌肉中 TMAO 很少，甚至检测不到。TMAO 的生理功能有调节组织渗透压、调节浮力、保护蛋白质免受因尿素、冻结和高压引起的变性、调节蛋白质内二硫键的形成等。

三甲胺（TMA）在三甲胺单氧酶的催化下生成氧化三甲胺，反应式如下：

$$TMA+NADPH+H^++O_2 \longrightarrow TMAO+NADP^++H_2O$$

三甲胺在三甲胺脱氢酶的催化下生成二甲胺（DMA）和甲醛，反应式如下：

$$TMA+H_2O \longrightarrow DMA+FA+2H$$

在氧化三甲胺还原酶的催化下，氧化三甲胺生成三甲胺，反应式如下：

$$TMAO+2H^++2e \longrightarrow TMA+H_2O$$

在氧化三甲胺脱甲基酶的催化下，氧化三甲胺生成二甲胺和甲醛，反应式如下：

$$TMAO \longrightarrow DMA+FA$$

一般来讲，黏膜中 DMA 的含量比肌肉中的高，暗色肉中的 DMA 比白色肉中的高，而且在冻藏时，暗色肉中的 DMA 还会增加。关于 TMAOase 的分布和性质，由于其纯化难度大，一些酶学特性尚不清楚。TMAOase 活性最高的器官和组织是肾、肝、幽门盲囊、黏膜、肌肉和鱼皮。TMAOase 的表观分子质量很大，高达 200~2000ku，可能还结合着脂质和蛋白质。最适 pH5~7。TMAOase 在 -29℃ 冻藏条件下还有活性。冻结前 40℃ 加热 30min 的狭鳕肉冻藏 4 周后，仍然有许多 DMA 生成。而经 50℃ 加热处理后，狭鳕肉中检测不到 DMA 和 FA。对于银鳕来说，80℃ 加热才能抑制 DMA 和 FA 的形成。

谷胱甘肽、Fe^{2+}、抗坏血酸、黄素、血红蛋白、肌红蛋白和亚甲基蓝都能提高 TMAOase

的活性。碘乙酰胺、氰化物、叠氮化物可抑制 TMAOase 的活性。采肉前如果能彻底去除肾、肝和幽门盲囊等富含 TMAO 的器官组织，鱼糜凝胶特性下降的问题便能得到缓解。如果精滤操作得当，便可除去鱼肉中大部分 TMAO，也能钝化或去除 TMAOase。

十、焦磷酸酶和三聚磷酸酶

目前已从不同肌肉组织中分离得到焦磷酸酶。焦磷酸酶的酶学性质决定了焦磷酸盐在肉中水解速率和作用效果。不同物种之间的肌肉焦磷酸酶的生化特性存在一定差异，这将直接导致焦磷酸钠在不同物种的肌肉中水解情况不同。三聚磷酸酶可以将三聚磷酸钠水解成焦磷酸盐和正磷酸盐，之后焦磷酸盐进一步水解。过去很长一段时间的研究都集中在推测或者测定肌肉组织中三聚磷酸酶的活性。早期关于三聚磷酸酶的研究多集中于活性测定及其存在的部位方面。1973 年，Sutton 发现三聚磷酸钠在鳕鱼肉中发生酶促水解，推测该酶可能是肌球蛋白 ATP 酶（Myosin-ATPase）。目前，已证实三聚磷酸酶就是肌球蛋白。

在肉中，肌球蛋白三聚磷酸酶把添加的三聚磷酸钠水解为焦磷酸盐和正磷酸盐。派生的和添加的焦磷酸盐将肌动球蛋白解离为肌球蛋白和肌动蛋白，同时被焦磷酸酶水解为正磷酸盐。不断生成的和添加的焦磷酸盐反馈抑制肌球蛋白三聚磷酸酶的水解活性，而肌球蛋白三聚磷酸酶则又抑制焦磷酸酶的水解活性。六偏磷酸钠在肉中是比较稳定的，没有产生焦磷酸盐，其部分降解可能发生于其中的短链磷酸盐，而对其聚合链，则没有相应的水解酶的活性。以混合物的形式添加时，多聚磷酸盐的总体水解速率会变慢。对多聚磷酸盐在肉中水解机制的正确理解（图 2-16），不仅能阐明多聚磷酸盐混合物比单一磷酸盐使用效果好的原因，而且也有助于开发高性能的多聚磷酸盐混合物。

白鲢鱼背侧肌焦磷酸酶水解焦磷酸盐的速度快于三聚磷酸酶水解三聚磷酸盐的速度。当反应体系中同时存在焦磷酸酶和三聚磷酸酶时，由于焦磷酸盐被焦磷酸酶水解，减弱了对三聚磷酸酶活力的抑制作用。在三聚磷酸酶+三聚磷酸酶+三聚磷酸钠体系中焦磷酸盐不断累积，说明三聚磷酸盐水解的一级反应速率大于二级反应速率。在焦磷酸酶和（或）三聚磷酸酶的作用下，混合磷酸盐中焦磷酸盐和三聚磷酸盐的水解要慢于单一磷酸盐，这是由于混合磷酸盐中焦磷酸盐对三聚磷酸酶活力的抑制作用。

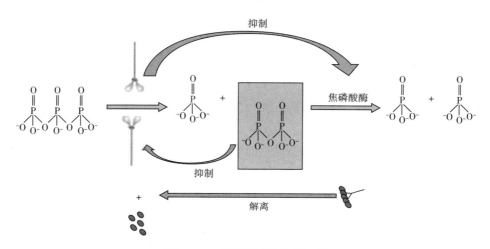

图 2-16　多聚磷酸钠水解机制

十一、 酶对鱼肉及鱼肉制品质构的影响

鱼肉的物理特性受许多酶的影响。对水产品质构的影响最重要的酶是参与能量代谢、鱼肉尸僵、内源蛋白水解酶、外源蛋白水解酶以及转谷氨酰胺酶。一些蛋白酶能引起鱼肉的质构变化和鱼肉凝胶软化，给水产食品加工带来不利影响。而这些蛋白酶的活性可以通过几种机制加以控制。在食品加工中，可以利用蛋白酶的水解作用修饰食品蛋白质的加工特性和营养特性，也可以利用抑制作用调控酶的活性，减轻或消除蛋白水解带来的不良影响。

（一） 蛋清中的蛋白酶抑制剂

鸡蛋清中含有几种蛋白酶抑制剂，其中的半胱氨酸蛋白酶抑制剂，分子质量为12.7ku，可抑制组织蛋白酶B、组织蛋白酶H、组织蛋白酶L、无花果蛋白酶、木瓜蛋白酶的活性；卵抑素（Ovoinhibitor）是丝氨酸蛋白酶抑制剂，能抑制弹性蛋白酶和牛胰蛋白酶、α-胰凝乳蛋白酶的活性；卵黏蛋白是天冬氨酸蛋白酶抑制剂，能抑制胃蛋白酶的活性。

（二） 血浆中的蛋白酶抑制剂

豚鼠血浆含有四种主要的胰蛋白酶抑制剂（Contrapsin）可使胰蛋白酶失活。猪血浆中的L-激肽原分子质量为55ku，能抑制μ-钙蛋白酶和m-钙蛋白酶、组织蛋白酶B、组织蛋白酶L。L-激肽原能抑制由类组织蛋白酶L（L-like Cathepsin）引起的马鲛肌球蛋白重链的水解。哺乳动物血浆中有三种激肽原，分别是高分子质量的H-激肽原（120ku）、低分子质量的L-激肽原（68ku）和T-激肽原，其中H-激肽原和L-激肽原对组织蛋白酶B和L有强烈的抑制作用。

（三） 食品级酶制剂

自从人们发现牛血清能防止太平洋鳕鱼鱼糜凝胶软化以来，开发了许多食品级鱼肉蛋白酶抑制剂。牛血浆蛋白质（BPP）、蛋清蛋白、牛奶清蛋白质和马铃薯提取物都可作为食品级蛋白酶抑制剂，用于改善鱼肉质构和鱼糜凝胶强度。

用化学方法也能控制蛋白酶的活性，如去除蛋白酶的辅助因子、修饰底物以改变其与酶的亲和力。修饰蛋白酶的结构也能改变酶的活性，如调整pH、调整离子强度、用硫化剂、烷化剂、氧化剂和还原剂等直接干预化学反应。

十二、 酶对鱼肉及鱼肉制品风味的影响

鱼肉的风味是重要的品质指标。鱼肉风味与酶促途径或非酶促途径产生的氢过氧化物所介导的脂质氧化有关。酶促途径（如脂肪氧合酶）和非酶促途径都能产生氢过氧化物，而且这两种途径都能产生所希望的短链和中链醛类和酮类化合物，使鲜鱼肉具有特定香气，同时，氧化过程也会产生与腐臭味有关的物质。

鱼肉在冷藏和冻藏期间，氧化三甲胺在微生物和鱼肉内源酶的作用下产生三甲胺和二甲胺，从而使鱼肉产生异味。三甲胺具有强烈的鱼腥味和氨味，常用来指示鱼肉风味货架期。脂质氧化对贮存的鱼肉和熟制鱼肉风味的形成也有重要影响。鱼肉中的多不饱和脂肪酸很容易发生自动氧化，生成的氢过氧化物在鱼肉煮制过程中很容易分解。脂肪氧合酶作用于多不饱和脂肪酸生成的过氧化物自由基是脂质自动氧化的引发剂，能促进脂质自动氧化的进一步发生，产生许多脂质衍生物，后者都能不同程度地影响鱼肉的风味。

脂质衍生的挥发性羰基化合物对咸干鱼风味的形成具有重要作用。脂肪氧合酶作用生成

的羰基化合物影响熟制鱼肉的风味，而脂质自动氧化产物对煮制鱼肉的风味起着更为重要的作用。在食品加工中单独添加脂肪氧合酶或与其他酶合用，可产生所希望的风味化合物。脂肪氧合酶直接作用于多不饱和脂肪酸，产生风味物质，此外，也可间接地降解类胡萝卜素产生熟鲑鱼肉特有的风味。鉴于脂肪氧合酶能够破坏必需脂肪酸（油酸、亚油酸和花生四烯酸）、破坏维生素和蛋白质、并产生异味的有害作用，在鱼肉加工中可利用脂肪氧合酶抑制剂对其活性进行控制。α-生育酚、丙基没食子酸盐、愈疮木酚和类黄酮化合物等抗氧化剂均可抑制脂肪氧合酶的活性。

第四节　鱼肉的加工特性

肌肉蛋白质的加工特性或功能特性（Functionality），通常是指对感官品质起重要作用的、与质构特性（Texture）相关联的物理特性，主要包括肉的保水性、弹性、流变特性、凝胶特性、乳化性等。影响肌肉蛋白质功能特性的因素很多，如肌肉中各种组织和成分的性质和含量、肌肉蛋白质在加工中的变化、添加成分对肌肉蛋白质加工特性的影响等。正确理解肌肉蛋白质的加工特性，有助于深入开展肉类科学研究，有助于改善肌肉蛋白质的特性，改进加工工艺，改善肉制品的质地及感官品质。

一、　保水性

肉的保水性（Water-hold Capacity，WHC）是指肌肉保持其原有水和添加水的能力，主要指标有系水力、肉汁损失、蒸煮损失。关于肉的保水机理，有学者认为，当蛋白质处在其平均等电点以上的 pH 时，蛋白质荷净负电荷，互相排斥，水分便进入肌丝之间。事实上，肌肉中的大部分水被束缚在肌原纤维的粗肌丝与细肌丝之间，所以，肉的保水性主要决定于肌原纤维蛋白。pH、离子类型和离子强度能使蛋白质的净负电荷发生变化，从而影响肉的保水性。另有学说认为，荷负电的肌丝周围有一层"离子云"，借助渗透力的作用（渗透压）使肌丝网络膨胀，水分保留在肌丝之间。尸僵时肌球蛋白和肌动蛋白形成了肌动球蛋白，这种交联限制了肌丝网络的膨胀（弹性压）。所以，实际保持的水分含量是渗透压和弹性压之间平衡的结果。

水与蛋白质互作，不仅影响肉的保水性，也影响肌肉蛋白质的溶解度。溶解度是肌肉蛋白质的重要性质之一。从食品科学的角度讲，肌肉蛋白质的溶解度是指在一定条件下可被水或盐溶液提取的总蛋白质在原料肉中的百分比。可见，蛋白质提取液是由多种蛋白质相互组成的一种具有胶体性质的分散体系，不是真溶液。蛋白质的溶解度取决于蛋白质的性质，鱼肉的破碎方法和破碎程度，鱼肉与水或盐溶液的比例，鱼肉的僵直状态，溶剂 pH 和离子强度、离子类型，提取次数、时间、温度，上清液的分离方法等。换句话说，引起蛋白质分子或者蛋白质微粒形态结构任何变化的因素都会影响蛋白质的溶解度。所以，提取蛋白质时，需要根据原料肉的特点和蛋白质的性质制定提取程序和条件。溶解度影响蛋白质的其他加工特性，如凝胶特性、乳化特性、发泡特性等。

二、 凝胶特性

鱼肉蛋白质在热诱导或压力诱导下，能够形成凝胶。肌肉蛋白质形成凝胶的特性是重要的加工特性之一。肌肉蛋白质的凝胶特性和所形成的凝胶的微细结构与鱼糜制品的质构特性、感官特性、保水性和乳化性乃至产品率有密切关系。在热诱导凝胶形成过程中，肌球蛋白分子之间发生交联，从而形成三维网络结构。脂肪和水物理地嵌入或化学地结合在这个蛋白质三维网络结构中。凝胶强度与蛋白质所暴露的疏水基团、巯基含量和蛋白质的分散性之间存在着很强的相关性，凝胶的微细结构也随内在蛋白质的性质和环境条件的变化而改变，如 pH、离子强度、离子类型、蛋白质浓度和溶解度、加热方式都影响鱼肉蛋白质的凝胶化。

三、 黏结性

鱼肉的黏结性十分重要。在鱼糜制品（如鱼丸）加工过程中，斩拌或擂溃、搅拌等过程所释放的蛋白质把小块肉和大小颗粒黏合在一起。黏结力决定于提取的肌原纤维蛋白数量。提取出的盐溶蛋白质越多，黏结力越大。游离的肌球蛋白和肌动球蛋白的比例越高，则黏性越大。肌动蛋白溶胶没有黏结性。鱼糜加工过程中洗脱的肌浆蛋白在环境离子强度小于 0.4 时才有黏性。

四、 乳化特性

鱼肉的乳化特性对稳定鱼糜制品中的脂肪具有重要作用。肌肉中对脂肪乳化起重要作用的蛋白质是肌球蛋白。经典乳化理论认为，脂肪球周围的一层肌球蛋白包衣使肉糜稳定。乳化过程的第一步是蛋白向脂肪滴表面靠拢。影响这一过程的因素主要是蛋白分子的溶解情况、分子大小、温度条件以及连续相的黏度等。第二步是蛋白吸附在脂肪滴上。在这个过程中，蛋白要克服界面压力等障碍，与已经吸附在脂肪球上的其他物质竞争并吸附在上面。蛋白质表面的氨基酸性质、介质 pH、离子强度和温度影响这个过程。第三步是蛋白分子发生构象变化，蛋白分子展开，疏水基团与非极性相相连，亲水基团与极性的水相相连。另一种学说认为，流体的脂肪滴须经乳化方能稳定，而固体脂肪颗粒是在低温斩拌期间被蛋白质所包裹，物理地嵌入肉糜网络中，从而得到稳定，并非形成真正的乳状液。肌肉蛋白质的表面疏水性、巯基含量、溶解度和分散性、加工工艺等影响其乳化特性。乳化过程的示意图如图 2-17 所示。

五、 发泡特性

肌肉蛋白悬浮液容易起泡。泡沫形成过程中，蛋白质在气液界面被吸附、富集并重新排列。发泡性和泡沫稳定性主要取决于气液界面的蛋白膜的柔韧性和黏性。蛋白发泡能力主要受蛋白质本身性质和介质环境条件的影响。关于肌肉蛋白质结构与发泡性能之间的关系，一般认为，在足够低的蛋白浓度下，泡沫可能由单分子蛋白膜形成，这层膜的蛋白分子完全伸展开。肌球蛋白有很强的表面活性，因此，它可能在这层单分子蛋白膜中起重要作用。在高蛋白浓度条件下，肌肉蛋白会在泡沫表面形成多层蛋白膜。

蛋白质溶解度、蛋白质变性程度、蛋白质与脂肪的比例、肉馅的黏度等许多因素都影响肌肉蛋白质的发泡性能。引起蛋白质变性的因素（如冷冻、加热），使蛋白质的发泡性下降。

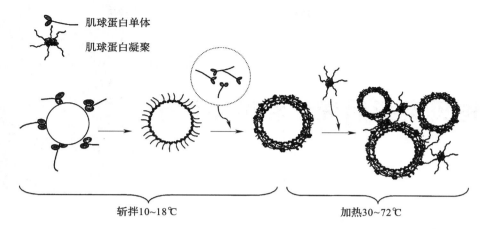

肌球蛋白单体

肌球蛋白凝聚

斩拌10~18℃　　　　　　　　　加热30~72℃

图 2-17　乳化过程示意图

影响肉馅黏度的工艺因素也影响发泡性能。适度斩拌或混合能提高肉馅的黏度，空气易于进入；但斩拌过度，肉馅黏度过高，气泡难以进入。

🔍 思考题

1. 肌肉节和肌小节在结构上有何不同？
2. 肌球蛋白的物理化学特性有哪些？
3. 脂肪氧化与鱼肉和鱼肉制品的哪些特性有关？
4. 与畜禽的酶相比，鱼类的酶有哪些特点？酶对鱼肉品质有哪些影响？
5. 鱼肉的离刺是怎样产生的？
6. 鱼肉的结构和加工特性之间有何联系？

参 考 文 献

[1]段蕊,张俊杰,赵晓庆,等. 鲤鱼鱼鳞胶原蛋白性质的研究[J]. 食品科技,2006(9): 291-295.

[2]Meng,Zhang,Yawei,et al. Mechanism of Polyphosphates Hydrolysis by Purified Polyphosphatases from the Dorsal Muscle of Silver Carp(Hypophthalmichthys Molitrix)as Detected by P-31 NMR[J]. Journal of Food Science,2015,80,C2413-C2419.

[3]戴志远,张燕平,王宏海,等. 酶法水解梅鱼蛋白的实验研究[J]. 中国食品学报, 2005,5(4):91~95.

[4]赵玉红,孔保华,张立钢,等. 鱼蛋白水解物功能特性的研究[J]. 东北农业大学学报, 2001,32(2):105~110.

第三章　CHAPTER 3

鱼贝类死后变化和鲜度评定

[学习目标]

　　掌握鱼贝类死后发生的生化变化过程，了解这些变化与水产品品质的关系，掌握鱼贝类鲜度常用评定方法及其原理。

第一节　鱼贝类死后变化

　　鱼贝类死亡后，发生一系列物理和化学变化，其最终结果是鱼体逐渐变得柔软，蛋白质、脂肪和糖原等高分子化合物逐渐降解成易被微生物利用的低分子化合物。随着贮存期的延长，会很快导致微生物腐败，同时由于内源酶作用而使蛋白质自溶分解，产生不良风味。刚捕获的新鲜鱼，具有明亮的外表，清晰的色泽，表面覆盖着一层透明均匀的稀黏液层。眼球明亮突出，鳃为鲜红色，没有任何黏液覆盖。肌肉组织柔软可弯且富有弹性。

　　鱼体死后肌肉中会发生一系列与活体时不同的生物化学变化，整个过程可分为僵硬、解僵和自溶、细菌腐败三个阶段。

一、　鱼体死后初期生化变化

　　鱼肉在死后保藏中由于自身酶和外源细菌的作用，会发生各种生化变化，从而导致鱼肉品质的下降，这些变化主要包括 pH、糖原、乳酸、腺苷三磷酸水解酶（ATPase）、腺苷三磷酸（ATP）及其分解产物等的变化。

　　鱼体死后肌肉中糖原发生酵解生成乳酸，同时与鲜度相关的 ATP、糖原和肌酸磷酸（Cr-P）发生了较大的生化变化，pH 也随之发生较大的变化。以鱼类为代表的脊椎动物，ATP 最主要的一条分解路线是：

　　ATP → ADP（腺苷二磷酸）→ AMP（腺苷一磷酸）→ IMP（肌苷酸）→ HxR（次黄嘌呤核苷）→ Hx（次黄嘌呤）

　　在无脊椎动物中，由于 AMP 脱氨酶活性很低或几乎不存在，因而 ATP 的主要降解途径为

ATP → ADP → AMP → AdR（腺嘌呤核苷）→ HxR → Hx。但在鱼肌肉中含量比 ATP 高数倍的 Cr-P，在肌酸激酶的催化作用下，可将由 ATP 分解产生的 ADP 重新再生成 ATP。其反应式如下：

$$ATP+H_2O \longrightarrow ADP+Pi$$
$$ADP+Cr-P \Longleftrightarrow ATP+Cr$$

式中　Pi——正磷酸

　　　Cr——肌酸

同时，在腺苷酸激酶（Adenylate Kinase）的催化作用下，2mol ADP 可生成 1mol ATP 和 1mol AMP。

$$2ADP \Longleftrightarrow ATP+AMP$$

此外，糖原酵解的过程中，1mol 的葡萄糖能产生 2mol ATP。通过这样的补给机制，动物即使死亡，在短时间内其肌肉中 ATP 含量仍能维持不变。但是随着磷酸肌酸和糖原的消失，肌肉中 ATP 含量显著下降，肌原纤维中的肌球蛋白粗丝和肌动蛋白细丝产生滑动，两者牢固结合使肌肉紧缩，肌肉开始变硬。

一般来讲，活鱼肌肉的 pH 为 7.2~7.4。鱼体死后，随着糖原酵解生成葡萄糖-1-磷酸，最后生成乳酸，pH 下降。下降的程度与肌肉中糖原的含量有关。畜肉的糖原含量为 1%左右，死后极限 pH 为 5.4~5.5。洄游性的红肉鱼类糖原含量为 0.4%~1.0%，极限 pH 达 5.6~6.0；底栖性的白肉鱼类糖原含量为 0.4%左右，极限 pH 在 6.0~6.4。

虾、蟹、贝类等无脊椎动物，其肌肉中不存在磷酸肌酸，而含有磷酸精氨酸（PA）。磷酸精氨酸是无脊椎动物体内一种最主要的磷酸原。

$$PA+ADP \Longleftrightarrow 精氨酸+ATP$$

PA 能够将磷酸盐交换给 ADP，因而保持了稳定的 ATP 浓度。当死后进行糖原酵解时，葡萄糖被分解，最终产物为丙酮酸。

二、僵硬

死后僵硬是指鱼体死后随着肌肉中 ATP 的降解、消失，肌球蛋白粗丝和肌动蛋白细丝之间发生滑动，肌节缩短，肌肉发生收缩的现象。

刚死的鱼体，肌肉柔软而富有弹性。放置一段时间后，肌肉收缩变硬，失去伸展性或弹性，如用手指压，指印不易凹下；手握鱼头，鱼尾不会下弯；口紧闭，鳃盖紧合，整个躯体僵直，鱼体进入僵硬状态。当僵硬进入最盛期时，肌肉收缩剧烈，持水性下降。一些不带骨的鱼肉片，长度会缩短，甚至产生裂口，并有液汁向外渗出。鱼贝类肌肉死后僵硬受到较多条件影响，一般发生在死后数分钟至数十小时，其持续时间为 5~22h。

鱼体死后僵硬测定方法通常采用鱼体僵硬指数（R_I）测定法（图 3-1）。即将鱼体前半部（1/2）平放在特制木架水平板上，使尾部自然下垂，测定其尾部与水平板构成的最初下垂距离 L_0 和在僵硬开始一定时间后的距离 L，则鱼体僵硬指数：

$$R_I = \frac{L_0 - L}{L_0} \times 100\%$$

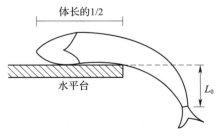

图 3-1　鱼体僵硬指数测定示意图

测定水平板表面水平延长线至鱼尾根部（不包括尾鳍）的垂直距离 L_0 和 L。

R_1 由零上升到 20%、70% 所需的时间分别为达到初僵时间和达到全僵时间。R_1 由零上升到最高后又降到 70% 所需全部时间为达到解僵时间。

常见的经济鱼类各自有不同的僵硬指数曲线，大致可以分为五种类型。脂眼鲱、真鲨等，R_1 值最高时接近 100%，解僵时降到 0 或 0 以下；鲐鱼、秋刀鱼、红背圆鲹、牙鲆、鲈等，R_1 值最高时接近 100%，但解僵不充分，R_1 值在测定时间内很难达到 0；日本海鲂等，R_1 值较小，最高仅为 50%；青鳞等，仅产生僵硬，不见解僵，曲线仅呈上升状态，60h 后开始腐败发臭，但鱼体仍处于僵硬状态；鲛鳒始终不会产生僵硬或僵硬不明显。

死后僵硬是鱼类死后的早期变化。鱼体进入僵硬期的迟早和持续时间的长短，受鱼的种类、死前生理状态、致死方法和贮藏温度等各种因素的影响。一般讲扁体鱼类较圆体鱼类僵硬开始得迟，因为体内酶的活性较弱，但进入僵硬后其肌肉的硬度更大。不同大小、年龄的鱼也表现出很大的差别。小鱼、喜动的鱼比大鱼更快进入僵硬期，持续时间也短。

死后僵硬还与鱼体死前生活的环境温度有关。环境水温越低，其死后僵硬所需的时间越长，越有利于保鲜，反之亦然。如表 3-1，在不同的季节由于水温的不同，鱼死后开始僵硬时间和持续僵硬时间都发生较大的变化。

贮藏温度对死后僵硬的影响也是不同的。鲢宰杀后的僵硬指数随僵硬期的出现而上升，直至达到 100%，然后随着解僵而下降。当保藏温度较高（20℃）时，鱼体的僵硬迅速到来，僵硬指数达到 100% 后，其值会立即下降；当温度较低（5℃ 和 10℃）时，僵硬指数在 100% 附近能维持较长一段时间。

表 3-1　鳙、鲢、草鱼在不同月份活杀后达到初僵、全僵和解僵的时间（0℃保藏）

月份	水温/℃	达到初僵时间/h			达到全僵时间/h			达到解僵时间/h		
		鳙	鲢	草鱼	鳙	鲢	草鱼	鳙	鲢	草鱼
1月	5	42	—	—	50	—	—	103	—	—
2月	7	19	37	40	97	103	71	127	131	102
3月	8~10	79	12~25	—	117	16~5	—	190	36~66	—
4月	20	31	—	2~8	59	8	7~1	100	—	17~33
5月	19~23	5~7	1~5	8	11~1	—	7	31~85	21~59	69
6月	29~30	6~8	3	3	4	2~12	13	103~12	101	101
7月	23~29	4~6	3	7	7~10	5	4	0	13	14
10月	20	6~9	—	—	7~13	6	11	16~26	—	—
11月	12~14	21	18	7	15~1	—	—	47~60	90	100
					6	51	18	120		
					40					
范围		4~79	1~37	2~40	7~117	2~103	4~71	16~190	13~131	14~102
月平均值		31	14	12	46	35	32	85	71	66

僵硬期还与鱼捕获时的状态、致死的方法有关。一般来讲，春、夏饵料丰富季节的鱼比秋、冬饵料匮乏季节的鱼体，僵硬开始得迟，僵硬持续时间长。捕获后迅速致死的鱼，因体内

糖原消耗少，比剧烈挣扎、疲劳而死的鱼进入僵硬期迟，持续时间也长，因而有利于保藏。

图 3-2 是鰤鱼经不同方法致死后保藏在 0℃ 僵硬指数的测定结果，3 种不同致死方法达到初僵、全僵和解僵的时间。活杀达到初僵和全僵的时间，分别为 6h 和 27h，挣扎死的分别为 1h 和 3h，半死的分别为 1.5h 和 6h。活体宰杀的鰤鱼肉质达到初僵和全僵的时间明显长于挣扎死和半死鱼的 6 倍和 4 倍，挣扎死与半死之间有相差，但不大。活杀、挣扎死和半死达到解僵的时间分别为 53h、45h 和 39h。

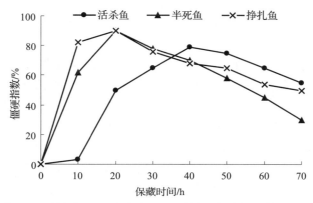

图 3-2　鰤鱼经不同方法致死后保藏在 0℃ 的僵硬指数变化

日本最近采用活杀保鲜技术可以延长鱼体死后达到全僵前为止的僵硬时间，以收到较长时间保持活鲜质量的效果。

死后僵硬是肌肉向食用肉转化的第一步。僵硬开始时间和僵硬程度决定于肌肉中的ATP、磷酸肌酸（Cr-P）和糖原含量多少，以及 ATP 酶、激酶和糖酵解酶的活性。

活体肌肉收缩是由神经刺激引起的，而且是可逆的。鱼体死后，肌细胞的正常功能消失，肌球蛋白和肌动蛋白形成的肌动球蛋白质产物不能解离，肌细胞发生不可逆收缩。

三、　解僵和自溶

僵硬期后，由于肌肉内源蛋白酶或来自腐败菌的外源性蛋白酶的作用，糖原、ATP 进一步分解，而代谢产物乳酸、次黄嘌呤、氨不断积累，硬度也逐渐降低，直至恢复到活体时的状态，这个过程称为解僵。关于解僵的机制，目前认为解僵的主要原因是肌肉中内源蛋白酶的分解作用。如组织蛋白酶与蛋白质分解自溶作用有关。还有来自消化道的胃蛋白酶、胰蛋白酶等消化酶类，以及细菌繁殖过程中产生的胞外酶的作用。

在鱼类死后的解僵和自溶阶段，由于各种蛋白分解酶的作用，一方面造成肌原纤维中 Z 线脆弱、断裂，组织中胶原分子结构改变，结缔组织发生变化，胶原纤维变得脆弱，使肌肉组织变软；另一方面也使肌肉中的蛋白质分解产物和游离氨基酸增加。因此，解僵和自溶会给鱼体鲜度带来各种感官和风味上的变化，同时其分解产物——氨基酸和低分子的含氮化合物为细菌的生长繁殖创造了有利条件。

四、　腐败

在微生物的作用下，鱼体中的蛋白质、氨基酸、氧化三甲胺、磷酸肌酸及其他含氮物质被分解为氨、三甲胺、吲哚、硫化氢、组胺等低级产物，使鱼体产生具有腐败特征的臭味，这种过程就是细菌腐败。

腐败主要表现在鱼的体表、眼球、鳃、腹部、肌肉的色泽、组织状态以及气味等方面。鱼体死后的细菌繁殖，从一开始就与死后的生化变化、僵硬以及解僵等同时进行。但是在死后僵硬期中，细菌繁殖处于初期阶段，分解产物增加不多。当微生物从其周围得到低分子含氮化合物，将其作为营养源繁殖到某一程度时，即分泌出蛋白质酶分解蛋白质，这样就可利用不断产生的低分子成分。另外，由于僵硬期鱼肉的 pH 下降，酸性条件不宜细菌生长繁殖，故对鱼体质量尚无明显影响。当鱼体进入解僵和自溶阶段，随着细菌繁殖数量的增多，各种腐败变质征象即逐步出现。

腐败菌多为需氧性细菌，有假单胞菌属、无色杆菌属、黄色杆菌属、小球菌属等。新鲜鱼腐败菌多为革兰阴性菌，如假单胞菌（Pseudomonas）、不动杆菌（Acinetobacter）、莫拉菌属（Moraxella）为 H_2S 产生菌，可将氧化三甲胺（TMAO）还原成三甲胺（TMA），被认为是腐败现象的最主要菌。软体动物包括牡蛎、蚌蛤、鱿鱼、干贝等，含高量$(CH_2O)_n$，氮含量低，腐败以糖发酵型为主，初期以假单胞菌（Pseudomonas）、不动杆菌（Acinetobacter）、莫拉菌属（Moraxella）为主，末期以肠球菌（Enterococcus）、乳杆菌（Lactobacilli）及酵母（Yeast）为主。这些细菌在鱼类生活状态时存在于鱼体表面的黏液、鱼鳃及消化道中。

细菌侵入鱼体的途径主要有两个：一个是体表污染的细菌，温度适宜时在黏液中繁殖起来，使鱼体表面变得混浊，并产生令人不快的气味。细菌进一步侵入鱼皮，使固着鱼鳞的结缔组织发生蛋白质分解，造成鱼鳞容易脱落。当细菌从体表黏液进入眼部组织时，眼角膜变得混浊，并使固定眼球的结缔组织分解，因而眼球陷入眼窝。由于大多数情况下鱼是窒息而死，鱼鳃充血，给细菌繁殖创造了有利条件。鱼鳃在细菌酶的作用下，变成灰色，并产生臭味。细菌还通过鱼鳃进入鱼的组织。另一个是肠内腐败细菌繁殖，穿过肠壁进入腹腔各脏器组织，蛋白质发生分解并产生气体，使腹腔的压力升高，腹腔膨胀甚至破裂，部分鱼肠可能从肛门脱出。细菌进一步繁殖，逐渐侵入沿着脊骨行走的大血管，并引起溶血现象，把脊骨旁的肌肉染红，进一步可使脊骨上的肌肉脱落，形成骨肉分离的状态。

随着腐败过程的进行，鱼体组织的蛋白质、氨基酸以及其他一些含氮物被分解为氨、三甲胺、吲哚、硫化氢、组胺等腐败产物。

1. 脱氨反应

（1）由氧化脱氨反应生成酮酸和氨

$$\underset{\underset{NH_2}{|}}{RCHCOOH} + \frac{1}{2}O_2 \longrightarrow RCOCOOH + NH_3\uparrow$$

（2）直接脱氨生成不饱和脂肪酸和氨

$$\underset{\underset{NH_2}{|}}{R-CH_2-CHCOOH} \longrightarrow RCH=CHCOOH + NH_3\uparrow$$

（3）经还原脱氨反应生成饱和脂肪酸和氨

$$\underset{\underset{NH_2}{|}}{R-CH-COOH} + H_2 \longrightarrow RCH_2COOH + NH_3\uparrow$$

2. 脱羧反应

氨基酸脱下羧基，生成相应的胺和二氧化碳。

$$RCHCOOH \longrightarrow RCH_2NH_2 + CO_2 \uparrow$$
$$\underset{NH_2}{|}$$

通过脱羧反应，赖氨酸生成尸胺，鸟氨酸生成腐胺，组氨酸生成组胺。

3. 含硫氨基酸分解

蛋氨酸、半胱氨酸、胱氨酸等含硫氨基酸被绿脓杆菌属的一部分细菌所分解，生成硫化氢、甲硫醇、己硫醇等。

4. 色氨酸分解

色氨酸在绿脓杆菌、无色杆菌、大肠杆菌等细菌的色氨酸酶的作用下分解生成吲哚。

$$\text{蛋白质} \longrightarrow \text{多肽类} \longrightarrow \text{氨基酸} \begin{cases} \overset{\text{脱氨基作用}}{\text{脱羧基作用}} & \begin{cases} \text{氨} \\ \text{尸胺，腐胺} \\ \text{组胺} \end{cases} \\ \overset{\text{氧化作用}}{\text{还原作用}} & \begin{cases} \text{硫化氢} \\ \text{硫醇} \\ \text{吲哚，} \beta\text{-甲基吲哚} \end{cases} \end{cases}$$

当上述腐败产物积累到一定程度，鱼体即产生具有腐败特征的臭味。与此同时，鱼体肌肉的 pH 升高，并趋向于碱性。当鱼肉腐败后，它就完全失去食用价值，误食后还会引起食物中毒。例如，鲐鱼、鲹鱼等中上层鱼类，死后在细菌的作用下，鱼肉汁液中的主要氨基酸（组氨酸）迅速分解，生成组胺。食用后会发生荨麻疹。腐败变质的海产鱼类，食后容易引起副溶血性弧菌食物中毒。

由于鱼的种类不同，鱼体带有腐败特征的产物和数量也有明显差别。例如，三甲胺是海产鱼类腐败臭的代表物质。因为海产鱼类大多含有氧化三甲胺，在腐败过程中被细菌的氧化三甲胺还原酶作用，还原生成三甲胺，同时还有一定数量的二甲胺和甲醛存在，它是海鱼腥臭味的主要成分。

$$(CH_3)_3NO \longrightarrow (CH_3)_3N$$

又如鲨鱼、鳐鱼等板鳃鱼类，不仅含有氧化三甲胺，还含有大量尿素，在腐败过程中被细菌的尿毒酶作用分解成二氧化碳和氨，因而带有明显的氨臭味。

$$(NH_2)_2CO \longrightarrow 2NH_3 \uparrow + CO_2 \uparrow$$

此外，多脂鱼类因含有大量高度不饱和脂肪酸，容易被氧化，生成过氧化物后进一步分解，其分解产物为低级醛、酮、酸等，使鱼体具有刺激性的酸败味和腥臭味。

第二节 鱼贝类的鲜度评定

水产品加工制品的质量与原料鲜度关系密切，而且鱼、贝类水产品的鲜度是评价其质量的重要指标。但是鱼肉的生化变化是相当复杂的，因此，凭单一指标或测定方法来确定鱼的鲜度有一定困难。现在已经发展了一系列的指标和方法来测定鱼的鲜度，如感官评价方法、微生物学方法、物理和化学方法和生物传感器方法等。

一、感官评定

感官评定是通过视觉、味觉、嗅觉、听觉、触觉来鉴别食品质量的一种评定方法。鱼贝类鲜度的感官评定主要是通过人的视觉、嗅觉和触觉进行的。

在鱼贝类死后的不同阶段，感官特征清晰可见，可以根据这些特征快速地进行鲜度评定。这种鲜度评定方法现已被世界各国广泛采用。这种方法有其局限性，如有一定的主观性，因而在鱼肉加工中的应用受到限制。然而大多数鱼类贸易基于感官评价，因此，在应用化学或物理方法来评价鱼肉产品的品质时，应同时进行感官评价以保证感官评价结果同其他仪器测试结果较一致。感官评价主要根据鱼的外表、眼睛、肌肉、鳃、腹部、肛门等指标进行评分，把每一个单独指标的得分加起来即得到总的感官评分（表3-2）。

表3-2　　　　　　　　　　　　　鱼类感官评定

项目	3分	2分	1分	0分
体表	有光泽，无黏液，鳞片完整，不易脱落，肛门正常	光泽较差或有黏液，肛门微突出	光泽差，黏液多，肛门明显突出	灰暗色，黏液多，肛门红或有污液流出
气味	正常	稍有异味	有异味	
鱼鳃	鲜红，无黏液，鳃丝清晰	深红或略有黏液，鳃丝比较清晰	暗红或黏液较多	腐败臭
眼球	眼球饱满凸出，角膜透明	角膜稍透明，或略呈混浊	角膜明显混浊，眼球平坦	暗紫或淡灰色，黏液多，鳃丝粘连
肉质	弹性良好或僵硬	弹性稍差但不软	弹性差并发软	角膜不透明，眼球深度下陷 无弹性，很软

水产品及水产制品质量感官鉴别应遵循的原则是：感官鉴别时主要是通过体表形态，鲜活程度、色泽、气味、肉质的弹性和洁净程度等感官指标来进行综合评价的。对于水产品，首先是观察其鲜活程度如何，是否具备一定的生命活力；其次是看外观形体的完整性，注意有无伤痕、鳞片脱落、骨肉分离等现象；再次是观察其体表卫生洁净程序，即有无污秽物和杂质等；最后才是看其色泽，嗅其气味，如有必要，还要品尝其滋味。依据所述结果再进行感官评价。

对于水产制品而言，感官鉴别也主要是外观、色泽、气味和滋味几项内容。其中是否具有该类制品的特有正常气味与风味，对于做出正确判断有重要意义。几种海水鱼的感官鉴定指标表3-3，几种淡水鱼的感官鉴定指标见表3-4。虾蟹贝类的感官鉴定指标见表3-5。

表 3-3　　　　　　　　　　　　　　　几种海水鱼的感官鉴定指标

名称	新鲜	不新鲜
鳓鱼	鳞片完整，体表洁净，色银白有光泽	眼发红，混浊下陷而变色，鳃发白，腹部破裂
海鳗	眼球突出明亮，肉质有弹性，黏液多	眼球下陷，肉质松软
梭鱼	鳃盖紧闭，肉质紧密，肛门处污泥黏	体软，肛门突出，有较重的泥臭味
鲈鱼	液不多体色鲜艳，肉质紧实	体色发乌，头部呈黄色
大黄鱼	色泽金黄，鳃鲜红，肌肉紧实有弹性	眼球下陷，体表色泽减退，渐至白色，腹部发软，肉易离刺
小黄鱼	眼凸出，鳃鲜红，体表洁净，色泽呈金黄色而有光泽	眼塌陷，鳃部有很浓的腥臭味，鳞片脱落很多，色泽减退至灰白色，腹部发软甚至破裂
黄姑鱼	肌肉僵直而有弹性	色泽灰白，腹部塌陷
白姑鱼	色泽正常，肉质坚硬	体表有污秽黏液，肉质稍软有特殊气味
鳖鱼	眼球明亮突出，鳃色深红及褐色，肉质坚实	体色呈灰暗，眼变混浊，鳃退色至灰白，腹部膨胀，肉质松软，肛门有分泌液溢出
真鲷	体色鲜艳有光泽，肉质紧密，肛门凹陷	色泽无光，鳞片易脱落，肉质弹性差，有异味
带鱼	眼突出，银鳞多而有光泽	眼塌陷，鳃黑，表皮有皱纹，失去光泽变成灰色，破肚，掉头，胆破裂，有胆汁渗出
鲅鱼	色泽光亮，腹部银白色，鳃色鲜红，肉质紧密，有弹性	鳃色发暗，破肚，肉成泥状，并有异味
鲳鱼	鲜艳有光泽，鳃红色，肉质坚实	体表发暗，鳃色发灰，肉质稍松
牙鲆鱼	鳃色深而鲜艳，正面为灰褐色至深色	鳃部黑而微黄，体色变浅，腹部先破，肉离骨呈泥状

表 3-4　　　　　　　　　　　　　　　几种淡水鱼的感官鉴定指标

鱼名	新鲜	不新鲜
青鱼	体色有光泽，鳃色鲜红	体表有大量黏液，腹部很软且开始膨胀
草鱼	鳃肉稍有青草气味，	鳃肉有较重的酸味，腹部很软，肛门有溢出物
鲢鱼	体表黏液较少，有光泽，鳞片紧贴鱼体	眼带白蒙，腹部发软，肌肉无弹性，肛门有污物流出
鳙鱼	鳃色鲜红，鳞片紧密不易脱落	鳃有酸臭味，体表失去光泽，肉质特别松弛

表 3-5　　　　　　　　　　　　虾蟹贝类的感官鉴定指标

名称	新鲜	不新鲜
对虾	色泽、气味正常，外壳有光泽、半透明，虾体肉质紧密，甲壳紧密附着虾体 带头虾头胸部和腹部连接膜不破裂；养殖虾体色受养殖场底质影响，青黑色色素斑点清晰明显	外壳失去光泽，甲壳黑变较多，体色变红，甲壳与虾体分离，虾肉组织松软，有氨臭味 带头虾头胸部和腹部脱开，头部甲壳变红、变黑
梭子蟹	色泽鲜艳，腹面甲壳和中央沟色泽洁白有光泽，手压腹面较坚实，螯足挺直	背面和腹面甲壳色暗，无光泽，腹面中央沟出现灰褐色斑点和斑块，有的能见到黄色颗粒状流动物质，螯足与背面呈垂直状态
头足类	具有鲜艳的色泽，色素斑清晰有光泽；黏液多而清亮，肌肉柔软而光滑；眼球饱满无异味	色素斑点模糊，并连成片呈红色，体表僵硬发涩，黏液混浊并有臭味

对鲜度稍差或有轻度异味的水产品，以感官鉴别方法判断其品质鲜度较困难时，即可通过水煮试验后嗅气味、尝滋味，结合对汤汁的观察来鉴别。水煮试验时，样品一般不超过500g，放水量以刚好浸没样品为宜。对虾类等个体比较小的水产品，可以整个水煮。鱼类则去头去内脏后，切成 3cm 左右的段，先将容器中的水煮沸，然后放入样品，盖严容器盖加热，直到再次煮沸时，撤掉热源，然后开盖依次进行鉴别，即先开盖嗅其蒸气气味，再看汤汁，最后品尝其滋味。

（1）气味鉴别

新鲜品的气味——具有本种类水产品固有的香味。

变质品的气味——有腥臭味或氨味。

（2）滋味鉴别

新鲜品的滋味——具有本种类水产品固有的鲜美味道，肉质口感有弹性。

变质品的滋味——无鲜味，肉质糜烂，有氨味。

（3）汤汁鉴别

新鲜品的汤汁——汤汁清冽，带有本种类水产品色素的色泽，汤内无碎肉。

变质品的汤汁——汤汁混浊，肉质腐败脱落，悬浮于汤内。

二、　微生物学方法

微生物学指标评价是检测鱼贝类肌肉或鱼体表皮的细菌数作为判断鱼贝类新鲜程度的评定方法。鱼虾蟹贝类等水产品在捕获后的生产流通等环节易被微生物污染，其腐败变质速度较快。因此，除常用的理化检验方法外，微生物学方法是一种相当可靠的方法。目前常用的微生物测定方法可以分为两类：

（一）　活力计数法

微生物的活动是限制鲜鱼贝类货架期的一个主要因素。对微生物菌数测定，可以反映被微生物污染的程度及是否发生变质，同时它是判定食品生产的一般卫生状况以及食品卫生质量的一项重要依据。在国家卫生标准中常用细菌菌落总数和大肠菌群的近似值来评定食品卫生质量，一般活菌数达到 10^8cfu/g 时，则可认为处于初期腐败阶段。

用微生物学检验指标评价水产品鲜度的主要有：每克样品的标准平板计数，粪便肠道杆菌的最大可能数，金黄色葡萄球菌的最大可能数和每 25g 样品中沙门菌菌落形成单位数。可通过酶联免疫吸附测定法、放射免疫测定法、阻抗测量法、生物发光法、金黄色葡萄球菌 A 蛋白及其协同凝集实验等检测。

在一些标准和指导中，总活力计数值（TvC）作为可接受度指标。刚捕获的鱼体含有许多微生物，整条鱼和切下鱼片的 TvC 值通常为 $10^2 \sim 10^6 \text{cfu/g}$。在冷藏过程中，耐冷的微生物可以选择性生长。因此，对这些微生物的选择计数在早期研究中被作为鱼肉品质的测量标准。一种能产生 H_2S 的细菌在一些冷冻鲜鱼中被确定为特征腐败微生物。这种微生物在含铁的琼脂中进行计数。它在有氧贮存鱼类中的数目与用感官评定法确定的剩余货架期之间的线性关系达到了 -0.97。由于在冷冻鱼中微生物的选择性生长，特定腐败菌（SSO）和鲜度间的线性关系要高于 TvC 和鲜度间的线性关系。

很明显，微生物方法可以提供有关鱼肉鲜度的有用的测量。然而，大部分结果都要用相当慢的检测方法得到。因此，无论对于经典或新的微生物检测方法而言，都需要加快反应时间，提高灵敏度和特异性。

（二） 微生物传感器检测法

微生物传感器是由固定化微生物细胞与电化学装置结合而成的新生物传感器，又称生物需氧（BOD）传感器，测定鱼鲜度的微生物传感器由溶氧传感器和微生物膜组成。酵母或腐败细菌固定在膜上，贴在 BOD 传感器表面的透气膜上。微生物细胞能单独进行生长、呼吸、繁殖等生命活动，不停地从周围环境中摄取物质进行同化作用，同时又不停地向环境排放代谢产物及废物。当 BOD 传感器浸入含有有机物的样品液中时，渗到膜上的有机物被酵母或腐败细菌细胞吸收。该过程需消耗 O_2，从而引起传感器输出电流下降。微生物膜上消耗的 O_2 与样品液中的有机物浓度成比例，样品液中的有机物浓度可通过 BOD 传感器测定。在肉类的腐败过程中，由于肉类中内源性蛋白酶或微生物产生的蛋白酶的水解作用，有机物（氨基酸和胺等）逐渐增多。因此，根据肉表面或提取物中有机物的量随时间的变化，利用 BOD 传感器来测定肉的鲜度。用微生物传感器和常规 K 值方法测定了在冰中贮存 2 周以上的鱼肉鲜度，发现两种方法测定的数值间有较好的相关性。微生物传感器的响应值与常规方法测定的总活力计数值之间也有很好线性关系（$r = 0.908$）。特别在肉类腐败早期，微生物传感器方法比传统的菌落计数方法要敏感很多，而且所需测定时间短，仅需 15min。

三、 化学测定法

水产品离水死亡后，其体内发生了一系列的化学变化和生物化学变化，如蛋白质分解成胨、肽、氨基酸，由微生物进一步降解可生成胺类、氨、吲哚、硫化氢等。ATP 逐渐降解分解为 ADP、AMP、IMP、Hx、HxR 等成分，氧化三甲胺被还原成三甲胺、二甲胺，磷脂中的胆碱也转变为三甲胺，再加上氨基酸分解出的胺，就使得挥发性盐基氮（TVBN）积累增多。pH 也由于乳酸的增长消失而先降后升。所以可以根据死后变化过程中生成的某一种或某几种化合物的消长而判定水产品鲜度的变化。

（一） 挥发性物质的测定

1. 常测定的挥发性物质

（1） 挥发性碱基氮（TVB-N 或 VBN） TVB-N 是指动物性食品在腐败过程中，由于细菌的作用，使蛋白质分解后产生的氨、伯胺、仲胺及叔胺等碱性含氮物质，因具挥发性而得名。在食品卫生检验中通常采用半微量蒸馏法和微量扩散法测定。

许多水产品 TVB-N 是一项灵敏的指标，可表征几小时之内鲜度的变化，尤其对于蛋白质含量高的水产品。但对于蛋白质含量较低而含糖量相对较鱼虾类高得多的贝类，TVB-N 灵敏度要低得多，TVB-N 不能准确反映低温条件下鱼体本身鲜度的变化。另外 T-VBN 值也不适用于软骨鱼。

（2） 三甲胺（TMA） 三甲胺是鱼体内存在的氧化三甲胺（TMAO）的还原作用而产生的，其含量随鱼体鲜度的降低而逐渐增加，变化呈现规律性。一般认为，鲜鱼体内的 TMAO 会随着鱼新鲜度的降低，在微生物和酶的作用下降解生成 TMA 和 DMA。纯净的 TMA 仅有氨味，在很新鲜的鱼中并不存在，当 TMA 与不新鲜的 δ-氨基戊酸、六氢吡啶等成分共同存在时则增强了鱼的腥感。海水鱼体内所含的 TMAO 较淡水鱼多，故当其新鲜度降低时，腥臭味更浓烈。

TMA 与 TVB-N 比较有明显的相关性，海水鱼的 TMA 较其他水产品更为灵敏，一般 TMA 在 3~4mg 以下为新鲜，而对于淡水鱼及贝类 TMA 随鲜度的变化灵敏性较差，因为淡水鱼中 TMAO 含量很少。

随着鲜度下降，TMA 的体积分数会越来越高。当 TMA 体积分数在 $15×10^{-6}$ 以下时，鱼类是新鲜的；体积分数在 $（15~35）×10^{-6}$ 时，肉质下降但无腐败臭味；体积分数在 $70×10^{-6}$ 以上时，鱼类基本失去食用价值。

（3） 氨基态氮 鱼肉氨基态氮的变化与鱼肉新鲜度变化呈负相关。当鱼新鲜度未降低时，氨基态氮增加较缓慢，氨基态氮迅速增加时鱼的新鲜度也显著下降。氨基态氮对鱼肉风味的影响明显，随着贮存时间延长，鱼肉风味不断下降。但有人指出氨基态氮变化和鱼体本身的鲜度变化没有明显的相关性，用氨基态氮含量作为鱼新鲜度评价指标有待进一步的研究。样品中的氨在碱性条件下，通过水蒸气蒸出，用盐酸吸收蒸出的氨，用氢氧化钠滴定多余的盐酸，从而计算出氨的含量。

2. 测定挥发性物质的常用方法

（1） 气相色谱法 最常用的方法是顶空法。首先收集和富集挥发性物质进行色谱分离、鉴定和定量分离的化合物。一旦捕捉到挥发物质，就可以通过热解吸收或溶剂萃取转移到色谱仪用合适的检测器进行分离和鉴别。

（2） 固相微抽提法（SPME） 该方法是在气相色谱法的基础上改进的。其改进之处在于用固相微抽提纤维来吸附挥发性物质，然后直接在进样器中解吸而不用分离化合物，用标准的色谱检测器进行检测。该方法快速（最快可达每小时 12 个样品），既可测定总挥发性物质，又可测定非碱性挥发性物质，与保存在冰上的鱼的腐败菌有很好的线性关系。

（二） ATP 降解物的测定

ATP 的降解程度可用 K 值来表示。K 值是肌苷和次黄嘌呤浓度的总和与 ATP 的代谢产物的浓度总和的比值。鲜鱼的 K 值低。

$$K = \frac{[HxR] + [Hx]}{[ATP] + [ADP] + [AMP] + [IMP] + [HxR] + [Hx]} × 100\%$$

K 值可以用来判断鲜鱼与解冻鱼的鲜度，K 值越低说明鲜度越好。立即杀死的鱼其 K 值低于 5%，做生鱼片用的鱼应低于 20%。在日本，严格地把 K 值 20% 作为鱼肉是否适于生食的极限值。如果一条鱼的 K 值在 20%~60% 就最好加热后再食用。一般情况下，随着鲜度下降，鱼类的 K 值升高。对大多数鱼，在贮藏的第一天 K 值线性增加，是表征鲜度的一个极好的化学指标。

ATP 和 ADP 降解迅速，鱼死后约 24h 消失，AMP 也很快降解，浓度达 $1\mu mol/g$ 以下。另一方面，鱼死后 5~24h，IMP 急剧增加，然后缓慢减少。而肌苷和次黄嘌呤则缓慢增加。为了减少测定工作量，可用 K_i 代替 K 值。

$$K_i = \frac{[HxR] + [Hx]}{[IMP] + [HxR] + [Hx]} \times 100\%$$

当 $K_i < 20\%$ 时，鱼是新鲜的；当 $K_i > 40\%$ 时，鱼已不宜食用。但在一些易形成 HxR 的鱼品种中（如鳕鱼，金枪鱼等），其 K_i 值迅速增加至 100%，因此不能用于指示这些鱼的鲜度。在这种情况下，可以使用次黄嘌呤指数（H）。

$$H = \frac{[Hx]}{[IMP] + [HxP] + [Hx]} \times 100\%$$

鱼肉在腐败初期，次黄嘌呤的含量随贮存时间的延长而增加。因此，可用次黄嘌呤指标作为淡水鱼类鲜度质量的指标。新鲜鱼类其次黄嘌呤 $\leq 3.6 \times 10^{-4} g/5g$；次新鲜鱼类的次黄嘌呤 $3.6 \times 10^{-4} \sim 5.9 \times 10^{-4} g/5g$；腐败鱼类的次黄嘌呤 $> 5.9 \times 10^{-4} g/5g$。

Hx 含量在同一种鱼内甚至同一个体内都存在相当程度的差异（红色肉中含量要高于白色肉）。冷藏前期随鱼新鲜度下降，次黄嘌呤上升，冷藏后期当鱼开始腐败，次黄嘌呤含量开始下降，所以次黄嘌呤含量表示鱼鲜度指标时只适用于在新鲜及次新鲜状态，当鱼腐败后则不能用此指标。

目前 K 值的测量方法主要有柱层析简易测定方法、高压液相色谱法、酶电极传感器法等。

（三）　其他鲜度测定方法

其他鲜度测定方法还有丙二醛法、吲哚法、P 值法、pH 法等。

四、　物理测定法

随着鱼鲜度下降，鱼体的硬度及电阻、鱼肉压榨液的黏度、眼球水晶体混浊度等均发生变化。物理测定法主要有电阻法、表面荧光光谱法、气味浓度测定法、鱼体僵硬指数、鱼眼反射光测量法。

常见的几种水产品鲜度检验指标见表 3-6、表 3-7 和表 3-8。

表 3-6　　　　　鲜大黄鱼、冻大黄鱼、鲜小黄鱼、冻小黄鱼感官、
理化、细菌指标（SC/T 3101—2010）

项目	一级品	二级品
外观	鳞片紧致、完整，呈金黄或虎黄色（包括白磷鳞），体表有光泽；鳃丝清晰，呈鲜红或紫红色，黏液透明；眼球饱满，角膜清晰	鳞片易擦落，呈淡黄色，光泽较差；鳃丝粘连，呈淡红或暗红色，黏液略混浊；眼球平坦或微陷，角膜稍混浊

续表

项目	一级品	二级品
组织	肌肉坚实、组织紧密有弹性	肌肉稍软，弹性稍差
气味	具有大黄鱼、小黄鱼固有气味，无异味	具有大黄鱼、小黄鱼固有气味，基本无异味
水煮试验	水煮后，具有鲜鱼正常的鲜味，肌肉组织细腻，滋味鲜美	水煮后，具有鲜鱼正常的鲜味
挥发性盐基氮	≤13（mg/100g）	≤30（mg/100g）
冻品温度	≤-18℃	

表3-7　　　　　鲜、冻带鱼感官、理化指标（SC/T 3102—2010）

项目	一级品	二级品
外观	体表呈银白色或银灰色，富有光泽，鱼鳞不易脱落；鳃呈鲜红或紫红色，黏液透明；鱼眼饱满，角膜清晰	体表呈银白色或银灰色，色泽稍差，脱鳞不超过体表1/4；鳃呈淡红或暗红色，黏液略混浊；眼球平坦或微陷，角膜稍混浊
组织	肌肉坚实、组织紧密有弹性	肌肉稍软，弹性稍差
气味	具有鲜带鱼固有气味，无异味	具有鲜带鱼固有气味，基本无异味
水煮试验	水煮后，具有鲜带鱼正常的鲜味，肌肉组织细腻，滋味鲜美	水煮后，具有鲜带鱼正常的鲜味
挥发性盐基氮	≤13（mg/100g）	≤30（mg/100g）
冻品中心温度	≤-18℃	

表3-8　　　　　鲜、冻鲳鱼感官、理化指标（SC/T 3103—2010）

项目	一级品	二级品
外观	鱼体坚挺，体表有光泽；鳃丝清晰，呈鲜红或略带暗红，黏液透明；鱼眼饱满，角膜清晰	体表色泽稍差；鳃呈淡红或暗红色，粘液略混浊；眼球平坦或微陷，角膜稍混浊
组织	肌肉坚实、组织紧密有弹性	肌肉稍软，弹性稍差
气味	具有鲳鱼固有气味，无异味	具有鲳鱼固有气味，基本无异味
水煮试验	水煮后，具有鲜鲳鱼正常的鲜味，肌肉组织细腻，滋味鲜美	水煮后，具有鲜鲳鱼正常的鲜味
挥发性盐基氮	≤18（mg/100g）	≤30（mg/100g）
冻品中心温度	≤-18℃	

🔍 **思考题**

1. 鱼体死后初期的生化变化有哪些?
2. 死后僵硬期鱼类的感官方面有哪些变化?
3. 影响鱼体进入僵硬期时间长短和僵硬期持续时间长短的因素有哪些?

参 考 文 献

[1]杨宏旭,衣庆斌,刘承初,等.淡水养殖鱼类死后生化变化及其对鲜度质量的影响[J].上海水产大学学报,1995(1):1~9.

[2]邓德文,陈舜胜,程裕东,等.鲢肌肉在保藏中的生化变化[J].上海水产大学学报,2000(4):319~323.

[3]张利民,王富南.鱼体僵硬指数及其应用[J].齐色渔业,1994(6):35~36.

[4]刘承初,王恺,王莉平,等.几种淡水养殖鱼死后僵硬的季节变化[J].水产学报,1994(1):1~6.

[5]邓德文,陈舜胜,程裕东,等.鲢在保藏中的鲜度变化[J].上海水产大学学报,2001(1):38~43.

海藻的化学特性

[学习目标]

　　了解海藻的一般成分，掌握主要成分的化学特性。

第一节　概述

一、海藻的种类与利用概况

　　世界上海藻资源非常丰富，据记载有 6495 种，分别隶属于红藻（4100 种）、褐藻（1485 种）和绿藻（910 种）三大门类。目前已被利用的经济藻类有 100 种左右，产区主要集中在亚洲，仅中国、日本和朝鲜半岛的产量就占世界的 2/3，而产值占世界的 95% 以上。表 4-1 为世界各国和地区加工利用海藻的主要种类。

表 4-1　　　　　　　　　世界各国和地区加工利用海藻的主要种类

洲名称	国家名称	使用的海藻种类（按利用率降序排列）
亚　洲	日　本	昆布、海带、裙带菜、石花菜、江蓠、异支藻、海萝、石莼、浒苔
	中　国	海带、裙带菜、紫菜、石花菜、江蓠、马尾藻
	韩　国	昆布、海带、裙带菜、石花菜、石莼、浒苔
	菲律宾	麒麟菜、江蓠、沙菜、凹顶藻、蕨藻、马尾藻
	印度尼西亚	蕨藻、松藻、石莼、网地藻、团扇藻、马尾藻、麒麟菜、沙菜、江蓠
	印　度	马尾藻、凝花菜、江蓠、石花菜

续表

洲名称	国家名称	使用的海藻种类（按利用率降序排列）
欧洲	挪威	泡叶藻、掌状海带、极北海带、墨角藻、翘藻、角叉菜、衫藻、红皮藻
	英国	墨角藻、海叶藻、极北海带
	法国	掌状海带、墨角藻、衫藻、角叉菜
	瑞典	墨角藻、红皮藻、角叉菜、衫藻、掌状海带、极北海带、翘藻
	西班牙	石花菜、衫藻、墨角藻
	葡萄牙	石花菜、鸡毛菜、衫菜、角叉菜
	俄罗斯	昆布、海带、衫藻
大洋洲	澳大利亚	江蓠、麒麟菜、巨藻
	新西兰	鸡毛菜、石花菜、江蓠、囊叶藻、巨藻、昆布
非洲	摩洛哥	石花菜、江蓠
	塞内加尔	石花菜、沙菜、拟石花菜
南美洲	秘鲁	巨藻、衫藻、伊谷草、石花菜、红皮藻、角叉菜
	巴西	石花菜、鸡毛菜、凝花菜、马尾藻、网地藻
	阿根廷	巨藻、江蓠
北美洲	加拿大	泡叶藻、海带、角叉菜、衫藻、红皮藻
	美国	巨藻、墨角藻、泡叶藻、掌状海带、衫藻、红皮藻、角叉菜
	墨西哥	巨藻、石花菜、衫藻、沙菜、江蓠

　　海藻是一种纤维素含量高、脂肪含量低、微量元素丰富和活性成分多的食品，具有较高的营养价值。从目前海藻资源利用的情况来看，一部分海藻用于化工产品以外，大部分用来加工海藻食品。

　　我国沿海共有海藻 835 种，约占世界海藻总数的 1/8，其中红藻最多（463 种），绿藻其次（207 种），褐藻最少（165 种）。我国具有经济价值的海藻有 50 多种，主要经济藻类见表 4-2。

表 4-2　　　　　　　　　　　中国主要经济藻类的分布

藻　名	分　布
褐藻	
海带	辽宁、山东、江苏、浙江、福建
羊栖菜	辽宁、山东、浙江、福建、广东
裙带菜	辽宁、山东、江苏、浙江
海蒿子	辽宁、山东、江苏、广东、广西、海南
海黍子	黄海沿海、浙江、福建、广东
鼠尾菜	中国沿海
铜藻	辽宁、浙江、福建、广东、香港

续表

藻 名	分 布
裂叶马尾藻	辽宁、浙江、福建、广东、香港
瓦氏马尾藻	浙江、福建、广东、香港
鹿角菜	黄海、渤海
铁钉菜	浙江、福建、广东
萱藻	辽宁、河北、山东、江苏
囊藻	中国沿海
网胰藻	福建、海南
喇叭藻	福建、海南
鹅肠菜	浙江、福建、广东、香港
红藻	
条斑紫菜	辽宁、山东、江苏、浙江
坛紫菜	山东、浙江、福建
真江篱	辽宁、河北、山东、浙江、福建、广东、广西
龙须菜	山东
细基江蓠	广东
异枝江蓠	广东、海南
溢江蓠	广东、海南
凤尾藻	海南
帚状多穴藻	海南
石花菜	中国沿海
凝花菜	海南
鹿角沙菜	浙江、福建、广东、海南
海萝	辽宁、山东、浙江、福建、广东
角叉菜	浙江、福建
细齿麒麟菜	福建、台湾
琼枝	福建、海南
绿藻	
浒苔	中国沿海
曲浒苔	广东、海南
绿管浒苔	中国沿海
盘苔	辽宁、河北、山东、江苏
孔石莼	辽宁、河北、山东
裂片石莼	福建、广东、香港
囊礁膜	辽宁、河北、山东、江苏

二、　海藻的一般成分

海藻的一般成分主要是指其所含的蛋白质、碳水化合物、灰分及色素、维生素和脂肪等物质，一般以干物质计。除水分外，海藻中含量最高的成分为碳水化合物，特别是多糖类（多数占干重的 40%~60%），其次为粗蛋白（10%~20%）和灰分（20%~40%），而脂肪含量最低（一般<1.0%）。另外，海藻中还含有甘露醇、褐藻酸、藻色素和维生素等成分。

海藻一般成分的含量受生长环境（水温、营养盐含量、日照量）、生长季节和藻体部位等因素的影响。因为海藻生长于水中，吸收水中的物质贮藏于体内，并将吸收的物质合成必要的藻体成分，所以要受到生长水域物理和化学性质以及日照量的影响。表 4-3 为我国和日本沿海主要经济海藻的一般成分含量情况，表明来自不同产区的同一种海藻，其粗蛋白、粗脂肪、碳水化合物以及灰分的含量差异相当大。一年生海带在生长初期的氮含量和碘含量是叶片上部大于叶片中部大于叶片基部；褐藻酸含量则是叶片基部大于叶片中部大于叶片上部；野生海带的含碘量明显高于养殖海带。

表 4-3　　　　　中国和日本沿海主要经济海藻的一般成分含量（以干重计）　　　　　单位:%

海藻种类	采集地点	粗蛋白	粗脂肪	碳水化合物		灰分
				多糖类	粗纤维	
红藻（*Rhodophyta*）						
真江蓠（*Gracilaria sitica*）	山东	8.9	0.10	52.3	2.1	36.5
真江蓠（*Gracilaria sitica*）	青岛	20.8	0.32	37.0	2.5	39.4
真江蓠（*Gracilaria sitica*）	广东	18.6	0.41	61.8	6.2	13.0
真江蓠（*Gracilaria sitica*）	日本	17.19	0.02	63.1	14.4	5.3
扁江蓠（*G. textorii*）	青岛	10.3	0.09	53.2	3.3	33.0
扁江蓠（*G. textorii*）	日本	14.0	0.80	63.3	1.9	20.0
石花菜（*Gelidium amansii*）	青岛	19.8	0.49	54.5	8.9	16.2
石花菜（*Gelidium amansii*）	日本	16.9	0.6	59.9	10.0	12.6
小石花菜（*G. divaricatum*）	福建	10.3	0.10	59.7	6.8	23.1
细毛石花菜（*G. crinale*）	广东	15.1	0.12	55.0	11.4	18.4
琼枝（*E. gelafinae*）	海南	4.0	—	66.4	3.7	25.9
舌状蜈蚣藻（*G. livida*）	青岛	29.1	0.10	38.3	3.1	29.4
甘紫菜（*Porphyra tenera*）	青岛	24.8	0.13	40.5	4.6	29.9
甘紫菜（*Porphyra tenera*）	日本	43.8	0.5	40.3	5.3	10.1
海萝（*Gloiopeltis furcata*）	福建	14.4	0.05	58.8	1.1	25.6
海萝（*Gloiopeltis furcata*）	青岛	26.1	0.12	47.0	0.8	25.9
海萝（*Gloiopeltis furcata*）	日本	19.4	1.0	64.3	1.0	14.3
盾果藻（*C. affinis*）	青岛	17.7	0.10	58.7	2.3	21.2
沙菜（*Hypnea sp.*）	广东	15.3	0.18	39.2	4.0	41.2

续表

海藻种类	采集地点	粗蛋白	粗脂肪	碳水化合物		灰分
				多糖类	粗纤维	
松节藻（*R. confervoides*）	大连	24.7	0.35	25.5	3.5	45.9
多管藻（*P. urceolata*）	青岛	26.1	0.72	32.0	4.3	36.9
红舌藻（*R. pulcheurum*）	青岛	12.4	0.07	57.7	0.8	29.0
软骨藻（*Chondria* sp.）	福建	13.4	0.20	23.0	5.1	58.3
褐藻（*Phaeophyta*）						
海带（*Laminaria japonica*）	日本	10.23	0.77	41.01	6.11	28.98
海带（*Laminaria japonica*）	烟台	7.0	—	38.5*	—	35.7
海带（*Laminaria japonica*）	汕头	6.4	—	33.7*	—	28.8
极长海带（*L. longissima*）	日本	10.55	1.24	31.98	13.80	36.92
后叶海带（*L. coriacea*）	日本	8.70	1.25	49.33	12.33	25.44
裙带菜（*U. pinnatifida*）	日本	16.84	2.20	32.29	8.02	36.62
裙带菜（*U. pinnatifida*）	青岛	20.9	—	28.0	1.55	37.76
昆布（*Ecklonia cava*）	日本	12.53	0.70	35.56	12.76	31.27
粗马尾藻（*S. ringgoldianum*）	日本	13.16	1.17	49.63	17.90	23.21
裂叶马尾藻（*S. siliquastrum*）	大连	10.6	—	32.4*	6.7	22.8
匍枝马尾藻（*S. polycystum*）	西沙	15.5	—	15.8*	7.8	23.7
瓦氏马尾藻（*S. vachellianum*）	福建	12.6	—	27.5*	9.3	28.5
多孔马尾藻（*S. polyporum*）	广东	6.7	—	20.8*	8.9	27.9
半叶马尾藻（*S. hemiphyllum*）	福建	10.2	—	34.6*	5.6	31.0
铜藻（*Sargassum horneri*）	日本	18.26	1.86	35.64	22.25	29.98
海蒿子（*S. confusum*）	日本	4.27	3.18	43.91	13.0	19.60
海蒿子（*S. pallidum*）	青岛	9.3	—	38.0*	6.7	30.1
海黍子（*S. kjellmanianum*）	日本	11.98	1.01	22.25	15.19	24.01
海黍子（*S. kjellmanianum*）	大连	19.1	—	39.7*	4.4	22.4
海黍子（*S. kjellmanianum*）	烟台	14.9	—	40.2*	4.4	28.6
羊栖菜（*S. fusiforme*）	日本	10.10	0.77	30.64	17.16	39.33
绿藻（*Chlorophyta*）						
孔石莼（*Ulva lactuca L.*）	日本	26.1	0.7	46.1	5.1	22.0
礁膜（*M. nitidum*）	青岛	5.7	0.03	45.5	5.8	43.0
礁膜（*M. nitidum*）	日本	20.0	1.2	57.2	6.7	14.9
肠浒苔（*E. intestinalis*）	山东	8.4	0.20	46.8	5.2	39.3
浒苔（*E. prolifera*）	福建	19.7	0.05	50.0	5.7	24.6
浒苔（*E. prolifera*）	日本	19.5	0.3	58.2	6.8	15.2

续表

海藻种类	采集地点	粗蛋白	粗脂肪	碳水化合物		灰分
				多糖类	粗纤维	
缘管浒苔（*E. linza*）	青岛	6.4	1.6	51.8	3.3	37.0
砺菜（*Ulva conglobata*）	福建	16.3	—	39.9	5.0	38.9
刺松藻（*Codium fragile*）	青岛	10.0	0.8	34.7	4.8	49.6
藓羽藻（*B. hypnoides*）	青岛	16.3	2.1	40.4	—	41.2

注：*甘露醇+褐藻酸。

第二节　海藻中的糖类

糖类是海藻中的主要成分，一般占其干重的 40%～60%，其中以多糖成分为主，还有一些低聚糖和单糖。海藻多糖因生理功能不同，其种类及单糖构成表现出较大的差异。多糖一般存在于细胞壁中，构成细胞壁骨架的多糖主要为海藻纤维素、木聚糖、甘露聚糖等，构成这些多糖的单糖有葡萄糖、木糖、甘露糖等；存在于细胞间质中参与代谢的多糖有琼胶、卡拉胶、杂多糖、褐藻胶等，其单糖构成主要为 L-古罗糖醛酸、D-甘露糖醛酸、D-半乳糖、L-半乳糖及相关衍生物、3，6-内酯 L-半乳糖等；存在于细胞质中的多糖主要为淀粉，是维持生命所必需的能量物质。

一、　红藻多糖

红藻的糖类包括高相对分子质量的多糖和低相对分子质量的糖醇、糖苷等。红藻细胞间质多糖，又称半乳聚糖或半乳糖胶（Galactan），是由 D-或 L-半乳糖及其衍生物聚合而成的线性高分子。根据其所含半乳聚糖的结构特点来看，可以分为琼胶（Agar）和卡拉胶（Carrageenan）两类。其中，琼胶类的糖链结构为 1,3-β-D-半乳糖-1,4-3,6-内醚-α-L-半乳糖，卡拉胶类为 1,3-β-D-半乳糖-1,4-3,6-内醚-α-D-半乳糖。这两种细胞间质多糖的结构是红藻多糖的基本骨架，在不同的红藻中，由于进化演变的途径不同，其半乳糖上的不同碳位上还含有不同数量的硫酸基、甲氧基和丙酮酸等取代基而构成相应的衍生物，并表现为具有不同的功能特性。

（一）　琼胶（琼脂）

1. 生产琼胶的原料

生产琼胶的原料为原藻（Agarophyte），目前可利用的原藻有 150 余种，如江蓠、石花菜、麒麟菜、沙菜和鸡毛菜等。但在实际生产中，被利用的原藻中江蓠属占 60%，石花菜属占 35%，鸡毛菜属占 5%。

2. 琼胶的化学组成

琼胶是中性琼胶糖（Agarose）（60%～80%）和含硫酸基的硫琼胶（Agaropectin）（20%～80%）的混合物，即由 1，3 糖苷键连接的 β-D-半乳糖（D）与 1，4 糖苷键连接的 3，6-内醚-α-L-半乳糖（L）为基本骨架交替连接而成的长链大分子。可见，根据琼胶所含化学组分的不同而将其分成琼胶糖（琼胶素）和硫琼胶（琼胶酯）两部分，在不同藻类提取的琼胶中两者的比例有一定的差异。一般而言，琼胶糖是由 D-半乳糖和 3，6-内醚-L-半乳糖交替连接而成的中性多糖，SO_3 基含量少，无丙酮酸，在三氯甲烷溶液中可溶，具有较强的凝胶形成能力；而硫琼胶是带有硫酸基和羧基的酸性多糖的酯，SO_3 基含量高（3%~10%），含少数丙酮酸，在三氯甲烷溶液中不溶，凝胶形成能力较弱。

3. 琼胶的理化性质

（1）溶解性　琼胶不溶于冷水和无机、有机溶剂中，但能吸水膨胀，在加热条件下可溶于 80℃ 以上的热水和低浓度的乙醇（30%~50%）中。

（2）稳定性　琼胶的耐碱性较强，耐酸性稍差，当 pH<5.5 时琼胶将发生降解；加入 3~4 倍乙醇均可使其脱水成絮状析出；琼胶溶液在饱和硫酸钠等电解质存在，或单宁酸、磷钨酸、磷钼酸在 pH1.2~2.5 时能使琼胶沉淀析出。

（3）融化温度与凝固温度　琼胶的融化温度一般在 80~98℃，凝固温度为 32~43℃，两者相差 50~60℃，这种现象称为滞后性（现象）。琼胶中甲氧基（—OCH_3）含量高，凝固温度也增高，一般—OCH_3 增加 4%~6%，凝固温度提高 10℃ 左右。

（4）凝胶特性　琼胶溶于热水后冷却至一定温度就会形成凝胶。琼胶形成凝胶的能力和强度与中性琼胶糖的含量成正比，与 SO_3 含量成反比。一般而言，琼胶中的琼胶糖含量越高，凝胶形成能力越强；SO_3 含量越少，琼胶的凝胶强度越高。3，6-内醚半乳糖中内醚环使糖具有 3 个平伏 C—H 键的构象，有利于生成双螺旋结构，而 L-半乳糖 C2、C6 上有 SO_3 则在链上形成一个"纽结"，降低凝胶强度，D-半乳糖 C4、C6 上丙酮酸也会影响双螺旋体的聚集。用酶处理或碱处理琼胶，可除去 SO_3，形成 3，6-内醚半乳糖从而提高琼胶的凝胶强度。

（5）泌水性　琼胶凝胶随着放置时间的延长，表面能分离出水珠，这一现象称为泌水性。琼胶浓度低于 1% 时，泌水性更明显；SO_3 含量少，泌水性增加。分泌出的水分中无机盐类含量较多，生产中的加压或冷冻、冷却均可促进泌水性，通过此法可在一定程度上达到对琼胶的提纯，但这一现象对微生物培养不利，易造成菌群混杂而无法分离。

（6）黏度　黏度与相对分子质量有一定的关系，相对分子质量越大，黏度也越大，但黏度与凝胶强度并无对应关系，石花菜琼胶具有较强的凝固力，但其黏度比真江蓠琼胶低。

（二）　卡拉胶

1. 生产卡拉胶的原料

生产卡拉胶的原料称为卡拉胶原藻，红藻中的卡帕藻和麒麟菜是生产卡拉胶的主要藻类。在亚洲靠近赤道附近、菲律宾和印尼有大量分布，美国、丹麦、法国、中国和日本等国家都从那里进口这些藻类生产卡拉胶。此外，还从角叉菜、杉藻、银杏藻和叉红藻等藻类中提取卡拉胶。

2. 卡拉胶的化学组成

卡拉胶分子是由 1，3 糖苷键连接的 β-D-半乳糖（G）与 1，4 糖苷键连接的 3，6-内醚-α-D-半乳糖（A）为基本骨架交替连接而成的长链大分子。用钾盐可将卡拉胶分为 2 个组分，即在提取的卡拉胶溶液中加入 KCl 至浓度为 0.125mol/L 时，有约 40% 的多糖沉淀出来，此沉淀部分称为 κ-卡拉胶。当溶液 KCl 浓度增加到 0.25mol/L 时再加入乙醇，此时又可沉淀出 45% 多糖，这部分沉淀称为 λ-卡拉胶。根据 β-D-半乳糖 C2、C4 和 C6 上结合硫酸基的不同，可将卡拉胶分为 β 族卡拉胶、κ 族卡拉胶、λ 族卡拉胶、π 族卡拉胶和 ω 族卡拉胶，由于 α-D-半乳糖连接的硫酸基部位和数量的差异，β 族卡拉胶又可分为 γ、β、δ 和 α-卡拉胶，κ 族卡拉胶可分为 μ、κ、ν 和 τ-卡拉胶，λ 族卡拉胶可分为 ξ、λ 和 θ-卡拉胶，卡拉胶的分类见表 4-4。

表 4-4　　　　　　　　　　　　卡拉胶的分类

族	1，3 连接 β-D-半乳糖基	1，4 连接 α-D-半乳糖基	分类	原藻来源
β 族卡拉胶	D-半乳糖	6-硫酸基-D-半乳糖	γ	*Furcellaria fastigiata*
		3，6-内醚-D-半乳糖	β	*F. fastigiata*
		2，6-二硫酸基-D-半乳糖	δ	*Catenella nipae*
		2-硫酸基-3，6-内醚-D-半乳糖	α	*C. nipae*
κ 族卡拉胶	4-硫酸基-D-半乳糖	6-硫酸基-D 半乳糖	μ	*Chondrus*，*Eucheuma*
		3，6-内醚-D-半乳糖	κ	*Hypnea*，*Kappaphycus*
		2，6-二硫酸基-D-半乳糖	ν	*Eucheuma*，*Furcellaria*
		2-硫酸基-3，6-内醚-D-半乳糖	τ	*Hypnea*，*Gigartina*
λ 族卡拉胶	2-硫酸基-D-半乳糖	2-硫酸基-D-半乳糖	ξ	*Eucheuma*
		2，6-二硫酸基-D-半乳糖	λ	*Gigartina*
		2-硫酸基-3，6-内醚-D-半乳糖	θ	*Chondrus*
π 族卡拉胶	2-硫酸基-4，6-O-（1-羧亚乙基）-D-半乳糖	2-硫酸基-D-半乳糖	π	*Gigartina*，*Petrocelis*
ω 族卡拉胶	6-硫酸基-D-半乳糖	3，6-内醚-D-半乳糖	ω	*Rissoella verruculosa* *Phyllophore nervosa*

卡拉胶是由 β-D-半乳糖与 3，6-内醚-α-D-半乳糖交替连接形成的线型高分子聚合物，虽然根据 D-半乳糖是否成醚，所含硫酸基的含量和结合位置而将卡拉胶分为五族十三种，但其中有些结构的卡拉胶在一定条件下可以转化，即 μ-卡拉胶、ν-卡拉胶、λ-卡拉胶、γ-卡拉胶和 δ-卡拉胶经碱处理可分别转化成 κ-卡拉胶、ι-卡拉胶、θ-卡拉胶、β-卡拉胶和 α-卡拉胶。另外，虽然卡拉胶的类型很多，但在实际应用中，主要是 κ-、ι-和 λ-三种类型的卡拉胶。一般产品都是不同类型的混合物，大多数为 μ-和 λ-卡拉胶的混合物。

3. 卡拉胶的性质

卡拉胶是一种无臭、无味的白色至浅黄色的粉末，相对分子质量为 $1\times10^5 \sim 5\times10^5$，大多数产品为 2.5×10^5 左右，当相对分子质量低于 1×10^5 时，其应用价值就大为下降。由于卡拉胶是一种直链型的大分子，具有聚电解质的性质，因而可形成高黏度的溶液，也具有泌水现象。

水是卡拉胶的主要溶剂，但不同种类的卡拉胶其溶解度不一样，λ-卡拉胶可溶于热水中，κ-卡拉胶和 ι-卡拉胶则必须溶于 70℃ 以上的热水，λ-卡拉胶的所有盐类都可溶于冷水，而 κ-卡拉胶和 ι-卡拉胶只有其钠盐可溶于冷水。此外，卡拉胶应用中的功能性质主要是凝固性，当温度升高到卡拉胶熔点以上时，热搅动能阻碍双螺旋体的形成趋势，聚合物以无规则线团存在于溶液中，随着冷却，先生成三维聚合网状结构，其中于半乳糖的 O-2 和 O-6 之间以氢键扭成双螺旋体，生成聚合物链的接合点，并具有初步凝胶态，继续冷却导致这些接合点聚集，构成双螺旋体束，形成硬的凝胶，而凝固性又往往与卡拉胶分子结构密切相关，如 3，6-内醚 D-半乳糖含量、硫酸基含量与其在结构中的位置等因素。

（三）　其他多糖类

1. 红藻淀粉

多数红藻如紫菜、叉红藻、江蓠等都含有 10% 以下的能与碘有颜色反应的葡萄聚糖，即红藻淀粉，存在于红藻细胞中，为新陈代谢的贮能物质。红藻淀粉是由葡萄糖分子以 α-1，4 糖苷键连接而成的，平均分子质量大约为 15 个葡萄糖单位的分子，此外，还有少量 α-1，3 和 α-1，6 糖苷键连接的支链。

2. 木聚糖

木聚糖是红藻经加碱提取出来的一种组成细胞壁的多糖，这类多糖中 80% 是 α-1，4 糖苷键连接的木聚糖，20% 为 1，3 糖苷键连接的 β-D-木聚糖，每 20~21 个木糖单位有一个非还原端。

3. 甘露聚糖

甘露聚糖是脐形紫菜细胞壁的组分，含量约 4%，是 β-D-甘露糖单位以 1，4 糖苷键连接而成的长链分子，大约每 12 个甘露糖单位有一个分枝。

二、　褐藻多糖

褐藻中的多糖类包括褐藻胶（Algin）、褐藻糖胶（Fucoidan）、褐藻淀粉（Laminaran）和纤维素等。

（一）　褐藻胶

1. 生产褐藻胶的原料

到目前为止，世界各国生产褐藻胶的原藻主要有海带、巨藻、马尾藻、裙带菜、昆布、羊栖菜等。由于我国海带产量占到整个藻类产量的 85%，因而目前主要从海带中提取褐藻胶，同时对其他成分进行综合利用，从而有力地促进了这一产业的发展。

2. 褐藻胶的化学组成

褐藻胶通常是指不溶性的褐藻酸以及各种水溶性或水不溶性的褐藻酸盐的统称。褐藻酸是由 1，4-β-D-甘露糖醛酸（M）和 1，4-α-L-古罗糖醛酸（G）为基本骨架连接而成的长链大分子。从不同原藻提取的褐藻胶中 M 与 G 两者的摩尔比（M/G）差异较大，不同褐藻胶中的 M/G 比值从 2∶1 到 1∶2 不等。我国海带褐藻胶的 M/G 比值在 2.26 左右，即甘露糖醛酸的含量较高；而马尾藻中的 M/G 比值为 0.8~1.5。M/G 比值的差异与不同藻类的生长周期和季节有关。此外，在同一海藻的不同部位，M/G 比值也不一样，在海带中多部位的 M/G 比值为基部>中部>顶部，即在基部主要形成甘露糖醛酸，随着叶片向上生长，可能有部分甘露糖醛酸发生差向异构作用而转变成古罗糖醛酸。

从不同原藻中提取的甘露糖醛酸和古罗糖醛酸的总量相差很大（33%~79%），经褐藻酸酶消化法和化学法证实，褐藻胶长链分子结构具有不均匀性，已确定有 "—M—M—M—" "—G—G—G—" "—M—M—G—" "—M—G—G—" "—M—G—M—G—" 等不同的片段。不同片断的褐藻胶分子在形成螺旋立体构象时因基团所处的位置不一样而影响到氢键的结合和链的弯曲，从而表现为对凝胶的形成和韧性大小的影响。

褐藻胶的 M/G 比值的差异不仅决定了其结构的不同，也决定了其理化特性的不同，因此，准确地测定褐藻胶的 M/G 比值是非常重要的。测定 M/G 比值的方法有：化学法、旋光度法、高效液相色谱法、红外光谱法、NMR 法等。

3. 褐藻胶的理化性质

（1）溶解度　褐藻酸不溶于水，也不溶于乙醇、丙酮、苯等有机溶剂。褐藻酸与 Na、K、Li 和 NH$_4$ 等一价碱金属离子和 Mg、Hg 二价离子形成的褐藻酸盐为水溶性（pH>5.8），而与 Ca、Mn、Fe 等二价碱金属离子形成的褐藻酸盐则为水不溶性。

（2）黏度　褐藻胶为亲水性多糖胶体，为天然高分子电解质，具有较高黏度。褐藻胶的黏度与种类有关，不同的原藻提取的褐藻胶黏度也不一样。另外，影响褐藻胶黏度的因素还有分子质量、温度、pH 等。一般而言，褐藻胶的分子质量越大，黏度也就越高，反之则低；褐藻胶的黏度随温度升高而升高，而 270℃ 后再升高，则黏度会出现不可逆的下降，280℃ 每上升 1℃ 黏度将会下降 3%；褐藻胶的黏度在 pH7 时最大，由于胶体离子的静电作用而产生聚集的结果，从而使电荷增大，产生极性吸附，吸水性极强，导致黏度最大，而在此 pH7 两侧，则电荷减少，静电胶体离子的聚集被破坏，导致黏度下降。

（3）凝胶特性　低 M/G 比值的褐藻胶，古洛糖醛酸含量高，其褐藻酸钙的凝胶强度高而脆，且有明显的泌水现象；而高 M/G 比值的褐藻胶，甘露糖醛酸含量高，其凝胶具有弹性，并较能忍受高浓度钙。

（4）金属吸附能力　褐藻酸有较强的吸附金属离子的能力，包括 Na、K、Ca、Mg 等离子，且对高价重金属离子的富集倍数明显地高于一般金属离子。富含高 M/G 比值的褐藻胶对 Cd 离子亲和力大，低 M/G 对 Sr 离子亲和力大。

（二）　褐藻糖胶

褐藻糖胶是褐藻所特有的，存在于细胞壁基质中的一类多糖，一般生长于潮间带且长时间与空气接触的褐藻中，如墨角藻类中褐藻糖胶的含量高达 20% 左右，而生长在海洋较深处的海带类中则含量较低，只有 1%~2%。从不同褐藻中提取的岩藻聚糖硫酸酯在相对分子质量上有较大的差异，从羊栖菜提取的岩藻聚糖硫酸酯相对分子质量为 42000 和 95000，昆布中为 21000 和 32000。

1. 褐藻糖胶的组成

褐藻糖胶（Fucoidan）一般被称为岩藻糖的硫酸化多糖或岩藻聚糖硫酸酯。它不是单一的化合物，其分子结构非常复杂，是由岩藻糖、糖醛酸和硫酸酯等成分所组成，即其主链是由 L-岩藻糖-4 硫酸酯经 α-1,2 键聚合而成，同时含有一定量的 α-1,3 与 α-1,4 键合成分枝结构。其分子中还伴有少量的半乳糖、甘露糖、木糖、糖醛酸、阿拉伯糖和蛋白质等成分。来源于不同海藻的褐藻糖胶，由于其组成成分的特点，褐藻糖胶一般被称为岩藻糖的硫酸化多糖或岩藻聚糖硫酸酯。1975 年，富士川等对裙带菜的褐藻糖胶进行了研究，将该藻叶片先用热水提取，加十六烷基氯化吡啶（CPC）生成 CPC-褐藻糖胶络合物沉淀，对沉淀物分别用 0.4mol/L KCl 和 3mol/L KCl 提取得到 2 个组分 Fr-I 和 Fr-Ⅱ。其中，Fr-I 的岩藻糖、阿拉伯糖、木糖、半乳糖、葡萄糖醛酸和硫酸根的摩尔比为100：49：15：36：94：67，Fr-Ⅱ 为 100：2：4：64：26：127。

2. 褐藻糖胶的性质与功能

褐藻糖胶的相对分子质量在 $1.3 \times 10^5 \sim 2 \times 10^5$，能溶于水、稀酸和稀碱中，但不溶于有机溶剂。1%褐藻糖胶的溶液有黏性，水溶液放置数天后，黏度下降，并有少量沉淀出现。褐藻糖胶用稀酸或稀碱处理，能引起性质上的不可逆变化，在酸性条件下，褐藻糖胶在高浓度 Ca、K、Al 盐存在下溶于水中，但黏度很低，表明发生了明显的降解作用。

纯褐藻糖胶具有结合金属离子的作用，其对两价金属离子结合的活性顺序为 Pb>Ba>Cd>Sr>Cu>Fe>Co>Zn>Mg>Mn>Cr>Ni>Hg>Ca，因此褐藻糖胶可作为 Cd、Ba、Sr 和 Pb 等金属离子的结合剂或阻吸剂。

褐藻糖胶具有一定的抗凝血效果，马尾藻的提取物显示有明显的抑制肿瘤的药物活性，此外，还发现有降血脂、抗病毒和增强机体免疫功能的作用。

（三） 褐藻纤维素

褐藻纤维素是构成褐藻细胞壁的主要成分，在干藻中的含量为 10%~15%，是由 β-D-葡萄糖分子以 1,4 糖苷键相连。褐藻中的纤维素含量在柄部最高，其次为中部，基部和两边略低，一般也随着季节的变化而上下波动。

（四） 甘露醇

甘露醇是一种六碳糖醇 $[C_6H_8(OH)_2]$，为白色针状结晶，在水中有一定的溶解度，略甜，溶点为 166℃，一般是在提取海带中褐藻胶时的一种副产品。甘露醇在不同海藻中的含量一般有较大差异，通常在 10%左右，海带科和昆布科海藻中含量较高，有的品种可高达 25%，马尾藻和海篙子中达到 10%~20%，羊栖菜中含量略低，为 7%左右。就分布地区而言，北方养殖的种类甘露醇含量高于南方养殖的同类品种。而且，其含量随季节变化波动很大，一般而言，甘露醇在藻体成熟的季节里含量较高，加拿大西海岸生长的巨藻甘露醇含量在 2~4 月最高，海囊藻在 6~8 月含量最高，掌状海带 7~8 月含量较高。值得注意的是，甘露醇含量随季节变化的趋势与褐藻胶的变化相反。甘露醇的生产一般采用水重结晶法或电渗透法。通常作为海带生产褐藻胶和提取碘时的联产品。甘露醇在医药方面的用途主要是治疗肝炎、休克、青光眼、颅压过高、糖尿病等，六硝酸甘露醇可用作冠状血管扩张药。在食品工业中甘露醇硬脂酸酯用于花生酱，可防止油脂分离，用于饼干不易受潮，用于糖果可起定型作用。

三、 绿藻多糖

绿藻自古以来就被食用，但对其工业化利用较少。同红藻和褐藻一样，多糖也是绿藻的主要成分，人们对绿藻多糖的研究远远落后于红藻和褐藻。研究表明，绿藻的细胞间质多糖属于水溶性多糖，主要分为中性聚糖和硫酸多糖两大类。常见的绿藻中性聚糖有木聚糖（Xylan）、甘露聚糖（Mannan）和葡聚糖（Glucan）等，而硫酸多糖为杂多糖，其结构复杂，糖组分种类多。根据所含的主要糖成分，绿藻的水溶性多糖可分为"木糖-半乳糖-阿拉伯糖聚合物（Xylogalactoarabian）"和"葡萄糖醛酸-木糖-鼠李糖聚合物（Glucuronoxylorhamnan）"。前者的代表性原藻有岩生刚毛藻、细硬毛藻、丝状蕨藻、刺松藻等。这些原藻的水溶性多糖的主要单糖由半乳糖、阿拉伯糖和木糖组成，旋光度为正值。后者的代表性原藻有石莼、浒苔、顶管藻等。这些聚糖的组成单糖以鼠李糖、木糖和糖醛酸为主，旋光度为负值。比如采用 Na_2CO_3 从石莼（*Ulva lactuca*）中提取得到的水溶性多糖，其单糖组成为 L-鼠李糖、D-木糖、D-葡萄糖和 D-葡萄糖醛酸，其含量分别为 31%，9.4%，7.7% 和 19.2%，另外还含有 15.9% 的硫酸根；采用热水提取、十六烷基氯化吡啶（CPC）和离子交换树脂分级得到的一种多糖组分，其单糖组成为鼠李糖、木糖、半乳糖和葡萄糖，其含量分别为 36.8%，3.6%，2.7% 和 1.4%，并含有 30.8% 的硫酸根。

第三节 海藻中的脂质

一、概述

海藻中能用非极性有机溶剂如乙醚、三氯甲烷、石油醚、正己烷，二氯甲烷或混合溶剂萃取的化学成分，都属于脂类化合物。海藻脂类可分为两类，一类是可被 NaOH 皂化的组分，如游离脂肪酸及其脂类，另一类是不被 NaOH 皂化的组分，包括烃类、萜类、甾酸类和色素部分。海藻的脂质含量较少（<1%），而且因海藻的种类不同，脂质含量的差异较大，如海萝的脂质含量为 0.04%~0.22%，真江蓠 0.02%~0.83%，石花菜 0.04%~0.49%，海带 0.64%~2.03%，浒苔 0.85%~2.31%，马尾藻 0.76%~9.59%，由高至低依次为：褐藻>红藻>绿藻。海藻总脂的含量还受藻体的成熟程度、营养状况以及季节等因素的变化而变化。在海藻总脂中，丙酮可溶性脂质占 40%~65%，酸价为 11~57，碘价为 108~191。

二、中性脂质

海藻中性脂质主要为甘油三酸酯，也有少量甘油二酸酯和甘油单酸酯。其脂肪酸一般为偶数碳链的直链脂肪酸，且大多以结合状态存在。海藻脂肪酸的组成与海藻的种类有密切的关系，不同藻类脂肪酸的组成见表4-5。

表4-5　　　　　　　　　　　藻类脂肪酸的组成　　　　　　　　　　单位：%

脂肪酸	绿藻		红藻		褐藻	
	石莼（*Ulva lactuca*）	肠浒苔（*Enteromorpha intestinalis*）	真江蓠（*Gracilaria asiatica*）	角叉菜（*Chondrus ocellatus*）	苍白海带（*Laminaria pallida*）	极大昆布（*Ecklonia maxima*）
$C_{14:0}$	0.4	0.8	3.9	3.4	6.0	3.1

续表

脂肪酸	绿藻		红藻		褐藻	
	石莼 (Ulva lactuca)	肠浒苔 (Enteromorpha intestinalis)	真江蓠 (Gracilaria asiatica)	角叉菜 (Chondrus ocellatus)	苍白海带 (Laminaria pallida)	极大昆布 (Ecklonia maxima)
$C_{15:0}$	ND	ND	0.5	3.5	3.2	0.6
$C_{16:0}$	17.9	12.5	35.7	34.5	23.6	11.8
$C_{18:0}$	0.1	0.7	1.3	1.9	0.8	0.7
$C_{20:0}$	ND	ND	0.7	0.3	ND	ND
$C_{16:1}$	2.1	2.6	6.8	3.4	10.4	4.6
$C_{18:1}$	9.3	9.4	8.6	16.0	16.1	6.5
$C_{20:1}$	0.1	0.5	ND	ND	5.8	17.4
$C_{14:2}$	ND	ND	ND	ND	ND	ND
$C_{16:2}$	0.3	0.8	0.6	ND	ND	ND
$C_{18:2}$	1.6	5.6	1.4	0.2	4.0	3.4
$C_{18:3}$	17.1	21.4	3.4	0.3	5.6	8.9
$C_{18:4}$	24.2	16.9	1.2	0.8	ND	ND
$C_{20:4}$	1.2	2.4	10.5	17.5	12.1	15.3
$C_{20:5}$	2.1	2.3	20.1	14.2	6.0	14.6
$C_{22:5}$	2.2	2.6	ND	ND	0	1.2
$C_{22:6}$	0.4	ND	ND	ND	1.0	1.6

注：ND 表示未检出。

由表 4-5 可知，藻类中不饱和脂肪酸的含量较高，C_{20} 不饱和脂肪酸含量由高至低为：红藻>褐藻>绿藻；C_{18} 不饱和脂肪酸含量由高至低为：绿藻>褐藻>红藻，而且在红藻和褐藻中，C_{20} 多不饱和脂肪酸含量>C_{18} 不饱和脂肪酸，绿藻中主要是 C_{18} 不饱和脂肪酸。在真江蓠和角叉菜等红藻中 C_{20} 不饱和脂肪酸（$C_{20:4}$+$C_{20:5}$）分别为 30.6% 和 31.7%，其中 EPA（$C_{22:5}$）含量分别高达 20.1% 和 14.2%；海带和昆布等褐藻中 C_{20} 不饱和脂肪酸含量分别为 18.1% 和 29.9%；绿藻中主要是十八碳不饱和脂肪酸，在石莼和肠浒苔中 C_{18} 三烯酸和四烯酸分别高达 41.3% 和 38.3%。可见，海藻是提取 EPA 和其他高度不饱和脂肪酸的较好原料。

三、 极性脂质

海藻的极性脂质主要有糖脂、磷脂和其他一些特殊极性脂质。

（一） 糖脂类

糖脂类是一类含糖基的脂类物质，包括单半乳糖二酰甘油（Monogalactosyl Diglyceride，MGDG）、二半乳糖二酰甘油（Digalactosyl Diglyceride，DGDG）、异鼠木糖二酰甘油硫酸酯

（Sulfoquinovosyl Diglyceride，SQDG）。这些糖脂类存在于所有光合生物中，包括红藻、褐藻和绿藻，是代谢过程中重要的中间产物。

（二） 磷脂类

磷脂类包括磷脂酰胆碱（Phosphatidyl Choline，PC）、磷脂酰乙醇胺（Phosphatidyl Etha-nolamno，PE）、磷脂酰甘油（Phosphatidyl Glayceride，PG）、磷脂酰丝氨酸（Phosphatidyl Serine，PS）、磷脂酰肌酸（Phosphatidyl Inonfol，PI）、鞘磷脂酰肌醇（Phosphatidyl Inosifol，SPI）。这些磷脂类存在于红藻、褐藻和绿藻中，其中，有些是藻体结构的组成部分，如 PG 是叶绿体的组成部分，有些直接参与代谢，如 PG 可作为酰基的载体。

（三） 特殊极性脂类

特殊极性脂类包括二酰甘油羟甲基三甲基-β-丙氨酸（Diacylglycerylhydroxy Methyl-β-alamine，DGTA）、二酰甘油三甲基溶血丝氨酸（Diacylglyaryl Trimethyl Homoserine，DGTS）。这两种极性脂类可作为藻类中酰基的载体，直接参与代谢。

四、 固醇类

海藻中也存在少量固醇类化合物，是代谢中重要的中间产物。绿藻中固醇类化合物的含量为 0.05~0.20mg/g，褐藻 0.16~0.24mg/g，红藻 0.10mg/g。目前，在海带等褐藻中已测出 7 种固醇和 1 种固酮，主要有褐藻固醇、胆固醇和 24-亚甲基胆固醇；紫菜和石花菜等红藻中测出 14 种固醇和 1 种固酮，主要有胆固醇、22-脱氢胆固醇和 24-脱氢胆固醇；绿藻中则以 28-异褐藻固醇、谷固醇和胆固醇为主。藻类中主要固醇类化合物的结构见图 4-1。

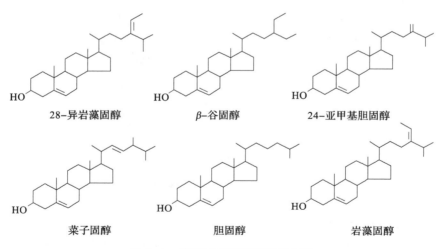

图 4-1 海藻中主要固醇类化合物

第四节 海藻中的含氮成分

海藻中的氮含量是衡量海藻蛋白质含量变化的重要指标，是研究海藻含氮化合物的重要依据。海藻含氮化合物一般占干物质重的 5%~15%，分为蛋白氮和非蛋白氮两部分，其中蛋白氮占 70%~90%，非蛋白氮为 10%~30%，包括多肽、游离氨基酸、核酸及其他低分子含氮化合物，这些成分中含有很多生理活性物质，也是构成海藻特殊风味的重要成分之一。海藻含氮化合物的分类如下：

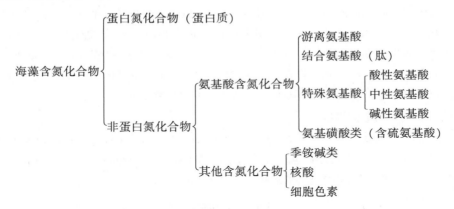

海藻中氮含量变化十分显著，依海藻种类、生长季节、地点、部位等因素的不同而有明显的差异。

一、 蛋白质

蛋白质是海藻含氮化合物的重要物质，其中蛋白氮比例较高。在红藻中蛋白氮占总蛋白的 80%~89%，褐藻中为 60%~90%，绿藻中为 78%~89%。与其他成分相比较，蛋白质含量相对稳定，随季节变化幅度较小。褐藻海带科中粗蛋白含量一般为 5%~20%，以海带和裙带菜的蛋白含量较高，为 15%~20%；马尾藻科中海黍子和鼠尾藻为 17%~25%；绿藻中的浒苔和蛎菜为 16%~20%；红藻中的海萝、甘紫菜和舌状蜈蚣藻高达 20%~30%。部分海带和紫菜中氮含量一般都是从 1~4 月呈逐渐递减，4~7 月又呈逐渐递增的趋向。

海藻中有一类特殊的色素蛋白称为藻胆蛋白，它是一种水溶性的色素蛋白，颜色有红、粉红和蓝色三种，是红藻、蓝藻参与光合作用的辅助色素，其吸收光谱在 450~650nm，藻胆蛋白吸收太阳光能后，能将 70%~80% 的能量传递给叶绿素 a 进行光合作用。

二、 游离氨基酸

以游离状态存在的氨基酸，是构成生物蛋白质、肽类的基本单位。用 70%~75% 乙醇从海藻提取出来的游离氨基酸大部分为 20 种常见的氨基酸，是海藻重要的呈味成分之一，其含量与组成受季节和环境的影响较大。

在海藻游离氨基酸中，Asp、Glu 和 Ala 含量较高，褐藻中 Asp 比红藻多，Ala 在褐藻和绿藻中较多；甘紫菜和石莼中 Asp 比 Glu 多，石莼中 Arg 和 Ser 含量也较高，石莼、甘紫菜和海带中 Pro 含量较高。

三、 肽类

海藻的乙醇提取液中含有少量低相对分子质量的肽类。

（1）肌肽　结构为 β-丙氨酰组氨酸，主要存在于部分红藻和绿藻中；

（2）爱森藻肽　结构为 L-砒咯啶酮-L-谷酰胺基-L-丙氨酸，从褐藻中的爱森藻分离得到；

（3）鹿角藻肽　结构为 L-砒咯烷酮-L-谷酰胺基-L-谷酰胺，从帚状鹿角菜中分离得到；

（4）L-精氨酸-L-古酰胺　存在于淡水刚毛藻和孔石莼中；

（5）L-瓜氨酰-L-精氨酸　从皱皮蜈蚣藻和皱波角叉菜中分离得到；

（6）L-杉藻氨酰-L-杉藻氨酸　为碱性肽，从舌状蜈蚣藻中分离得到。

四、　特殊氨基酸

海藻的乙醇或水提取液中除含有前述肽类和一般性游离氨基酸外，尚含有一些具有特殊结构骨架的新型氨基酸的氨基磺酸类。它们多数是在海藻中首次发现，至今已知有 30 种。其中，有的具有显著的药物活性，是近代人类所关注的海洋生化资源。这些新的特殊氨基酸根据其结构可分为酸性、碱性、中性氨基酸和含硫氨基酸。

（一）　酸性氨基酸

主要有软骨藻酸（Domoic Acid）、海人草酸（Kainic Acid）、3-氨基戊二酸（3-amino-glutaric Acid）、甘紫菜酸（Teneraic Acid）。其中软骨藻酸主要由硅藻产生，是一种具有神经兴奋作用和神经毒作用的生物毒素；海人草酸具有驱蛔虫效果，也可作为神经药理学研究的工具药。

（二）　碱性氨基酸

包括海带氨酸（Laminine）、叉枝藻氨酸（Gongrine）、杉藻氨酸（Gigartinine）、蜈蚣藻酸（Lividine）、L-瓜氨酸（L-citrulline）。其中，海带氨酸可降低血压，调节血脂平衡，防治动脉粥样硬化。

（三）　中性氨基酸

目前已从不同海藻中分离出十几种特殊中性氨基酸，主要种类有 β-丙氨酸（β-alanine）、γ-氨基丁酸（γ-aminobutyric Acid）、幅叶藻氨酸（Petalonine）、2-哌啶酸（2-pipecolic acid）、5-羟基-2-哌啶酸（hydroxypipecolic acid）、蓓豆氨酸（Baikiain）、海葵素（Palythine）、角叉菜氨酸（Shinorine）和碘代酪氨酸等（Iodo-tyrosine）。这些中性氨基酸大部分从红藻中分离和提取。

（四）　含硫氨基酸

这部分氨基酸主要存在于红藻和褐藻中，除胱氨酸和甲硫氨酸外，主要包括胱硫醚（Cystathionine）、羊毛硫氨酸（Lanthionine）、软骨藻氨酸（Chondrine）、索藻氨酸（Chordarine）、甲硫氨酸亚砜（Methionine sulfoxide）、D-甘油牛磺酸（D-glyceryl Taurine）、甲基牛磺酸（Methyl Taurine）及 S-羟甲基高半胱氨酸（S-hydroxymethyl Homocysteine）等。

五、　其他含氮物质

（一）　季铵碱类

季铵碱类可用乙醇或水进行提取，是一类重要的具有生物活性的物质。甜菜碱类是由氨基酸、吡啶羧酸和其他各种含氮化合物衍生而来，它们参与甲基转移等代谢活动，具有调节渗透压的作用，并作为植物生长调节剂使用，也是重要的呈味类物质，包括甘氨酸甜菜碱、丙氨酸甜菜碱、赖氨酸甜菜碱、脯氨酸甜菜碱、葫芦巴碱、鸟氨酸甜菜碱、γ-氨基丁酸甜菜碱、β-高甜菜碱、高丝氨酸甜菜碱、石莼碱等。胆碱一般与磷脂和神经鞘脂类结合在一起，是构成生物膜的重要成分，也是参与代谢的重要物质，主要种类有胆碱、乙酰胆碱、硫酸胆碱、磷脂酰胆碱等。

（二）　胺类

这类胺类多为小分子物质，可从红藻、褐藻和绿藻中分离提取。氧化三甲胺存在于新鲜海藻中，若放置时间过长，则在细菌还原酶的作用下，还原为三甲胺而呈异味。

胺类一般由氨基酸脱羧而形成，包括组胺、腐胺、亚精胺、精胺、酪胺等，是一类具有难闻异味的物质。

（三）　核酸和细胞色素 C

核酸中的含氮物质主要存在于组成核苷酸的嘌呤碱和嘧啶碱中，包括腺嘌呤、鸟嘌呤、尿嘧啶、胞嘧啶和胸腺嘧啶，通过加入乙醇和过氯酸反复处理分离得到 RNA 和 DNA，用比色法测定总磷量求出其含量，也可用紫外吸收等方法确定含量。核酸中含氮量一般都很低，且在三大类海藻之间差异不大。甘紫菜中含有细胞色素 C，这种物质有与动物细胞色素相类似的吸收光谱的物质。

第五节　海藻中的无机盐

一、　常量和微量元素

海藻能富集海水中所有的无机元素，包括金属离子和非金属离子。其中含量较多的元素有 Na、K、Ca、Mg、Sr、Cl、I、S、P 等（称为常量元素），而含量相对较少有 Cu、Fe、Mn、Cr、Zn、Ni 等（称为微量元素）。海藻中的无机盐，一部分以游离的盐类形式存在，大部分则与多糖等有机物的羧基和羟基结合，以酯键形式存在。部分海藻中无机离子的含量见表4-6。

表4-6　　　　　　　　　部分海藻的无机盐含量（以干重计）　　　　　　单位：mg/g

海藻种类	灰分/%	Ca	Mg	Na	K	Sr	Si	P	Fe	Al	Zn
绿藻											
礁膜	22.5	13.6	13.0	17.9	7.6	0.18	—	0.90	0.90	1.15	0.21
孔石莼	18.8	8.0	25.8	3.6	5.1	0.22	5.2	1.45	0.76	0.56	0.14
蛎菜	15.9	8.3	36.5	1.0	1.7	—	—	0.80	0.61	1.01	0.06
扁浒苔	22.6	11.9	19.8	—	—	0.33	21.8	—	1.13	0.69	0.25
粗鞭毛藻	11.3	10.3	11.3	6.5	13.2	0.23	—	0.80	0.36	0.56	0.15
褐藻											
树状团尾藻	14.2	19.2	8.0	16.1	35.7	1.31	—	0.98	0.84	0.77	0.14

续表

海藻种类	灰分/%	Ca	Mg	Na	K	Sr	Si	P	Fe	Al	Zn
铁钉藻	14.7	12.4	9.1	—	—	1.17	13.9	—	0.40	0.14	0.17
萱菜	23.3	31.9	10.7	9.9	8.7	—	2.5	1.80	1.49	1.40	0.19
羽叶藻	14.9	15.0	9.0	14.8	22.1	1.10	—	0.90	0.10	0.10	0.10
纺锤形鹿尾菜	20.6	17.2	9.9	16.9	34.3	1.14	—	0.90	0.16	0.20	0.08
扭曲马尾藻	13.5	28.8	8.7	2.7	5.4	1.98	—	0.70	0.11	0.08	0.17
林氏马尾藻	14.4	20.8	10.7	2.2	17.4	1.48	—	0.75	0.11	0.10	0.06
鼠尾藻	20.7	26.2	9.7	8.8	20.9	1.65	6.8	1.10	0.71	1.03	0.32
红藻											
石花菜	7.7	7.0	5.3	0.2	0.3	0.09	3.3	0.90	0.36	0.14	0.16
扁形蜈蚣藻	13.8	3.8	7.8	10.7	6.5	—	—	1.20	0.30	0.24	0.17
鹿角海萝	11.5	5.1	3.3	—	—	0.03	—	—	0.16	—	0.08
扁形叉枝藻	12.5	2.8	4.2	—	—	0.09	—	—	0.28	—	0.12
角叉藻	18.4	8.3	10.8	—	—	—	—	—	0.43	—	0.17

在不同的海藻中，绿藻和褐藻的灰分含量较高，占15%~20%，而红藻所含灰分相对较少，占10%~15%。其中钙、镁、钠、钾是海藻中含量较高的元素成分。就钙和钾含量而言，褐藻>绿藻>红藻；对镁和铁而言，绿藻>褐藻>红藻；对铁而言，绿藻>红藻>褐藻。

藻类中的无机成分随不同季节、不同部位和生长环境而发生较大的变化，而且不同元素的变化规律也不一样。研究发现，海藻对许多无机元素具有较强的富集作用，一般用富集因子（K）表示，即藻体细胞膜具有逆浓度差将海水中的无机元素转移进入细胞内的功能。不同海藻对无机元素的富集能力差异很大，其中对Fe、I、Mn、Zn、P、V、As、Co、Cu的富集能力特别强，达到几千甚至几万倍，不同藻类对K、Mg的富集和排出情况差异很大，而对Na则以向细胞外排出为主，这可能与细胞膜上离子转运泵为保持细胞膜内外离子浓度的平衡有关。

二、 重金属

重金属通常是指原子量比铁大或密度大于5g/cm³的金属。重金属大多为非降解型有害物质，特别是砷、铅、汞、铬等对生态环境的危害极大，它们可沿食物链被生物吸收、富集（富集系数>104），最终造成人体中重金属的积累和慢性中毒。

对海藻而言，砷（As）是一种存在于海藻中的高浓度的有毒元素，近年来备受重视。不同种属的藻类富集砷的能力不同，砷含量不同，即使同一种藻类，不同区域、不同季节藻类的砷含量也不同，具体参见表4-7。

表4-7 部分海藻中砷的含量

砷的形态	大连海带	浙江海带	海南海带	大连紫菜	浙江紫菜	海南紫菜	大连裙带菜	浙江羊栖菜
总砷/($\mu g/g$)	19.90	16.58	28.17	38.74	25.07	26.78	34.77	64.89
无机砷/($\mu g/g$)	6.22	5.10	14.54	8.33	8.06	12.27	10.14	45.53
有机砷/($\mu g/g$)	13.68	11.48	13.63	30.41	17.01	14.51	24.63	19.36
无机砷的比例/%	31.72	30.78	51.62	21.50	32.17	45.82	29.16	70.16

四种海藻中总砷含量都很高，尤其是羊栖菜总砷含量高达64.89$\mu g/g$，无机砷的含量也较高，而且分布具有地区差异，海南的海带和紫菜中无机砷含量都较其他两地要高，而且无机砷占总砷的比例也较高。而总砷含量没有明显的区域特征，原因可能是不同的气候和海水条件影响了砷在海藻中的富集和生物转化。

第六节　海藻中的维生素

一、水溶性维生素

海藻中含有丰富的维生素，如脂溶性维生素A、维生素D的前体以及维生素E、维生素K，水溶性维生素B_1、维生素B_2、维生素B_3、维生素B_6、生物素、烟酸以及维生素C等（表4-8）。但不同类型海藻富含的维生素不同，红藻以维生素C、维生素B_1、维生素B_2等最为丰富，其维生素C含量一般高于1mg/g（干藻）。我国北方几类海藻中维生素C的含量，最高达到420mg/g，比橘子（0.11~0.29mg/g）和草莓（0.30~0.41mg/g）中的含量都高许多。其维生素B_2的含量甚至超过绿色蔬菜。蓝绿微藻维生素除含有丰富的维生素C、维生素B_1、维生素B_2等外，尚含有大量的维生素A原（β-胡萝卜素）。海藻中的维生素极易被破坏，应引起高度的注意。表4-8列举了不同海藻的维生素含量。

干海藻中维生素B_1的含量在0.3~4.6$\mu g/g$。其中，红藻类中维生素B_1含量较高，褐藻类中较少。维生素B_2在一般的海藻中低于10$\mu g/g$，但在甘紫菜中的含量与酵母中的含量相当。维生素B_2在生物体内的存在形式有两种：游离形（Free Riboflavin，FR）和结合形（Flavin Mononucleotide，FMN 和 Flavin Adenine Dinucleotide，FAD）。海藻的B族维生素中，引人注目的是含有维生素B_{12}。不同藻类中的维生素B_{12}含量差别很大，但大多数海藻的维生素B_{12}含量相当于一般动物内脏的维生素B_{12}含量。

二、脂溶性维生素

大部分北欧产海藻只有α-生育酚，含量为7~92$\mu g/g$。但褐藻墨角藻科的海藻中存在有α-、γ-、δ-三种生育酚，而且维生素E的总量也多，但其含量的季节性变化很明显。

表 4-8　不同海藻的维生素含量（以干重计）

海藻种类		维生素 B₁/(μg/g)	维生素 B₂/(μg/g)	维生素 B₁₂/(ng/g)	烟酸/(μg/g)	泛酸/(μg/g)	叶酸/(ng/g)	生物素/(ng/g)	硫辛酸/(ng/g)	碱胆/(μg/g)	肌醇/(μg/g)	维生素 A/(IU/100g)	维生素 C/(mg/kg)
绿藻	孔石莼	0.90	2.83	62.8	7.50	2.35	118	224	420	61	330	—	270~410
	礁膜	1.19	8.46	12.6	10.28	4.11	429	115	515	79	219	—	750~800
	缘管浒苔	1.50	1.21	97.5	28.05	—	270	198	175	417	95	2 900	100~2 570
	总状蕨藻	0.78	1.97	149.4	21.18	5.53	612	131	295	358	584	—	—
褐藻	网地藻	0.75	6.14	10.1	15.20	0.73	521	187	500	77	125	—	—
	育叶网翼藻	0.50	4.10	17.1	18.02	3.70	170	163	485	242	151	—	—
	囊藻	0.31	5.44	76.5	5.13	2.92	46	136	540	406	116	—	30~910
	海带	0.86	0.20	3.0	30.00	—	—	—	—	—	—	440	—
	腔刺鹿尾菜	1.10	2.52	3.3	18.84	0.49	—	209	90	262	379	—	—
	纺锤形鹿尾菜	0.28	2.67	5.7	6.80	1.49	218	237	230	33	328	450	0~920
	无助马尾藻	0.30	5.03	25.4	8.65	2.30	634	126	300	95	60	—	—
	鼠尾藻	0.38	5.34	46.5	4.46	8.76	308	282	270	28	566	—	—
红藻	甘紫菜	1.65	23.08	290.8	68.33	—	88	294	790	2 920	62	44 500	100~8 310
	石花菜	1.60	17.95	35.9	20.10	1.22	782	61	570	4 885	443	—	—
	繁枝蜈蚣藻	1.38	6.27	29.4	24.46	2.32	719	82	530	1 119	55	—	—
	鹿角海萝	2.45	14.60	15.2	23.79	5.85	676	37	330	319	163	—	—
	江蓠	1.80	1.09	212.3	7.81	1.82	304	18	495	1 492	324	—	—
	扁江蓠	4.60	6.92	75.7	33.90	9.73	668	153	985	230	668	—	—
	角叉菜	2.19	14.73	89.2	29.65	7.04	69	—	700	856	111	—	160
	冈村凹顶藻	0.53	10.24	100.2	39.02	8.97	763	95	300	1 346	89	—	40

第七节　海藻中的色素

海藻是一类具有不同色泽的自养植物，必须通过光合作用维持生命，因此，含有各种不同的色素。所有海藻都含有叶绿素 a，它是生产光合作用的基本色素，其他色素如叶绿素 b、叶绿素 c、叶绿素 d 和类胡萝卜素、藻胆色素等均为辅助色素。它们能吸收光能，获得激发的能量并传递给叶绿素 a。这些色素显示红、黄、绿、蓝等颜色，使得各种海藻的颜色具有特征性。由藻类生产的色素有荧光色素和非荧光色素两类；从溶解性能来看，则可分为脂溶性色素（如叶绿素、类胡萝卜素）和水溶性色素（如藻胆蛋白）。海藻中的色素含量一般占干藻重量的 7%~8%。

一、叶绿素

叶绿素是一类广泛存在于植物呈绿色的脂溶性色素。在高等植物中，叶绿素以叶绿素 a 和叶绿素 b 的形式存在，而在海藻中还存在叶绿素 c 和叶绿素 d。海藻的叶绿素 a、叶绿素 b、叶绿素 c、叶绿素 d，均为由 4 个吡咯环连接起来的卟啉环结构，中间含一个镁元素（图 4-2）。

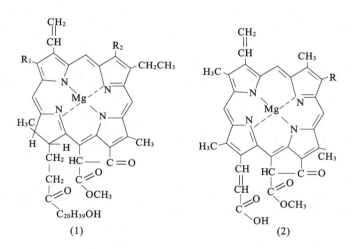

图 4-2　海藻中叶绿素结构

（1）叶绿素 a：R_1＝CH_3，R_2＝CH_3；叶绿素 b：R_1＝CH_3，R_2＝CHO；
　　　叶绿素 d：R_1＝R_2＝CH_3，CHO 取代 CH＝CH_2。
（2）叶绿素 c_1：R＝CH_2CH_3；叶绿素 c_2：R＝CH＝CH_2。

叶绿素 a 是藻类进行光合作用的基本色素，而叶绿素 b、叶绿素 c、叶绿素 d 为辅助或次级光合色素，它们的主要功能是吸收光能，传递给叶绿素 a。不同海藻所含叶绿素种类和含量有较大的差异，绿藻类主要含有叶绿素 a 和叶绿素 b，褐藻类主要含有叶绿素 a 和叶绿素 c，红藻类则以叶绿素 a 和叶绿素 d 为主。

不同类型的叶绿素结构具有其特征吸收光谱。叶绿素 a 在 662nm 和 430nm 处有特征吸收峰，叶绿素 b 在 644nm 和 455nm 处有最大吸收峰，叶绿素 c 主要吸收峰在 447nm 处，其余在 579nm 和 628nm 处有两个小峰，叶绿素 d 在 688nm、447nm 和 392nm 处有吸收峰。

叶绿素是一类不稳定的化合物，在强光下易氧化，用酸处理则可脱去分子中的镁离子，生成脱镁叶绿素，在碱性条件下，叶绿素分子将发生降解而受到破坏。

二、类胡萝卜素

类胡萝卜素（Carotenoids）是一类脂溶性的黄色、橙色或棕色色素。其基本结构是由 8 个异戊二烯单位组成的四萜，是由两条 20 个碳单位以尾对尾聚合起来的长链分子。这类色素广泛存在于海藻及其他动、植物中，其在生物体内的功能主要是捕获光能，传递给叶绿素 a 进行光合作用，并具有电子输送、辅酶、输氧和防止光氧化等功能。

类胡萝卜素含量受季节和环境的影响较大，一般在干藻中的含量平均为 0.1%，但是在富营养素、高盐、高光照等条件下，色素含量最高可达 17%。根据结构和成分的不同，海藻中类胡萝卜素可分成两类，一类是不含氧的烃类化合物，即胡萝卜素，以 β-胡萝卜素为主，还包括 α-、γ-、δ-、ε-胡萝卜素；另一类为胡萝卜素的含氧衍生物，即叶黄素类，以叶黄素（lutein）为代表，包括玉米黄素（zeaxanthin）、褐藻黄素（fucoxanthin）和虾青素（astaxanthin）等。不同藻类中的类胡萝卜素种类见表 4-9。

表 4-9　　　　　　　　　　不同藻类中的类胡萝卜素种类

藻　类	类胡萝卜素种类
褐藻纲 （Phaeophyta）	β-胡萝卜素（β-carotene）、褐藻黄素（fucoxanthin）、三色堇黄素（violaxanthin）、新叶黄素（neoxanthin）、硅藻黄素（diatoxanthin）、硅甲藻黄素等（diadinoxanthin）
红藻纲 （Rhodophyceae）	α-、β-胡萝卜素，叶黄素（lutein），玉米黄素（zeaxanthin），α-、β-隐藻黄素（cryptoxanthin），三色堇黄素、新叶黄素等
绿藻纲 （Chlorophyceae）	β-胡萝卜素、叶黄素、三色堇黄素、新叶黄素、玉米黄素等
蓝藻纲 （Cyanophyceae）	β-胡萝卜素、海胆酮（echinenone）、玉米黄素、角黄素（canthaxanthin）、颤藻黄素（oscillanxanthin）等
甲藻纲 （Pyrrophyceae）	多甲藻黄素（peridinin）、硅甲藻黄素、褐藻黄素等
硅藻纲 （Bacillariophyta）	β-、ε-胡萝卜素，硅藻黄素、硅甲藻黄素、褐藻黄素等
隐藻纲 （Cryptophyceae）	α-、β-、ε-胡萝卜素，隐藻黄素等
黄藻纲 （Xanthophyceae）	β-胡萝卜素、硅藻黄素、硅甲藻黄素等
金藻纲 （Chrysophyceae）	褐藻黄素、硅藻黄素、硅甲藻黄素等

　　绿藻中主要含有 β-胡萝卜素和叶黄素，其中叶黄素含量是 β-胡萝卜素的 3～4 倍，在海水深处生长的绿藻的叶黄素含量较少，另外一些微量色素的含量则有所增加，如绿藻中盐生杜氏藻含有大量橙色的 β-胡萝卜素（260mg/g 细胞蛋白）。褐藻中类胡萝卜素主要为褐藻黄素和 β-胡萝卜素，而且褐藻黄素的含量为 β-胡萝卜素的数倍，所以呈褐色。此外褐藻中还含有少量的三色堇黄素、新叶黄素、新褐藻黄素 A、新褐藻黄素 B 等。红藻中主要含有叶黄素、β-胡萝卜素、玉米黄素，并含有少量的 α-胡萝卜素，例如条斑紫菜中含有 13%～30% 的 β-胡萝卜素，52%～67% 的叶黄素，两者之和占类胡萝卜素含量的 80% 以上。此外还发现在红藻中存在虾青素，α-、β-隐藻黄素，三色堇黄素、环氧玉米黄素等。

三、藻胆蛋白

　　藻胆蛋白是一种水溶性的色素蛋白，颜色有红、粉红和蓝色三种，是红藻、蓝藻参与光合作用的辅助色素，其吸收光谱在 450～650nm，藻胆蛋白吸收太阳光能后，能将 70%～80% 的能量传递给叶绿素 a 进行光合作用。

　　藻胆蛋白存在于红藻、蓝藻和绿藻中，根据藻胆蛋白光谱特性可分为藻红蛋白（PE）、藻蓝蛋白（PC）、别藻蓝蛋白（APC）。红藻中的藻红蛋白和藻蓝蛋白分别被称为 R-藻红蛋白（RPE）和 R-藻蓝蛋白（RPC），蓝藻中的藻红蛋白和藻蓝蛋白分别被称为 C-藻红蛋白（CPE）和 C-藻蓝蛋白（CPC），在似紫菜和紫球藻等部分红藻中的藻红蛋白为 B-藻红蛋白（BPE），少数红藻还含有 b-藻红蛋白（bPE）。不同类型藻胆蛋白的特征吸收光谱见图 4-3。

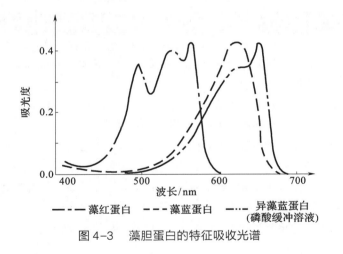

图 4-3　藻胆蛋白的特征吸收光谱

第八节　海藻中的其他成分

一、有机碱

　　甜菜碱类物质是海藻中的主要有机碱成分，它是氨基酸或亚氨基酸的衍生物，含有完全甲基化的五价氮，以开环或成环的结构形式存在。至今在海藻中发现的甜菜碱有甘氨酸甜菜碱、γ-氨基丁酸甜菜碱、高丝氨酸甜菜碱、δ-氨基戊酸甜菜碱、N-三甲基赖氨酸、顺-4-羟基脯氨酸甜菜碱、β-脯氨酸甜菜碱、反-4-羟基脯氨酸甜菜碱、1，3-二甲基组氨酸、吡啶羧酸甜菜碱、葫芦巴碱、龙虾肌碱、蓓豆甜菜碱等20余种。甜菜碱类似物包括其他季铵化物和叔硫化合物两大类。海藻中的其他季铵类化合物主要有胆碱、乙酰胆碱、丙烯酸胆碱、胆碱硫酸酯、硫磺酸、N-甲基硫磺酸、N，N-二甲基硫磺酸、三甲基硫磺酸、酪胺甲基衍生物和甜菜酯等。海藻中发现的叔硫化合物有两种，3-二甲基硫代丙酸和4-二甲基硫代-2-甲氧基丁酸。

甜菜碱类物质在海藻体内的确切作用还不太清楚，可能参与海藻的各种化学物质运输、充当大分子的组分、在抗水和抗盐逆境中起到一定的作用。但是甜菜碱类物质的结构具有氨基酸和乙酰胆碱两重特性，它对人的心肌有保护作用，有的甜菜碱如鸟氨酸甜菜碱、龙虾肌碱、葫芦巴碱具有降低血浆中胆固醇的作用。

二、 酚类化合物

海藻中的酚类化合物是海藻体内的化学防御物质，从结构上分为卤代酚类和不含卤素的聚间苯三酚。在大部分褐藻中都存在着聚间苯三酚；相对分子质量从几百到几十万，因它的基本结构单元是苯三酚，并且具有单宁样化学性质如能沉淀蛋白质和生物碱，又称间苯三酚单宁（Phloroglucinol Tannin）。从一些红藻与褐藻中分离出的简单酚衍生物、带有脂肪酸的酚类及不含卤素的多酚化合物，都具有较强的抗菌活性。褐藻多酚高聚物能够切割质粒PBR322的环状DNA，抑制淀粉酶、脂酶活性，对血红细胞有凝集作用。海藻中含卤素的酚类化合物主要是溴代酚类化合物，其主要以硫酸酯存在。多管藻中的多酚类化合物具有很好的抗氧化作用。

三、 萜类化合物

萜类化合物由戊二烯单元头尾相连而成，分子式为$(C_5H_8)_n$。在海藻中与脂类共存，用有机溶剂提取时能被提出，但加碱不被皂化。根据异戊二烯的数目可分为单萜（Monoterpene，C10）、倍半萜（Sesquiterpene，C15）、二萜（Diterpene，C20）、三萜（Triterpene，C30）。由于生长在高浓度卤离子的海洋环境中，因此卤代萜类物质含量较高。红藻中的凹顶藻属萜类含量高，种类多，被誉为萜类的加工厂，已从其中分离出了400多种萜类化合物，其中溴代萜类化合物具有较强的抗菌、抗肿瘤等活性。海藻中不含卤的各类萜化合物在数量上比含卤萜类要少得多，其中二萜类化合物具有抗肿瘤、抗菌、抗炎症及引诱活性。西沙群岛的略大凹顶藻（*Laurencia majuscule*）和卡拉凹顶藻（*Laurencia kalae*）中分离出了9种倍半萜，其中大多数都具有很强的生物活性，能够显著地抑制肿瘤细胞的生长。

🔍 思考题

1. 海藻有哪些种类？
2. 海藻主要化学成分的结构与功能特性有何联系？

参 考 文 献

[1]刘承初．海洋生物资源综合利用[M]．北京:化学工业出版社, 2006.

[2]李兆杰．水产品化学[M]．北京:化学工业出版社, 2007.

[3]王朝谨、张饮江．水产生物流通与加工贮藏技术[M]．上海科学技术出版社,2007.

[4]宋海燕,何文辉,张奥,等．褐藻中盐藻聚糖硫酸酯生物学活性的研究进展[J]．食品工业科技,2016,37(2):370~373.

[5]刘宏森．水生动植物食物的经济价值[M]．天津:天津科技翻译出版公司,2010.

[6]石彦国．食品原料学[M]．北京:科学出版社,2016.

第五章

水产品贮藏与保鲜

[学习目标]

了解水产动物的活体运输方法，掌握鱼类主要保鲜方法，熟悉水产品冻藏工艺。

第一节　鱼类活体运输

鱼类是生活在水中的低等脊椎动物。鱼类的呼吸、摄食、繁殖、发育、生长、集群及洄游等行为所需的环境条件与陆生动物完全不同，鱼类的生命活动随水环境的变化而维系动态平衡，并不断变化发展。鱼类种族的生存、繁衍和发展必须与水体环境相协调，必须对外界环境各类因子的刺激做出反应，消除由环境变化而引起的危害。不同品种的鱼生活于不同的水域，其生理活动和生长对环境的要求存在明显差异，因此，活体运输时有不同的操作规程，应采用不同的运输方法。

一、主要运输方式

不同的活体水产品具有不同的生活习性和环境要求，为了提高其运输存活率、降低运输成本，应采用不同的方法进行运输。目前已开发出来的活体水产品运输方法主要有机械运输、低温运输、充氧运输、麻醉运输、休眠运输和模拟保活运输 6 种方式，不同运输方式的操作原理、特点和适用对象不同。

（一）　鱼类机械运输

机械运输是将待运的活体鱼类装入带水箱的车、船等运输机械中进行运输的方法。该方法是最古老的活体鱼类运输方法，操作简单、方便，但由于需带水操作，因此有效运输量较小，成本相对较高。同时在运输过程中鱼类仍保持着正常的生理代谢活动，因此对运输过程中的管理要求较高，如为了保证水质的清洁通常要定时换水，为了保持充足的氧气供应需携带供氧设备。由此，机械法运输水产品的距离一般以中短途和短途为主，运输时间一般不超过 8~12h，而且适宜在冬春等气温较低的季节进行作业。在实际作业中，所运输的对象通常为生命力较旺盛的鱼类或可进行鳃呼吸的特种经济类水产品。

（二）　鱼类低温运输

鱼、虾、贝类等水产品大都属于冷血动物，其新陈代谢率随温度的降低而降低，因此低温环境有利于延长水产动物的存活时间。低温的保持是低温运输的关键，因此，水产品低温运输技术是在制冷技术商业化和大众化的基础上发展起来。目前维持运输过程低温恒定的方法主要有机械制冷法和保温法两种。

机械制冷法是在运输工具上装备合适的制冷机械及温度检测和控制仪器，并通过制冷机械的正常运行来维持水产品运输微环境温度的恒定。该方法受外界环境条件的约束小，但设备投资大、运行费用较高，同时为了降低运输成本，运输量一般要求较大。保温法是在保温箱内放入一定数量的冰袋来维持局部环境恒定的低温，该法操作简单、投资少、使用灵活，对运输量的要求较低。受保温时间的限制，该法通常只适用于短途或中途运输，当运输温度与环境温度的温差不大时也可进行中长途或长途运输。保温法的运输距离与保温箱的保温效果密切相关，运输作业时通常采用聚乙烯塑料泡沫箱。

采用低温法运输活体水产动物时，为了使储运对象更好地适应运输时的低温环境，暂养时的温度应尽量与运输温度相近或相同。为避免水生动物产生强烈的刺激反应，暂养时应采用合适的降温方法。殷邦忠等研究表明，当提高牙鲆在海水中的降温速率时可产生强烈的应激反应，无水保活时间缩短。合适的降温程序为：水体温度10℃以上时降温≤4℃/h，1～10℃/h≤1℃/h，1℃以下时≤0.5℃/h。温度和氧气供应是制约鱼类离水存活时间的因素，牙鲆在低温纯氧环境中，无水保活时间可达64h，而麻醉法不到16h。

（三）　鱼类充氧运输

充氧运输主要适用于一些对溶氧要求不太高的高价值鱼类，尤其是鱼苗和种鱼，该方法操作简单、设备投资少、使用费用低，是我国目前广泛应用的一种活鱼运输和保存方法。在运输前通常将储运对象装入有水的塑料袋中，用工业氧瓶充入高压纯氧后扎紧袋口，然后将塑料袋放入泡沫箱中。为了保证充足的氧气供应，鱼和水的装载量一般不超过塑料袋有效体积的1/4，同时要求塑料袋的密封性能良好。为了降低运输过程中鱼体的耗氧量，该法通常与低温法结合起来使用。该法还可与机械运输法配合使用，以提高运输水体的含氧量。

（四）　鱼类麻醉运输

鱼类麻醉运输是通过抑制机体神经系统的敏感性，降低鱼体对外界的应激，使鱼体失去反射功能或呈类似休眠状态，降低呼吸强度和代谢强度，提高鱼类运输存活率的运输方法。根据水产品的生理特性，可采用化学麻醉和物理麻醉两种形式降低鱼体神经系统的敏感性。

1. 化学麻醉及其常用药剂

某些药物可使水产动物暂时失去痛觉和反射运动，降低肌肉的活动强度，减少机体氨和二氧化碳的排出量，且可使肌肉保持良好的弛缓能力，从而有利于长途运输。常用的化学麻醉剂有乙醇、乙醚、二氧化碳、巴比妥钠、苯氧基乙醇、苯唑卡因、磺酸间氨基苯甲酸乙酯（MS-222）等30余种。

（1）巴比妥钠　把活鱼放入1/75万的巴比妥钠溶液内运输，不久就呈昏迷状态，腹部向上，呼吸减慢，不游动。在水温10℃时，能麻醉超10h，放入清水后5～10min就能缓慢苏醒。

（2）苯巴比妥钠或戊巴比妥钠　可按0.1mg/kg体重肌肉注射。鱼经麻醉后，仰浮于水面，呼吸缓慢。如途中发现鱼有跳跃冲撞时，表示药量不足，应再予以注射适当药剂，达到麻醉为止。用此法运输，药效时间可达 8~20h。戊巴比妥钠药效反应迅速，但作用时间稍短。

（3）水合氯醛　用浓度 2.1~3.1g/L 的药液浸浴 2~3min，达到麻醉状态后进行运输。缺点是药效时间较短，可供短途调运。

（4）乙醚（或 95% 酒精）　用药棉蘸乙醚（体重 2~3kg 鱼用 0.5~0.8mL）塞入鱼口内，2~3min 后鱼就麻醉，再将鱼放入清水桶里或包在水草中或湿布内运输，一次可麻醉 2~3h。此法简单易行，效果也好。

（5）碳酸氢钠（小苏打）　是一种价廉易得的鱼用麻醉剂，适宜的剂量为 150~600mg/kg。在水温 22℃ 时，存活时间在 6~13h。此法安全可靠，无毒。运输前预先配制成 6.75% 的碳酸氢钠溶液和 3.95% 的硫酸溶液待用。如配制 100mg/L 的药液 2000mL，可将这两种溶液各 1000mL 慢慢加入水中搅匀即可。如果提高浓度和增加水中溶氧效果则更好。

（6）二氧化碳　二氧化碳对水产动物也具有较好的麻醉功能。一般认为二氧化碳的最佳浓度为 500mg/kg，该浓度下鱼苗可存活 215h，存活率 95%。二氧化碳作为活鱼运输麻醉剂具有安全可靠、价格低廉等特点，具有广泛的应用前景。在水中注入一定量等体积混合的二氧化碳和氧气可使鱼体快速进入休眠状态，到达目的地后，放入清水中，只需几分钟鱼便可苏醒。当塑料袋的密封性良好时，该操作一般可使运输对象保持休眠状态 30~40h。

2. 物理麻醉

低温麻醉是生产上常用的物理麻醉，一般通过冷藏或冰水进行降温，每小时降温速度不超过 4℃。低温麻醉程度浅，一般与麻醉剂合用，以减少麻醉剂的使用量。

（五）　鱼类休眠运输

休眠运输又称冬眠运输，是水产品活体运输的革命性发展，同时具有对环境和储运对象双向友好的优点。冬眠是动物在恶劣环境条件下节省能量的一种机制，一般由季节性的环境变化所触发。最大限制地降低活体水产品的体温可有效降低其新陈代谢速率，并使它们进入冬眠状态。冬眠的鱼不游泳，所以不需很大的活鱼运输容器，由振动、噪声和光线等物理因素引起的死亡率几乎为零。休眠状态下它们既不需进食，也不会产生任何排泄物，因此也没有质量损失。

不同的鱼类需要不同的冬眠温度，影响冬眠温度的因素有来源和季节。诱导水产品冬眠的方法主要是降温法，即将需冬眠的对象逐渐转入温度低于正常生长温度的水体中，使其体温缓慢降低，最终进入冬眠状态。降温的介质可以采用冰，也可以选用干冰或两者同时采用，但降温幅度一定要在冬眠对象可耐受的范围内，否则可能导致待储运对象的意外死亡。鱼虾贝等冷血动物都存在一个区分生死的生态冰温零点或称临界温度。冷水性鱼类的临界温度在 0℃ 左右，低于暖水性鱼类。从生态冰温零点到冻结点的这段温度范围称为生态冰温区。生态冰温零点在很大程度上受环境温度的影响，降低生存冰温零点使其接近冰点是活体长时间保存的关键。对不耐寒，即临界温度在 0℃ 以上的鱼种应驯化其耐寒性，提高其在生态冰温范围内的存活率。经过低温驯化的水产动物，即使环境温度低于生存冰温零点也能保持冬眠状态而不死亡，而此时的新陈代谢水平极低，因此有利于保活运输。如临界温度为 5℃ 左右的河豚，在有水的状态下，通过特殊的冷却方法加以驯化，能在 -0.5℃ 的生态冰温区存活 62h。

采用休眠法运输活体水产品时，为提高运输存活率需解决两个重要问题：①测定保活运输对象的生态冰温。确定水产动物的生态冰温有利于选择合适的控温方法，使待运活体处于半休眠或完全休眠状态。②选择合适的降温方法。环境条件对水产动物的生态冰温具有重要影响，但生活环境的明显变化可刺激其产生应激反应，导致其死亡。降温过程中应采用缓慢梯度，一般不超过 5℃/h。表 5-1 所示为几种鱼贝类的临界温度和结冰点。

表 5-1　　　　　　　　　　　几种鱼贝类的临界温度和结冰点

种类	河豚	鲭	鲫鱼	沙丁鱼	鲷	牙鲆	鲽	鲱	松叶蟹	扇贝
临界温度/℃	3~7	7~9	6~10	7~9	3~4	-0.5~0	-1.0~0	-1.0~0	-1.0~0	-0.5~1
结冰点/℃	-1.5	-1.5	-0.3	-2.0	-1.2	-1.2	-1.8	-1.8	-2.2	-2.2

资料来源：①许钟等，齐鲁渔业，1996。
　　　　　②韩利英，淡水鱼保活及保鲜工艺研究 [D]．无锡：江南大学，2009.

最早用冬眠法进行运输的是日本对虾，随后冬眠运输技术在某些品种的水产品上取得成功，冬眠的鲈鱼大约能保活 40d、鲽鱼 3 个月、近圆蟹科的蟹 5~6 个月。休眠法只能在极端环境下延长水产动物的存活时间，并不能无限制地保证其生命活性。-0.5~1.5℃ 时牙鲆处于半休眠状态，体内的新陈代谢水平较低，随着保活时间的延长，体内的 ATP 不断被消耗而得不到有效补充，乳酸增多，鱼体疲劳程度逐渐增强，当超过其耐受极限时便会死亡。

（六）　鱼类模拟保活运输

模拟保活运输是根据水产品的生态环境和活动情况，人工模拟保活运输对象的自然生活环境条件进行运输。该方法解决了大批量、长时间和远距离运输活鱼的难题。使用这种方法可使最难运输的沙丁鱼的存活率达到 100%。

二、　鱼的活体运输

（一）　活鱼带水运输

活鱼带水运输通常采用常规的机械运输，一般选用车或船作为装载工具。在运输中应充氧，包括淋浴法（循环水淋浴法）、充氧法、充气法、麻醉法及化学增氧法。也可将充气法与麻醉法结合起来运用，即将鱼装入运输用塑料袋中，然后向水中充入一定量等体积混合的二氧化碳和氧气，使鱼迅速进入昏迷状态。如果管理得当，这种昏迷状态可持续 30~40h，运程可达 1500km，运输成活率不低于 96%。到达目的地后，立即将鱼放入清水中，只需几分钟，便可苏醒过来，恢复正常活动。

运输过程管理：①必须经常进行气路检查，否则气管脱落氧气外泄，鱼缺氧时间稍长即会造成大批死亡；②装好鱼后就应调整氧气的气流量；③定期检查氧气袋因机械磨损或其他原因引起的破裂漏水所造成的死亡现象；④冬季运输，应做好减压阀的防冻工作；⑤运输途中有条件换水时应尽量换水，以提高鱼的存活率。

（二）　活鱼无水运输

与一般运输方法相比，无水运输可提高运输存活率、增加运输密度、延长运输时间、有效地降低成本、减少运输过程中的水处理量、简化运输管理、节约运输空间，而且方便搬运操作、减少环境污染、避免海水对运输设备的腐蚀、方便暂养，同时对水产动物在无水条件下的新陈代谢、休眠、生存以及对水的依赖性等研究具有重要的理论价值。

日本用高速运转的 2mm 钻头来切断鱼的脊髓，切断脊髓的鱼放回水中仍能呼吸，除头部和胸部外都不能动，这样可以减少消耗。将鱼放入可充氧气的冷却保温箱中，然后用卡车进行长途运输。该法运输成本低、运输密度大，不仅节约了用水，而且避免了环境污染，同时对人体无害。

三、 虾蟹活体运输

（一） 虾的活体运输

虾是一类具有重要经济价值的水生动物，根据其经济价值、生活习性、运输距离等的不同，活虾的运输方式主要有带水运输、离水运输和充氧运输等形式。大多数品种的活虾在进行长途运输时一般需带水操作，水温控制在 14~18℃。运输过程中一般都匍匐底部，极少活动。如发现虾反复窜水或较多虾在水中急躁游动，表明水中缺氧。一般在此温度下充氧气贮运，可达到与无水低温保活相同的效果。无水运输：在 9~12℃ 水温下使其处于休眠状，装箱。先在纸箱里垫上吸湿纸，铺上 1.5~2cm 厚的冷却锯末，然后放虾 2~3 层，上层也盖满木屑，相对湿度控制在 70%~100%，以防止脱水，降低死亡率，同时还必须加入袋装冰块以防箱内外温度上升。此外，采用添加物（如白酒、食盐、食醋、大蒜汁等）处理也能延长保活时间。短距离运输活虾可采用塑料袋充氧法，中国对虾、斑节对虾、白腿虾和大型淡水对虾常使用该方法。

1. 日本对虾的活体运输

日本对虾能耐低温，可在冬眠状态下用冷却的木屑包裹后离水运输。运输前先将虾放入带有充氧装置的小水槽中，然后加入冰块，慢慢降低水温。降温用的冰一般应放在密闭的塑料袋中以防止海水被融化的冰水稀释。当温度降到 4℃ 时，虾便进入冬眠状态。为保持虾的存活率，整个降温过程一般需要 4~6h。已冬眠的虾沥水后可装入以聚氯乙烯薄膜作内衬的纤维板箱内，用干燥或稍湿润的木屑垫底，每层虾体间均用木屑分开，木屑厚度 1cm 左右。应选用树脂含量低、不含杀虫剂等任何人工合成化学试剂的木屑，使用前应于 -15℃ 的冷库中冷却过夜，也可用新鲜的海藻代替木屑。

2. 青虾的活体运输

（1） 干湿法运虾 装虾工具有蟹苗箱、塑料盘和帆布袋等。蟹苗箱为杉木框架，以铁纱窗为底，四周开有气窗，用于通风和喷水，规格为 60cm×33cm×12cm，可重叠装运，上需加盖。塑料盘即普通的食品周转箱，四周有孔。蟹苗箱和塑料盘底部铺棕片、丝瓜筋或海绵，洒上清洁水，然后将活虾轻轻放在上面装车启运，运输途中每隔 30min 左右喷洒 1 次水，保持一定的湿度。帆布袋内装一定量的虾和水，装在汽车或摩托车上运到目的地。此法最适宜短途、低温季节商品虾的运输，方法简便，运输量大，成本低，效果较理想。

（2） 活水船运虾 在普通船的船舱前后开孔让河水因船的前进而由前孔进水，后孔出水，使船舱内的水由"死"变"活"。船上设施简单，只有两个孔闸和两个舱底阀。在船舱中设置网箱，将活虾放入箱中，便于到达目的地后及时捞出。在河水环境不污染的地区和温度低的季节，装载密度和成活率较高。高温季节和在污染的河道使用活水船运虾效果欠佳。此法适宜水网地带运输商品虾、幼虾和亲虾。

（3）活水车运虾　这是用运鱼车运虾，由汽车、活鱼箱、增氧系统组成。一种是增氧系统以副机为动力，活水箱可以拆卸；另一种是增氧系统的动力来自汽车传动系统，通过助力箱带动水泵，也可一车多用。运输时要注意水质和水温，中途加水或换水一定要注意水质。此法运量较大，适应范围广，装载量大，灵活方便，而且能进行常年运输。

（4）尼龙袋充氧运虾　采取双层尼龙袋，规格42cm×60cm。运虾前先检查尼龙袋是否漏气，然后注入1/3空间的新鲜水，再放入活虾，接着充氧、扎紧、装车运输，并配制小型轻便携带式气瓶，同时准备备用尼龙袋及用水。在运输途中如发现氧气袋轻微破损，应及时用胶布贴好，如破损比较严重，要立即换用新的尼龙袋。此法适宜运输虾苗或亲虾，也可运幼虾，运输时间长，成活率高，可常年运输，但运输量受限制，装运密度过大影响成活率。

（5）运输青虾应注意事项

①避免蜕壳时装运：由于软壳虾极易死亡，应避免在幼虾大量蜕壳时装运。一般冬季水温低，幼虾不会出现大批蜕壳现象，但春季后水温升高，虾进入生长阶段。此时，若经捕捞等操作时机械损伤，或捕捞、暂养过程中遇较大的温差刺激，就会出现大批同时蜕壳的情况，运输时必须注意这个问题。

②注意虾的体质：要挑选健壮、无病无伤的虾，因病虾和瘦弱虾对缺氧等外界环境变化的适应性差，经不起运输刺激，易造成死亡。对亲虾和虾苗在运输前要进行检疫，防止将疫病带入新的养殖区。

③加强管理和检查：起运前和运输途中要检查装虾容器是否有破损现象；虾的活动是否正常，有无浮头或死亡现象；水温及含氧量有无显著变化。活水船还要检查水流是否畅通或水流急缓程度。

3. 斑节虾的活体运输

斑节对虾耐受低温的能力不如日本对虾，因此一般不采用离水运输方法，而用密闭的充氧袋或开口的充氧箱包装带水运输，即将斑节对虾和水一起装入气密性良好的塑料袋中，充入一定体积的高压纯氧，将袋口扎紧后，放入泡沫保温箱中运输。也可将斑节对虾直接装入有水的塑料泡沫箱中，运输过程中用软管向箱中输送氧气。当水体温度和对虾的装载密度控制适宜时，充氧运输可使斑节对虾在运输过程中存活6~8h。

（二）　蟹的活体运输

蟹一般经暂养24h后用蟹笼、竹筐、草包装满，再用浸湿的草包盖好，再加盖压紧或捆牢，不使河蟹运动以减少体力消耗，经1~2d的长途运输，存活率在90%左右。深水蟹的理想水温为0~5℃，暖水蟹可承受27℃的水温。最重要的是控制温度和湿度。湿度一般在70%以上，温度则稍低于蟹生活的自然环境温度，这样可降低新陈代谢的速度以避免同类自相残杀。运输中采用低温保温箱，每一层都铺上潮湿的材料如粗麻布、海草、刨花等，最上层覆盖一层潮湿材料，无须提供饵料，一般可保存1周左右。春、夏、秋季收获后不能马上起运，要转入池内暂养一段时间（2~3d）使其排出粪便以减少污染，密度不宜超过1.1kg/m²，温度控制在5~10℃，成活率较高（34℃时的脉搏为60次/min，14℃时为2次/min）。一般先在20℃凉水中浸泡10min左右，以清洁皮肤，降低活动能力，然后装箱并以干净柔软的水草作为填充料（不能用稻草，因其浸水后呈碱性，容易损伤皮肤）。一般保活可达到7~10d，而2~3d的短途运输无须特殊处理。

第二节　鱼类保鲜

一、冷却保鲜

冷却保鲜又称冷海水（冷盐水）保鲜，是把鱼类浸渍在-1~0℃的冷海水（冷盐水）中进行保鲜的一种方法。该法主要适用于品种较为单一、鱼量高度集中的围网作业和运输船上。因为围网捕获的中、上层鱼类活动能力强，入舱后剧烈挣扎，很难做到层冰层鱼，脱冰处就形成质量不好的"白鲜鱼"。同时中上层洄游性鱼类血液多，组织酶活性强，如果不及时冷却降温，会造成鲜度的迅速下降。

一般而言，鱼与海水的比例约为 7∶3。冷海水或冷盐水保鲜一般由制冷剂和碎冰结合提供冷却保鲜所需的冷量。在冷却阶段一般采用碎冰提供冷却鱼类所需的冷量，因为冰有较大的融化潜热，可用于冷却刚入舱的鱼类。而制冷机提供保温阶段所需的冷量，制冷机用较小的冷量就可以补偿外界向渔船传递的热量，保持鱼舱温度恒定。处理鱼类时，可按以下步骤进行操作。

（1）起网前准备好适量的冷海水或冷盐水，冷水舱中应保持一定量的浮冰。

（2）向冷水舱中装鱼的同时根据水温回升情况，加入适量的冰。

（3）舱内温度保持稳定后，开动制冷机和循环泵，使水温维持在-1℃左右。

（4）海水中血污较多时，应排出部分血污海水，并补充新的海水。

（5）冷却完成后，在舱内加满冷海水或冷盐水，并加盖舱盖，以减少晃动对鱼体的损伤。

冷海水（冷盐水）冷却保鲜法的优点是操作简单、处理迅速、处理量大、鱼体冷却速度快，而且还可用泵抽吸卸货，减轻劳动强度。但该法也存在一些问题，如鱼在保鲜过程中，鱼体因吸收水分和盐分而膨胀，鱼肉略咸，鱼体表面稍有变色以及由于船身的摇动而使鱼体有损伤和脱鳞现象；血水多时海水产生泡沫造成污染，鱼体鲜度下降速率比同温度的冰藏鱼快；加上冷海水保鲜装置需要一定的设备，对船舱的制作要求等原因，在一定程度上影响了冷海水保鲜技术的推广和应用。

冷海水（冷盐水）冷却保鲜主要适用于海水鱼类、虾类、贝类及藻类的保鲜。淡水水产品在海水或盐水中会发生变色等不良反应，因此不适宜用此法保鲜。

美国研究了在冷海水中通入 CO_2 来保藏鱼类，已取得一定的成效。当冷海水中通入 CO_2 后，海水 pH 降低到 4.2，可抑制细菌的生长，延长鱼类的保鲜期。

二、微冻保鲜

微冻保鲜是将水产品保藏在冰点以下（-3℃左右）的一种轻度冷冻或部分冷冻的保鲜方法，也称为过冷却或部分冷冻。由于微冻保鲜的温度正好处于-5~-1℃（即最大冰晶生成温度带），在冻结时为了使冻结过程有最大的可逆性，通过该温度带时要尽可能快，否则会因缓慢冻结而影响水产品的质量，所以将微冻作为保鲜方法曾受到人们的质疑。但随着科技水平的提高，将结晶生物学和生物物理学等交叉学科应用于食品冷藏工艺学的研究发现在微冻时鱼体中有相当的水转化为冰，同时组织液的浓度增加，介质 pH 下降 1~1.5，如在−2℃微冻的鳕鱼中所含有的水有 52.4% 转化为冰，在−3℃时则为 66.5%，所有这些因素对微生物都有不利影响，从而使微冻用于水产品保鲜成为可能。

鱼类的微冻保鲜温度因鱼的种类、微冻方法而略有不同。不同种类鱼的冻结点大致如下：淡水鱼−0.7~−0.2℃，淡海水鱼−0.75℃，洄游性海水鱼−1.5℃，底栖性海水鱼−2℃。从各国对不同鱼种及采用的微冻方法来看，微冻温度范围一般在−3~−2℃。

微冻保鲜的基本原理是利用低温来抑制微生物的繁殖及酶的活力。在微冻温度下贮藏，鱼体内的部分水分发生冻结，由于水的性质发生了变化，改变了微生物细胞的生理生化反应，某些不适应的细菌开始死亡，大部分嗜冷菌虽未死亡，但其活动也受到了抑制，几乎不能繁殖。因此，微冻能使鱼类在较长时间内保持鲜度而不发生腐败变质。与冰藏相比较，微冻保鲜能延长保鲜期 1.5~2 倍。

鱼类的微冻保鲜法主要有三种类型，即冰盐混合微冻保鲜法、低温盐水微冻保鲜法和鼓风冷却微冻保鲜法。

（一） 冰盐混合微冻保鲜法

冰盐混合微冻保鲜法是目前较为常用的一种微冻保鲜方法。冰盐混合物是一种最常见的简易制冷剂，可在短时间内吸收大量的热量，从而使冰盐混合物温度迅速下降到比单纯冰的温度还要低，以达到降低鱼体温度，保持其鲜度的目的。

冰盐混合物温度的高低与冰水中的加盐量有关，加盐量越大，所得温度就越低，但加盐量过大，盐容易渗透到鱼体中，影响鱼的风味。

由于冰融化较快，在其融化后冰水吸热温度回升，鱼的温度也要回升。因此，在冰盐微冻过程中要注意逐日补充适当的冰和盐，以维持冰水温度。冰盐混合物微冻保鲜法具有鱼体含盐量低、鱼体基本不变形、不需要制冷机组、操作简单等优点。

（二） 鼓风冷却微冻保鲜法

鼓风冷却微冻保鲜法采用制冷机将空气冷却后吹向鱼体，使其表面温度达到−3℃。鼓风冷却的时间与空气温度、鱼体大小和品种有关，当鱼体表面微冻层达 5~10mm 厚时即可停止鼓风冷却。此时鱼体深厚处的温度一般在−2~−1℃，然后将微冻鱼装箱，置于−3℃的舱温中保藏，保藏时间最长的可达 20d。采用鼓风冷却微冻保鲜，其最大的优点是能较理想地实现水产品冷冻工艺的要求和装置的可靠性强，但也存在鱼体表面容易干燥和需制冷机组等问题。

（三） 低温盐水微冻保鲜法

低温盐水微冻保鲜法在渔船上应用较多，其主要装置有：盐水微冻舱、保温鱼舱和制冷系统三部分。低温盐水微冻保鲜的具体操作是：先将清洁海水抽进微冻舱，配成约 10% 的浓度，然后开启制冷机，使盐水降温到−5℃，同时保温鱼舱也要降温到−3℃，然后把冲洗过的鱼装进网袋放入盐水舱中微冻，使鱼体表温度冷却到−5℃左右（此时鱼体内温度为−3~−2℃），再转移到保温鱼舱中保藏，并由冷风机吹风保冷，维持舱温在−3℃。

低温盐水微冻保鲜技术的关键在于选择适当的盐水浓度。如果盐水浓度过高，则其凝固点降低（盐水在−5℃时不结冰），有利于制冷系统的正常工作。但由于浓度过高，则会增大盐溶液的渗透压，使鱼偏咸，从而影响鱼肉的风味，同时高浓度的盐溶液也会导致鱼肉中盐溶性肌原纤维蛋白的溶出。

在采用低温盐水微冻保鲜时要注意协调好盐水浓度、浸泡时间、盐水冷却温度三者的关系，每次微冻后的盐水要测定其浓度，以便补充相应的盐量。盐水污染严重时，要及时更换清洁盐水。为了防止盐水蒸发器结冰，蒸发压力不宜过低。

微冻保鲜法适用于几乎所有的鱼类、虾类、贝类及藻类的保鲜。采用微冻保鲜的优越性在于：鱼体降温速度快，所需设备简单，操作费用低，且能有效地抑制细菌繁殖，减缓脂肪氧化，延长保鲜期，并且解冻时汁液流失少，鱼体表面色泽好，耗冷量小等。其缺点是：操作技术要求性高，特别是对温度的控制要求严格，稍有不慎就会引起冰晶对细胞的损伤，同时一些研究表明在微冻过程中肌原纤维蛋白容易变性，而且解冻后的鱼组织复原性较差，更容易腐败。

三、 冷冻保鲜

冷冻保鲜技术又称冻藏保鲜技术，是将水产品贮存在低于−18℃温度下、体内组织的水分绝大部分冻结的保藏法。单纯的冻结处理不是一种保藏方法，而是冻藏前的准备措施。当水产品在冻结状态时，生成的冰晶使微生物细胞受到破坏，导致其丧失活力而不能繁殖，同时酶的反应受到严重抑制，水产品的化学变化变慢。因此，冻品在贮藏流通过程中如能保持连续恒定的低温，可在数月甚至1年的时间内有效地抑制微生物和酶类引起的腐败，使鱼虾贝类能长时间较好地保持原有的色香味和营养价值。

冻结的速度和温度是影响水产品质量的关键因素。冰晶的大小与冻结速度有关，缓慢冻结时，冰晶体大多在细胞的间隙内形成，冰晶少而且粗大；冻结速度越快，冰晶越细小，而且主要分布在细胞内。因此，水产品在冻结时必须以最快的速度通过−5~0℃温度区，并迅速达到冻结所需的温度，这样才能使冰晶细而均匀，解冻后肌肉组织可塑性大、鲜度好。水产品冻结温度越低，鱼体内各种导致腐败变质的物理变化、组织形态变化以及生化反应的速度越缓慢。因此，冻结设备、冷却介质和冻结方法对产品的鲜度保持影响很大。

第三节 水产品冻藏工艺

一、 冻鱼加工一般工艺

冻鱼加工，就是将新鲜的或经过处理的初级鱼加工成鱼片、鱼段等，在−25℃低温条件下完成冻结，再置于−18℃以下冷藏，以抑制微生物的生长繁殖和酶的活性，延长贮藏期，保持水产品原有的生鲜状态的一种加工保藏方法。

（一） 原料
各种海水、淡水鱼类。

（二） 工艺流程
原料鱼→ 冲洗 → 挑选 → 称重 → 装盘 → 冻结 → 脱盘 → 镀冰 → 包装 → 成品冷藏

（三） 工艺要点
（1）鱼冲洗干净后，按品种、规格剔出不合格鱼体以及腐败鱼、杂质和异物。洗涤水温控制在 20℃以下，必要时可加冰降温。

（2）挑选后按规格和让水标准称重。为补充冻结过程中鱼体挥发的水分，小杂鱼需另加让水 6%，其他鱼类让水 2%～3%。

（3）装盘时，将鱼理齐理平，鱼头朝向盘两端或两侧，带鱼或鳗鱼等长条鱼需圈摆。鱼品装盘后，头尾不得露出盘外或高出盘面。

（4）装盘后可直接冻结，也可在预冷间预冷 2h 左右，使鱼体温度在-5℃以下冻结。冻结室温度要求达到-25～-20℃，冻结时间一般 12～16h，最长不应超过 24h，使鱼中心温度达到-12℃。冻结过程要浇水 1 次，水量以盖住鱼体为宜。名贵或多脂鱼类宜全水冻或半水冻，干冻品应镀冰衣。

图 5-1　大银鱼

（5）淋水脱盘时水温 10～20℃，盘底部冰稍微解冻，操作过程中应注意保持冰被完整。

（6）脱盘后的鱼品可直接出厂或冷藏后出厂，也可用塑料袋包装后出厂，成品应在-18℃以下冷库中存放。

二、冻鱼加工

（一）冷冻大银鱼

大银鱼又称面条鱼，广泛分布在长江中下游干流及其附属湖泊，肉嫩味美，营养丰富，食之有一种特殊的黄瓜清香。大银鱼体长一般 20cm 左右，无骨无刺（图 5-1），是一种经济价值很高的小型名贵鱼类，在国内外市场深受欢迎。

1. 工艺流程

原料验收 ➝ 清洗 ➝ 沥水 ➝ 称量 ➝ 装袋 ➝ 装盒 ➝ 速冻 ➝ 冷藏

2. 工艺要点

原料验收：原料鱼要求鲜度肥度良好，条形完整，本色色泽，眼珠清亮，肌肉富有弹性，无污物黏液，黄瓜清香味明显而无异味。原料鱼到达后立即卸至加工车间，逐箱检查剔除次品，注意徒手抓拿操作，切忌用钉耙、铁锹等硬器，以免破坏鱼体的完整性。

清洗：用洗鱼机或人工漂洗，加入的大银鱼要均匀，避免鱼层过厚，影响漂洗质量。要用加冰降温后清洁的深井水或自来水清洗，反复清洗几次后捞起。清洗要迅速，前后工序紧密配合，不能积压。

去杂及沥水：漂洗的同时，除去漂浮在水面的冰块和杂草，并挑拣出其他鱼虾类。漂洗后的大银鱼放入底部有漏水孔的容器内，沥水 10～20min。

称量：沥过水的大银鱼按不同规格称量装袋。称量时必须保证每袋银鱼解冻滤水后净重 500g 或 1000g，因此应视鱼体大小及滤水程度而加称重 10%。然后将银鱼袋装入纸盒中，排放在专用冻银鱼盘中，每盘装 10 盒，及时送入速冻库。

速冻：银鱼盘按次序整齐排列在速冻库的管架上。速冻库温应迅速下降至-25℃以下。15～16h 后，当鱼体中心温度达到-15℃时冻结过程即完成。

装箱及冷藏：速冻完毕后随即出库，低温装箱，每箱 20 盒，净重 10kg 或 20kg。纸箱底、顶衬垫瓦楞纸，外用包扎带捆打牢固，并标明品名、规格、重量、出厂日期等，立即送入冷藏库内贮藏。冷藏库温度应保持在（-18±2）℃，按生产批次、规格、分别堆放，贮存不超过 12 个月。出厂时冷冻大银鱼中心温度不超过-15℃，转运外销时必须用冷藏车低温运输。

成品质量：要求冻块平整、冰衣均匀、清洁、无风干氧化和因慢冻导致冰块发黑的现象；银鱼形态新鲜完整清晰，呈半透明状，无破肚或腹部膨胀，无污秽黏液，肌肉组织坚实，弹性良好；无异味；基本无黄条；一般体长 18~22cm，解冻后不低于规定重量。

（二） 冻黄鱼和带鱼

1. 工艺流程

原料 → 挑拣 → 淋洗 → 称量装盘 → 冷冻 → 脱盘 → 冷藏 → 成品

2. 工艺要点

原料要求：体形完整，体表有光泽，眼球饱满，角膜透明，肌肉弹性好。变质鱼或杂鱼必须剔除。

淋洗：因为原料本身比较清洁，洗涤可以从简，一般以喷淋冲洗为好。

称量装盘：每盘装鱼 15~20kg，加 0.3~0.5kg 的让水量，以弥补冻结过程中鱼体水分挥发而造成的重量损失。按鱼体大小规格分别装盘，并在摆盘方式上加以区别。黄鱼摆盘时，要求平直，使鱼在盘中排列紧密整齐，鱼头朝向盘两端；带鱼作盘圈状摆入鱼盘内，鱼腹朝里，即底、面两层的腹部朝里，背部朝外。对鱼体较小的鱼，则理直摆平即可，鱼体及头尾不允许超出盘外。

冷冻：装好盘的鱼要及时冷冻，在 14h 以内使鱼体中心温度降至-15℃以下。

脱盘：将鱼盘置 10~20℃的清水中浸几秒钟后，将鱼块从鱼盘中取出。

冷藏：冻鱼如不立即出售，必须装箱后及时转入-18℃以下冷库中冷藏。

三、 贝类冻品加工

蛤仔、文蛤、牡蛎等贝肉和扇贝的肉柱均可加工成冻制品。

（一） 工艺流程

原料贝类处理 → 水煮 → 冷却 → 割取 → 分级 → 漂洗 → 浸泡 → 沥水 → 速冻 → 镀冰衣 → 包装

（二） 工艺要点

加工冷冻贝肉，应充分注意卫生，使之符合国家卫生标准。蛤仔和文蛤需用海水蓄养一夜，使其吐出泥沙，然后剥壳取肉。将贝肉置于铁丝网上，在 3.5% 食盐水中搅拌 5~10min，除尽泥沙，然后沥水，装入聚乙烯袋，用送风式或接触式冻结装置冻结 4~5h。由于贝肉鲜度下降很快，所以要加冰冷却，并在 4h 内进冻。

牡蛎肉冷却与蛤仔相同，但为防止冻牡蛎肉鲜冻时流出大量液体，最好把牡蛎肉放入75% 食盐水中搅拌洗涤 3min 以上，然后进冻，冻好后低温贮藏。

（三） 质量标准

应符合水产品质量标准。

（四） 保藏和食用方法

-18℃或以下温度贮藏，温度越低，质量越好。保质期一般不超过 6 个月。严禁严重升温和出现再冻现象。可不经解冻直接进行烹调后食用。

图 5-2　生扇贝柱

（五）　贝类加工实例

1. 冻扇贝柱

扇贝作为水产品加工的原料是由于其与呈味有关的氨基酸含量丰富，具有独特风味。目前，冷冻生扇贝柱是一种主要的出口和内销的产品形式（图 5-2）。

（1）工艺流程

扇贝原料 → 水洗 → 取贝柱（闭壳肌）→ 冲洗 → 沥水 →

烫煮 → 冷却 → 分级 → 摆盘 → 速冻 → 镀冰衣 → 包装 → 成品 → 冷藏

（2）工艺要点

原料：活鲜无异味、无腐败变质的海湾扇贝。

取贝柱：用小刀将扇贝的闭壳肌取出，除出外套膜及杂质。

冲洗：贝柱不要用淡水洗，应用 0.5% 盐水冲洗，除去黑膜、污物，水温在 15℃ 以下，时间不宜过长。

烫煮：将冲洗沥水的贝柱放入沸水中，水温不低于 95℃，烫煮 5~10s。

冷却：将烫煮的贝柱放入冰水中急速冷却，迅速捞起，冷却水温要求在 10℃ 以下。

分级：按 500g 计，100~150 粒、151~200 粒、201~250 粒、251~300 粒及 300 粒以上等 5 级。

速冻：速冻温度在 -25℃ 以下，块冻中心温度达 -15℃ 即可出库，要求速冻时间不超过 12h。

包装及冷藏：将单冻贝肉称量后用聚乙烯塑料袋包装，并加热封口，检封合格的成品，置于 -18℃ 或 -20℃ 的冷库中冷藏。

质量要求：冻贝柱水分在 82% 以下，蛋白质在 14% 以上。冻贝柱在贮藏过程中易发生黄变现象，由于扇贝闭壳肌表面氨基酸和游离糖引起美拉德反应，以及磷酸质的氧化形成，为缓解黄变现象的发生，可用 0.5% 盐水洗净。

2. 单冻杂色蛤肉

原料：鲜活杂色蛤。

分选清壳：原料进厂时，用清洁海水在水槽中擦洗，在工作台上分选，挑出泥蛤、破蛤及其他贝类、杂物。

吐沙：分选后的杂色蛤清洗后，装在塑料有漏孔的鱼箱内，移放吐沙池，采用沉淀净化海水暂养吐沙，让海水浸过蛤，并设小型空压机通气增氧，提高贝的吐沙效果。吐沙水温控制在 17~25℃，吐沙时间 8~10h 可完成，场地环境要安静、无杂音，无油类污染物。

清洗：活蛤吐好沙，放自来水槽内清洗，洗去蛤表面的污物。

蒸煮：用蒸汽蒸煮杂色蛤，以普通多层蒸饭柜，每层铺放原料蛤，底层空盘积放蒸煮贝汁，蒸煮时间用 0.4MPa 压力 8~10min 达到贝肉鲜嫩，脱壳。

冷却：蒸煮的杂色蛤装到清洁的筐内，用冰水冷却，浸泡冰水 1~2min，使蛤温度降到 20℃ 以下。

去壳取肉：冷却的原料及时送到工作台用不锈钢消毒刀取肉，操作中注意保持用肉完整，不破，保持台具清洁，每到 1kg 肉及时交料，防止污染。

清洗：将去壳的肉放到洗料筐内轻轻漂洗，每次不超过1kg。清洗后，去除蛤肉上附带的碎壳、碎蛤皮、小蟹等异物，确保蛤肉无杂质。

分级：选用鲜度好的蛤肉进行分选，其规格为：LLL，100粒/kg以上；LL，100~300粒/kg；L，300~500粒/kg；M，500~700粒/kg；S，700~900粒/kg；SS，900~1100粒/kg。

清洗：分级后的蛤肉再用清水清洗两遍，每筐不超过1kg，去掉污垢、异物。

控水：清洗后控水，时间8~10min。

摆整速冻：将控水后蛤肉摆放在单冻机的不锈钢板输送带上，逐个整形，个体间不粘连，不重叠，保持个体状。操作员工定时进行手消毒和清洗，速冻机温度在−35℃以下，时间10~14min。

精选：经速冻的单粒在包装间精选一次，剔去破碎粒及粘连冻块肉。

称重：每袋1kg在包装间进行，库温−10~−4℃。

镀冰衣：称重后立即镀冰衣，防止产品冷藏干耗，在冰水中过2~3s，水温0~4℃。

金属探测：镀冰衣后装袋（食品级塑料袋）封口，每袋必须过金属探测检查，不允许有金属异物。

装箱、冷藏：金属检测后装箱，每箱1kg×10，箱外印生产日期、厂家代号、规格、数量、品名等。包装成品及时进冷库贮藏，库温在−20℃以下，箱下放垫木，与墙间隔30cm，出库发运时必须用冷藏车，防止部分解冻，影响质量。

质量要求：品质新鲜，色泽正常，无异味，个体规格均匀完整，允许外套膜破裂但不脱落，无杂质。

3. 冻鲍鱼

鲍鱼资源稀少，比较珍贵，一般都加工成冷冻品，冷冻鲍鱼又分冷冻鲍鱼肉和冷冻全鲍鱼两种。

（1）工艺流程

原料→ 去壳 → 洗涤 → 称重 → 装盘 → 速冻 → 脱盘 → 镀冰衣 → 包装 → 入库

（2）工艺要点

去壳洗涤：用海水洗净鲍鱼壳外的泥沙，再用圆头刀将壳肉分离，去除挂连在肉上的内脏和薄膜，用清水洗净黏液。

称重装盘：洗净的鲍肉经过沥水10min后，即可定量称重，以0.5kg或1kg为单位组装小盘，使盘平整美观。

速冻：将定量组装好的小盘送入速冻间冷冻，当冻品温度达到−8~−6℃时，向盘内加水制作冰被，速冻时间以12h左右为宜，其中心温度达−15℃时，即可出速冻间脱盘。

脱盘镀冰衣：将冻好的鲍肉及时出速冻间脱盘，用淋浴法脱盘为佳。脱盘后将冻块放入0~4℃的冷水中镀冰衣，时间不要超过3s。

包装入库：镀好冰衣的冻块要立即装塑料袋、小纸盒、大纸箱，然后放入−18℃以下的冷藏库中贮藏。

四、 头足类冻制品加工

头足类主要有章鱼和乌贼。乌贼类主要有鱿鱼、枪乌贼、金乌贼等。现以鱿鱼为例。将鱿鱼用3%食盐水洗净后装盘。装盘时腕手向下弯曲作为外侧，使鳍在中央部重叠，背朝上排列。也可把头、足部切下后装入胴部装盘，然后冻结 20~22h，脱盘后镀冰衣，–25℃条件下贮藏。章鱼类主要有短蛸和水蛸等，分鲜冻品和熟冻品两种。鲜章鱼冷冻品是经过除内脏、水洗、用盐揉搓、水洗、装盘、冻结加工而成。熟冻品加工经过除内脏、用盐揉搓后，放入海水或 3% 食盐水中煮至变红色，取出后投入冷水中迅速冷却沥水，将其腕手（足）团起来裹住胴部，单尾或装盘冻结。

（一）冻墨鱼加工

墨鱼又称乌鲗。金乌鲗分布于我国各海区，以北方黄渤海沿海产量最高。无针乌鲗（内壳后端无骨针）主要分布于东南沿海，即浙江中南部、福建东部、广东沿海及北部湾海区。不同海区的墨鱼，渔汛期有所不同，山东渔汛期为 5~6 月，闽浙渔汛期为 4~6 月，广东沿岸渔汛期为 3~4 月，北部湾沿岸渔汛期为 1~3 月份。乌鲗的可食部分比例很高，达 92%，可加工成冷冻墨鱼片出口。

1. 工艺流程

原料 → 剖割 → 去头、内脏、表皮及肉鳍 → 整形 → 分级 → 清洗 → 漂洗 → 沥水 → 称重 → 摆盘 → 速冻 → 脱盘 → 包装 → 冷藏

2. 工艺要点

原料：应选用品质新鲜的墨鱼作原料，要求墨鱼背面全白或骨上皮稍有紫色，具固有气味或海水气味，无异味。

剖割：将鱼腹部向下平放在工作台面上，一只手压住墨鱼头，一只手持刀，将刀尖自胴部上端正中间插入，插至内壳表面为适，沿着内壳表面划剖至尾部为止，然后在胴部与肉鳍之间左右各一刀，刀口要沿着内壳表面边缘，自上端割至内壳中部位置，随即取出内壳及骨针（金乌贼内壳后端有骨针）。

去头、内脏、表皮及肉鳍：在流动水中，一只手压住墨鱼的胴体，一只手握着墨鱼颈，轻轻一拉，将鱼头和胴体分离，这时墨鱼的内脏也随头而去。然后将拇指从肉鳍末端插入（如果插入有困难，可用剪刀剪开缝，但不要伤及肌肉），用力撕开，将表皮、肉鳍除去。

整形：用不锈钢剪刀将肉片周边的硬膜剪去，剪平边肉，得到完整的片形。

分级：以每千克片数分为 1 片、2~4 片和 5~7 片。

清洗：将鱼片在 5~7℃的清洁冰水中浸洗 10~15min。

漂洗：将鱼片在浓度为 5% 的清洁冰盐水（温度 5~7℃）中漂洗 0.5~1min，目的是增强肉片的弹性和光泽，同时有保鲜作用。

沥水：一般沥水时间为 15min，最后以滴水为准。

称重：每块成品净重 2kg，墨鱼片的让水率为 3%。

摆盘：把肉片卷筒，在放有标签（标签上标明规格及司磅员代号）的托盘中按尾端相接、筒口向两端整齐摆好。

速冻：将摆好盘的鱼片及时送入速冻间进行冻结。在 –25℃以下和比较短的时间内，鱼块的中心温度应达到 –15℃以下（最长不超过 14h）。

脱盘：将从速冻间取出的每盘冻墨鱼片，依次浸入预先冷却至 1~5℃的清洁水中 3~5s 后捞出，倒置在包装台上，用手在托盘底部轻轻一压，冻墨鱼片即脱离托盘。在这个过程中，同时完成了镀冰衣的过程。

包装：每块鱼片用聚乙烯袋包装，分规格装入纸箱，每箱装 8 块，打好包装袋。箱外标明产品名称（冻墨鱼片）、规格、净重（16kg）、出口国及公司名称、产地和批号。

冷藏：包装好的产品应及时送到温度为 –18℃ 以下，库温稳定、少波动的冷藏库内贮藏。

（二）　冻鱿鱼加工

鱿鱼学名柔鱼，是重要的海洋经济头足类，广泛分布于大西洋、印度洋和太平洋各海区。近年来我国远洋鱿鱼业有很大发展，鱿鱼的捕获量日益增加，除鲜销外，将鱿鱼加工成冷冻鱼块出口或供应国内市场，均可取得较好的经济效益。现介绍冷冻鱿鱼块的加工工艺。

1. 工艺流程

原料验收 → 洗涤 → 剖割 → 去内脏、软骨、表皮 → 清洗 → 称重 → 装盘 → 速冻 → 脱盘 → 包装 → 冷藏

2. 工艺要点

原料：应选用品质好、鲜度好、无损伤、有色泽的鱿鱼作原料，要求肉质结实，并具有新鲜味。

洗涤：用筐装适量鱿鱼在海水中搅洗，去掉鱿鱼体外的污物。

剖割：剖割鱿鱼时将其腹朝上，用刀顺腹腔正中间剖割至尾部，使两边肉呈对称。对来不及加工的鱿鱼应加入适量冰块降温，以保持其鲜度和质量。

去内脏、软骨、表皮：将鱿鱼剖开后小心摘除其墨囊，不使囊内的墨汁流出，以致影响外观。接着清除内脏、软骨，剥去胴体、肉鳍、长足腕的表皮，留眼、嘴，要求外观完整洁白。

清洗：用清水浸洗鱿鱼体，水中加进少量冰，除去原料残存的内脏、杂物等后，重新用清水（加少量冰）再漂洗干净，沥水 5~10min，以滴水为准，转入装盘。如来不及装盘应暂放入加有冰块的水中冷却，但时间不宜长。

称量：每块成品 1kg，干耗率 2%，称重时每盘装 1.02kg。

装盘：把鱿鱼头尾错开平放入盘中。

速冻：将摆好盘后的鱿鱼及时送进速冻间排列在搁架管上，每层盘之间用竹片垫架，以利于垫放和冷冻。8h 内鱿鱼块中心温度达到 –15℃ 即完成速冻。

脱盘：采用水浸式脱盘，将鱿鱼冻盘依次放入清洁的水中 3~5s 捞出，倒置在包装台上轻轻一磕，鱿鱼块即脱盘，同时镀上冰衣。

包装：每一冻鱿鱼块外套透明塑料袋，每两块装入纸箱，用胶带贴封箱口。包装上需标明品名、规格、净重、日期、出口国及公司名称、产地、批号。

冷藏：包装好的产品应及时进入冷藏库中贮藏，冷藏温度应稳定在 –18℃，少波动。

五、　冻结调理食品

冻结调理水产食品是一种水产深加工产品，主要是采用新鲜的鱼、虾、贝类等水产品为原料，经过一定的前处理、调理加工和冻结加工而成，具有以下特点：品质高，卫生良好，风味独特，食用方便，品种繁多，成本低。

冻结调理水产食品品种很多，按照原料种类，基本可分为四大类：冻结调理鱼类食品、

冻结调理虾类食品、冻结调理贝类食品以及它们之间混合的冻结调理食品。

（一） 原料

可用于冻结调理食品的水产品原料范围广泛，可以是新鲜的鱼、虾、贝类，则其鲜度质量要高，原料必须是处于自溶作用阶段以前的，特别是贝类，一般要求是鲜活的。如果原料是鱼、虾、贝类的冷冻品，则冷冻品解冻时要注意卫生条件，不能造成产品二次污染。原料要用清水洗净，除去头、鳞或外壳、内脏和其他不可食部分，保持原料的清洁卫生。符合国家食品卫生标准。已变质腐败的鱼、虾、贝类不得作为加工原料。

（二） 辅助材料

冻结调理水产品的辅助材料是相对于原料鱼、虾、贝类而言的。有些辅助材料对调理食品来说，虽然不是必不可少的，但在改善食品的特性、口味、外观、营养和贮藏期等方面与原料具有同样重要的作用。辅助材料的种类很多，包括香辛料、调味剂、防腐剂、抗氧化剂、弹性增强剂等。它们各自具有调味、增强营养、杀菌防腐、抑制蛋白质变性的增强制品弹性的作用。这些辅助材料必须符合国家规定的卫生质量标准，并且按规定的要求进行贮藏、保管和使用，如果使用不当，保管不善，它又可成为调理食品腐败变质的促进因素。

（三） 工艺流程

冻结调理水产食品加工工艺流程与普通的冷冻水产品不同，在冻结前它必须有一系列调理加工工序。调理加工是冻结调理食品所特有的。冻结调理水产食品品种繁多，每种产品都有各自特殊的生产流程和要求。一般的冻结调理鱼、虾、贝类食品加工工艺流程如下：

前处理：包括清洗、去头、去鳞、去壳（贝类）、去内脏、分割采肉、漂洗、脱水、绞碎、擂溃等工序。当然不是每种产品都含有这些工序。

水产食品调理加工包括成形、调味、加热、冷却、包装等工序。加热方式包括油炸、水煮、蒸煮、焙烤等，采用其中任意一种或组合的方法来进行加热，使得生鲜食品变成熟制品。

冻结设备大多数采用螺旋带式吹风冻结装置、平板冻结装置和流态化冻结装置。

（四） 工艺要点

（1）原料和辅助材料不得含有杂质，必须符合有关质量标准。

（2）整个操作流程要合理，不得造成产品的交叉污染和二次污染，防止混入任何外来杂质，特别是要注意操作人员的个人卫生，必须符合食品工业卫生标准。

（3）加热后的水产食品应当快速冷却，避免高温对产品质量产生破坏作用，防止水产食品在危险区域内即5~10℃停留时间过长，造成残存的微生物大量繁殖。

（4）要求进行快速冻结。冻结终温要求产品中心温度达到−15℃以下方可出货。

（5）冻结后立即在低温（−10℃以下）包装间进行包装。

（6）包装材料和容器应当清洁卫生，无异味，与食品直接接触的包装材料如包装用纸、薄膜等，无毒无害，并且要进行杀菌消毒处理。

（7）包装材料和容器在使用前也要进行预冷，冷却到−10℃左右。

（8）包装时产品应符合食品卫生质量标准，不得含有任何杂物，不合格的产品应当剔除。

（9）包装时先用纸或复合材料薄膜进行食品单体小包装，然后放入纸盒或塑料盒，盒盖要盖严，最后把盒装冻结调理水产食品进行装箱。

（10）冻藏库应当清洁卫生，经过消毒处理。库温在-18℃以下并保持恒定，库内温度均匀一致。

（11）包装好的产品进库后按不同的品种、等级、规格和生产日期分别堆垛。

（12）在冻藏过程中要经常进行质量和库温检查，及时发现问题并采取相应的措施，保证冻结调理水产食品不发生腐败变质。

（13）整个生产流程要求清洁卫生、快速和准确。加强对每个操作环节的质量管理。

（五）　质量标准

冻结调理水产食品的外观、组织形态应完整端正、大小均匀、表面形态良好、有自然光泽、呈现鲜嫩态、质构特性良好；不能有水产品原有的腥味和油烧味、新鲜鱼肉的加热腥味、焙烤制品和油炸制品的焦味等不良味道；口感良好。此外，冻结调理水产食品不得混入任何夹杂物，如碎贝壳、沙粒等异物。

（六）　贮藏和食用方法

冻结调理水产食品应在-18℃或以下温度贮藏，温度越低，质量越好。保质期一般不超过6个月。严禁严重升温和出现再冻现象。

六、　镀冰衣方法

镀冰衣方法一般可分为两种：即浸入法和喷淋法。

（1）浸入法　冻品在脱盘后浸入预先冷却到1~5℃的清洁水中3~5s后捞出，镀冰室温度不超过5℃。同样操作2次，镀冰量可达冻品重量的3%。

（2）喷淋法　船上加工多用喷淋法，即将水雾喷淋在冻品表面形成一层薄冰层，其目的是使鱼块和空气隔绝，防止空气的氧化作用，也可防止冻藏期间的干耗，同时冻块表面的冰衣可使产品外观更加平整光滑，光泽感强。另外，为防止冻品在贮藏中脂肪发生氧化，可在镀冰衣的水中添加抗氧化剂。镀冰衣的冻品应在0℃左右的库内用聚乙烯袋包装，装箱后贮藏，温度在-18℃以下，相对湿度80%以上。

镀冰衣过程需仔细操作，以便在冻鱼块的表面形成一层完整的厚薄均匀的冰衣，冰衣的质量可占冻鱼块净重的5%~12%。适当的冰衣取决于镀冰衣时间、鱼的温度、水温、产品大小和形状等诸多因素。镀冰衣的水必须清洁卫生，符合饮用水标准，可以是淡水也可以是海水，水温控制在0~4℃。

在采用清水给冻鱼块镀冰衣时，常出现下列问题：附着量少、附着力弱；有时龟裂而剥落；冻藏中冰衣升华消失快，要每隔2~3个月再镀一次冰衣。为了克服以上问题，可在镀冰衣的清水中加入食品增稠剂，如羧甲基纤维素、聚丙烯酸钠等，然后镀冰衣。在相同的条件下，它们比只用清水的冰衣附着量多2~3倍，附着力也大大增强，柔软无龟裂，分布均匀，而且透明光亮，可得到理想的表面保护作用，镀冰衣间隔期相应延长2~3倍。对于多脂鱼冻品镀冰衣时可在镀冰衣用水中加入抗氧化剂，如维生素C、维生素E等，增强其抗氧化效果，延长产品的贮藏期。

第四节　其他保鲜方法

一、化学保鲜

化学保鲜是在水产品中加入对人体无害的化学物质来提高产品的贮藏性能和保持品质的一种保鲜方法。目前，我国水产加工行业采用的化学保鲜方法主要有用食品添加剂（防腐剂、抗氧化剂、保鲜剂）进行保鲜、糟醉保鲜、盐藏保鲜、烟熏保鲜等。使用化学保鲜剂最为令人关注的问题就是卫生安全性。因此，添加到水产品中的化学保鲜剂必须符合食品添加剂使用标准，并严格按照食品卫生标准规定控制其用量和使用范围，以保证消费者的身体健康。

（一）食品添加剂保鲜

1. 防腐剂保鲜

防腐剂是指能抑制微生物的生长活动，延缓水产食品腐败变质或生物代谢的化学制品。

防腐剂一般分为酸型防腐剂、酯型防腐剂、无机防腐剂和生物防腐剂四类。下面主要介绍几种在水产品中使用的防腐剂。

（1）苯甲酸及苯甲酸钠　苯甲酸和苯甲酸钠又称为安息香酸和安息酸钠，属于酸型防腐剂，其抑菌效果主要取决于它们未解离的酸分子，其效力随 pH 而定，酸性越强效果越好，苯甲酸钠抑菌的最适 pH2.5~4.0，pH>5.4 时失去对大多数霉菌和酵母的抑制作用。FAO/WHO 规定苯甲酸及其钠盐的每日允许摄入量为 0~5mg/kg。我国规定苯甲酸及苯甲酸钠的最大使用限量为 0.2~1.0g/kg。

（2）山梨酸及山梨酸钾　山梨酸及山梨酸钾也属于酸型防腐剂，与苯甲酸及其钠盐类相比，山梨酸及其盐类的抑菌效果好、毒性小，而且对产品风味无不良影响，是目前国际上公认最好的防腐剂。山梨酸和山梨酸钾能有效地抑制霉菌、酵母菌和好氧性细菌的活性，还能防止肉毒杆菌、葡萄球菌、沙门菌等有害微生物的生长和繁殖，但对厌氧性芽孢菌与嗜酸乳杆菌等微生物几乎无效。其抑菌机理为抑制微生物（尤其是霉菌）细胞内脱氢酶系统活性，并与酶系统中的硫基结合，使多种重要的酶系统被破坏，从而达到抑菌和防腐要求。FAO/WHO 规定山梨酸及其钠盐的每日允许摄入量为 0~25mg/kg。我国规定在鱼类制品中山梨酸及其钠盐的最大使用限量为 0.075mg/kg，鱼干制品、即食海蜇中为 1.0mg/kg。

（3）亚硫酸盐和二氧化硫　亚硫酸盐和二氧化硫属于无机防腐剂，它们具有还原性，可以消耗环境中的氧，使好氧性微生物缺氧致死，同时还能阻碍微生物生理活动中的酶活力，从而抑制微生物的生长繁殖，但使用亚硫酸盐后残存的二氧化硫能引起严重的过敏反应，尤其是对哮喘患者。在水产品中使用此类化学保鲜剂的目的更侧重于防止产品的褐变产生。FAO/WHO 规定二氧化硫的每日允许摄入量为 0~0.7mg/kg，在速冻生龙虾中限量为 100mg/kg，在速冻熟龙虾中限量为 30mg/kg。

（4）乳酸链球菌素　乳酸链球菌素属于生物防腐剂，又称链球菌素、尼生素，是某些乳酸链球菌产生的一种多肽物质，由 34 个氨基酸组成。乳酸链球菌素能有效抑制革兰阳性菌

（肉毒杆菌、金黄色葡萄球菌、溶血链球菌及李斯特菌）的生长繁殖，尤其对产生孢子的革兰阳性菌和枯草芽孢杆菌及嗜热脂肪芽孢杆菌等有很强的抑制作用，但对革兰阴性菌、霉菌和酵母的影响很弱。FAO/WHO 规定乳酸链球菌素的每日允许摄入量为 33000IU/kg。

（5）鱼精蛋白　鱼精蛋白属于生物防腐剂，是一种天然肽类。由成熟雄鱼鱼白中所含核酸和碱性蛋白在酸性条件下分解后中和而得。在中性和碱性条件下，对耐热芽孢菌、乳酸菌、金黄色葡萄球菌、霉菌和革兰阴性菌都有抑制作用，pH7~9 时最强，对热稳定，与甘氨酸、醋酸、盐等合用，再配合碱性盐类，可使抑菌作用增强。对鱼糜制品而言，鱼精蛋白还有增强凝胶弹性的效果。

2. 抗氧化剂保鲜

抗氧化剂是防止或延缓水产食品氧化变质的一类物质。水产品中含有不饱和脂肪酸，在加工和贮藏过程中容易发生氧化，不仅降低了产品的营养，使风味和颜色劣化，而且产生有害物质危及人体健康。食品抗氧化剂的种类很多，抗氧化机理也不尽相同，但均与抗氧化剂的还原性有关。例如，有的抗氧化剂是消耗环境中的氧而保护其品质；有的是作为氢或电子供给体，阻断食品自动氧化的连锁反应；还有的是抑制氧化活性而达到抗氧化效果。

常用的抗氧化剂分为脂溶性和水溶性两种，脂溶性抗氧化剂包括丁基羟基茴香醚（BHA）、二丁基羟基甲苯（BHT）、丁基对苯二酚（TBHQ）、没食子酸丙酯、生育酚类等；而水溶性抗氧化剂是能溶于水的一类抗氧化剂，包括抗坏血酸及其衍生物、植酸及植酸钠、乙二胺四乙酸二钠（EDTA-2Na）、氨基酸、茶多酚等。允许使用的抗氧化剂与有关规定见表5-2。

表 5-2　　　　　　　　　　允许使用的抗氧化剂有关规定

名　称	用　途	每日允许摄入量（ADI）/（mg/kg）（FAO/WHO，2001）	我国规定的最高使用限量/（g/kg）
丁基羟基茴香醚（BHA）	干鱼制品	0~0.5	0.2
二丁基羟基甲苯（BHT）	干鱼制品	0~0.3	0.2
丁基对苯二酚（TBHQ）	干鱼制品	0~0.7	0.2
抗坏血酸及其衍生物	鱼肉制品、鱼贝腌制品、鱼贝冷冻品	不作特殊规定	1.0（冷冻鱼）
茶多酚	鱼制品	—	0.3
没食子酸丙酯	干鱼制品	0~1.4	0.1
生育酚类	防止虾褐变	—	GMP（残留量≤20mg/kg）
植酸、植酸钠	对虾保鲜	—	GMP（残留量≤1mg/kg）
甘草抗氧化物	腌制鱼	0.1	0.2

注：抗氧化剂 BHA 与 BHT 混合使用时，总量不得超过 0.2g/kg；BHA、BHT 和 PG 混合使用时，BHA、BHT 总量不得超过 0.1g/kg，PG 不得超过 0.05g/kg；最大使用量以脂肪计。

资料来源：凌关庭. 食品添加剂手册（第三版），2003。

需要注意的是，抗氧化剂的使用一般选择在水产品保持新鲜状态和未发生氧化变质前，否则效果显著下降，甚至无效。对各种酚型抗氧化剂而言，柠檬酸、磷酸及酯类都具有较好的抗氧化增效作用。水产品在保鲜过程中单独使用抗氧化剂的效果并不明显，通常与干制、冷藏等结合使用。

3. 采用涂膜保鲜剂保鲜

为了防止生鲜水产品脱水、氧化、变色、腐败变质等而在其表面进行喷涂或涂抹的物质称为涂膜保鲜剂，其作用机理和防腐剂有所不同。它除了针对微生物的作用外，还针对水产品本身的变化，如酶促反应等。下面介绍几种已成功应用的涂膜保鲜剂。

（1）蜂胶　蜂胶由大约55%的树脂和树香、30%的蜂蜡、10%的芳香挥发油和5%的花粉及杂物组成，含有多种氨基酸、脂肪酸、酶类、微量元素、烯萜类、黄酮类、酚酸类和丰富的维生素，其黄酮类化合物种类多，目前已分离的高达80多种。

蜂胶不仅对酵母菌和霉菌具抑制作用，而且可以杀死某些致病菌（特别是革兰阳性菌）和病毒，中和细菌产生的毒素。另外，蜂胶可使被保鲜物表面形成一层极薄的膜，起到了阻氧、阻碍微生物、减少水分蒸发及营养损失的作用，从而延长了水产品的保鲜时间，防止其腐败变质。蜂胶不同于其他食品添加剂的一个重要特征就是其具有多种药理活性，不仅对身体无危害，反而具有保健作用。

（2）甲壳素　甲壳素又称甲壳质、几丁质，属于氨基酸多糖，化学名称为 $N-$乙酰$-2-$氨基-2脱氧$-D-$葡萄糖。将甲壳素分子中 C_2 上的乙酰基脱除后可制成脱乙酰甲壳质，称为壳聚糖。壳聚糖具有成膜性，人体可吸收，并有抗辐射和抑菌防霉作用。在水产品保鲜上，国内曾报道用脱乙酰率70%的壳聚糖和抗坏血酸，按 $0.7\%\sim2.0\%$ 比例混合，保鲜效果较佳。

为了提高涂膜保鲜剂的效果，在保鲜剂使用过程中需要结合其他保鲜方法，如加入防腐剂和抗氧化剂，或在低温下冷藏等。

（二）水产品盐藏保鲜

1. 盐藏的原理

盐藏是沿海渔民对海水鱼进行保鲜的传统方法。其保鲜原理是：利用食盐溶液的渗透脱水作用，使鱼体水分降低，通过破坏鱼体微生物和酶活力发挥作用所需要的湿度（一般讲微生物菌体的生长繁殖所需水分为50%以上），抑制微生物的繁殖和酶的活性，从而达到保鲜的目的。

2. 盐藏保鲜方法

主要有干腌法、湿腌法和混合腌法。

（1）干腌法　又称盐渍法、撒盐法，它是利用固体食盐与鱼体析出的水分形成食盐溶液，使鱼体脱水并渗入其组织内部。干腌法的优点是操作简便、处理量大，盐溶解时吸热降低了物料温度而有利于贮藏；缺点是用盐量不均匀，油脂氧化严重，因此比较适合于低脂鱼的腌制。

（2）湿腌法　又称盐水渍法，它是将鱼体先放入盐仓，再加入预先配制好的过饱和食盐溶液进行盐渍保鲜。由于鱼体的相对密度小于盐水的相对密度而使鱼上浮，所以要在鱼的上面加重物。该法制备的物料适用于做干制或腌熏制的原料，既方便又迅速，但不宜用于生产咸鱼。它的优点是食盐渗透得比较均一，盐腌过程中因鱼体不接触空气，故不易引起氧化，且不会产生过度脱水而影响鱼的外观；缺点是需要容器等设备，食盐用量较多，由于鱼体的水分不断析出，还需不断加盐等。

（3）混合腌法　又称改良腌渍法，是干腌法和湿腌法有机结合运用。该方法是预先将食盐涂抹在鱼体上，装入容器后再注入饱和盐水，鱼体表面的食盐随鱼体内水分的析出而不断溶解，这样一来盐水就不至于被冲淡，克服了干腌法易氧化、湿腌法速率慢的缺点。此外，根据鱼在腌制过程中是否经过降温处理又分为热腌法、冰冻盐渍法和冷腌法。热腌法是常温下的盐腌法；冰冻盐渍法是把冰和盐混合起来盐渍鱼的方法，用以降低鱼体温度，保证成品的质量；冷腌法是预先将鱼冷却再腌制的方法，目的也是为了预防鱼体内部鱼肉的腐败。

3. 常见水产品的盐藏保鲜工艺

（1）鲐鱼的盐藏加工

①工艺流程

原料选择 → 解冻 → 理鱼 → 沥水 → 加盐 → 包装

②工艺要点

原料选择：以体重 0.5kg 以上、脂肪含量高的新鲜鲐鱼为原料。如使用冻鱼，需选择鲜度良好、快速冻结的鲐鱼，腹部发红的原料不宜采用。

解冻：解冻在加工前 1 天晚上开始，将冷冻鱼放入 40g/L 食盐水中进行解冻。

理鱼：为保证鱼的鲜度质量，鱼解冻后立即加工处理。背开除去鳃和内脏，以延长保藏期限。

沥水：水洗后，充分沥去鱼体带有的水分。

加盐：在鱼体两面均匀撒上碎盐，用盐量为鱼体重的 4%~5%。

包装：用纸箱或木箱包装。每箱装入 6~8kg，或者分别装 8 尾、10 尾、12 尾。

③成品质量

一级品：体形完整，刀口光滑平整，肉质坚实，体壮肉肥，肉面呈朱红色，表面花纹清晰可辨，无黏杂物，清洁卫生，有正常盐香味。

二级品：鱼肉色泽暗，肉质较软，有破碎现象，刀口粗糙不够平整，有黏杂物，稍有油烧味。

三级品：体形不整，破碎较重，有脱刺离骨现象，并稍有酸败味。

（2）海胆加工　海胆是一种海洋棘皮动物，我国辽宁、山东、福建等沿海地区产量较大。常见品种有紫海胆、马粪海胆、红海胆三种，以前两种为多。海胆加工是在海胆生殖腺肥满季节，选择较大个体，取出生殖腺，除去杂质，进行盐渍或者酒精腌渍，也可直接加工成冰鲜海胆黄。

①工艺流程

原料选择 → 开壳去内脏 → 盐水漂洗 → 浸泡 → 称重 → 加盐脱水 → 包装 → 贮藏

②工艺要点

原料选择：生产盐渍海胆的原料品种有紫海胆和马粪海胆两种，一般选择紫海胆壳径 5cm 以上、马粪海胆壳径 4cm 以上的新鲜海胆为原料。

开壳去内脏：用开壳器从海胆口面将壳破开，开壳时保持生殖腺完整，然后将海胆内容物倒入盐水盆中。

盐水漂洗：用食用精盐配成 3%~5% 的漂洗盐水，将海胆生殖腺放在小型聚乙烯塑料筐中，入盐水轻轻漂洗，拣除内脏及其他杂质，清洗数分钟，再放入洁净盐水中漂洗 1 次，然后取出沥去水分。

浸泡：将上述处理好的海胆生殖腺放入盐矾混合液（在 32g/L 的食盐水中加入明矾，配制成质量浓度为 35g/L 的盐矾混合溶液）中浸泡 30min 左右，使海胆生殖腺紧缩，外形美观，并起到一定杀菌作用。

称重：将海胆生殖腺控水至无水滴时称重。在控水室内安装吹风机，可加速脱水。

加盐脱水：按海胆重量 12% 分两次加入食盐，脱水至不滴水为止。所用盐的氯化钠含量在 99.8% 以上。

称重包装：定量称重，每箱装 10kg，外包装箱可用无味木箱衬两层聚乙烯袋，排除袋内空气，扎紧袋口。

贮藏销售前盐渍海胆贮存 -18℃ 冷库时，不得混入鱼、肉等产品，以免染上异味。贮存时间超过 6 个月，要重新开箱检验。

③成品质量：盐渍海胆成品，具有鲜活海胆生殖腺固有的淡黄、金黄或黄褐色，允许因加工造成的色泽加深，但同一包装内色泽应一致；组织形态呈较明显的块粒状，软硬适度；鲜度良好，具有海胆生殖腺应有的鲜香味，无异味；质地均匀洁净，不能混有海胆内脏膜；盐分含量 6%～9%，水分含量 <54%。

二、 充气包装保鲜

充气包装（Modified Atmosphere Packaging，MAP）是指在密封性能好的材料中装入食品，然后注入特殊的气体或气体混合物，密封，使食品与外界隔绝，从而抑制微生物生长，抑制酶促腐败，从而达到延长货架期的目的。充气包装可使鲜肉保持良好色泽，减少肉汁渗出。

充气包装所用气体主要为 O_2、N_2、CO_2。O_2 性质活泼，容易与其他物质发生氧化作用。N_2 惰性强，性质稳定。CO_2 对于嗜低温菌有抑制作用。

（一） 充气包装中使用的气体

（1）O_2　O_2 会促进需氧菌的生长，抑制严格厌氧菌的生长。O_2 也会引起高脂鱼类的氧化酸败，因此在这类鱼制品的包装中，为了尽量减少氧化酸败，通常将 O_2 去除。

（2）CO_2　CO_2 是一种稳定的化合物，无色、无味，在空气中约占 0.03%。CO_2 通过降低 pH 和改变微生物细胞膜的通透性而具有抑菌作用。提高 CO_2 浓度可使好气性细菌生长速率减缓。另外也使某些酵母菌和厌气性菌的生长受到抑制。

（3）N_2　N_2 惰性强，微溶于水和脂肪，性质稳定，对肉的色泽和微生物没有影响，主要作为填充和缓冲用。

（二） 充气包装中各种气体的最适比例

在充气包装中，只有各种气体比例合适，才能延长保藏期，且各方面均能达到良好状态。对于白肉鱼，适宜的混合气体比例为 40% CO_2/30% N_2/30% O_2。如大黄鱼，适宜的混合气体比例为 60%～75% CO_2/40%～25% N_2；带鱼适宜的混合气体比例为 60% CO_2/30% N_2/10% O_2。对于高脂鱼类，通常适宜的气体比例为 40%～60% CO_2 和等量的 N_2。青鱼的充气包装中 CO_2 的浓度应该在 50%～75%，草鱼适宜的混合气体比例为 50% CO_2/10% O_2/40% N_2。

充气包装能有效减少水产品由细菌所引起的食用安全问题，如沙门菌、葡萄球菌、产气荚膜梭菌、耶尔森菌、弯曲杆菌、副溶血弧菌和肠球菌等。保鲜期的长短取决于水产品种类、脂肪含量、原始细菌数、混合气体的组成、气体和水产品的体积比以及贮藏温度。为了使充气包装发挥其最大优势，延长货架期，首先其原料必须是高质量的鱼和鱼制品，再综合以上因素，针对不同的水产品采取相应措施。

三、辐照保鲜

辐照保鲜是利用原子能射线的辐照能量对食品进行杀菌处理的保存食品的一种物理方法，是一种安全卫生、经济有效的食品保存技术。1980 年，由联合国粮农组织（FAO）、国际原子能机构（IAEA）、世界卫生组织（WHO）组成的"辐照食品卫生安全性联合专家委员会"就辐照食品的安全性得出结论：食品经不超过 10kGy 的辐照，没有任何毒理学危害，也没有任何特殊的营养或微生物学问题。

辐照是一种冷杀菌处理方法，食品内部不会升温，所以这项技术能最大限度地减少食品的品质和风味损失，防止食品腐败变质，从而达到延长保存期的目的。

（一）　辐照保鲜的原理

1. 辐照和辐照杀菌的基本原理

（1）α、β、γ 射线的特性及形成　α 射线是从原子核中射出的带正电的高速离子流；β 射线则是带负电的高速粒子流；γ 射线是一种光子流，它是原子核从高能态跃进到低能态时放出的。γ 射线的能量最大，约为几十万电子伏特以上，而可见光只有几个电子伏特。从电离能力来看，α 射线最强，γ 射线最弱；从对物质的穿透能力来看，γ 射线最强，β 射线的电离及穿透能力处于 α、γ 射线之间。

（2）辐照源　辐照源是进行食品辐照杀菌最基本的工具。常用的辐照源有电子束辐照源（产生电子射线）、X 射线源和放射性同位素源。用于肉类辐射保鲜的辐照源主要是放射性同位素源，如 ^{60}Co 和 ^{137}Cs 辐照源，^{60}Co 最为常用。

（3）辐照产生的变化　食品的辐照杀菌，通常是用 X 射线、γ 射线，这些高能带电或不带电的射线引起食品中微生物、昆虫发生一系列生物物理和生物化学反应，使它们的新陈代谢、生长发育受到抑制或破坏，甚至使细胞组织死亡等。对食品来说，发生变化的原子、分子只是极少数，加之已无新陈代谢，或只进行缓慢的新陈代谢，故发生变化的原子、分子只轻微地影响食品的新陈代谢，或食品的品质特性。如辐照剂量过高，蛋白质会发生变性、溶解度改变；碳水化合物在大剂量辐照后，会被氧化和分解，如多糖类会放出 H_2、CO、CO_2 等气体，而且易于水解；不饱和脂肪酸，如 EPA、DHA，在大剂量辐照后会发生氧化，产生过氧化物，引起产品异味等感官品质变化。

2. 辐照的剂量单位

（1）电子伏特　表示辐照的能量单位，相当于一个电子在真空中通过电位差为 1V 的电场所获得的动能。

$$1\ 电子伏特(ev) = 1.602 \times 10^{-12}\ 尔格(erg) = 1.602 \times 10^{-19}\ 焦(J)$$

（2）居里和克镭当量　它们都是放射强度单位。前者表示放射性元素的核衰变，而后者表示放射出 γ 射线的辐射源的辐射效应。对于不同的 γ 辐射源，它们之间的比值是不同的。例如，对于 ^{60}Co 辐射线来说，1 居里（Ci）等于 1.6g 镭当量。

1Ci 相当于放射性同位素每秒有 3.7×10^{10} 次原子核衰变。目前许用单位是贝可（Bq），1Bq 是指放射源在心内发生 1 次的衰变，所以得出 $1Ci = 3.7 \times 10^{10}$ 衰变/s。

（3）伦琴（R）　照射量的测定单位，即在标准状况下（4℃、101 324Pa、mL），0.001 293g 空气形成一个正电或负电静电单位的 X 射线或 γ 射线照射量。

（4）拉德（rad）　表示被照射的物体从辐射场内吸收的能量单位。1g 物质当吸收10^{-5}J 射线能量时，辐射剂量即为 1rad。

（5）戈瑞（Gy）　照射剂量的国际单位，即 1kg 物质吸收 1J 的能量为 1Gy。

$$1Gy = 1J/kg,\ 1kGy = 1000Gy$$

$$1Gy = 1J/kg = 100rad = 10^7 erg/kg = 10^4 erg/g$$

（二）　一般辐照工艺

只有合理的辐照工艺，才能获得理想的效果。其工艺流程是：

前处理 → 包装 → 辐照及质量控制 → 检验 → 运输 → 保存

（1）前处理　辐照保鲜就是利用射线杀灭微生物，并减少二次污染而达到贮藏保鲜的目的。因此，原料必须新鲜、优质、卫生条件好，这是辐照保鲜的基础。辐照前对原料进行挑选和品质检查。要求质量合格，原始含菌量、含虫量低。

（2）包装　包装的目的是避免辐射过程中的二次污染，便于贮藏、运输。包装材料可选用金属罐或塑料袋。塑料袋一般选用抗拉度强、抗冲击性好、透氧率指标好、γ 射线辐照后其化学、物理变化小的复合薄膜制成。一般以聚乙烯（PE）、聚对苯二甲酸乙二酯（PET）、聚乙烯醇（PVA）、聚丙烯（PP）和尼龙 6（PA6）等薄膜复合结构。有时在中层夹铝箔效果更好。采用热合封口包装是肉制品辐射保鲜的一个重要环节。因而要求包装能够防止辐照食品的二次污染。

（3）辐照　常用辐射源有^{60}Co、^{137}Cs 和电子加速器三种，但^{60}Co 辐照源释放的 γ 射线穿透力强，设备较简单，因而多用于肉品辐照。辐照箱的设计，根据原料的种类、密度、包装大小、辐射剂量均匀度以及贮运销售条件来决定。辐照条件根据辐照原料的要求而定，如为减少辐照过程中某些营养成分的损失，可采用高温辐照。在辐照方法上，为了提高辐照效果，经常使用复合处理的方法，如与红外线、微波等物理方法相结合。

（4）辐照质量控制　辐照处理的剂量和处理后的贮藏条件往往会直接影响水产品保鲜效果。辐照剂量越高，保存时间越长。水产品的辐照剂量一般是 1~6kGy，营养成分没有明显损失，风味也没有改变，所以辐照保藏是安全可靠的。6~10kGy 的辐照剂量能够对水产品的感官品质造成有害影响。10kGy 剂量辐照时，水产品的色泽变化也表现为不愿接受性。如熟制对虾虾仁食品的适宜辐照剂量 6kGy，在此辐照剂量下，感官指标的变化可以为消费者所接受。

（5）辐照后的贮藏　水产品辐照后可在常温下贮藏。采用辐照杀菌法处理后，若结合低温保藏效果会较好。辐照处理保鲜是一项综合性措施，要把握好每一个工艺环节才能保证辐照的效果和质量。

思考题

1. 简述鱼类活体的主要运输方式。
2. 在鱼类的保鲜技术中，有哪些常见的保鲜方法，它们各有何特点？
3. 试述一类水产品的冻藏加工工艺。
4. 试列表比较一下其他六类保鲜方法的主要特性。

参 考 文 献

[1]熊善柏．水产品保鲜储运与检验[M]．北京：化学工业出版社,2007.

[2]刘红英．水产品加工与贮藏[M]．北京：化学工业出版社,2006.

[3]叶桐封．水产品深加工技术[M]．北京：中国农业出版社,2007.

[4]曾名湧．食品保藏原理与技术[M]．北京：化学工业出版社,2007.

[5]邓舜扬．食品保鲜技术[M]．北京：中国轻工业出版社,2006.

[6]夏文水,罗永康,熊善柏,等．大宗淡水鱼贮运保鲜与加工技术[M]．北京：中国农业出版社,2014.

[7]刘红英．水产品加工与贮藏：第二版[M]．北京：化学工业出版社,2012.

第六章

CHAPTER

6

水产品加工单元操作

[学习目标]

了解水产品加工工艺的发展趋势；掌握水产品加工中常用工艺的原理及方法。

第一节　干制

一、　干制原理

水产品干制加工是指采用干燥的方法除去鱼类等水产品中的水分，以防止腐败变质的加工方法。干制后的产品具有贮藏期长、质量轻、体积小、便于运输等优点，如鱿鱼干、墨鱼干、鱼肚、鱼翅、海参、鲍鱼、鲜蚝干、淡菜、乌鳢等，都是人们喜爱的海产珍品。

干制使水分活度（A_w）得以下降，微生物生长受到抑制，同时许多化学反应和酶促反应速率也大大下降，从而使水产品得以保鲜。新鲜水产食品（包括水产原料）的水分活度在0.99以上，尽管大多数腐败菌只适宜在0.90以上的水分活度下生长活动，霉菌和酵母在水分活度0.90下仍能旺盛地生长，但为了抑制微生物的生长，延长干制品的贮藏期，必须将水分活度降到0.70以下。酶活力随水分活度的升高呈非线性增大趋势，在低水分活度时，水分活度的小幅度增加会使酶促反应速率大幅度增大。通常水分活度在0.75~0.95时酶活力达到最大，若水分活度为0.25~0.30时，食品中的淀粉酶、多酚氧化酶和过氧化物酶就会受到强烈的抑制或丧失活性。水分活度对酶促反应的影响主要通过以下途径：①水作为运动介质促进扩散作用；②稳定酶的结构和构象；③水是水解反应的底物；④破坏极性基团的氢键；⑤从反应复合物中释放产物。虽然水分活度的减少会降低酶活力，但要抑制酶活力，水分活度应在0.15以下。因此，通过降低水分活度来抑制酶活力不是很有效。一般来说只有当干制品水分降低到1%以下时，酶的活性才会完全消失。为了控制干制品中酶的活动，必须在干制前对食品进行湿热或化学钝化处理，如对自溶作用旺盛的活参、鲍鱼等水产品进行煮干生产。

干制是将能量传递给食品，并促使食品物料中水分向表面转移并排放到物料周围的外部环境中。在干燥过程中，物料内外的温度不一致，温度梯度促使水分传递（称为热湿导），方向是从高温到低温。与此同时，湿物料表面水分不断汽化，形成物料内部与表面的湿度差，促使物料内部的水分向表面移动。大部分的干燥过程，温度梯度和湿度梯度的方向是相反的，而对于微波干燥来讲，两者方向一致。当两者方向一致时干燥速率比方向相反时快。由物料内部温度梯度和湿度梯度导致的水分传递称为内部扩散，水分由物料内部扩散到表面后，便在表面汽化。水分的内部扩散和表面汽化是同时进行的，但在干燥过程的不同阶段其速率不同，控制干燥速率的机理也不相同。

鱼体在干制过程中发生的变化可归纳为物理变化和化学变化。

（一） 物理变化

1. 体积缩小、质量减轻

在干制过程中，新鲜的鱼体将随着水分消失均匀地进行收缩，这种质量减轻和体积缩小有利于节省包装、贮藏和运输费用，并且便于携带。如果干制后体积为原料的 20%～35%，则质量为原料的 6%～10%。生产实际中由于温度、湿度、空气流速等干制因素的不同，物料干制时不一定均匀干缩。食品物料不同，干制过程中它们的干缩也各有差异。

高温快速干制的食品表面层远在物料中心干制前已干硬，其后中心干制和收缩时就会脱离干硬膜而出现内裂、空隙和蜂窝状结构，此时，表面干硬膜并不会出现凹面状态，而慢速干制品的密度较高，表面层内凹。质量相同的两种干制品，前者的密度明显低于后者。

上述两种干制各有特点：密度低的干制品容易吸水、复原性好，但它的包装材料和储运费用较大，内部多孔易于氧化，贮藏期相对较短；而高密度干制品复水缓慢，复原性差，但易于贮藏。

2. 表面硬化

表面硬化实际上是食品物料表面收缩和封闭的一种特殊现象。例如，物料表面温度较高，就会因为内部水分未能及时转移至物料表面排除而迅速形成一层干燥薄膜或干硬膜。干硬膜的渗透性极低，以致将大部分残留水分阻隔在食品内，同时还使干燥速率急剧下降。

在某些食品中，尤其是一些含有高浓度盐分和可溶性物质的食品中最易出现表面硬化，如腌鱼等。食品内部水分在干燥过程中有多种迁移方式：生物组织食品内有些水分常以分子扩散方式流经细胞膜或细胞壁。食品内水分也可以因受热汽化而以蒸汽分子向外扩散，并让溶质残留下来。有时食品内还常存在有大小不一的气孔、裂缝和微孔，小的可细到和毛细管相同，故食品内的水分也会经微孔、裂缝或毛细管上升，其中有不少能上升到物料表面蒸发掉，导致它所带的溶质（如糖、盐等）残留在表面上。这些物质会将干制物料的微孔收缩和裂缝加以封闭，在微孔收缩和被溶质堵塞的双重作用下，食品出现表面硬化。此时若降低食品表面温度使物料缓慢干燥，或适当"回软"，再干燥，通常能减少表面硬化的发生。

3. 多孔性

快速干燥时物料表面硬化及其内部蒸气压的迅速建立会促使物料形成多孔性制品，真空干燥过程提高真空度也会促使水分迅速蒸发并向外扩散，从而形成多孔性的制品。

干燥前经预处理促使物料形成多孔性结构，有利于水分的传递，加速物料的干燥。无论采用何种干燥技术，多孔性食品都能迅速复水或溶解，食用方便。但是多孔性食品存在的问题是容易被氧化，贮藏性能较差。

（二）化学变化

食品脱水干制过程中，除物理变化外，还会发生一系列化学变化，这些变化对干制品及其复水后的品质，如色泽、风味、质地、营养价值和贮藏期等会产生影响。这些变化的程度常随食品成分和干制方式的不同而有差异。

1. 干制对营养成分的影响

脱水干制后食品失去水分，故单位质量干制食品中营养成分的含量相对增加。若将复水干制品和新鲜食品相比较，则和其他食品保藏方法一样，它的品质总是不如新鲜食品。

鱼体含有较丰富的蛋白质，蛋白质在干制过程易变性，降低了溶解性和生物学价值，影响食用品质。蛋白质变性的程度与干制温度、湿度密切相关。例如，肌肉中肌球蛋白的热凝固温度是 $45\sim50℃$，肌浆蛋白的热凝固温度是 $55\sim65℃$。肌原纤维蛋白由于变性凝固，进而发生收缩，保水性下降，口感变差。

脂肪含量较高的鱼体在干制过程中容易氧化"哈变"，造成食品危害。因为干制会造成食品形态结构的变化，如片状或多孔状食品干燥增加了表面积，增加了与氧气接触的机会。高温干制时脂肪氧化更为严重，干制前添加抗氧化剂能有效地抑制脂肪氧化。

干制过程中会造成部分水溶性维生素的破坏，维生素的损耗程度取决于干制前物料预处理条件及选用的脱水干制方法和条件。通常干制鱼中维生素含量略低于新鲜鱼。加工中硫胺素会有损失，高温干制时损失量比较大。核黄素和烟酸的损失量相对较少。

2. 干制对风味的影响

食品失去挥发性风味成分是脱水干制时常见的一种现象，要完全防止干制过程中风味物质的损失具有一定的难度。通常可以从干制中回收或冷凝处理外逸的蒸汽，再加回到干制食品中，以尽可能保持其原有风味。此外，也可将该食品风味剂补充到干制品中。

3. 干制对色泽的影响

干制会改变食品的物理和化学性质，使其反射、散射、吸收和传递可见光的能力发生变化，从而改变了其色泽。

食品脱水干制设备的设计应当根据前述各种情况加以考虑，尽可能做到在干制速率最高、食品品质损耗最小、干制成本最低的情况下，找出最合理的脱水干制工艺条件。

二、干制方法

（一）干制品种类

我国的水产干制品主要包括四大类：①生干品，以鱿鱼干、墨鱼干为主，此外还有鳕干、鳗干、鱼翅、鱼肚、鱼唇等。②熟干品，主要有虾皮、海米、淡菜、干贝、海参、干鲍鱼等。③盐干品，各种鱼类都可加工成盐干品，如盐干大麻哈鱼、盐干鲐鱼等。④调味干制品，如目前产量较大的珍味烤鱼片以及鱼松、鱼柳等。

（二）干制方法与关键工艺

1. 晒干与风干

晒干是指利用太阳光的辐射能进行干制的过程。风干是指利用湿物料的平衡水蒸气压与空气中的水蒸气压的压差进行脱水干制的过程。晒干过程常包含风干的作用。

晒干过程物料的温度比较低（低于或等于空气温度）。炎热、干燥和通风良好的气候环境条件最适宜于晒干，中国北方和西北地区的气候常具备这种特点。晒干、风干方法可用于固态食品物料（如果、蔬、鱼、肉等）的干燥，水产品中的干制品几乎都采用这种方法，如海参、海米、鲍鱼、鱿鱼干、贝干等。

晒干需使用较大场地，为减少原料损耗、降低成本，晒干应尽可能靠近或在产地进行。为保证卫生、提高干燥速率和场地的利用率，晒干场地宜选在向阳、光照时间长、通风位置，并远离家畜厩棚、垃圾堆和养蜂场的地方，场地便于排水，防止灰尘及其他废物的污染。食品晒干可采用悬挂架式，或用竹片、木片制成的晒盘、晒席盛装干燥。物料不宜直接铺在场地上晒干，以保证食品的卫生质量。

为了加速并保证食品均匀干燥，晒干时应注意控制物料层厚度。不宜过厚，并注意定期翻动物料。晒干最显著的优点是无须特别的设备和技术，更无须热能投资，是一种比较经济的干燥方法。其缺点是干燥条件无法人为控制，阴雨潮湿天气不能进行干燥，而且干燥过程中原料的卫生条件不易控制，沙土、蚊蝇、雨水等都会造成制品的质量显著下降。同时，由于紫外线的作用会促进脂肪的氧化，因此日光干燥的产品很容易脂肪氧化。目前，为了更好地利用太阳能资源，已出现了日光干燥和人工干燥的组合干燥方法。

2. 热风干制

热风干制是将加热后的空气进行循环，以此将原料加热促进水的蒸发，同时除去表面湿空气层的干燥方法，通常热空气干燥是在常压下进行的。当热空气通过水产品时，将热能传递给水产品，使其水分蒸发，并扩散到周围空间由流动的空气带走。所以空气不仅是载热体，同时又是带走物料表面蒸发处理水分的载湿体。一般水产品干燥的风温在 50~60℃。常见设备有厢式干燥机和隧道式干燥机。

3. 冷风干制

冷风干制采用低温去湿空气代替热风进行干制，依靠原料与冷风之间水蒸气分压压差进行。其主要目的是防止干制过程中出现的脂肪氧化和美拉德反应引起的非酶褐变。冷风干制的温度一般为 15~35℃，空气相对湿度在 17%~20%。当空气相对湿度较大时，可以采用制冷装置预先去湿，对于脂肪含量较高的水产品，最宜采用冷风干制法。风鱼加工多采用冷风干制。

4. 冷冻干制

水产品冷冻干制法有两种：一种是利用天然或人工低温，该法易使物料组织中的水溶性物质和水分流失，制品形成多孔性结构；另一种是真空冷冻干燥，又称升华干燥，是将物料冻结到共晶点温度以下，使水分凝固成冰，在真空条件下，通过升华除去物料中水分的一种适合热敏物质的干制方法。理想冷冻干制后的物料，其物理、化学和生物性状基本不变。

冷冻干制的工艺条件为低温、低压，故与其他干燥方法相比具有独特的优点：干制品营养成分损耗最小，结构、质地和风味变化很小，色泽、形状和外观变化极微，保持了食品原有的新鲜度和营养价值；脱水彻底，重量轻；制品具有海绵多孔性结构，因此复水性极佳。冷冻干燥方法也有缺点，由于操作是在高真空和低温下进行，需要有一整套真空获得设备和制冷设备，故初期投资费和操作费都大，因而生产成本高。为了提高干燥效率，物料一般要求能切割成小型块片。多孔性干制品还需要特殊包装，以免回潮和氧化。

冷冻干制装置的类型主要分间歇式、连续式和半连续式三类。其中在食品工业中以间歇式和半连续式的装置应用最为广泛。

5. 辐射干制

辐射干制法是利用电磁波作为热源使食品脱水的方法。根据使用的电磁波的频率，可将其分为红外线干制和微波干制两种。

（1）红外线干制 该法是利用红外线作为热源，直接照射到食品上，使其温度升高，引起水分蒸发而获得干制的方法。红外线因波长不同而有近红外线与远红外线之分，但它们加热干燥的本质完全相同，都是因为它们被食品吸收后，引起食品分子、原子的振动和转动，使电能转变成热能，水分便吸热而蒸发。

红外线干燥装置虽然形式有多种，但差别主要表现在红外线辐射元件上。红外线辐射元件有两种常见形式，即灯泡式和金属或陶瓷式辐射器。灯泡式辐射器可采用普通照明灯泡或专用灯泡来发射红外线，其优点是没有热惯性，且操作简单安全；缺点是电能消耗大。金属或陶瓷式辐射器由金属或陶瓷的基体，基体表面发射远红外线的涂层以及使基体涂层发热的热源组成。由热源产生的热量通过基体传到涂层，使涂层发射出远红外线。这种红外线辐射器的优点是对不同原料的干燥效果相同，操作控制灵活，能量消耗较少。缺点是结构较复杂，有热惯性。

红外线干燥的主要特点是干燥速度快，干燥时间仅为热风干制的10%～20%，生产效率较高。由于食品表层和内部同时吸收红外线，因而干燥较均匀，干制品质量较好。设备结构较简单，体积较小，成本也较低。

（2）微波干制 微波是一种频率在300～3000MHz的电磁波，微波干燥是以食品的介电性质为基础进行加热干燥的。根据德拜理论，介质中的偶极子在没有外加电场的情况下，因布朗运动而杂乱无章地取向，总偶极矩为0。当有外加电场后，偶极子将克服周围偶极子的摩擦阻力而呈外加电场方向的取向。由于外加电场是微波产生的，因而电场方向将发生周期性的改变。在微波频率区间内，偶极子极化强度的变化将滞后于电场强度的变化，因此，一部分电能将用于克服偶极子间的摩擦而转变成热量。这种现象又称介质的松弛损耗，是微波加热的本质。外加电场的变化频率越高，偶极子摆动就越快，产生的热量就越多。外加电场越强，偶极子的振幅就越大，由此产生的热量也就越大。

微波电磁场对物料会产生两方面的效果：①微波能转化为物料升温的热能而对物料加热；②与物料中生物活性组成部分（如蛋白质酶）或混合物（如霉菌、细菌等）等相互作用，使它们的生物活性得到抑制或激励。前者称为微波对物料的加热效应，后者称为非热效应。

微波干燥器主要由微波导管、干燥室等部分组成。微波导管发射出微波，微波能被物料吸收后产生分子共振，使其温度升高，水分蒸发，蒸发的水分被流动空气带走。微波干燥设备体积小、结构简单、卫生，物料受热均匀，干燥速度快，但能耗高。

6. 干燥设备的选择

干燥是一个复杂的传质传热过程，到目前为止很多问题不能从理论上解决，需借助实践。干燥设备的选择不仅会影响脱水过程，还会影响干燥食品的其他特性。选择干燥器时，应考虑物料的种类，理化特性和工艺要求及成品的要求等方面的情况。同时还应对所选择的干燥器进行经济核算和比较，以达到较好的经济效益和社会效益。具体方法是：

（1）达到工艺要求，保证产品质量，如产品最终含水量，产品的风味、口感、色泽等。

（2）干燥速度快，干燥时间短，设备体积小。

（3）干燥器的热效率高。

（4）干燥阻力小，效率高。

（5）操作方便，自动化程度高，劳动条件好。

另外，不同干燥器的特点不同，其选择方法和步骤也有所不同，选择时应仔细了解干燥的工作原理、结构及使用范围等。

第二节　腌制与盐渍

一、腌制原理

腌制是指在不同的工序中把腌制剂（硝酸盐或亚硝酸盐）与食盐加入肉中处理的过程。与腌制不同，盐渍过程就是只有食盐向鱼肉中渗入的过程，随着盐渍过程的不断进行，被腌的鱼体内盐分逐渐增加，水分不断减少，这样就在一定程度上抑制了细菌的活动和酶的作用。水产品的腐败主要是由于细菌和酶的作用，而水分的多少直接影响细菌的生长和酶的活性。一般来讲，细菌的生长所需水分在 50% 以上。水分含量的减少也使酶的活性受到抑制。由于鲜水产品的含水量在 70%~80%，所以，细菌容易生长繁殖；水产品中酶的含量高，活性也强，致使鲜水产品迅速腐败。在腌制过程中，由于食盐溶液具有渗透性，盐分不断向水产品体内渗透，同时排出大量的水分，使水产品的含水量降低，水分活度减小，抑制了细菌的生长繁殖和酶的活性，从而延缓水产品的腐败，达到加工保藏的最终目的。另外，当鱼体和卤水中的食盐浓度增大到相当数值时，还能将细菌体内的水分脱出，使细菌本身也难以生长，并且在浓盐液中，酶对蛋白质的水解作用因其活力降低也大受阻碍。

腌制水产品的成熟是一种生物化学过程，它导致鱼体组织发生化学的和生物化学变化，这些变化是由能降解蛋白质和脂肪的酶类引起的。在酶的作用下，盐渍鱼品逐渐产生芳香气味，成为成熟的咸鱼。咸鱼成熟的速率取决于原料鱼的化学组成，腌制剂的化学组成，温度，卤水的组成及鱼体中的含盐量等。

二、腌制方法

（一）干腌法

干腌法是利用干盐和自鱼体中渗出的水分所形成的食盐溶液而进行盐渍的方法。此方法实际上就是将食盐在容器中均匀地撒布于各层被腌制的鱼体之间，使其进行盐渍。由于开始时容器中仅是鱼和结晶食盐，而没有食盐溶液，故被称为干盐渍法。此种方法最适宜腌制瘦鱼以及各种小型鱼类。

干腌法易于脱除鱼肉中的水分，这对于盐干品的生产是一个有利的条件。应用小船舱盐渍时，由于及时流掉其形成的食盐溶液，脱除大量水分因而便于保存，但干腌法也有很大的缺点：

（1）在大量生产时难于实行机械化操作，而且存在着繁重的手工劳动。

（2）使用结晶盐盐渍，在某种程度上延长了腌制过程，因为盐水不能很快地形成，在盐水浸没鱼体时，上部的鱼易于产生油烧现象，降低了商品价值和食用价值。此外，在使用高大容器盐渍时，上下层鱼体的盐渍程度因容器高度的差别而不能均匀一致，即下层的鱼体盐渍时间早于上层。

（二）　湿腌法

湿腌法又称盐水盐渍法，它需要预先将食盐配制成溶液，再以此溶液进行腌鱼。食盐溶解于普通水中所形成的溶液，在生产上称为人工盐水。这种盐水在腌过鱼以后的颜色与自然盐水差不多，且往往比较淡一些。湿法腌鱼，是将完整或剖开的鲜鱼置于配制好的饱和食盐溶液中，使其浸渍一定的时间。这种方法适用于生产半咸鱼，作为热熏鱼品及其他制品的半制品，但用这种方法腌鱼时也有缺点，即从鱼体中析出的水分能使盐浓度迅速降低。且在腌制过程中食盐的溶解速度赶不上鱼体渗出水分冲淡盐水浓度的速度，而且在静止盐水中扩散以及浓度平衡的过程极为缓慢，从而导致鱼体的盐渍程度不均匀而延长了盐渍时间，使鱼品质量降低。

（三）　混合腌制

混合腌制法即利用干盐和人工盐水进行的腌鱼方法，它的实质就是将敷有干盐的鱼体逐层排列到底部盛有人工盐水的容器中，使其同时受到干盐和盐水的渗透作用。利用此种方法腌鱼时，鱼体表面的干盐可以及时溶解于从鱼体渗出的水分中，以保持盐水的饱和状态，避免盐水被冲淡而影响咸鱼质量，同时可以使盐渍过程迅速开始，不像干腌法那样需待表面鱼肉发生强烈的脱水作用后才开始盐渍。这种方法适用于盐渍肥壮的鱼类，因为它可以迅速形成盐水避免鱼体在空气中停留过长的时间而导致油烧现象，对保持和提高咸鱼质量有很重要的意义。

（四）　低温盐渍法

1. 冷却盐渍法

冷却盐渍法是一种使产品在盐渍容器中受到碎冰冷却作用，在 0～5℃ 时进行盐渍的方法；有冷冻设备的地方，利用温度为 0～7℃ 的冷藏库进行盐渍者也属此类方法。但在后一种方法中，也应当在容器中的各层产品间撒适量的碎冰，加速其冷却作用，在腌制大型或肥壮的鱼体时更应如此。此种盐渍方法的目的是在盐渍过程中阻止鱼肉组织中自溶作用和细菌作用，保证腌制的质量。冷却盐渍法的用盐量应按照加冰量的多少而定，因为冰融化时会稀释盐水的浓度，在确定用盐量时，必须将冰融化为水的因素考虑在内。关于这一方法的技术问题，简要说明如下：

首先在容器底撒一层冰、盐混合物，再于其上排列产品，每一层腌制水产品上部都要撒一层盐、一层碎冰，再撒一层产品。这样逐层进行至装满容器为止。由于容器顶部吸收外界的热量最大而易于使冰融化，同时上部产品受盐液浸渍的时间较迟，因此在加入冰、盐时必须逐层增加冰、盐的用量。其分配比例：容器下部所用的冰、盐量占总量的 15%～20%，中部用 30%～40%，上部用 40%～45%。此种上部用量多于下部的原则，对于一般干盐法也是非常重要的。

2. 冷冻盐渍法

冷冻盐渍法与上一种方法的区别在于预先将产品冰冻，再进行盐渍。这种方法的目的是防止在盐渍过程中产品深处发生变质。尤其适合大型肥壮的鱼体，因为其盐渍过程很慢。一般在操作技术上是将经过冷冻的水产品，放上食盐逐层置于容器中，使其进行干盐法的盐渍。此种先经过冷冻再行盐渍的方法，在保持产品质量上更加有效，因为冷冻本身就是一种保存手段，而且盐渍过程只有在冰融化时才能进行。冷冻盐渍法很麻烦，所以它只适用于制造熏制或干制的半制品，或用于盐渍大型肥壮的贵重鱼品。

三、　质量控制

腌制品是一种具有保藏性的食品。如果在加工过程中采取的工艺操作适宜，成品的包装贮藏方法得当，其保藏期限可以达数月甚至 1 年以上。但如果加工贮藏中处理不当，也容易产生腐败变质。腌制加工中必须很好地掌握以下环节：

（一）　原料必须新鲜

作为腌制品的原料，必须新鲜。如果原料本身新鲜度差，在盐渍前便会出现腐败，结果就像俗话所说的"臭鱼腌咸鱼，腌出臭咸鱼"。因此，注意选择新鲜未变质的水产品类作为盐渍品的原料，是加工咸水产品时必须达到的基本要求。

如使用鲜度差的原料加工时，必须相应地增加用盐量，并最好用易于迅速溶化的细盐；采用干盐渍，卤水渗出后池桶上部应加较重的压石；当盐渍达到平衡时，应进行翻池换卤或进行复盐渍。对鲜度差的原料加工时，垛盐渍法较池（桶）盐渍具有更多的优越性。

（二）　根据原料鱼体大小采取适当的剖割与腌制处理

（1）大型鱼必须剖割，用背开，并在肉厚的地方打花刀，划渗盐线。抹盐要均匀。鳃部和渗盐线内要塞盐，剖开面要多垛盐。

（2）中型鱼一般用腹开或划渗盐线，腹内或渗盐线内塞盐。

（3）小型鱼类一般采用拌盐腌制，但拌盐必须均匀。

（三）　严格执行清洁操作

（1）盐池（桶）用前必须洗干净，必要时用漂白粉消毒。

（2）无论剖割与否，产品在加盐腌制前必须洗净表面黏液、血污和污泥等。背开原料的，脊骨附近应刷净除去内脏和血污。

（四）　掌握用盐量与用盐方法

掌握用盐量主要是把握原料鲜度、地区季节气温的高低，根据贮藏期限的长短以及原料水分含量的高低，适当地增减用盐量。在下池（桶）时，采用底轻面重的用盐方法，并一层产品一层盐。产品分层排列整齐，撒盐厚薄均匀。

食盐品质与咸水产品的质量也有密切的关系。若食盐纯度不高，则影响氯化钠向产品渗透的速度，同时含有的钙盐和镁盐会使产品带有苦味。实践证明，食盐中氯化钠的含量达96%以上者，是比较理想的加工用盐。水产腌制品加工的用盐量较大，因而成品的咸味是腌制品的主要特点。不过，如何制得咸度适当的成品，是加工过程中值得注意的重点。当然，用盐量高，有利于抑制腐败菌和其他各种微生物的生长，提高成品的保藏性；但用盐过量，就会影响成品的风味。根据实践经验和理论计算，鲜水产品盐渍时的用盐量，最高不宜超过原料重量的 32%~35%，成品的含盐量以 10%~14% 为宜。

（五）　加强盐渍过程中的管理工作

（1）拌盐下池（桶）后，地面必须加封盐，防止产品露出。

（2）卤水渗出浸没产品后，应及时加上重压。

（3）定时检查池中卤水相对密度、颜色气味和产品肉质等是否正常和有无气泡产生。如发现有不正常情况，应及时进行换卤或翻池，特别在气温高的季节、地区或者在池中贮存时间较长的情况下，就更应特别注意。

（六）　采用醋酸盐渍

为了更有效保证腌制品的质量，防止发红变质，采用乙酸盐渍，可以收到良好的效果。为了适当地减少用盐量，避免过咸，以提高产品质量，可以把用盐量减少到 20%～25%。同时将这种淡腌制品放到冷库保存。采用产品重 0.25%～0.5%的乙酸盐渍法，也可收到减少用盐量和提高产品质量的效果。

四、　腌制品的成分变化

（一）　水分含量的变化

水产品在腌制过程中，最明显的变化是重量的变化。一方面水分渗出，另一方面盐分渗入水产品中。一般来讲，腌制后，水产品会出现重量减轻的现象，但根据腌制方法和条件也有吸水而使重量增加的情况。使用撒盐法，产品脱水引起重量减轻，其脱水量与用盐量成比例。而用盐水渍法，存在一个临界盐浓度，高于该浓度，引起重量减轻。低于该浓度，吸水重量增加。前者盐浓度越高，后者盐浓度越低，重量改变越大。试验结果表明，其临界浓度一般为 10%～15%。

腌制水产品重量的改变不仅与盐水浓度有关，还与盐水用量、原料种类有关。我国使用盐水浓度一般大于临界浓度，所以水产品经腌制后表现为失水，重量减少 20%～30%。随着水分的析出，产品肌肉收缩，食用时产生腌制品特殊的口感。同时，水分的析出也使肌肉中的水溶性营养成分溶出，主要是蛋白质和氨基酸等。溶出量有时达到总氮量的 10%～30%。一般盐水渍法，高温时氮溶出量大；撒盐法、低温，氮溶出小。

（二）　蛋白质和脂肪的变化

对于腌制水产品，由于酶的作用，使蛋白质和脂肪分解，从而游离氨基酸、游离脂肪酸增加。分解程度与温度、水产品种有关。红身鱼在温度高的情况下，分解程度较大，即使同一种水产品体，留有内脏的整水产品比去除内脏的水产品分解程度大。有些种类的水产品，通过分解，产生独特的柔软度和芳香气味，如多脂鱼的鲱鱼，在盐浓度低于 10%，且温度低于 10℃时，用盐水渍法或隔绝空气，就能产生这种腌制品的独特风味，我国的酶香鳓鱼也是基于此种原理。这种变化的主要原因与水产品组织蛋白酶有关。油脂在腌制品贮藏过程中，容易氧化酸败，进而发生油脂氧化。食盐的存在直接或间接地促进了这种作用。防止的方法是添加抗氧化剂或低温贮藏。水产品在腌制过程中，肌肉发硬，其原因除了组织脱水收缩外，还与蛋白质的变性有关。

（三）　腌制品"红变"的处理和预防

当咸水产品感染了有色的嗜盐性细菌后，蛋白质被分解，使咸水产品表面发生红色斑点，逐渐蔓延并进入水产品内部，这种现象就称为"红变"。嗜盐性细菌主要由食盐带入，在温度超过 15℃时就容易生长繁殖，发生"红变"现象。感染"红变"细菌的水产品和盐，都可能把细菌传染给其他工具和水产品。因此，所有进行腌水产品和保藏水产品的企业必须防止此种细菌产生、发展和蔓延。

防止发生"红变"的方法是将水产品放在含 4.5%的乙酸盐水中浸泡 20～30min。对已经感染的水产品也可以先用盐液洗涤后再用以上方法进行处理。再压闭鳃盖，将鱼往盐堆里拌盐，使鱼体黏附盐粒，待腌。

第三节　加热方法

一、凝胶及凝胶形成机理

（一）凝胶

蛋白质凝胶（Gel）（图6-1）是由胶体系统中蛋白质大分子凝集物构成的具有一定弹性和强度的连续性三维网络结构（Network），如肌肉蛋白凝胶、鱼糜凝胶、血浆蛋白凝胶、蛋清蛋白凝胶、大豆蛋白凝胶等。在凝胶网络结构中嵌入了溶剂、溶质和填充物。所以凝胶是一个多相体系，其结构非常复杂。

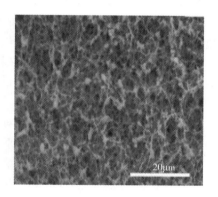

图6-1　肌肉蛋白质凝胶扫描电镜图

（二）凝胶形成

蛋白质凝胶形成（Gelation）是指蛋白质在一定条件下发生一定程度变性、凝集并形成有序的蛋白质三维网络的过程，或者说，凝胶形成（凝胶化）是溶胶（Sol）转变为凝胶的过程。食品蛋白质经过这个过程能够形成凝胶制品，如凝胶类肉制品、酸奶、鱼糜制品、豆腐等，因此，凝胶形成在蛋白质食品加工中的作用十分重要。蛋白质凝胶形成的方式主要有热诱导、压力诱导、冷诱导等。

（三）热诱导凝胶的形成机理

肌肉蛋白热诱导凝胶对肌肉食品的特性起主要作用。在构成肌肉的主要蛋白质中（肌球蛋白、肌动蛋白和肌动球蛋白），肌球蛋白可单独形成凝胶，肌动球蛋白也可单独形成凝胶。肌动蛋白依其在溶胶体系中肌动蛋白与肌球蛋白的比例不同，对肌球蛋白凝胶有协同或拮抗效应。

1. 热诱导凝胶形成的基本机理

有关凝胶机制的研究，早在1948年Ferry提出了蛋白质凝胶的形成机理分两步。第一步是蛋白质受热变性而展开；第二步是因展开的蛋白质其四级结构、三级结构和二级结构发生变化，从而暴露出多肽片段和氨基酸。相邻蛋白质分子间的多肽片段和氨基酸等反应基团通过疏水互作、共价键、离子键和氢键等化学键的作用，使蛋白质发生足够的分子间交联，从而形成三维网络结构（凝胶）。在加热变性暴露出来的反应基团中，使特别是肌球蛋白的疏水基团，有利于蛋白质和蛋白质之间的相互作用。这是蛋白质发生交联的主要原因。分子质量大且疏水氨基酸含量高的蛋白质容易形成稳定的网络结构。Sharp 和 Offer（1992）提出了肌球蛋白分子凝胶的形成机制，认为肌球蛋白分子的头–头凝集、头–尾凝集和尾–尾凝集是凝胶形成的基本机制。

2. 热诱导凝胶形成中的化学反应

（1）疏水互作　在鱼肉肌原纤维蛋白溶胶向凝胶转变过程中，蛋白分子间的疏水作用是重要的作用力，且随着温度的升高（至少达60℃）疏水作用增强。蛋白分子间的疏水作用和加热过程中形成的二硫键是鱼肉肌原纤维蛋白热诱导凝胶形成的主要化学作用，也是压力（≥300 MPa）诱导凝胶形成的主要机制。

在蛋白质溶胶中，蛋白质表面暴露于水。由于热力学反应，蛋白质就会在分子内或分子间发生疏水互作。在未变性的蛋白内部有大量的疏水氨基酸，而在蛋白表面则分布有大量亲水性氨基酸。通过这种排布，蛋白分子在水溶液中便达到热力学平衡。当蛋白在受热变性展开时，内部的疏水结构便暴露于水，使得这些疏水基团附近的水分子通过分子间氢键定向排列，致使水分子流动性降低。因此，溶胶体系变得有序化，熵值降低。为形成热力学上更稳定的体系，相邻蛋白分子间的疏水部分便发生紧密结合，发生疏水互作，引起蛋白质凝集，在合适的条件下形成凝胶。

（2）二硫键　二硫键是共价键是蛋白分子间通过共用电子对形成的牢固的化学键，共价键一旦形成，很难被破坏。加热过程中形成的二硫键是鱼肉肌原纤维蛋白热诱导凝胶形成的主要化学键。当蒸煮温度超过40℃以上时，二硫键就是蛋白质凝胶形成的主要共价键。半胱氨酸含有活性巯基，相邻蛋白链上的两个半胱氨酸通过氧化作用形成分子间二硫键。

蛋白质分子内部原有的二硫键或蛋白质内氨基酸间形成的分子内二硫键可通过二硫化物的相互交换作用形成分子间二硫键（图6-2），从而发生交联。如果蛋白分子内含有大量的胱氨酸或活性巯基，添加半胱氨酸或胱氨酸后，可促进分子内二硫键向分子间二硫键的转化。

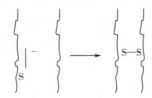

图6-2　分子内和分子间二硫键的形成

（3）氢键　氢键是偶极键，结合力弱。氢键在蛋白质凝胶体系中的数量极大，成为稳定结合水，增加凝胶强度的重要化学键。加热期间，维持蛋白质空间结构的大量氢键被破坏，多肽链更易于发生广泛的水合作用，减少水分子的移动性。所以，裸露的多肽链的水合作用就成为影响凝胶保水性的重要因素。冷却促进了蛋白间更多氢键形成，导致凝胶强度增大。

（4）离子键（盐键）　离子键是蛋白质表面荷正电的位点与荷负电的位点相互吸引而

形成的。鱼肉的正常 pH 接近中性。此时，蛋白质链上谷氨酸和天冬氨酸的羧基带负电荷，而赖氨酸和精氨酸的氨基带正电荷。这些氨基酸间便可形成离子键，使肌原纤维蛋白相互结合，形成不溶于水的凝集物。

为形成良好的凝胶，必须添加食盐，以破坏离子键，促进蛋白质均匀分散。这是因为随着肌肉蛋白质离子强度的增加，Na^+ 和 Cl^- 选择性地与蛋白质表面的电荷结合，肌原纤维蛋白分子间的离子键遭到破坏，蛋白质对水的亲和力增加，蛋白质溶解度增大，有利于良好凝胶的形成。

温度的提高可增强蛋白质分子间的相互作用，而冷却有利于氢键形成。加热可使内部的疏水基暴露出来，促进二硫键的形成。大量巯基和二硫键的存在，使分子间交联得到加强，形成的凝胶热不可逆。钙离子形成的键桥能提高许多凝胶的硬度和稳定性。凝胶结构和理化特性取决于变性和凝集的相对速率，蛋白质的凝集速率比蛋白质的展开速率慢，有利于形成更细致的凝胶网络。当蛋白质凝集的速率高于展开的速率时，就会形成粗糙而无序的凝胶结构，甚至是凝结物。

3. 鱼肉蛋白质热诱导凝胶的形成

鱼肉蛋白质热诱导凝胶，顾名思义，温度在凝胶形成过程中起着重要作用。鲤鱼肌球蛋白热诱导凝胶研究表明，30℃时，肌球蛋白分子没有相互作用，也没有形成凝胶；30～45℃时，肌球蛋白发生头-头凝集和尾-尾凝集，蛋白质分子间的交联急剧增加；当温度大于45℃时，蛋白间的交联继续增加，开始形成凝胶；在 50～60℃时，蛋白质间的交联已基本完成，三维网络结构基本形成。兔肉肌球蛋白凝胶形成研究表明，当 pH6.5、30℃加热 30min时，肌球蛋白分子形状无变化，两个头仍然是独立的，尾部在长度上无变化。35℃加热30min，肌球蛋白发生头-头凝集，两个头部凝集成一个大约 20nm 的团块；也有尾-尾凝集发生。40℃加热 30min 肌球蛋白分子形成二聚体，也有寡聚体。寡聚体是由 3～12 个肌球蛋白分子组成的，其头部聚集成球状团快，尾部向三维空间辐射。球状团块的直径随着寡聚物尾部数目的增加而增大。当 44℃加热 30min 时，虽有单体肌球蛋白存在，但主要是寡聚体，其中四个尾部的寡聚体最常见，也有 2～13 个尾部的寡聚体。46～60℃加热 30min，寡聚体间发生聚集，形成更加复杂的空间结构。

二、　蛋白质凝胶的动态黏弹性

蛋白质溶液或分散体系、蛋白质凝胶都具有特定的流变特性。尽管很难测定流变特性与蛋白质结构之间的真实关系，但是，蛋白质的凝胶作用对良好质构的形成至关重要，对蛋白质溶液、蛋白质凝胶流变特性及其影响因素的学习，有助于正确理解食品原料和工程单元操作之间的相互作用，控制食品各组分间的化学相互作用，改进工艺水平和提高产品质量。

（一）　蛋白质溶液的流动

蛋白质分散体系和蛋白质凝胶体系的流变特性或多或少地能直接反映该体系的结构。两者之间的关系十分复杂，极具变化，然而在许多情况下，可以由流变特性推测其结构特点。也可以由流动时发生的分子内反应和分子间互作这些微观变化来描述蛋白质溶液的各个流变特性。

简单的办法是将液体看作一个以随机方式排列的临时分子团。显然，由于分子的随机热运动，各个分子团的大小和分子数目都是连续变化的。理论上，如果是球形分子，那么任何一个分子的周围（或壳层）可能有 12 个分子。实际上，X 射线衍射研究表明，一个分子的壳层里只有 8~10 个分子。也就是说，一个分子团里的各个分子并非都是紧紧地挤在一起，流体中存在空穴。一个分子可以从分子团的一个位置迁移到相邻位置，从而产生新的空穴。在静息的液体，朝各个方向跳动的分子数目相互抵消，所以，液体不流动。如果给液体施加一个剪切力，分子之间就会发生碰撞。有机会跳动的分子有两类：一类是朝剪切力的方向跳动的分子；另一类是朝剪切力的相反方向跳动的分子。第一类分子比第二类的能量高，更易于跳动，液体发生流动。

（二）　能量的消散和储存

分子团里的分子要跳动，必须打破分子间的键，这就需要适当的动能。蛋白质溶液的温度越高，所需要的动能越多。当蛋白质溶液受到机械力的作用时，输入的机械能要么消散，要么储存起来。物体发生形变时，由于其内部摩擦作用，输入的能量消散了。纯粹的黏性体流动时，输入的机械能即刻完全消散，而纯粹的弹性体则把施加的能量储存起来。实际上许多物质既非纯粹的弹性体，也非纯粹的黏性体，多数都具有黏弹性，也拥有机械阻尼器的性质，其受力状态决定于机械载荷的变化历程。蛋白质溶液和凝胶属于大分子体系，是典型的粘弹性物质，其特点是对所施于的力呈现出时间反应，或者说，黏弹性反应具有时间依变性。蛋白质溶液受热时，随着温度升高和时间延长，溶液内部会发生化学、生物化学变化和物理变化，与此相应，其结构也随之发生变化。黏弹性是时间依变性的流变特性，反映了一个平衡状态，在此状态下，结构的变形和复原在任何时刻都以相同的速率发生。食品流变学研究的主要目的之一就是以一定的频率和时间间隔动态地测定黏弹性物质在结构转换时的流变特性的变化。

（三）　肌肉蛋白质凝胶的动态黏弹性

鱼糜蛋白质分散体系或鱼糜蛋白质热诱导凝胶都具有黏弹性。在由液体→固体或溶胶→凝胶转化期间，随着时间和热的变化而发生许多化学变化和物理变化，进一步引起内部结构的变化。在热的影响下，蛋白质相互间发生各种各样的键合作用，因而分散体系内的液体运动、溶质浓度乃至于液体黏度也会改变。这些变化会影响溶液或凝胶的机械性质，所以要使其变形，就需要一定的外力，就会有不同比例的变形能成为非弹性变形能，并以热的形式消散。

如果流体是黏性体，如鱼浆、肌肉匀浆物，则其黏度（η）：

$$\eta = \frac{\text{剪应力}（\tau）}{\text{剪应变}（\gamma）}（\text{Pa} \cdot \text{s}）$$

如果是弹性体或固体，如鱼糜凝胶、肌原纤维蛋白凝胶和肌肉匀浆物凝胶，剪应变很小，则其剪切模量或刚性模量（G）：

$$G = \frac{\text{剪应力}（\tau）}{\text{剪应变}（\gamma）}（\text{Pa}）$$

动态（振荡）流变特性能很好地反映蛋白质食品的黏弹性，如可以给出弹性模量和机械阻尼的大小。机械阻尼与能量损失、加热和物质的刚性有关，能提供大分子聚合物的分子结构和化学组成的信息。当蛋白质分散体系或蛋白质热诱导凝胶受到以正弦波变化的剪应力时，受试样品受应力的作用而变形，在线性黏弹性范围内，应变也会随之发生周期性地变化，只是相位不同步（图 6-3）。

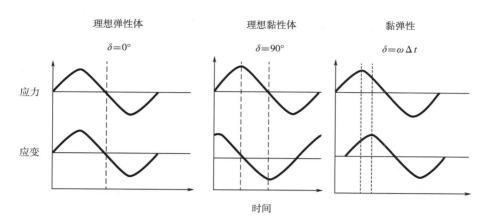

图 6-3　正弦波振动时应力–应变曲线

于是，就会产生一个频率依变型的模量（G^*）。G^* 是复数模量，其实数部分 G 与能量储存有关；其虚数部分 G 与能量损失有关。

$$G^* = \frac{\sigma_{max}}{\varepsilon_{max}}（\cos\delta + i\ \sin\delta）= G' + iG''$$

$$\delta = \omega\Delta t$$

式中　i——虚数；

G'——储能模量；

G''——损失模量；

σ_{max}——应力–应变曲线中的最大应力；

ε_{max}——最大应变；

δ——相位角；

ω——角频率（弧度/s）；

Δt——应力–应变曲线中最大应力与最大应变的时间差。

σ_{max} 与 ε_{max} 的比值是复数模量的绝对值 G^*，是单位剪切变形阻力的度量。

当频率不变时，G'、G'' 和 $\tan\delta$ 是温度的函数；当温度不变时，G'、G'' 和 $\tan\delta$ 是频率的函数；当频率和温度不变时，G'、G'' 和 $\tan\delta$ 是时间的函数。实际上，在食品蛋白质凝胶形成研究中，多采用温度和时间变化，而频率不变（一般不超过 1Hz）。

$$G' = |\ G^*\ |\ \cos\delta$$
$$G'' = |\ G^*\ |\ \sin\delta$$
$$\tan\delta = G''/G'$$

$\tan\delta$ 或 δ 的大小与 G'' 成正比，与 G' 成反比。对于理想弹性体，$\delta = 0°$，输入的机械能储存起来；而对于理想黏性体，$\delta = 90°$，$G' = 0$，变形所做得功都转化为热而消散。通常，肌肉蛋白质凝胶，或鱼糜凝胶的弹性很好，δ 的值小于 10°。现代流变仪能把弹性阻力与黏性阻力，或储能模量 G' 与损失模量 G'' 区分开来，并能把阻力、变形和变形速率量化。在肌肉蛋白质凝胶形成的初始阶段，蛋白质分散体系的黏性占优势，随着三维网络结构的逐渐形成，储能模量 G' 逐渐增加。与此同时，相位角 δ 也会相应地由大变小。

储能模量 G' 随着蛋白质分散体系中交联位点数的增加而提高。这是因为蛋白质多肽链具有柔韧变形性，而且剪切模量 G 与参与交联的多肽链的平均分子质量（M_c）成反比，与温度成正比。以下是理想橡胶体的模量方程。

$$G = \frac{gcRT}{M_c}$$

式中　c——多聚体浓度；

　　　T——绝对温度 K；

　　　R——气体常数；

　　　M_c——参与交联的多肽链的平均分子质量；

　　　g——系数，$g = 10$。

该方程形式简单，应用广泛，可根据剪切模量和浓度数据估测蛋白质（如鸡蛋和明胶）和蛋白质凝胶的平均分子质量（M_c）。

根据橡胶弹性学说，剪切模量上升到平台期时，其大小可由下式表示：

$$G_e = \nu KT$$

式中　G_e——平台期的剪切模量；

　　　ν——主链上参与网络形成的有效链密度数量；

　　　K——系数，$K = 1.38 \times 10^{-23} J/K$；

　　　T——绝对温度，K。

弹性模量与参与网络形成的有效链浓度或单位体积内的交联数呈正比。肌肉蛋白质分散体系中的肌原纤维蛋白受热展开，具有了柔韧变形性，并能形成类似于橡胶弹性的三维网络结构（凝胶），所以凝胶形成期间剪切模量可用储能模量表示，$G = G'$。总之，蛋白质分散体系的储能模量的增加反映了该体系中凝胶的逐渐形成，G' 趋于稳定时，意味着连续性三维网络结构已经形成。

鱼糜食品是蛋白质凝胶类食品，其质构特性（Textural Properties）是最重要的品质因素。鱼糜凝胶是在热诱导下形成的，鱼糜的热特性也很重要。流变特性和热特性可作为蛋白质凝胶类食品加工中控制产品质量的主要参数。如今，动态流变资料，如 G' 和 G''，已广泛用于描述食品蛋白质凝胶的特点，然而不能仅凭 G' 和 G'' 的大小评价凝胶特性。

影响凝胶结构形成或凝胶黏弹性的因素很多，如鱼肉的僵直状态、蛋白质分散体系的水分含量、pH 和离子强度、加热温度、加工工序、食品添加剂等。

（四）　鳙鱼鱼糜的动态黏弹性

鳙鱼背侧肌 pH7.0 的鱼糜动态黏弹性测定（图6-4）。鱼糜 G' 在加热开始的时候有一个缓慢升高，当加热到 24~27℃ 时开始下降。G' 在 45℃ 附近达到最小值，之后开始快速上升。升温过程中凝胶结构在 40.3℃ 开始形成（即 G' 与 G'' 交汇温度），相位角 δ 在 45℃ 之后迅速降低。鳙鱼鱼糜在 70℃ 时蛋白基本完成交联，凝胶形成结束

三、　煮制

煮制是以水为介质对产品施以热加工的过程。其目的是对产品进行调味，通过熟制杀死微生物和寄生虫，防止产品腐败变质，延长产品的货架期。

（一）　火候

火候是指煮制过程中所用火力的大小和时间的长短。火候一般来说有大火和小火之分，

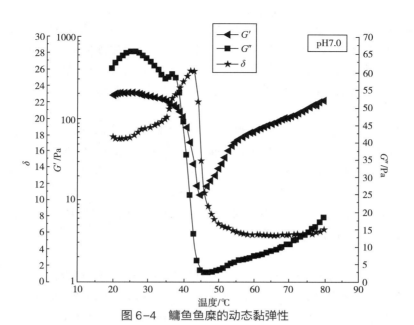

图6-4 鳙鱼鱼糜的动态黏弹性

即旺火和文火。旺火的火力较大,汤汁剧烈沸腾,产生大量蒸汽;文火的火力较小,汤汁温度为90℃左右,气泡不连续,蒸汽不明显。肉制品的加工通常采用先旺火再小火的方式,先将汤汁煮沸,撇去浮沫、加入调味料后再改用文火煨炖入味。生产加工时,一方面要从燃烧烈度鉴别火力的大小,另一方面要根据原料性质掌握成熟时间的长短,两者统一,才能使肉制品的加工达到标准。肉质较嫩、肉块较小,短时间即可炖熟入味;肉质较老、肉块较大,需延长煨炖时间。

(二) 调味

调味是使肉制品获得稳定而良好风味的关键。煮制环节直接影响产品的口感和外形,必须严格控制煮制火候和时间。根据加入调料的时间和作用,大致可分为基本调味、定性调味和辅助调味三种。基本调味是原料经整理后,在加热前用盐、酱油或其他腌制料,奠定咸味的过程。定性调味是在煮制时,加入各种调味料和香辛料,赋予产品香味和滋味的过程。辅助调味是在原料肉出锅前或煮制后,加入糖、味精、香油等,以增进产品色泽和风味的过程。

四、 烧烤

烧烤是历史最悠久的加工方式。自从燧人氏钻木取火以后,古人吃上了香喷喷的烤肉,烧烤作为一种饮食文化流传至今,其实质没有改变,都是利用高热空气对食物进行加热,赋予肉制品特殊的香气和表皮的酥脆性,提升口感,并在烧烤过程中对产品进行脱水干燥、杀菌消毒,提高产品的贮藏性。同时,世界各国烧烤文化呈现出多样性的特征。例如:烤鱼,一种发源于重庆巫溪县,而发扬于万州的特色美食,制作原料主要有鱼、蘑菇、番茄等。

(一) 烧烤方法

1. 炭烤

以炭火为加热介质,把原料肉放在明火上烤制的方法称为炭烤。从串肉的方式上看,炭烤分为两种：一是将肉串在铁签上，架在火槽上，边烤边翻动；二是把铁架置于明火上，再把肉放在架子上烤。在西方国家，当人们在户外野餐或露营时将炭火作为烧烤的加热介质，即为此种方式。炭烤设备简单，操作方便，但烤制时间较长，需要较多的劳动力，产生的多环芳烃、杂环胺等致癌、致突变物质也相对较多。

2. 电烤

电烤是指用电烤炉通电而加热的烤制方法，有以下三种方式：一是红外线电烤炉，通过无级限旋钮、皮膜或轻触微电脑对红外线强度进行控制，比碳/煤气类电烤炉的加热速度加快 1.5 倍，为无烟无灰的双重安全设置，适用于所有烧烤类食品；二是陶瓷板电烤炉，采用镍铬金属发热体，进行开放式发热，具备烧水、烧烤、爆炒、火锅等不同功能，可选性强；三是电炉丝电烤炉，具有煎、烤、炸功能，小巧玲珑，加热时热量快速传递，烤肉受热均匀、操作方便、环保节能。

3. 炉烤

把原料肉放在封闭烤炉中，不让肉与热源直接接触，利用炉内高温使肉烤熟的方法称为炉烤。从热源的角度来说，炭火、电、红外线均可。炉烤通常包括两种形式：一是用耐热砖砌成带门的炉子，炉内顶上设有挂钩可吊挂原料，炉内底部放炭火或者用电加热，烤制时关闭炉门。此方法设备投资少、保温性能好，但热源不能移动。二是使用电烤炉或者红外线烤炉，烤制时间、温度、旋转速度均可设定，操作方便，节省人力，产生的环芳烃、杂环胺等致癌、致突变物质也相对较少。

（二）　肉在烧烤过程中的变化

1. 烧烤风味物质的形成

原料肉在高温烧烤过程中，肉中蛋白质、糖类、脂肪等有机物经过降解、氧化、脱水、脱胺等变化，生成醛类、酮类、醚类、内脂、硫化物、低级脂肪酸等化合物。特别是糖与氨基酸之间的美拉德反应，不仅会生成棕色物质，同时伴随着许多香味物质的形成，使产品具有诱人的颜色和香味。脂肪在高温下分解生成的二烯类化合物，赋予肉制品特殊香味；蛋白质分解产生谷氨酸，使肉制品带有鲜味。此外，在加工过程中加入的辅料也有上色增香作用。腌肉时使用的五香粉，含有醛、酮、醚、酚等成分；葱、蒜等含有硫化物，能增进烤肉的香味。在烧烤过程中浇淋的麦芽糖是一种还原糖，能与肉表面的蛋白质、氨基酸发生美拉德反应，增进产品的色泽和风味。

2. 有害物的形成与减控

对于肉制品加工而言，美拉德反应是一把双刃剑，一方面会产生一类化合物，使食品产生某些独特的色、香、味，同时又能增强食品的防腐性、抗氧化性；另一方面也会产生一类致癌、致畸、致突变的有害物质，如杂环胺、多环芳烃等。

（1）多环芳烃类化合物　多环芳烃（Polycyclic Aromatic Hydrocarbon，PAH）是指由 2 个或 2 个以上苯环稠合在一起的芳香族化合物及其衍生物，是一种广泛存在于环境、食品及生物体内的污染物。多环芳烃具有较强的致癌性，可通过皮肤、呼吸道及食品进入人体，导致皮肤、食管、胃等部位的癌变。研究表明，肉制品中多环芳烃的含量与烹调方式有很大关系，其中高温烧烤方式会使肉制品中有机质受热分解，经环化、聚合而形成大量多环芳烃。目前已有 16 种 PAH 被美国环境保护总署归类为优先监测污染物，其中 3,4-苯并芘和二苯并蒽被国际癌症研究中心认定为强致癌物质。德国已对肉制品中 3,4-苯并芘的残留制定了

1μg/kg的限量标准，欧盟对于烟熏肉制品中3,4-苯并芘设定上限为0.03μg/kg，我国国家标准限定3,4-苯并芘在肉制品中的最高残留量为5μg/kg。

（2）杂环胺类化合物　杂环胺（HAA）是在肉制品的热加工过程中形成的一类具有多环芳香族结构的化合物。迄今为止，已经发现有20多种杂环胺，按生成方式的不同可分为两类：第一类是由肉制品中4种前体物（葡萄糖、氨基酸、肌酸、肌酸酐）经热反应产生的，称为氨基咪唑氮杂芳烃（Aminoimidazole-azaarene，AIA）；第二类是由氨基酸或蛋白质在250℃以上高温条件下直接热解产生的，称为氨基咔啉（Amino-carboline，AC）。经过Ames试验及长期的动物实验表明，杂环胺具有强烈的致突变性和致癌性，对人体健康构成威胁。杂环胺的形成与加工方式密切相关。一般而言，使食品直接与明火接触或与灼热的金属表面接触的烹调方法，如烧烤、油煎等，有助于致突变性杂环胺的形成，因为这种条件下食物表面自由水大量快速蒸发而发生褐变反应，然而通过间接热传导方式或在较低温度并有水蒸气存在的烹调条件下，如清蒸、焖煮等，杂环胺的形成量就相对较少。

（3）烧烤烟气中的$PM_{2.5}$　传统观念认为，$PM_{2.5}$产生于化工厂废气、汽车尾气排放、建筑扬尘等，但最近的研究发现，烧烤、油炸等传统食品加工也是$PM_{2.5}$的重要来源之一。有研究者测定了南京某烤鸭店排气口1m处的$PM_{2.5}$浓度，烤鸭烟气的$PM_{2.5}$浓度高达1807～2300μg/m³，而国家规定日平均$PM_{2.5}$一级浓度限值为35μg/m³，二级浓度限值是75μg/m³。这也就是说，烤鸭加工所产生的烟气$PM_{2.5}$超过国家限量标准30多倍。有记者手持专业仪器对青岛露天烧烤周边空气进行了实地检测，结果表明在烧烤重灾区的云霄路和麦岛路，同一地点烧烤前后的$PM_{2.5}$值竟然相差40倍，在烧烤摊"开火"的时间内，周围环境中的$PM_{2.5}$全部超过100，空气质量均为"重度污染"和"严重污染"。

（4）有害物的减控技术——肉制品绿色制造技术　美拉德反应机制十分复杂，不仅与参与反应的糖类等羰基化合物及氨基酸等氨基化合物的种类有关，同时还受到温度、氧气、水分及金属离子等环境因素的影响。控制这些因素，就能实现美拉德反应的定向控制，使反应朝着人们需要的方向进行。肉制品绿色制造技术，是通过对产品配方的绿色设计、反应介质条件控制、加工设备的改造及热力场优化与控制，借助绿色化工原理和手段，使配方组分与原料肉表皮成分发生定向美拉德反应，从而减少或消除对人体健康和环境产生危害的物质形成的一种方法。不用油炸、烧烤、老卤煮制和烟熏而生产出的绿色制造肉制品，色泽红润鲜亮，风味清香诱人，经高温灭菌后仍然保持脆嫩口感，其产品率为68%～70%，3,4-苯并芘残留量小于德国标准的1μg/kg，杂环胺残留量低于1.51μg/kg。此外，勤换烤架，剔除产品表面烧焦部分的肉，也能有效减少致癌物质的摄入。

五、油炸

油炸是以油脂为介质在较高的温度下对肉品进行热加工的过程，能使原料快速致熟，赋予产品特有的油香味和金黄色泽。公元1世纪，地中海沿岸出现肉类油炸食品，中国三国时期出现了麻油煎食物的烹饪方法。油炸食品的兴盛源自近代英国的殖民扩张，英国的殖民者着迷于油炸一切食品：油炸火腿、油炸猪肝、油炸牛排、油炸鱼、油炸马铃薯片、油炸牡蛎，以及油炸剁碎的各种食品。如今，伴随着快餐文化的传播，以炸鸡块、炸薯条为代表的油炸食品成了许多国家的流行食品，油炸也广泛应用于食品工业生产，成为肉制品加工的重要方法之一。

（一） 油炸方法

（1）常见的油炸方法

常压油炸是在常压、开放式容器中进行，主要包括以下几种形式。

①清炸：取质嫩的动物原料，切成适合菜肴要求的块状，用精盐、葱、姜、水、料酒等煨底口，用急火高热油炸 3 次，称为清炸。例如，清炸鱼块的成品外脆里嫩，清爽利落。

②干炸：取动物肌肉，切成段、块等形状，加水、淀粉、鸡蛋、挂硬糊或上浆，用 190～220℃ 热油锅内炸熟即干炸，如干炸里脊。其特点是干爽，味咸麻香、外脆里嫩、色泽红黄。

③软炸：选用质嫩的猪里脊、鲜鱼肉、鲜虾等，经细加工切成片、条、馅料，上浆入味，蘸干面粉、拖蛋白糊，放入 90～120℃ 热油锅内炸熟装盘。把蛋清打成泡沫状后加淀粉、面粉调匀，经温油炸制，菜肴色白，细腻松软。如软炸鱼条，其特点是成品表面松软、质地细腻、清淡、味咸麻香、色白微黄美观。

④酥炸：将动物性的原料，经刀技处理后，入味、蘸面粉、拖全蛋糊、蘸面包渣，放入 150℃ 的热油内，炸至表面呈深黄色起酥，成品外松内软熟或细嫩，如酥炸鱼排、香酥仔鸡。

⑤松炸：松炸是将原料去骨加工成片或块形，经入味蘸面粉挂上全蛋糊后，放入 150～160℃，即五六成热的油内慢炸成熟的一种烹调方法。制品膨松饱满、里嫩、味咸不腻。

⑥卷包炸：卷包炸是把质嫩的动物性原料切成大片，入味后卷入各种调好口味的馅，包卷起来，根据要求有的拖上蛋粉糊，有的不拖糊，放入 150℃，即五成热油内炸制的一种烹调方法。成品外酥脆、里鲜嫩、色泽金黄、滋味咸鲜。

⑦脆炸：将整鸡、整鸭褪毛后，除去内脏洗净，再用沸水烧烫，使表面胶原蛋白遇热缩合绷紧，然后在表皮上挂一层含少许饴糖的淀粉水，经过晾坯后，放入 200～210℃ 高热油锅内炸制，待主料呈红黄色时，将锅端离火口，直至主料在油内浸熟捞出，待油温升高到 210℃ 时，投放主料炸表皮，使鸡、鸭皮脆、肉嫩，故称脆炸。

⑧纸包炸：将质地细嫩的鲜虾等高档原料切成薄片、丝或细泥，煨底口上足浆，用糯米纸或玻璃纸等包成长方形，投入 80～100℃ 的温油炸熟捞出。其特点是形状美观，包内含鲜汁，质嫩不腻。

（2）其他油炸方法

①高压油炸：高压油炸是油锅内的压力高于常压的油炸方法。由于压力提高，炸油的沸点也提高，提高油炸温度，缩短油炸时间，解决常压油炸因时间长而影响产品品质的问题，该方法温度高，水分和油的挥发损失少，产品外酥里嫩，最适合肉制品的油炸。

②减压油炸：减压油炸是在负压条件下进行油炸脱水干燥的过程。油炸时油温一般采用 80～120℃，食品中水分汽化温度降低，能在短时间内迅速脱水，实现低温低压条件下对食品的油炸。此外，真空减压油炸具有以下特点：a. 温度低、营养损失小；b. 水分蒸发快、干燥时间短；c. 原料风味保留多、复水性好；d. 油耗少、产品耐贮藏。

（二） 影响油炸食品质量的因素

1. 油炸温度

油可以提供快速和均匀的导热。油炸传递的速率取决于油温与食品内部之间的温度差和食物的导热系数。将食品置于一定温度的热油中，食物表面温度迅速升高，水分汽化，表面出现一层干燥层，形成硬壳。然后，水分汽化层向食物内部迁移，当食物表面温度升至油温时，发生焦糖化反应，产生独特的油炸香味。

在油炸过程中，食物表面干燥层具有多孔结构，其空隙大小不等。油炸过程中水合水蒸气首先从这些大孔隙中逸出。由于油炸时食物表层硬化成壳，使其食物内部水蒸气蒸发受阻，形成一定的蒸气压，水蒸气穿透作用增强，致使食物快速熟化，因此油炸肉制品具有外脆里嫩的特点。

油炸有效温度一般控制在 100~220℃。手工生产通常根据经验来判断油温。根据油面的不同特征，可分为温油、热油、旺油。一般温油温度为 70~100℃，油面较平静、无青烟、无响声；热油温度为 100~180℃，油面微有青烟，四周向中间翻动；旺油温度为 180~220℃，油面冒青烟，仍较平静，搅动时有爆裂声；沸油温度达到 220℃以上，油面冒青烟，翻滚并伴有剧烈的爆裂声。掌握油温最好使用自动控温装置。

2. 油炸时间

油炸时间应根据成品的质量要求和原料的性质、切块大小、下锅数量的多少及油温来确定。只有恰当地掌握油炸时间，才能生产出产品，否则会出现产品不熟、不脆、不嫩、过焦等情况。

3. 油与肉的比例

油炸用油量的确定与产品的性质和质量要求及容器的形状有关，一般油：肉 =（1~3）：1，使油能够浸没原料肉即。

4. 煎炸油的品质

油炸一般选用熔点低、过氧化值低的新鲜植物油，如使用不饱和脂肪酸含量低的花生油、棕榈油。亚油酸含量低的葵花籽油，在油炸时可以得到较高的稳定性，未氢化的大豆油炸出的产品带有豆腥味，但若油炸后立即消费，异味并不大。如果大豆油先氢化去掉一些亚麻酸，更易被消费者接受。目前肉制品炸制用油主要是大豆油、菜籽油和葵花籽油。

（三）　肉在油炸过程中的变化

（1）油炸风味　人们已经鉴定了深度油炸中形成的多种挥发性物质，包括很多酸、醛、烃、酮、酯、内酯、芳香化合物及其杂环化合物等。

（2）油脂含量增加　油炸过程也就是原料内部的水分蒸发、油脂渗入的过程，油炸时原料细胞表面脱水，油分子就会进入细胞中的空隙，油脂增加 5%~15%。密度大的原料，干物质含量越大，原料含水量相对越小，油炸时油分子可占原料空间越小，产品的含油量就越低，反之则越高。

（3）有害物质的形成与减控　随着油炸时间的延长，煎炸油发生很多复杂的物理化学变化，如氧化反应、水解反应、聚合反应等，导致煎炸油品质劣化，且经过长期高温加热的油脂中由于油脂劣变，不仅破坏 B 族维生素，使维生素 A、维生素 E、维生素 D、维生素 K 及亚麻酸、亚油酸等必需脂肪酸氧化，还会使油脂颜色变深，黏度增加，导热下降，产生反式脂肪酸、多环芳烃、杂环胺等有害物质，更严重者，油脂会裂解形成醛基、羰基、酮基、羧基等化合物，产生哈败味、肥皂味、辛辣味、油腻味等刺鼻或不愉快的气味，影响油脂及油炸食品的感官品质。

1. 反式脂肪酸的形成

脂肪酸是构成三酰基甘油酯的基本结构之一，可以分为饱和脂肪酸和不饱和脂肪酸。后者又可根据不饱和键的数量不同，分为单不饱和脂肪酸和多不饱和脂肪酸。在饱和脂肪酸的碳链中不含有双键，碳原子间以单键相连，而不饱和脂肪酸中所含双键限制空间构型，使其可以因双键两侧碳原子所连的氢原子是否在同一侧而形成顺式结构（cis-，氢原子在同侧，碳链以盘旋结构构成空间构型）或反式结构（trans-，氢原子在异侧，碳链以直线结构构成空间构型），形成多种空间异构体。

反式脂肪酸（Trans Fatty Acid，TFA）是分子中至少含有一个反式双键的非共轭不饱和脂肪酸。一般天然的不饱和脂肪酸大多为顺式结构，但油脂在精炼和氢化的过程中，一部分双键被饱和，另一部分双键异构成反式构型而产生 TFA。在高温、长时间加热的条件下，不饱和脂肪酸双键旁边的碳失去一个氢，形成自由基，自由基发生共振，达到稳定的反式状态，这时自由基与氢自由基结合就形成了 TFA。

相关的实验研究和流行病学调查数据显示，相比于摄入相同数量的饱和脂肪酸，TFA 对人体危害更大，不仅对人体不利的低密度脂蛋白胆固醇（Low-density Lipoprotein，LDL）会增加，对人体有益的高密度脂蛋白（High-density Lipoprotein，HDL）还会降低，引起系统炎症及血管内皮功能障碍、心肌梗死，提高冠心病、动脉硬化及血栓等的患病风险。TFA 摄入量过多还可能会使脂肪细胞对胰岛素的敏感性下降，增大胰腺负担，容易诱发 II 型糖尿病，增加妇女患 II 型糖尿病的概率。TFA 可以抑制花生四烯酸的生物合成，干扰新生儿或儿童生长所必需的脂肪酸的组成结构及代谢，造成必需脂肪酸的缺乏，甚至影响到婴幼儿的正常生长发育。此外，TFA 可能与某些癌症的发生有一定关系，如乳腺癌、结肠癌等。

2. 多环芳烃的形成

温度是影响多环芳烃产生的重要因素。由于煎炸时温度较高，肉中脂肪等有机物质受热分解，也经环化、聚合而形成 PAH。反复使用油脂，PAH 在其中不断积累，对人体的危害更大，而商家为节省成本通常都会使用这种老油，或者将食物残渣过滤后仅添加部分新油，由其带来的健康风险不容忽视。

3. 杂环胺的形成

加工时间与温度是影响杂环胺形成的重要因素，加工温度越高，时间越长，产物的杂环胺就越多。

4. 油炸烟气中的 $PM_{2.5}$

食品在油炸过程中挥发的油脂、有机质及热氧化和热裂解产生的混合物形成了升高加工油烟。这些油烟在形态组成上包括颗粒物及气态污染物两类，其中颗粒物粒径较小。在物质组成上，油烟中含有大量的有机成分，如多环芳烃、杂环胺类化合物和甲醛等，这些物质多具有致癌、致畸和致突变性。研究表明，厨师等肺癌的发病率显著高于普通人群，这与经常接触油烟有着密切的关系。

5. 有害物质的减控

温度是多环芳烃、杂环胺等有害物质形成的重要因素，在油炸过程中，首先应控制好加工温度，使其保持在 150~180℃，最好不超过 200℃，其次应控制好油炸时间，采用经常间断煎炸的方法，火不要烧得过旺，油连续煎炸的时间不应超过 4h。同时，在使用中应除去油脂中的漂浮物和底部沉渣，减少使用次数，油炸一段时间后就应更换新油。此外，在需煎炸的鱼、肉外面抹上一层淀粉糊，减少可溶性有机物与油的接触和食材在油炸后的吸收量，也能有效预防致癌、致突变物质的形成。

六、　烟熏

熏制（Smoking）是肉制品加工的主要手段之一，其历史可以追溯到人类开始用火的时代。烟熏不但使肉制品获得了特有的烟熏色泽和风味，除去了一些肉制品中的异常风味，而且延长了贮藏期与货架期，因此在肉制品加工中占有重要地位。

（一）　烟熏的成分与作用

1. 熏烟的产生

熏烟主要是硬木不完全燃烧产生的。烟气实质上是由空气、水蒸气和没有完全燃烧的固体颗粒所形成的气-固溶胶系统。熏制的实质就是产品吸收木材分解产物的过程，因此木材的分解产物是烟熏作用的关键。木材在高温燃烧时产生烟气的过程可分为两步：第一步是木材的高温分解；第二步是高温分解产物的变化，形成环状或多环状化合物，发生聚合反应、缩合反应及形成产物的进一步热分解。

木材和木屑热分解时表面和中心存在着温度梯度，外表面正在氧化时内部却正在进行着氧化前的脱水，在脱水过程中外表面温度稍高于100℃，脱水或蒸馏过程中外逸的化合物有 CO、CO_2 及乙酸等挥发性短链有机酸。当木屑中心水分含量接近0时，温度就迅速上升到 300~400℃，发生热分解并出现熏烟。实际上，大多数木材在200~260℃时已有熏烟发生，温度达到260~310℃时则产生焦木液和一些焦油，温度再上升到310℃以上时则木质素裂解产生酚及其衍生物。

2. 熏烟的成分

已知的200多种烟气成分并不是熏烟中都存在，受很多因素影响，如木材种类、供氧量、燃烧温度等。一般来讲，硬木特别是果木风味较佳，经常使用，而软木、松叶类因树脂含量较多，燃烧时产生大量黑烟，使肉制品表面发黑，并含有多萜烯类的不良气味，不宜使用。熏烟中包含固体颗粒、液体小滴和各种气体，气相大约占总体含量的10%，包括具有致癌性的固体颗粒（煤灰）、多环烃和焦油等。水溶性部分大都是有用的熏烟成分，对生产液态烟熏制剂具有重要的意义，熏烟成分还可受温度和静电处理的影响，在烟气进入熏室内之前通过冷却烟气，可去除一部分高沸点成分，如焦油、多环烃等；将烟气通过静电处理，可以分离出固体颗粒。具体来说，熏烟中包括酚类、有机酸、醇类、羰基化合物、烃类及一些气体物质。

（1）酚类　从木材熏烟中分离出来并经鉴定的酚类达20种，如愈创木酚（邻甲氧基苯酚）、4-甲基愈创木酚、4-乙基愈创木酚、邻位甲酚、间位甲酚、对位甲酚、4-丙基愈创木酚、香兰素（烯丙基愈创木酚）2，5-双甲氧基-4-丙基酚、2，5-双甲氧基-4-乙基酚、2，5-双甲氧基-4-甲基酚。酚类有三种作用：抗氧化作用、呈色呈味作用和抑菌防腐作用。值得注意的是，酚类具有较强的抑菌能力，然而熏烟成分渗入制品深度有限，主要对制品表面的细菌有抑制作用。

（2）有机酸　熏烟中存在含1~10个碳原子的简单有机酸，其中含1~4个碳原子的酸为气相，常见的为蚁酸、乙酸、丙酸、丁酸和异丁酸，而含5~10个碳原子的长链有机酸多附着在固体微粒上，常见的有戊酸、异戊酸、己酸、庚酸、辛酸、壬酸和癸酸。有机酸对熏烟制品的风味影响不大，聚积在产品表面，使产品具有微弱的防腐作用。

（3）羰基化合物　熏烟中存在大量的羰基化合物，现已确定的化合物有20种以上：甲醛、2-戊酮、戊醛、2-丁酮、丁醛、丙酮、丙醛、丁烯醛、乙醛、异戊醛、丙烯醛、异丁醛、丁二酮（双乙酰）、3-甲基-2-丁酮、3，3-二甲基丁酮、4-甲基-3-戊酮、2-酮甲基戊醛、2-己酮、3-己酮、5-甲基糠醛、丁烯酮、糠醛、异丁烯醛、丙酮醛等。与有机酸一样，它们既存在于气相组分内，也存在于熏烟内的颗粒上。其中简单短链气相组分虽然较固体组分少，但由于其有着非常典型的烟熏风味，而且能和胺基化合物发生美拉德反应，形成典型的烟熏色泽。

（4）醇类 木材熏烟中醇的种类繁多，最常见、最简单的醇是甲醇。由于它是木材分解蒸馏中主要产物之一，因此又称木醇。此外，还含有伯醇、仲醇和叔醇等，但它们常被氧化成相应的酸。醇类对色、香、味不起作用，仅成为挥发性物质的载体，杀菌能力较弱。

（5）烃类 从烟熏食品中能分离出多种多环芳烃类物质，无防腐作用，也不能产生特有的风味，它们通常附在熏烟颗粒上，可通过过滤除去。其中包括芘、苯并蒽、二苯并蒽及4-甲基芘等，其中3，4-苯并芘和二苯并蒽是已经经过动物实验证明的强致癌物质。波罗的海渔民和冰岛居民习惯以烟熏鱼作为日常食品，他们的癌症发病率比其他地区高，进一步表明这类化合物有导致人体发生癌症的可能性。

（6）气体物质 熏烟中产生的气体物质如 CO_2、CO、N_2、N_2O 等，其作用还不甚明了，大多数对熏制无关紧要。CO 可能被吸收到鲜肉的表面，形成 CO-肌红蛋白而使产品产生亮红色，NO 可在熏制时形成亚硝胺或亚硝酸，碱性条件则有利于亚硝胺的形成，但还没有证据证明熏制过程会发生这些反应。

3. 熏烟的沉积和渗透

熏烟过程中，熏烟成分最初在表面沉积，随后各种熏烟成分向内部渗透，使制品呈现特有的色、香、味，影响熏烟沉积量的因素有食品表面的含水量、熏烟的密度、烟熏室内的空气流速和相对湿度。一般食品表面越湿润，熏烟的密度越大、气流速度越低，熏烟的沉积量越大，但湿度过大时不利于色泽的形成。实际操作中要求既能保证烟熏和食品的接触，又不致使密度明显下降，常采用 7.5～15m/min 的空气流速。影响烟熏成分渗透的因素是多方面的，包括熏烟成分、浓度、温度，产品组织结构、脂肪和肌肉的比例，水分含量、熏制方法和时间等。

4. 熏烟的作用

总体来说，烟熏能够增加食品的色泽和风味，延长食品的保质期，具体来讲有以下 5 个方面的作用。

（1）呈味 熏烟中的醛、酯、酚类等物质能沉积在产品表面积表层肉中，特别是酚类中的愈创木酚和4-甲基愈创木酚是最重要的风味物质，赋予产品诱人的烟熏风味。

（2）发色 对于色泽，一方面，木材烟熏时产生的羰基化合物和蛋白质或其他含氮物中的游离氨基发色美拉德反应，使产品从鲜肉的红褐色变成金黄至棕黑色；另一方面，随着烟熏的进行、肉温提高，加速了一氧化氮血色原形成稳定的颜色。另外，还会因受热有脂肪外渗而起到润色作用。色泽的形成常因燃料种类、熏烟浓度、树脂成分及含量、加热温度及被熏食品水分含量的不同而有所差异。例如，以山毛榉作熏材，肉品呈金黄色，用赤杨、栎树作熏材，肉品呈深黄色或棕色；食品表面干燥时色淡，潮湿时色深；温度较低时呈淡褐色，温度较高时则呈深褐色。

（3）干燥 肉制品在烟熏时会失去部分水分，使组织结构致密，特别是制品表面蛋白质干燥凝固时能形成一层薄薄的硬皮，抑制微生物的侵入、生长和繁殖。

（4）杀菌　烟熏时大肠杆菌、葡萄球菌等热敏感细菌受热死亡，同时熏烟中的有机酸、醛类和酚类等物质具有杀菌能力，具有较好的贮藏性。

（5）抗氧化　熏烟中许多成分具有抗氧化作用，特别是酚类物质如邻苯二酚及其衍生物等，能延长产品的货架期。

（二）烟熏方法

1. 冷熏法

将原料经过较长时间的腌制，然后吊挂在离热源较远处，经低温（30℃以下）长时间（4~7d）熏干的方法称为冷熏法。适宜在冬季进行，夏季由于气温较高，因此温度难以控制。冷熏法生产产品的水分含量在40%左右，贮藏性好，但风味不及温熏制品。其主要用于干制香肠、带骨火腿及培根的熏制。

2. 温熏法

温熏法是将原料置于添加适量食盐的调味液中短时间浸渍，然后在比较接近热源之处，用较高温度（30℃以上）烟熏的方法，进一步可细分为中温温熏和高温温熏两种。

（1）中温温熏法　30~50℃熏制1~2d，熏制时注意控制温度缓慢上升。产品质量损失少，风味好，但此温度条件下有利于微生物的繁殖，耐贮藏性较差。常用于脱骨火腿、通脊火腿及培根的加工。

（2）高温温熏法　50~90℃熏制4~6h。产品在较短时间内即可获得烟熏色泽和风味，应用广泛，特别是灌肠类产品。熏制时注意控制上升速度，否则发色不均匀。

3. 焙熏法

又称熏烤法，90~120℃熏制1h左右，包含蒸煮或烤熟的过程。产品在熏制过程中完成熟制，不需要重新加工即可食用，耐贮藏性很差，应及时食用。

4. 电熏法

在烟熏室配上电线，电线上吊挂原料后，在送烟的同时通以10~20kV高压直流或交流电，把产品本身作为电极放点。熏烟颗粒由于放电而带有电荷，能快速深入产品内部，缩短烟熏时间，增进风味，延长产品的贮藏期。但由于烟附着不均匀，产品尖端沉积熏烟较多，中部较少，设备成本较高，因此电熏法至今尚未普及。

5. 液熏法

液熏法是将木材在烟熏、干馏过程中所产生的风味物质进行收集加工所制成的烟熏液，或经过复配制得的烟熏液应用于产品的制作中。此方法目前已在国内外广泛使用，代表着烟熏技术的先进发展方向。

和天然熏烟相比，液熏法具有不少优点：采用浸渍或喷洒方式时不再需要熏烟发生器，减少大量投资费用；产品重复性较好；制得的液态烟熏制剂中固相成分已去除，致癌风险大大降低。

（三）传统烟熏的危害和有害物质的减控

1. 传统烟熏的危害

传统方法简单易行，易污染环境，若管理不当，容易形成火灾。此外，烟的产生和使用不便，熏制不均匀，熏制时间长，且很难实现机械化连续化生产。更重要的是，在形成烟熏风味和色泽的同时，产品受到了许多有害物质的污染。

（1）多环芳烃的污染　多环芳烃是指两个以上苯环连在一起的化合物，主要是由于有机物质的不完全燃烧产生的。已查出的 500 多种主要致癌物中，有 200 多种属于多环芳烃。其中 3，4-苯并芘是多环芳烃中的代表，不仅毒性最大，对兔、豚鼠、大鼠、鸭、猴等多种动物均能引起胃癌，也可经胎盘使子代发生肿瘤，在多环芳烃中所占比例还较大，被用作多环芳烃总体污染的标志。

（2）甲醛的污染　甲醛是细胞原生质毒物，直接作用于氨基、巯基、羟基及羧基，生成次甲基衍生物，破坏机体的蛋白质和酶类。近年来，由于甲醛被发现对眼睛及上呼吸道的毒性，甚至引发鼻窦癌、白血病，引起了人们的广泛关注。美国环境保护署确立了甲醛的每日最大参考剂量为 0.2mg/kg，高于此值时对健康造成不利影响的风险会增加。在烟熏过程中，木材在缺氧状态下干馏会生成甲醇，甲醇可以进一步氧化成甲醛，吸附聚集在产品表面。研究表明，传统熏肉制品表面也含有大量的甲醛，表层的甲醛含量为 21~124mg/kg，内部的甲醛含量为 8~22mg/kg。

2. 有害物质的减控

烟熏法具有杀菌防腐、抗氧化剂增进食品色、香、味品质的优点，因而在肉类、鱼类食品中广泛采用。但如果采用工艺技术不当，烟气中的有害成分会污染食品，危害人体健康，因此，必须采取措施减少熏烟中有害成分的产生及对制品的污染，以确保产品的食用安全。

（1）控制发烟温度　发烟温度直接影响 3，4-苯并芘的形成。温度低于 400℃时有极微量的 3，4-苯并芘产生，高于 400℃时，便形成大量的 3，4-苯并芘。因此，控制好发烟温度，使熏材轻度燃烧，对降低致癌物是极为有利的。一般认为理想的发烟温度为 340~350℃，既能达到烟熏目的，又能降低毒性。

（2）过滤熏烟　3，4-苯并芘分子比烟气成分中其他物质的分子要大得多，大部分附着在固体微粒上。因此，可通过过滤、冷气淋洗及静电沉淀等处理后，阻隔 3，4-苯并芘，而不妨碍烟气有益成分渗入制品中，达到烟熏目的。其有效措施是使用肠衣，特别是人造肠衣，如纤维素肠衣，对有害物质有良好的阻隔作用。

（3）采用液熏法　前已所述，液态烟熏制剂制备时，一般用过滤等方法已除去了焦油小滴和多环烃。因此，液熏法的使用是目前的发展趋势。

（4）食用时去除表层焦黑部分　多环芳烃和甲醛等有害物质对产品的污染部位主要集中在表层，特别是焦黑的煤焦油中。因此，食用时去除表层焦黑部分，能大大减少有害物质的摄入。

七、 罐藏原理与方法

罐藏食品（或罐头，Canned Food）是指将符合标准要求的原料经处理、调味后，装入金属罐、玻璃罐、软包装材料等容器，再经排气密封、杀菌、冷却等过程制成的一类食品。罐头食品的加工就是要杀灭密封的罐头食品中的腐败菌和致病菌。

（一） 食品 pH 与腐败菌的关系

微生物能否在罐藏食品中存活与生长，取决于微生物自身特性、食品的酸度及其化学成分和杀菌温度和时间等。在罐头食品中存活并生长而导致罐头食品腐败变质的微生物称为腐败菌（Spoilage Bacteria）。由于各种微生物都有自己的适宜生长条件，随着罐头食品种类、性质、加工和贮藏条件的不同，罐内腐败菌群是不相同的，可以是细菌、酵母或霉菌，也可以是多种微生物的混合物。

自然界食品种类繁多，不同类型的罐藏食品原料的 pH 存在明显差异。按照罐藏食品 pH

的不同，可分为低酸性食品（pH>5.0）、中酸性食品（pH4.6~5.0）、酸性食品（pH3.7~4.6）和高酸性食品（pH<3.7）四类。鱼肉类罐头食品属于低酸性或中酸性食品，导致低酸性罐藏食品变质的腐败菌（表6-1）主要是嗜热脂肪芽孢杆菌、嗜热解糖梭状芽孢杆菌、致黑梭状芽孢杆菌、肉毒梭状芽孢杆菌（A型和B型）以及生芽孢梭状芽孢杆菌等。肉毒梭状芽孢杆菌是低酸性食品中重要的致病菌，其在pH4.6以上、罐藏缺氧条件下生长时会产生致命的外毒素，而在pH<4.6时其生长和产毒受到抑制。因此，肉毒梭状芽孢杆菌只有在pH>4.6的罐头食品中才可能生长并危害人体健康，故低酸性食品罐头杀菌时必须将其全部杀死。

在低酸性罐头食品中还存在生芽孢梭状芽孢杆菌PA3679，其腐败特征与肉毒梭状芽孢杆菌相似，但其耐热性比后者更强，不产毒素。因此，常选用这种芽孢杆菌作低酸性食品罐头杀菌试验的对象菌。

表6-1　　　　　　　　　　　　　　罐头食品的分类及其常见的腐败菌

食品分类及pH范围	腐败菌温度习性	腐败菌类型	罐藏食品腐败类型	腐败特征	腐败菌的耐热性	常见腐败对象（食品）
低酸性食品和中酸性食品（pH4.6以上）	嗜热菌	嗜热脂肪芽孢杆菌	平盖酸坏	产酸（乳酸、甲酸、乙酸）不产气或产微量气体，不胀罐，但食品有酸味	$D_{121.1℃} = 4.0~50min$	青豆、青刀豆、芦笋、蘑菇、红烧肉、卤猪舌
		嗜热解糖梭状芽孢杆菌	高温缺氧发酵	产气（$CO_2 + H_2$），不产H_2S，胀罐、产酸（酪酸），食品有酪酸味	$D_{121.1℃} = 30~40min$	芦笋、蘑菇、蛤
		致黑梭状芽孢杆菌	致黑（或硫臭）腐败	产生H_2S，平盖或轻胖，有硫臭味，食品或罐壁有黑色沉积物	$D_{121.1℃} = 20~30min$	青豆、玉米
	嗜温菌	肉毒梭状芽孢杆菌（A型和B型）	氧腐败	产毒素、产酸（酪酸），产气（H_2S），胀罐，食品有酪酸味	$D_{121.1℃} = 6~12s$（或0.1~0.2min）	肉类、肠制品、油浸鱼，青刀豆、芦笋、青豆和蘑菇
		生芽孢梭状芽孢杆菌		不产毒素，产酸、产气（H_2S），明显胀罐、有臭味	$D_{121.1℃} = 6~40s$（或0.1~1.5min）	肉类、鱼类

续表

食品分类及 pH 范围	腐败菌温度习性	腐败菌类型	罐藏食品腐败类型	腐败特征	腐败菌的耐热性	常见腐败对象（食品）
酸性食品（pH3.7~4.6）	嗜温菌	耐酸热解芽孢杆菌（或凝结芽孢杆菌）	平盖酸坏	产酸（乳酸）、不产气、不胀罐，变味	$D_{121.1℃} = 1~4s$（或 0.01~0.07min）	番茄及番茄制品（番茄汁）
		巴氏固氮梭状杆菌	缺氧发酵	产酸（酪酸）、产气（CO_2 + H_2），胀罐，有酪酸味	$D_{100℃} = 6~30s$（或 0.1~0.5min）	菠萝、番茄
		酪酸梭状芽孢杆菌				番茄
		多黏芽孢杆菌	发酵变质	产酸、产气，也产丙酮和酒精，胀罐	$D_{100℃} = 6~30s$（或 0.1~0.5min）	水果及其制品（桃、番茄）
		软化芽孢杆菌				
高酸性食品（pH 3.7 以下）	非芽孢嗜温菌	乳酸菌明串珠菌		产酸（乳酸）、产气（CO_2）、胀罐	$D_{100℃} = 0.5~1.0min$	水果、梨、果汁
		酵母		产酒精、产气（CO_2），有的食品表面形成膜状物		果汁、酸渍食品等
		霉菌（一般）	发酵变质	食品表面生长霉菌		果酱、糖浆水果
		纯黄丝衣霉、雪白丝衣霉		分解果胶、发酵糖产生 CO_2，胀罐	$D_{100℃} = 1~2min$	水果

资料来源：天津轻工业学院等.食品工艺学（上册），1993。

（二）水产罐头食品腐败变质现象及其腐败菌

罐头食品在贮运过程中，常会因罐头密封不完全、杀菌不足等原因而出现胀罐、平盖酸坏、黑变和发霉等腐败变质现象，甚至会导致食物中毒。

1. 胀罐

胀罐（Swelling）是指罐头底盖不像正常情况下呈平坦或内凹状，而出现外凸的现象。玻璃罐则会出现跳盖现象。胀罐并不一定是微生物生长繁殖的结果。根据形成胀罐的原因，可将其分为假胀罐、氢胀罐和细菌性胀罐三种类型。假胀罐一般是因食品装量过多或罐内真空度过低所造成，一般杀菌后就会出现。氢胀罐是因罐内食品酸度太高、内壁腐蚀，锡、铁溶解产生氢气，大量氢气聚集在顶隙中而引起的胀罐现象，一般要在杀菌、贮藏一段时间后才会出现。细菌性胀罐则是微生物生长繁殖所引起的胀罐，是工厂中最常见的一种胀罐现象。水产罐头食品多是低酸性食品，引起水产罐头胀罐的原因主要是杀菌不足或罐头裂漏所引起的细菌性胀罐。

低酸性食品罐头胀罐时常见腐败菌多为专性厌氧嗜热芽孢杆菌和厌氧嗜温芽孢菌类。在专性厌氧嗜热芽孢杆菌一类中常见的是嗜热解糖梭状芽孢杆菌，其最适生长温度为55℃，温度低于32℃时则生长缓慢，因此在罐内残留有该菌芽孢、环境温度高时，该菌就会快速繁殖而导致食品腐败变质。在厌氧嗜温芽孢菌一类中常出现的腐败菌有肉毒杆菌、生芽孢梭状芽孢杆菌、双酶梭状芽孢杆菌和溶组织梭状芽孢杆菌。酸性食品罐头胀罐时常见的腐败菌有巴氏固氮梭状芽孢杆菌、酪酸梭状芽孢杆菌等专性厌氧嗜温芽孢杆菌，该类细菌的耐热性虽不高，但在酸性罐头食品中常因杀菌不足而残留下来，导致罐头的腐败。高酸性食品罐头胀罐时常见的腐败菌是小球菌、乳杆菌、明串珠菌等非芽孢杆菌，其原因是杀菌不足。

2. 平盖酸败

平盖酸败（Flat Sour Spoilage）的罐头外观一般正常，但内容物已在细菌活动下发生变质，呈轻微或严重酸味，其 pH 下降至 0.1~0.3。通常将导致罐头食品平盖酸败的微生物称为平酸菌（Flat Sour Bacteria），其大多数为兼性厌氧菌。平酸菌能将碳水化合物分解，产生乳酸、甲酸、乙酸等有机酸类而使食品酸败，但不产生气体，所以罐头外观正常，不能从外观和敲检加以区分，只有通过开罐观察或经细菌分离培养才能确定。

低酸性食品罐头中常见的平酸菌主要是嗜热脂肪芽孢杆菌（*Bacillus stearothermophilus*），其耐热性强，能在 49~55℃下生长，最高生长温度则高达 65℃。酸性食品罐头中常见的平酸菌为嗜热酸芽孢杆菌（*Bacillus thermoacidurans*），其能在 pH4.0 或略低的介质中生长，最适生长温度 45℃，最高生长温度 54~60℃，是番茄制品中常见的腐败菌。在中酸性食品中，嗜热酸芽孢杆菌也能生长。

3. 黑变或硫臭腐败

黑变或硫臭腐败（Sulphide Spoilage）是由致黑梭状芽孢杆菌（*Clostridium nigrificans*）分解含硫蛋白质并产生唯一的 H_2S 气体所引起的结果，常见于水产、肉禽等罐头食品中。H_2S 与罐内壁上的 Fe 反应生成黑色的 FeS 并沉积于罐内壁或食品上，而使食品发黑并呈硫臭味。致黑梭状芽孢杆菌能在 35~70℃生长，适宜生长温度 55℃，其芽孢的耐热性低于平酸菌和嗜热厌氧腐败菌的。因此，只有在杀菌严重不足时，罐头食品才会出现硫臭腐败。

此外，罐头食品中还可能存在产毒菌。产毒菌在食品中生长繁殖时会分泌出外毒素而危及人体健康。能在水产罐头食品中残留并产毒的细菌种类不多，主要为肉毒梭状芽孢杆菌、霍乱弧菌、副溶血性弧菌、单核增生李斯特菌、沙门菌、志贺菌、金黄色葡萄球菌等。肉毒梭状芽孢杆菌的耐热强，其余菌均不耐热。为避免食物中毒，罐头食品杀菌时多用肉毒梭状芽孢杆菌作为杀菌对象。肉毒梭状芽孢杆菌、金黄色葡萄球菌等产毒菌除了在罐内生长产生毒素外，还可能在装罐前污染原料，因此，除采用适当杀菌措施确保罐头食品无产毒菌存在外，还需要避免将污染了产毒菌的原料用于罐头食品加工。

🔍 **思考题**

1. 常用来干制水产品的方法有哪些？它们各自的适用范围是什么？
2. 熏制的作用是什么？烟熏制品加工的关键技术有哪些？
3. 传统加工方式的缺陷是什么？如何有效降低有害物质的生成？

参 考 文 献

[1]董全,黄艾祥．食品干燥加工技术[M]．北京:化学工业出版社,2007.
[2]彭增起,毛学英,迟玉杰．新编畜产食品加工工艺学[M]．北京:科学出版社,2018.

第七章

CHAPTER

7

鱼糜及鱼糜制品

[学习目标]

　　了解鱼糜制品的种类、工艺流程和工艺操作要点；掌握鱼糜制品的凝胶形成理论；掌握鱼糜制品的品质变化以及质量控制技术。

第一节　鱼糜加工工艺

　　鱼糜是我国的传统产品，在中国烹饪史上相传已久。后来传到日本，鱼糜加工技术得到迅速发展。鱼糜是将鱼肉经采肉、漂洗、脱水和加入抗冻剂等工序而制成的肌原纤维蛋白，是用于各类鱼糜制品生产的半成品。

　　由于冷冻导致鱼肉蛋白质的变性而降低了加工性能，因此鱼糜作为加工原料只能冷藏几天。然而抗冻剂的问世，解决了原料鱼肉蛋白质冷冻变性问题，为冷冻鱼糜的生产提供可能性，为鱼糜制品加工业提供质量稳定、品质优良的加工原料。冷冻鱼糜和传统鱼糜不同，它是将鱼肉经采肉、漂洗、脱水等工序加工后，又在这种脱水肉中加入糖类、多聚磷酸盐等防止蛋白质冷冻变性的添加物，在低温条件下能够较长时间地贮藏的新型原料。冷冻鱼糜可直接在海上或原料基地生产。由于原料鱼鲜度好，冷冻鱼糜可达到高质量，而且鱼糜制品或冷冻食品的生产厂家可不受地点、季节的限制，随时能得到质量一致，规格化的原料，做到均衡生产。

　　大规模的鱼糜加工起源于日本，然后传入美国和韩国。美国鱼糜产量的提高，降低了日本在世界产量中的比例。近年来，全球鱼糜的年产量保持在 400 万 t 左右，中国、美国和日本是全球主要鱼糜生产与消费国，其中中国产量已超过 140 万 t，美国约为 80 万 t，日本约为 50 万 t，韩国约为 30 万 t，东南亚地区约为 55 万 t，欧洲的西班牙和法国也是鱼糜产量和消费量较大的国家。鱼糜工业主要利用鳕鱼生产鱼糜，占 50%~70%，但其所占比例连续下降，多线鱼等其他鱼类比例在逐步增加，淡水鱼中的鲢鱼等鱼种也被成功利用。

　　目前，鱼糜的主要商品形式是冷冻鱼糜，生产冷冻鱼糜的国家和地区主要有日本、韩国、泰国等。日本市场上销售的冷冻鱼糜原料有添加5%～8%的糖和约0.2%磷酸盐的无盐鱼糜，以及添加约10%的糖和2.0%～2.5%的食盐的加盐鱼糜。国内一般添加比例为白砂糖5%（或山梨醇4%），多聚磷酸盐0.25%。

鱼糜加工工艺流程（图7-1）为：

第一种工艺：原料鱼去头去内脏 → 清洗 → 除鳞 → 清洗 → 采肉 → 漂洗 → 回转筛滤水 → 脱水 → 立式精滤机精滤 → 添加剂搅拌 → 成型 → 冷冻

第二种工艺：原料鱼清洗 → 去头去内脏 → 半成品清洗 → 除鳞 → 清洗 → 采肉（二次采肉）→ 第一次漂洗 → 回转筛滤水 → 第二次漂洗 → 回转筛滤水 → 卧式精滤机精滤 → 脱水 → 添加剂搅拌 → 成型 → 冷冻

一、 原料选择

通过鱼糜加工技术的改善，现在可用作鱼糜的原料品种有100余种。一般选用白肉鱼类如白姑鱼、梅童鱼、海鳗、狭鳕、蛇鲻等做原料，生产的制品弹性和色泽较好。红色鱼肉制成的产品白度和弹性不及白色鱼肉，但实际生产中由于红色鱼类如鲐鱼和沙丁鱼等中上层鱼类的资源很丰富，仍是重要的加工原料，所以还是要充分利用并在工艺上改进，提高其弹性和改善色泽。目前，世界生产鱼糜的原料主要有沙丁鱼、狭鳕、非洲鳕、白鲹等。随着渔业捕捞量的增加，海洋鱼类产量开始出现下降趋势，这种变化必将引起鱼糜产量的下降。淡水鱼如鲢鱼、鳙鱼、青鱼和草鱼等具有产量高、肉质白嫩、含脂少、易于消化的特点，也是制作鱼糜的优质原料。淡水鱼鱼糜具有良好的营养价值，其加工制品具有很高的经济价值，并且能产生良好的社会效益。另外，根据各地区群众的喜好，对鱼种的选择和配合都有不同要求，需因地制宜，灵活掌握。

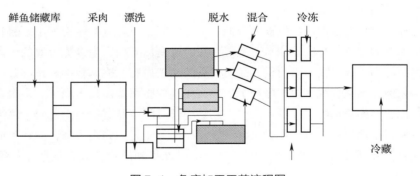

图7-1　鱼糜加工工艺流程图

二、 预处理

目前原料鱼处理基本上采用人工方法。对于鲜活鱼，最好用清水先暂养3～4h，让其排出内脏中的污物。还需洗涤原料鱼，除去表面附着的黏液和细菌，可以很大程度地减少鱼糜及其制品的腥味，使细菌减少80%～90%。然后去鳞或皮，去头，去内脏。剖割方法有两种：一种是背割，即沿背中部往下剖；另一种是切腹，即从腹部中线剖开。再用水清洗净腔内残余内脏、血污和黑膜，这一工序必须将原料鱼清洗干净，否则内脏会产生令人不适的气味，缩短货架期。内脏或血液中存在的蛋白酶会对鱼肉蛋白质进行部分分解，影响鱼糜制品的弹性和质量。清洗一般要重复 2~3 次，水温控制在 10℃ 以下，以防止蛋白质变性。国外在海船上加工，鱼体的处理已采用切头机、除鳞机、洗涤机和剖片机等综合机器进行自动化加工，国内一些企业陆续配备这些设备，大大提高了生产效率。

三、 采肉

目前采肉均使用了高效率的采肉机，即用机械方法将鱼皮、骨去除，把鱼肉分离出来。采肉机根据采肉原理大致可分为滚筒式、圆盘压碎式和履带式。国内使用较多的是滚筒式采肉机，依靠转动的滚筒与环形橡胶皮带之间的挤压作用，把鱼肉从滚筒网眼中挤入滚筒内部，而骨刺和鱼皮留在滚筒表面，从而达到分离目的。

鱼可以先去头、去内脏，也可以先切成鱼片后进行采肉。前一种方法可以保证鱼肉得率，但必须把内脏清洗干净，否则影响鱼糜品质。采肉时温度控制在 10℃ 以下。

采肉机滚筒上网眼的孔径有 3~5mm 的规格，孔径在 3~4mm，采肉得率和肉品质较好。当孔径 > 5mm，采肉率较高，但降低了后序的漂洗效率。当孔径 <3mm，漂洗效率提高了；鱼肉纤维受到损伤，在漂洗中流失较多，影响鱼糜得率。鱼的大小和质构影响网眼直径的选择。用红身鱼类如鲐鱼、沙丁鱼制作鱼糜时，由于红色肉在鱼体肌肉组织中是由表及里呈梯形分布的，一般通过降低采肉率来控制红色肉的混入量。采肉机一般不能一次性把鱼肉采取干净，即在骨肉中仍留下部分鱼肉。可进行第二次采肉，称为二道肉，色泽较深，碎骨较多。两次采得的鱼肉不宜混合，应分别存放。生产冷冻鱼糜必须采用第一次采得的鱼肉，第二次采得的鱼肉一般作为油炸制品的原料。

四、 漂洗

漂洗是指用水或盐水等对从采肉机采下的鱼肉进行清洗，可以除去鱼肉中水溶性蛋白质、色素、气味物质、脂肪和无机盐类等杂质，提高产品的弹性和白度。它是鱼糜生产的重要工艺，尤其对红身鱼肉及鲜度较差的鱼肉更是必不可少的工序，对提高鱼糜制品质量及保藏性能起到很大的作用。

漂洗方法为清水漂洗和稀碱盐水漂洗两种，根据鱼类肌肉性质选择漂洗方法。一般白色肉类直接用清水漂洗，红色肉中上层鱼类鲐鱼、远东拟沙丁鱼等用稀碱盐水漂洗，以有效防止蛋白质冷冻变性，增强鱼糜制品弹性。

清水漂洗主要用于白身鱼肉，如狭鳕、海鳗、白姑鱼、带鱼、鲢鱼等，介于白身鱼肉与红身鱼肉之间的鱼类也可使用此法。根据需要按比例将水注入漂洗池与鱼肉混合，鱼：水 = 1 :（5~10），慢速搅拌，使水溶性蛋白等充分溶出后静置，使鱼肉充分沉淀，倾去表面漂洗液，再按上述比例加水漂洗重复几次。清水漂洗法会使鱼肉肌球蛋白充分吸水，造成脱水困难，通常最后一次漂洗采用 0.15% 食盐水进行，以使肌球蛋白脱水。

稀碱盐水漂洗主要用于多脂红身鱼类。先用清水漂洗 2~3 次，再以鱼：稀碱盐水 = 1 :（4~6）漂洗 5 次左右，稀碱盐水由 0.1%~0.15% 食盐水溶液和 0.2%~0.5% 碳酸氢钠溶液混合而成。

漂洗用水一般为自来水，避免使用富含钙镁等离子的高硬度水及富含铜铁等重金属离子的地下水。漂洗用水可用臭氧或紫外线进行消毒，其 pH 必须接近于鱼肉僵直前的 pH，范围为 6.8~7.0，水温一般控制在 10℃ 以下。

一般来讲，漂洗用水量和次数与鱼糜质量成正比，用水量和漂洗次数视原料鱼特性、新鲜度及产品质量要求而定，鲜度好的原料漂洗用水量和次数可降低，甚至可不漂洗，生产质量要求不高的鱼糜制品，可降低漂洗用水量和次数。一般对鲜度极好的大型白身鱼肉可不漂洗。

影响漂洗效率的因素很多，除了水肉比和鱼的新鲜度，还有漂洗容器的形状、搅拌桨叶速度和形状、水温等。一般选用方形不锈钢容器，水平装置搅拌桨片，获得高漂洗效率；桨叶最适搅拌速度由不同的器械而定，过快会造成升温以及脱水的困难。

鱼肉通过漂洗在去除杂质的同时也洗除了其中的呈味成分，并降低了得率。因此，目前国内不少水产品加工企业，尤其是淡水鱼加工，改用漂洗鱼片的方法，既达到漂洗的目的，又减少鱼肉的损耗。

五、 脱水

鱼肉经漂洗后含水量较多，必须进行脱水，使鱼肉水分含量在 80%~82%。太低的水分增加成本，而过多脱水容易造成鱼肉升温，引起蛋白质变性。脱水方法有两种：一种是用螺旋压榨机除去水分，工业上用的螺旋压榨机孔径一般为 0.5~1.5mm；另一种是用离心机离心脱水，少量鱼肉可放在布袋里绞干脱水。

漂洗过程中，鱼肉逐渐吸水膨胀，造成其脱水困难，这时可添加少量食盐，将离子强度调节到 0.02~0.05，使鱼肉的膨胀得到抑制。在实际生产过程中，普遍使用的盐水浓度为 0.3%。

温度越高，越容易脱水，脱水速度越快，但蛋白质易变性。从实际生产工艺考虑，温度在 10℃ 左右较理想。

pH 在 5.0~6.0 时鱼肉脱水性最好，但在此 pH 范围时鱼糜凝胶特性最差，不宜采用。根据经验，白身鱼类在 pH6.9~7.3，多脂红身鱼类在 pH6.7 脱水效果较好。

六、 精滤

精滤是用精滤机除去残留在鱼肉中的细碎鱼皮、碎骨头、结缔组织等杂质，加工中可以先脱水后精滤，也可以精滤后脱水。工艺处理的变动并不影响鱼糜的质量，只是在级别上有区别。即先精滤有利于鱼糜的分级；先脱水后精滤，就不必分级，因精滤分级机的性能可在鱼肉水分充裕、柔软的条件下才可进行鱼肉分级处理，脱水后精滤，只有一种等级。

精滤机除去的蛋白杂质主要为结缔组织蛋白。最初的 15%~20% 精滤鱼肉含杂质较多，需再次精滤，并用于生产低级鱼糜。过滤网孔直径大小和旋转速度影响精滤效率。过滤网孔直径有 1.5~1.7mm 的规格，红身鱼肉所用过滤网孔直径为 1.5mm，白身鱼肉应用直径为 0.5~0.8mm 的过滤网。由于漂洗脱水后的鱼肉水分少、肉质较硬，机器在运行中，易于与鱼肉摩擦生热，降低精滤效能，同时引起鱼肉蛋白变性。因此，精滤分级过程中必须经常向冰槽中加冰，使鱼肉温度保持在 10℃ 以下。

七、 混合

混合是指将经过精滤脱水后的鱼肉在混合机中与定量的添加物混合均匀的操作，一般使用斩拌机。先把一定量的脱水鱼肉投入搅拌机内，在其运转时，将添加物投入混匀。生产冷冻鱼糜，需添加蛋白抗冻剂，如果不加抗冻剂，鱼糜在-20℃贮藏，蛋白质发生冷冻变性成海绵状，不能成为鱼糜制品的原料。

在冷冻鱼糜制造中经常使用的蛋白质抗冻剂有糖类、多聚磷酸盐等。一般而言，糖类分子结构中的—OH基团数越多，对冷冻变性的防止效果也越好。糖类并非和蛋白质分子直接结合，也非取代蛋白质分子表面的结合水而发挥作用，而是通过改变蛋白质中水的存在形式和部位状态，间接地对蛋白质起作用，如增加水的表面张力和结合水的含量，从而防止水分子与蛋白质分离，使蛋白质稳定。糖类对鱼肉蛋白质的变性防止效果与蛋白含量无关，只决定于添加的糖类的摩尔浓度。蔗糖和山梨醇属于有明显抗冷冻变性效果的糖类，由于两种糖类还具有一定的调味作用，来源广，价格低，鱼糜加工中应用广泛。

为了有效防止鱼糜蛋白质的冷冻变性，在添加糖类的同时，一般还要添加复合磷酸盐。在添加效果上，以焦磷酸钠（$Na_4P_2O_7$）和三聚磷酸钠（$Na_5P_3O_{10}$）最佳。复合磷酸盐的作用则表现为：①添加复合磷酸盐提高鱼糜离子强度、螯合金属离子 Ca^{2+}、Mg^{2+} 等，使蛋白质的羧基等极性基团暴露，容易形成吸水的溶胶，有利于制品弹性的形成。②提高鱼糜 pH 并使其保持在中性，肌原纤维蛋白的冷冻变性在中性时最小，鱼肉蛋白质稳定，并且糖类的抗冷冻变性效果也是在中性时最显著。③复合磷酸盐还能促进冷冻鱼糜的盐溶性和肌原纤维蛋白质的解离。在鱼糜制品的弹性增加和提高鱼糜保水性方面效果显著，在抑制冷冻变性时起辅助作用。

新型的抗冻剂有短链葡聚糖，甜度只有蔗糖的 45% 的海藻糖以及天然抗氧化剂等，都可有效提高鱼肉蛋白抗冻性。其中海藻糖能较大限度地维持鱼肉原有的色泽和风味，保证鱼肉品质。

国外大宗海水鱼糜生产所用的抗冻剂已以配方的形式固定下来，不同的鱼种，甚至同一鱼种不同生产厂家配方存在差异。一般的商业抗冻剂配方是 4% 蔗糖+4% 山梨醇+0.3% 多聚磷酸盐。淡水鱼糜的抗冻剂配方为 2% 蔗糖+2% 山梨醇+0.3% 多聚磷酸盐。在漂洗后鱼肉中添加 5% 蔗糖+0.1% 磷酸+0.3% 磷酸三钠对抑制冷冻变性也很有效。

脱水精滤后的碎鱼肉可使用斩拌机、冷却式翼带状混合机、螺旋式高速混合机等，将所定量的添加物加以混合。混合的时间，对无盐鱼糜来说，斩拌机约需 3min，冷却式翼带状混合机约需 15min，高速混合机约需 8min。加盐鱼糜通常使用斩拌机，混合时间为 5~8min。鱼肉先进行冷却或在混合过程中加入适量的冰块，控制在温度 10℃ 以下。

八、　冻结和冻藏

将混匀后的鱼糜按规格要求进行定量包装，2kg，4kg，6kg，10kg 不等。包装为聚乙烯塑袋，包装后的厚度为 4~6cm。为了防止氧化，包装时应尽量排除袋内的空气。包装袋表面需标明鱼糜的名称、等级、生产日期、重量、批号。冻藏时间以不超过六个月为宜。

冷冻鱼糜应尽可能在最短的时间内冻结，通常使用平板冻结机，冷冻温度为-35℃，时间为 3~4h，使鱼糜的中心温度较快达到-24℃。由于平板冻结机具有冻结速度快的特点，能迅速通过-1~5℃的最大冰晶生成带，保证冷冻鱼糜的冻结质量。冷冻鱼糜的品温越低，越有利于冷冻鱼糜的长期保藏，所以冷冻鱼糜的冷藏温度要在-25℃以下，并要求冷库温度稳定、少波动，以减小浓缩效应和防止冰晶长大。

用于冷冻鱼糜的冻结系统，还有气流冷冻机、螺旋冷冻机、隧道冷冻机、盐溶液冷冻机等。

九、 金属探测

金属探测是 HACCP 体系中的关键控制点。金属异物是在加工中金属碎屑（片）等不应当存在的金属杂质，使用金属探测仪予以检出。美国食品药物管理局（FDA）规定，金属碎片长度不超过 7~25mm。

常见的金属杂质包括铁、铜、铝、铅以及各种类型的不锈钢，其中，铁最易检测。而鱼糜生产设备中常用到的不锈钢合金，最难检测。金属杂质的形状、方向、大小、存在位置以及产品状态（冷冻或冷却）等因素影响金属探测仪的灵敏性。

第二节　鱼肉蛋白质凝胶形成

一、 重组

在低温（0~40℃）条件和 NaCl 存在时，鱼肉匀浆物中蛋白质碎片在内源转谷氨酰胺酶催化下发生共价交联而重新组合的过程称作鱼肉蛋白质重组（Setting）。这是一种结构重建反应（Structure-Setting Reaction）。这种交联作用发生于蛋白质中谷氨酰胺 γ-羧酰胺基和赖氨酸 ε-氨基之间，形成 ε-（γ-谷氨酰）Lys 键。重组的发生受鱼类品种、离子类型等因素影响；蛋白质的热稳定性和转谷氨酰胺酶的最适反应温度随着鱼类品种的不同而不同。同一品种鱼肉在不同温度下发生重组所需的时间不同；如马鲛鱼肉在 25℃下重组需要 4h，在 40℃下需要 2h。Ca^{2+} 能提高转谷氨酰胺酶酶促反应速率，增大凝胶强度；Cu^{2+}、Zn^{2+} 和 Pb^{2+} 能抑制转谷氨酰胺酶的活性。

二、 劣化

温度不仅影响肌球蛋白的形态结构，而且能激活鱼肉的内源酶。各种鱼肉蛋白质在凝胶形成过程中（40℃以下）既能发生结构重组反应，也能发生结构裂解反应（50~70℃）。蛋白质裂解反应是由鱼肉的热稳定内源蛋白水解酶降解肌球蛋白引起的，其结果，使鱼肉的质构发生劣化（Softening），甚至使鱼肉失去形态结构。肌原纤维蛋白，特别是肌球蛋白是参与凝胶形成的蛋白质，这些蛋白质遭到降解之后，也就部分或完全失去其形成凝胶的能力（图 7-2）。

死后鱼肉对其内源蛋白水解酶的水解作用很敏感，其特点是温度高（50℃以上）、速度快、对肌原纤维蛋白，特别是肌球蛋白的降解严重，最终使鱼肉蛋白质凝胶强度和弹性明显下降。在众多内源蛋白酶中，半胱氨蛋白酶因其热稳定性和能裂解蛋白质内部的多肽键，对鱼肉质构和蛋白质凝胶强度和弹性的不利影响最为严重。鱼的种类不同，软化鱼肉和蛋白质凝胶的活性最大的蛋白酶各异，但是一般有两大类，即组织蛋白酶和热稳定碱性蛋白酶。鲽鱼肉在 50~60℃时半胱氨蛋白酶活性最高；太平洋鳕鱼肉在 60℃下加热 30min 后，由于组织蛋白酶 L 的作用，大部分肌球蛋白重链被降解，不能形成凝胶；马鲛鱼肉中大部分蛋白质水解活性是由于组织蛋白酶 B、L；组织蛋白酶 L 对肌球蛋白的亲和力高，难以洗脱完全。

热稳定碱性蛋白酶能使鱼肉质构变差，如虹鳟鱼、沙丁鱼、石首鱼、鲤鱼、马鲛鱼、鳕鱼、鲱鱼、大麻哈鱼。这些酶的最适 pH（pH7.5~8.0）和最适温度（60℃左右）范围窄。

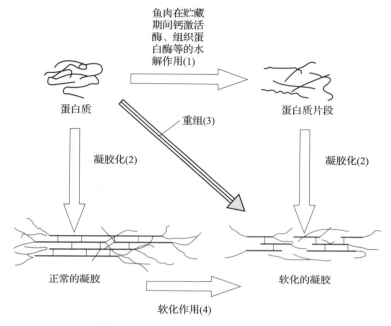

图 7-2 蛋白酶引起的鱼肉蛋白质重组、软化和凝胶形成示意图

第三节 鱼糜制品加工

以鱼糜为原料，进一步添加调味剂等辅助材料，再成型，并加热制成各种各样具有独特风味、富有弹性，能适应贮藏、运输，满足消费者需要的凝胶性食品，统称为鱼糜制品。

鱼糜制品加工是一项古老的加工技艺，在中国烹饪史上相传已久。在 20 世纪 80 年代之前一直以手工加工为主，福州鱼丸，云梦鱼面，山东鱼肉饺子等传统特产是我国鱼糜制品的代表。在日本，鱼糜制品的生产具有季节性。鱼糜制品在法国经久不衰，产量从 1997 开始持续增长，2003 年超过40000t。目前，生产鱼糜制品的主要国家有日本、美国、俄罗斯、中国、泰国、韩国、智利等。鱼糜制品加工具有以下特点：

鱼糜制品风味多样，方便可口。鱼糜在加工中可根据人们需要进行合理调配，生产出不同风味的制品。多数鱼糜制品出售前已熟化，无论旅游还是家居食用非常方便。鱼糜作为当代渔业加工的高科技产物，使人类实现了世界渔业的全面利用。鱼糜可以制造出品种繁多的食品，已成为世界广泛利用的原料。

鱼糜可实现自动化和标准化生产。鱼糜制品生产适合机械化和自动化生产，生产能力大，能解决渔汛期鱼货集中的矛盾，节省大量劳力，并使产品质量得到控制。

能就地加工，节约能源。适宜广大渔区及近渔港地区生产，原料获得容易且新鲜，只有新鲜原料才能加工出高质量的鱼糜制品。鱼类在加工中已除去50%左右废弃物，所以冷库的利用率和运输效力都可以提高一倍，大大节约能源。

提高鱼类利用价值，增加经济效益。几乎所有鱼类都可以生产鱼糜，不受品种和规格限制，同时可集中回收鱼皮、鱼骨、鱼头和内脏等废弃物进行综合利用。废弃物内存有一定的蛋白质和动物生长所需的矿物质、维生素和生物活性物质。

一、　鱼糜制品的分类

鱼糜制品种类繁多，主要品种有鱼丸、虾饼、鱼糕、鱼香肠、鱼卷、模拟虾蟹肉、鱼面等。鱼糜制品可以分为传统鱼糜制品和新型鱼糜制品两大类。一般根据加热方法、配料及形状等又可分为如下种类：

（一）　按加热方法分

有水煮制品（水发鱼丸）、蒸煮制品（鱼糕、板鱼糕、海带卷鱼糕）、焙烤制品（如烤鱼卷、烤鱼糕）、油煎品、油炸品（油炸鱼圆、油炸鱼饼、天妇罗等）等品种。

（二）　按配料分

有、无食盐淀粉制品、普通制品、加山芋的制品、加鸡蛋黄制品等品种。

（三）　按形状分类

有球状制品（鱼丸）、板状制品（鱼糕）、串状制品、卷状制品（鱼卷）和其他形状的制品（模拟蟹肉、模拟虾仁、模拟干贝）。

（四）　按包装形式分类

灌肠类制品（鱼肉肠、鱼肉火腿）、带板、不带板制品。

中国传统的鱼糜制品有蟹肉棒、鱼糕、鱼卷（竹轮）、鱼丸（鱼圆）、云梦鱼面、燕皮和鱼香肠等。传统的日本鱼糜制品分为六类：煎制品、烘烤制品、蒸制品、鱼肠或火腿、煮制品和其他制品，如蟹腿。鱼糜制品在日美等发达国家的产品数量、种类较多，工业化程度很高。日本每年有250万~300万t鱼类用于加工鱼糜制品，其产量占各类加工品的首位。种类也由鱼糕发展到模拟蟹肉、虾仁、扇贝、仿鱼翅、仿鱼子酱等制品。我国鱼糜制品历史悠久，但过去以手工操作为主。如今不仅实现了自动化，而且还研制开发了一系列新型高档的鱼糜制品。

二、　一般加工工艺

鱼糜制品种类虽然很多，但其加工工艺过程基本相同。其加工可用冷冻鱼糜作原料，也可以由鲜鱼糜加工而成。以鲜鱼糜为原料的加工工艺流程为：

鲜鱼糜──→ 斩拌 ──→ 成型 ──→ 加热杀菌 ──→ 冷却 ──→鱼糜制品

若以冷冻鱼糜为原料，则冷冻鱼糜需先解冻，然后斩拌、成型、加热杀菌、冷却制得鱼糜制品。

（一）　原料的选择

鱼糜制品加工原料来源广泛，一般以鲜度好、弹性强、味道佳、色泽白的鱼为优质原料。有些优良鱼种产量少且较昂贵，不宜大规模生产，因而考虑捕捞量大的低值鱼类的利用。低值鱼只要掌握合理的加工方法，同样可制得优质产品。另外，根据各地区群众的喜好，各类型的制品特点，对鱼种的选择和配合都有不同要求，需因地制宜，灵活掌握。

如果选用冷冻鱼糜，一般采用 3～5℃空气或流水解冻法，待鱼糜解冻到半冻结状态，易于切割即可，不宜完全解冻，以免影响鱼肉蛋白加工特性和切割效率。也可采用无线电波或微波解冻法，解冻均衡且速度快。经解冻和切割处理后，鱼糜温度在－1～0℃，此时可进行斩拌。

（二）　擂溃或斩拌

擂溃或斩拌是鱼糜制品生产中重要工序之一。斩拌时将鱼肉或冷冻鱼糜放入斩拌机内斩拌，通过搅拌和研磨作用，使鱼肉肌纤维组织进一步破坏，为盐溶性蛋白的充分溶出创造良好的条件。斩拌方式对鱼肉蛋白凝胶强度的影响也比较显著。斩拌过程分为空斩、盐斩和调味斩拌三个阶段，空斩使鱼肉的肌肉纤维组织进一步破坏，为盐溶性蛋白的充分溶出创造良好的条件。盐斩使鱼肉在稀盐溶液（2%～3%食盐）作用下盐溶性蛋白质充分溶出，形成黏性很强的鱼糜糊溶胶。调味斩拌使加入的辅料、调味料及凝胶增强剂与鱼糜糊溶胶充分混合均匀。非真空斩拌时，干物质应均匀撒在鱼糜表面，而淀粉需加水溶解后加入。斩拌时空气混入过多，加热时膨胀，影响制品外观和弹性，现在理想的方法是采用真空斩拌。

斩拌温度控制在 10℃以下较好。为维持这种低温，鱼肉先要进行冷却或在斩拌过程中加入适量的冰块。使用冷冻鱼糜，可以通过控制解冻程度来达到降温目的。斩拌时鱼糜 pH 为 7左右较好。斩拌时间应该充分而不过度，不充分则鱼糜黏性不足；斩拌过度，则会由于鱼糜温度升高，而使蛋白质的加工特性变差。一般斩拌至鱼浆发胀，有弹性，取少量投入水中能上浮为止。

斩拌使用专用设备斩拌机，加料取料方便，目前许多加工企业用斩拌机代替以前使用的擂溃机用于生产鱼糜制品。斩拌机的外形如图 7-3 所示。

斩拌机

图 7-3　斩拌机

（三）　成型

鱼糜制品的成型，过去依靠手工成型，现在已发展成采用各种成型机加工成型，如天妇罗万能成型机、鱼丸成型机、鱼卷成型机，三色鱼糕成型机及各种模拟制品成型机。

成型操作与斩拌操作要连接进行，不能间隔时间太长。或根据鱼肉的特性和制品的需求，将鱼糜放入0~4℃保鲜库中暂放，否则斩拌后的鱼糜会失去黏性和塑性不能成型。

（四）　重组

鱼糜成型后往往需要根据鱼肉的特性，在较低温度下放置一段时间，以增加鱼糜制品的弹性和保水性，这一过程称鱼肉蛋白质的重组。鱼肉蛋白质的重组根据重组温度可分为四种：高温重组（35~40℃，35~85min）；中温重组（15~20℃，16~20h）；低温重组（5~10℃，18~42h）；二段重组（先30℃，30~40min高温重组，然后7~10℃，18h低温重组）。

鱼肉蛋白质的重组温度和时间随着鱼种类的不同而不同，还需根据产品质量需求及消费习惯等因素灵活掌握。

（五）　加热

加热是许多鱼糜制品加工中必不可少的工序，使蛋白质变性，形成具有一定强度和弹性的凝胶体，并且杀灭细菌和霉菌，延长鱼糜制品的货架期。

加热的方式包括蒸、煮、烘、烤、炸或采用组合的方法进行加热。应用于加热的设备包括自动蒸煮机，自动烘烤机，鱼丸、鱼糕油炸机，鱼卷加热机，高温高压加蒸煮和微波加热设备等。远红外线、欧姆加热等方式近年来也非常令人瞩目。

远红外加热是利用辐射能进行加热的过程，其能量是通过辐射方式而传递。远红外加热技术的特性有：①内部加热，加热速度快，能源节省。远红外加热与传统的加热方式相比，在生产效率上提高了。②操作方便。远红外加热设备结构简单，易于安装、操作和维护，只要根据原料选用合适的辐射元件，设计合适的烘道即可。③污染少，安全性高。由于远红外加热是辐射加热，不会对环境造成污染，而且电热石英管其安全性高，对人体伤害小。④易于控制温度。由于远红外加热设备采用仪表自动操作控制，有利于控制加热温度。⑤改善产品品质。远红外线有一定的穿透能力使得物料的内部和表面分子同时吸收了辐射能产生自发热效应，使水分和其他溶剂分子蒸发受热均匀，避免了由于受热不均而产生的形变或质变。由于远红外技术具有表面加热的性能，可以用于烘烤、油炸鱼糜制品。远红外加热的鱼糜制品内外表面的水分均匀一致，口感好。用远红外能更快地升高肉糜制品的中心温度。同时，减少了鱼糜的表面由于温度过高而引起的碳化，减少了加热时间与能源损耗。

欧姆加热（即通电加热）是利用食品物料的电导特性来加工食品的技术。欧姆加热的原理是把物料作为电路中一段导体，利用导电时它本身所产生的热达到加热的目的。由于其具有物料升温快、加热均匀、无污染、易操作、热能利用率高、加工食品质量好等优点，而用于鱼糜加工业。

巴氏杀菌温度一般控制在80~90℃，加热时间20~30min，直至鱼糜制品中心温度达到72℃。鱼糜制品的加热温度和时间，加热速度，加热终结温度影响鱼糜凝胶的强度、弹性和保水性。有些鱼糜制品需要经过50℃以下和90℃左右两段加热，其凝胶强度与鱼糜通过这两段温度带的速度有关。总之，制定加热程式时，要根据鱼肉特点掌握三条原则。一是充分重组，重组一旦完成，就不能破坏其结构；二是最大限度减轻劣化作用，使鱼肉蛋白质迅速通过转化温度带；三是达到杀菌目的，确保制品有一个适当的货架期。

（六）　冷却

加热完毕的鱼糜制品要迅速冷却。冷却方式有慢速冷却、快速冷却和迅速冷却。大部分都需在冷水中急速冷却。急速冷却后鱼糜制品的中心温度仍较高，通常还需放在冷却架上自然冷却。冷却可在通风冷却机或自动控制冷却机中进行。冷却的空气要进行净化处理并控制适当的温度，最后用紫外线杀菌等进行产品表面杀菌。

（七） 包装、冷藏

鱼糜制品的密封包装既可防止二次污染，又可使制品处于嫌气状态，阻止好气性芽孢杆菌的繁殖。此外包装对制品的商品化，并保持产品外形美观等众多方面也均有一定意义。

目前各国使用的包装材料有玻璃纸、低密度的聚乙烯薄膜、高密度的聚乙烯薄膜、聚丙烯、聚碳酸酯、聚酰胺、铝箔等。

聚丙烯薄膜是一种高强度、耐磨的白色光滑薄膜。对水分、气体与气味具有中等渗透性，但并不受外界湿度变化影响。具有延伸性，但不及聚乙烯延伸性能强。

聚乙烯薄膜分低密度聚乙烯薄膜和高密度聚乙烯薄膜。低密度聚乙烯薄膜可热封、稳定、无味，受热会收缩。阻湿性能好，但透气性大。对油敏感，对不良气味易渗透过。较大多数薄膜价格低廉，因此得到广泛应用。高密度聚乙烯薄膜较低密度聚乙烯薄膜强度更牢、更厚、更易碎，柔韧性差，对气体和水分的渗透性差。高密度聚乙烯薄膜具有较高的软化温度，可以直接加热灭菌。由 0.03~0.15mm 高密度的聚乙烯薄膜做成的袋子具有高撕裂强度，耐针刺性好，热封性好。阻湿性能和耐化学性强，因此可替代纸袋。

包装有加热前包装和加热后包装两种方法，一般都采用自动包装机或真空包装机，包装好的制品再装箱，依据其流通形态放入冷库或冷冻库中贮藏待运。

三、 鱼丸

鱼丸（鱼圆）是以鲜鱼糜或冷冻鱼糜为原料在高温下失去可塑性，形成富有弹性的凝胶体。它是我国传统的最具代表性的鱼糜制品，营养丰富且易被人体吸收，深受人们喜爱。各地生产的鱼丸各具风味特色。

鱼丸种类较多，按加热方法可分为水发和油炸鱼丸，其中油炸鱼丸保藏性好，并可消除腥臭味并产生金黄色泽。按鱼丸的配料调味，大致分为多淀粉、少淀粉或无淀粉鱼丸。

（一） 工艺流程

以鲜鱼糜为原料的鱼丸工艺流程为：

鲜鱼糜 → 斩拌 → 成丸 → 加热 → 冷却 → 包装 → 贮藏

若以冷冻鱼糜为原料，需先将冷冻鱼糜作半解冻处理，或用鱼糜切削机将冷冻鱼糜切成薄片，该操作可加快前处理操作，并能确保鱼糜的质量。

（二） 工艺要点

1. 原料选择

制作鱼丸的原料鱼广泛，白色肉海水鱼有海鳗、马鲛鱼、梅童鱼、白姑鱼、鲨鱼、鱿鱼等，淡水鱼有鲢鱼、罗非鱼、草鱼、鳙鱼等。原料鱼的品种和鲜度对鱼丸品质起决定性作用。水发鱼丸对原料鱼要求较高，一般选择白色肉、弹性好的，机械采肉 1~2 次。质量要求略低的油炸鱼丸，可采用多次重复的采肉作原料，并可以省略漂洗、脱水工艺操作。

2. 斩拌

斩拌是将鱼肉放入斩拌机内，通过搅拌和研磨作用，使鱼肉肌纤维组织进一步破坏，使用盐溶性蛋白的充分溶出形成空间网状结构，水分固于其中，从而保证制品具有一定的弹性。它是鱼丸生产过程中相当关键的工序，直接影响鱼丸的质量。油炸鱼丸较水发鱼丸加水量略少一些，使鱼糜略稠以防入油锅后散开。

3. 成型

大规模生产均采用鱼丸成型机，生产数量较少时也可用手工成型，随即投入冷清水中，使其定型。用重组不明显的鱼种制作的鱼丸，成型后可立即加热杀菌。对重组明显的原料鱼糜，重组的时间和温度因鱼种的不同而不同。夹馅（含馅、有馅）水发鱼丸是以鱼肉、淀粉、精盐、味精等调制的鱼糜为外衣，以剁碎的猪肉（肥瘦肉）和糖、盐等掺和的肉糜为馅心，用手工或机械制作而成。

4. 加热杀菌

鱼丸加热有水煮和油炸两种方式。水发鱼丸用水煮熟化，油炸鱼丸用油炸熟化。软化不明显的原料鱼制作的水发鱼丸可以一段加热；对于软化明显的原料鱼，一般用两段加热法，先将鱼丸加热到40℃保持20min，再升温到75℃以上至完全熟化。待鱼丸全部漂起时捞出，沥去水分。

油炸鱼丸一般使用精炼植物油油炸，大规模生产，应设有低油温锅，使鱼丸定型，待鱼丸表面受热凝固后，再转入高油温锅中油炸，油炸开始时油温保持在180~200℃，否则鱼丸投入后油温下降，产品易老化，失去鲜香味。油炸1~2min，待鱼丸炸至表面坚实，浮起呈浅黄色时捞起，然后用专用脱油机或离心机脱油，甚至简单的沥油片刻。也可用二连式自动油炸锅一并完成油炸工序。为节省用油，可将鱼丸先在水中煮熟，沥干水分后再油炸，这种产品弹性较好，缩短油炸时间，提高产品出率，且可减少或避免成型后直接油炸所出现的表面皱褶，但产品的口味较差。

5. 冷却和包装

水煮和油炸后的鱼丸均应迅速冷却，可分别采用水冷（浸泡或喷淋）或风冷。

包装前的鱼丸应凉透，否则成品经冻结后包装袋内形成"白花"影响商品外观，剔除不成型、焦煳、油炸不透等次品，然后按规定分装食品级塑料袋中封口。为延长鱼丸的货架期，可生产鱼丸罐头（包括软罐头），其生产工艺与水发鱼丸大体相同。可采用玻璃瓶或软包装，然后经高温杀菌后应迅速冷却至38℃左右，否则鱼丸表皮易硬结、变黄。

6. 冷藏

包装好的鱼丸应在低于5℃以下保存，最好数日内能销售完，否则应冻藏或采用罐藏。

四、鱼肉肠

鱼肉肠是以鱼肉为主要原料灌制或鱼糜中加入猪肉，香辛料，其他辅料及添加剂后斩拌，充填于肠衣中加热后的产品。尽管鱼肉肠不如畜肉产品那样具有吸引消费者的魅力，但是因其价格低廉、保存性好和比畜肉产品更有利于健康而逐步为人们所认识。

（一）　工艺流程

鱼肉肠可以鲜鱼糜为原料，也可以冷冻鱼糜为原料。其工艺流程为：

鲜鱼糜（或用冷冻鱼糜──切碎）──→ 斩拌 ──→ 充填结扎 ──→ 清洗 ──→ 加热杀菌 ──→ 冷却 ──→

去皱 ──→ 干燥 ──→ 包装 ──→产品

（二）　工艺要点

1. 原辅料的选择

鱼香肠的原料鱼一般以新鲜的小杂鱼为主，适当配一定数量的其他鱼肉如海鳗、大小黄鱼、鲍鱼、乌贼、鲨鱼以及淡水产的青、草、鲢、鳙鱼等和少量畜肉如前后腿上的瘦猪肉，或兔肉、牛肉等。

2. 斩拌

方法与其他鱼糜制品大体相同，一般是绞肉后直接斩拌，而且空磨时间较短，在斩拌的后期，按配方加入各种调味辅料的畜肉，可以调节味道，增加风味。在鱼糜中加入少量切成块状的猪肉丁，起到改进外观、增进风味的作用。

3. 灌肠、结扎

将斩拌后的鱼糜装入灌肠机中灌入肠衣中。肠衣有畜肠衣（羊肠衣、猪肠衣）和塑料肠衣等，国外大都采用塑料肠衣，具有收缩性、不透气性、无毒、耐高温等特点，我国也正向这方面发展。如用动物肠衣，在使前用40℃左右温水浸泡2~4h，使其回软。充填后的鱼肉肠应及时用铝质卡环进行结扎，结扎的鱼肉肠一般无气泡，表面无小粒，并呈九成满，以免加热膨胀影响外观甚至爆破。

4. 加热杀菌

在中心温度达到85~90℃的热水浴中杀菌50min（冷藏流通），或120℃的条件下杀菌4min（常温流通），之后迅速冷却。冷却后肠衣表面出现皱折，需再入沸水中20~30s，使其伸展。畜肠衣的鱼糜肠，在蒸煮过程中要随时注意扎破气泡，防止爆裂。煮熟后还可进行烟熏制成熏制肠。烟熏有防腐作用。能使制品增加特殊的色泽和香味。

5. 包装及冷藏

待鱼肉肠冷却包装后，整齐排列在清洁的包装箱中，不能随意挤压，以防制品变型，鱼肉肠比畜肉肠含水多，应放置低温保存，及时销售。

五、　鱼肉火腿

鱼肉火腿以鱼糜为主要原料、添加其他辅料加工而成的水产方便食品。高蛋白、低脂肪且多为不饱和鱼类脂肪，是提高儿童智力、改善成年人记忆的高档营养食品。

鱼肉火腿一般主要使用金枪鱼、鳕鱼、鳗鱼、黄鱼等为原料。其一般制作方法如下：

（1）原料鱼去头、去内脏、去鳞后，采肉、漂洗再经斩拌待用。斩拌时一般加盐后再加入砂糖、淀粉、调味料等辅料，最后添加脂肪及蛋清。充分搅拌均匀，使辅料与鱼肉充分乳化。

（2）斩拌后的鱼糜用肠衣灌装，或者装入特制长方形模具内成型，外用食品级塑料薄膜包扎。选用不同的肠衣，可煎、炸、烘烤。

（3）灌装好的鱼肉火腿可制成低温制品和高温制品两种。低温制品的加热系将制品中心温度提高到80℃保持45min，这种加热条件制成的鱼肉肠不允许在高于10℃的温度下流通。制成高温制品的加热系将制品中心温度达到121℃保持4min，成品可以常温流通且保质期长。

（4）冷却后，包装贮藏。

美式鱼肉火腿制作工艺要点如下：

①配方（kg）：

红色肉糊：冷冻鱼糜80，鱼肉20，动物脂肪5，食盐3，蛋白粉3，淀粉5，猪肉提取物1，调味料1，香辛料0.5，冰水20。

白色肉糊：冷冻鱼糜70，动物脂肪5，食盐3，淀粉4，猪肉提取物0.3，香辛料0.4，冰水 15。

②按配方分别斩拌制成红色肉糊和白色肉糊，将红白肉糊同时灌入肠衣中。

③置-13℃冷库中慢速冻结，其组织内生成大的冰晶，以使口感似猪肉。

④次日取出在 95℃水中加热 3h，取出冷却。

⑤置 75℃烟熏室中熏烟 2h，切成 1cm 厚的薄片，真空包装。

⑥90℃，20min 杀菌处理后冷却即可。

六、 鱼糕

鱼糕属于较高级的鱼糜制品，利用鱼糜的凝胶原理，并在搅拌过程中添加其他辅料加工而成的。鱼糕成品外形整齐美观，肉质细嫩，富有弹性，色泽白，具有鱼糕制品的特有风味，咸淡适中，可做成双色或三色鱼糕。食用时切成各种形状，和其他菜料配制烹调。

根据加工过程中加热方法、成型形状、辅料种类和包装形式的不同，将鱼糕制品分为如下多种：蒸制板式鱼糕、蒸烤板式鱼糕、烤制板式鱼糕、蒸制圆筒状鱼糕、烤制圆筒状鱼糕和包装式鱼糕等。

（一） 工艺流程

鲜鱼糜（或用冷冻鱼糜→切碎） → 斩拌 → 成型 → 加热 → 冷却 → 包装 →产品

参考配方（kg）：鱼糜 10，蛋黄 0.8，盐 0.3，味精 0.6，牛奶 0.2，砂糖 0.2，鸡蛋 1.5，料酒 0.05，变性淀粉 0.2，葱 0.1。

（二） 工艺要点

1. 原料鱼的选择

鱼糕对弹性及色泽的要求较高，选料要求新鲜，脂肪含量少，肉质鲜美，弹性强。海水鱼多用 AA 级冷冻鱼糜或海鳗、马鲛鱼、白姑鱼、小黄鱼、梅童鱼等，淡水鱼以鲜活草鱼、罗非鱼等。

2. 斩拌

斩拌是确保鱼糕良好弹性的一道重要工序，与鱼糜制品一般加工工艺基本相同。斩拌过程分为空斩、盐斩和调味斩拌三个阶段，加入辅料和添加剂，以使鱼糕的风味突出。有时也需要加入一些鸡蛋清，以使制品更有光泽，增加弹性，需要注意的是如果不按食盐、淀粉等配料的添加顺序，会使斩拌出来的鱼糜粗糙而呈松散状。

3. 调配

斩拌完成后，生产双色鱼糕、三色鱼糕，还需将鱼糜着色调配，要求使用天然色素。

4. 铺板成型

小规模生产常以手工成型，需要相当熟练的技术。现在多采用机械化成型，可以大大提高生产效率。如日本 K-3B 三色板成型机，每小时最多可铺 900 块，其原理是由送肉螺旋把鱼糜按鱼糕形状挤出，连续铺在板上，再等间距切开。鱼糕的形状由各种模具而定，大致可分为板鱼糕、卷鱼糕、切块鱼糕、特殊鱼糕如松芯、竹芯等。

5. 加热

鱼糕加热有焙烤和蒸煮两种，焙烤是将鱼糕放在传送带上，以 20~30s 通过隧道式红外线焙烤机，使表面着色有光泽，然后再烘烤熟制。一般以蒸煮较为普遍，目前日本已采用连续式蒸煮器，实现机械化蒸煮。我国生产的鱼糕均是蒸煮鱼糕，95~100℃加热45min左右，使鱼糕中心温度达75℃以上。最好的加热方式是将成型后的鱼糕先在45~50℃保温20~30min，再迅速升温至90~100℃蒸煮30min，这样会大大提高鱼糕的弹性。

6. 冷却

鱼糕蒸煮后立即放入10℃冷水中冷却，使鱼糕吸收加热时失去的水分，防止因干燥产生皱皮和褐变，冷却能使鱼糕表面变得柔软和光滑。冷却后的鱼糕中心温度仍然较高，通常要放在冷却室内继续自然冷却，冷却室空气要经过净化处理，最后用紫外线杀菌灯进行鱼糕表面的杀菌。

7. 包装与贮藏

冷却完全的鱼糕，用自动包装机包装后装入木箱，放入0℃保鲜冷库中贮藏待运。一般鱼糕常温下（15~20℃）可保存3~5d，在冷库中可放20~30d。国内目前很少采用鱼糕包装机，大都是产后及时销售；有时加工后用油纸或塑料包装放冷库贮存，以待装运销售。

七、 鱼卷

鱼卷是将斩拌后的鱼糜放在黄铜或不锈钢管上焙烘而成，成品具有色泽金黄，香鲜可口，富有弹性，外皮有光泽带有小皱褶等特色，在日本称为"竹轮"。鱼卷可以直接食用，也可切成片状，调菜食用，还可切成片、丝状经油炸或烹调加工成各种花色食品。

鱼卷一般采用低脂鱼，现国内大多数使用低值鱼，再加入部分海鳗、马鲛鱼、鲨鱼、鲣鱼、鲢、鳙鱼的鱼糜等。

（一） 工艺流程

鲜鱼糜（或用冷冻鱼糜→切碎）→ 斩拌 → 成型 → 焙烤 → 冷却 → 包装 → 装箱 → 冷藏

鱼卷参考配方：配方Ⅰ（kg）：鱼肉50，精盐0.5，淀粉2.5，砂糖1.0，料酒0.5，味精0.2，水适量；配方Ⅱ（kg）：鱼肉30，精盐0.25，砂糖0.4，淀粉0.2，五香粉0.02，清醋0.2。

（二） 工艺要点

（1）原料处理、采肉、绞肉等与鱼糜制品一般工艺大致相同。先把定量鱼肉置入斩拌机中空斩几分钟，然后加盐斩约10min；再加入调味料及淀粉斩拌，使鱼糜产生黏性。

（2）斩拌后的鱼糜可用手工也可用鱼卷自动机成型。如手工生产，可将调制的鱼糜捏制在铜管上，呈圆柱形，大小一致，厚薄均匀，外型完整，然后进烤炉熟化。

（3）焙烤后将铜管拔出，即制成色泽金黄的圆筒形空心鱼卷。焙烤时，可在鱼卷表面涂上葡萄糖液以便呈色，焙烤后的制品表面涂层食用油。

八、 鱼面和燕皮

鱼面又称鱼丝，是用优质鱼糜和上等薯淀粉加工而成的干制品。早在1932年巴拿马国际博览会上，我国鱼面荣获金质奖章。鱼面和燕皮是福建地区的传统节日食品，加工企业和渔民、市民都能生产或自制自食。鱼面有生、熟两种。生鱼面与燕皮仅在形态上有所差异，口味鲜美，营养丰富，食用方便，易于保存。燕皮也可作包馅的外皮煮食。

（一） 工艺流程

鲜鱼糜（冷冻鱼糜 → 切碎） → 空斩 → 加食盐和少许水 → 盐斩 → 加面粉和调味剂 → 调味斩拌 → 压面 → 成型 → 切丝干燥 → 包装

（二） 工艺要点

1. 原料的选择

做鱼面的鱼要求鱼肉弹性好，色泽白，腥味淡，鱼味浓。一般采用新鲜或冷冻黄鱼，海鳗，小鲨鱼为原料。鱼的原料随着季节不同而有所不同。

2. 斩拌

原料鱼加工成鱼糜后，按下述配方加入精盐斩拌，待鱼糊黏稠后加入其他辅料斩拌均匀。参考配方（kg）：鱼肉 1.6，砂糖 0.1，淀粉 0.5，酱油 0.1，精盐 0.3，姜汁适量。取一块浆团进行拉伸，若可以拉成薄片状，则说明斩拌效果良好，可以进行揉面。

3. 成型干燥

将揉和好的面团放在压面机上反复压，使其成为光滑有弹性的面片，再将压好的面片放在压面机压成面条。制作过程中，如将其直接烘或晒至六成干，再切成薄圈烘或晒干所得是生鱼面；如先将其蒸熟，烘或晒至六成干，再切成薄圈烘或晒干即得熟鱼面。成品干燥过程中，要防止过高温度影响凝胶形成的网状结构，因此温度不能超过 120℃。

在蒸皮卷过程中，一般采取二段式加热法，让鱼糜充分凝胶化的同时，又减少凝胶劣化对制品品质的影响。

4. 包装

成型后的鱼面可直接出售，也可用聚乙烯塑料袋按每袋 200g 或 250g 包装，作为一种方便快速品售卖。

燕皮加工及配方与鱼面大致相同，辅料只加精盐和淀粉。将调制好的鱼糜压成薄皮，直接晒或烘至六成薄皮，切成圆形或方形，再晒至足干即为燕皮。烹饪时将干的燕皮铺开并少量喷水，使其回潮变软即可包裹馅料供食用。福建人有的在鱼糜中加入猪肉馅，再按上述方法操作，制成肉燕皮，也极具特色。

九、 人造虾仁

人造虾仁又称模拟虾仁，是一种热门的模拟食品。利用鱼糜与虾肉相混合或在鱼糜中加入虾汁或人工配制的特殊的食用色素及虾味素，经一系列加工后制成模拟虾仁食品。其肉质细嫩，脂肪含量较低，味道鲜美独特可口，是高蛋白、低脂肪、低能量的优质水产食品之一，也是深受广大食客喜爱的水产消费品之一。随着人民生活水平的提高，对虾产品的需求量也大大上升，尤其是虾肉、虾仁更是深受青睐。为了满足日益增长的市场需求，人造虾仁便应运而生。

（一） 工艺流程

原料鱼处理 → 采肉 → 脱水 → 调味、调色 → 压模成型 → 冷却 → 包装 → 成品

（二） 工艺要点

1. 原料鱼的选择

不论鱼的种类、个体大小，均可作为加工人造虾肉的原料鱼。国外一般采用狭鳕为人造

虾的原料鱼。根据我国具体情况，一般选择肉质比较细嫩，出肉率较高的低值鱼如鲢鱼、草鱼，可以提高低值鱼的商品价值。

2. 调味、调色

通过加入调味料和色素使人造虾仁具有天然虾肉相类似的逼真外观，口感及味道接近天然虾肉。调味方法有三种，第一种方法是直接加入天然煮虾水的浓缩物，从而使鱼肉具有浓郁的鲜虾味道。第二种方法是将小型虾肉（如磷虾）、或低值虾肉（如克氏原螯虾）绞碎后以添加剂的方式添加到鱼肉中。第三种方法是目前主要的调味方法，在鱼肉中添加人工配制成的虾味素进行调味。调色的方法与调味的方法相类似，二者可同时进行。其主要方法也有三种：第一种是直接加入天然虾类的含有色素的汁液；第二种是添加小型虾肉或低值虾肉；第三种是添加人工合成食用虾色素进行调色。

3. 加热成型

将经过一系列加工处理好的成品用模具挤压成型，然后经过加热膨化处理后制成与天然虾外形相似的人造虾仁。

4. 包装贮藏

人造虾仁成型后，采用紫外光照射或经高温杀菌。包装材料主要有聚乙烯塑料袋和复合袋两种，包装时将人造虾肉放入袋内，利用真空抽气机抽去空气造成袋内缺氧状态，在低温下贮藏。另一种方法是制成虾仁听装罐头，先将空罐头盒消毒灭菌后，再装人造虾仁，可在常温下贮藏。

十、　模拟蟹肉

模拟蟹肉是鱼糜经调味、调色，使其在风味和外观上类似价格昂贵的蟹肉的模拟食品。1975 年在日本问世后，不仅风行日本，而且畅销全球。

（一）　工艺流程

鲜鱼糜（冷冻鱼糜解冻）$\longrightarrow$ 斩拌、配料、搅拌 $\longrightarrow$ 充填涂片 $\longrightarrow$ 蒸烤 $\longrightarrow$ 轧条纹 $\longrightarrow$ 成卷 $\longrightarrow$ 调色 $\longrightarrow$ 熟化 $\longrightarrow$ 冷却 $\longrightarrow$ 真空包装 $\longrightarrow$ 冷冻

参考配方（kg）：鳕鱼糜 100，清水 65，淀粉 9，精盐 2.3，砂糖 4.6，鸡蛋白 1，调味料 1.4，黄酒 0.45，味精 0.7，蟹露 0.55。

（二）　工艺要点

（1）原料的选择　模拟蟹肉可以鲜鱼糜和冷冻鱼糜为原料。一般选用色白，弹性好，无腥臭味，鲜度高的鱼肉，在日本主要选用海上冷冻狭鳕特级鱼糜。在国内也使用鲢鱼为原料。

（2）在斩拌时还需加入使模拟蟹肉风味接近天然蟹肉的调味料，蟹肉提取物或模拟风味料。

（3）将鱼糜送入充填涂膜机内，经充填涂膜机的平口型喷嘴的 T 形狭缝后，平摊在蒸烤机的不锈钢片传送带上，使涂片定型稳定。蒸烤出来的鱼糜呈薄膜状，洁白细腻，不焦不煳。

（4）冷却后用带条纹的轧辊（螺纹梳刀）与涂片挤压形成深度为 1mm×1mm，间距 1mm 的条纹，使成品表面呈现近似蟹腿肉表面的条纹，将涂片从白钢传送带上铲下，用成卷器卷

成卷状。

（5）在卷状物表面涂上与虾蟹的红色素相似的色素，按不同需求切成不同长度的段，切段由切段机完成，根据制品进料速度和刀具旋转速度调整刀距。装在不锈钢盘中。

（6）将装有条形小段半成品的不锈钢盘放在干净的架子上，用小车推入蒸箱中蒸熟，温度98℃，时间18min（或80℃，20min）。

（7）蒸熟后快速冷却。先用淋水冷却，水温18~19℃，时间3min，冷却后的制品温度为33~38℃，然后再经连续式冷却柜，温度分四段（0℃，-4℃，-16℃，-18℃），制品通过柜内时间为7min，冷却后的温度为21~26℃。

（8）冷却后，用聚氯乙烯袋按规定装入一定量的制品小段，并进行真空自动封口包装。出口西欧国家的通常每袋净重470g。销国内的规格为8根×15g/袋。真空封口后，袋内容物被聚集在一起，影响产品的美观，用辊压式整形机整形。

（9）将袋装制品送入平板速冻机中-35℃以下冷冻2h左右。出口商品用液态氮急速深温冻结。

（10）成品装箱，-15℃以下贮藏和销售。

十一、 模拟贝肉

模拟贝肉是日本在1975年研制成的鱼糜制品。模拟贝肉外形似扇贝丁，有滚面包屑和不滚面包屑两种，加工方法类似模拟蟹肉。

（一） 工艺流程

鱼糜 → 斩拌 → 挤压成型 → 加热杀菌 → 切分 → 包装 → 成品

（二） 工艺要点

（1）鱼肉斩拌时添加基本的辅料后，还需加入适量扇贝调味汁。

（2）将斩拌调味后的鱼糜压成300mm×600mm×50mm的板状，40~50℃重组1h左右，或15℃重组12h。

（3）85~90℃加热约1h后冷却，用食品切斩机切成宽2mm的薄片。改变方向再切一次，切削成细丝鱼糕。

（4）加入10%同样调味后的鱼糜混合，用成型机做成直径30mm的圆柱状，再切成60mm长的段，压入内表呈扇贝褶边两边半圆柱形模片组成的成型模内。

（5）置于加热器中固型熟化，冷却后切成天然扇贝柱大小的扇贝片状，之后滚或不滚面包粉。

（6）将扇贝肉装入聚乙烯塑料袋中然后杀菌，冷却后置于低温环境中贮存。

（7）配方Ⅰ（kg）：鳕鱼糜100，清水30，精盐2.5，砂糖2，变性淀粉4，扇贝调味料2，扇贝香精0.2。配方Ⅱ（kg）：鱼糜100，清水40，精盐2，味精0.5，淀粉7，蛋清8，黄酒0.8，天然扇贝抽出物1.5。

十二、 人造鱼子

鲑、鳟鱼子含有丰富的卵磷脂、脑磷脂、维生素，是极好的滋补食品。人造鱼子不仅外形上酷似天然鱼子，而且口感和滋味也均与天然鱼子相似。

工艺要点

（1）取卡拉胶 20g、食盐 50g、明胶 25g、鱼卵抽提物 50g 溶于 1L 水中，加热至 80℃处理 30min，使其充分溶解，称为 A 液。

（2）取色拉油 100mL，添加维生素 A 2g，含 30%β-胡萝卜素的油溶液 2g，混合溶解，称为 B 液。

（3）以内径为 2.5mm 的玻璃管作为外管，以内径为 0.5mm 的玻璃管作为内管，内管与 B 液相连，外管与 A 液相连。通过脉冲开闭结构，在双层管的尖端形成液体状颗粒，B 液被 A 液覆盖。A、B 两液的下滴速度由脉冲开闭机构调节。

（4）取水 8L，加入磷脂 16g、红花油 240g，混合后冷却到 4℃左右，称为 C 液，加入直径为 10cm 的圆管内。

（5）双层管形成的液体状颗粒落入 C 液中，形成球状，并使其凝胶化形成球粒。

（6）放置 10min 后，收集球状凝胶，放入 0℃左右 5% 盐水中，缓慢搅拌、洗涤。用金属网捞起沥水，用 3℃左右 3% 褐藻酸钠溶液撒布于球粒表面，然后将球粒分散落入 3% 氯化钙溶液中，使球状凝胶表面形成包膜。

（7）收集已包膜的球状凝胶，水洗，脱水，用 60℃风干 10min，使表面干燥，再用色拉油向制品表面喷雾，即为人造鲑、鳟鱼子。

十三、　仿乌贼制品

（1）将大豆蛋白纤维充分水洗，除去异味并使其膨润，将其含水量调至 67%，取 45kg 备用。

（2）取乌贼肉 47kg 经切碎机切碎，斩拌机斩拌，制成鱼肉糜，加入 3% 食盐、2% 砂糖、0.5% 谷氨酸钠、0.3% 氨基乙磺酸、0.45% 辣椒、1.2% 料酒、0.5% 麦芽糖调味，充分搅拌。

（3）将鱼肉糜在铁板上铺成板状，上面铺一层制备好的大豆蛋白，使大豆蛋白纤维的方向一致；再铺一层调味鱼肉糜，重叠后整理成正方形，其厚度为 5mm。

（4）将制品置 200℃烘烤 4min，再翻转后烘烤。烘烤后切成长 10cm、宽 3cm、厚 2mm 的条状。

（5）加料酒、麦芽糖、辣椒配成调味料进行第二次调味。最后用干燥机 70℃烘烤 50min，即为含水量 28% 的仿乌贼制品。

十四、　鱼糜串烧制品

鱼糜串烧是鱼糜加工新品种，它很好地结合了鱼糜生产工艺和焙烤制品加工工艺，颇具特色。成品风味浓郁，蛋白质含量高，有韧性，可直接食用或烧烤后食用。操作要点如下：

（1）选择低值小杂鱼为主要原料，剔除不合格品，将原料鱼处理后入采肉机采肉。

（2）配方（kg）：鱼肉 90，清水 10，面粉 5，葱 1.5，糖 2，食盐 2.5，植物油 5，芝麻 6，酱油 1.8，其他调味料、强化剂适量。

（3）将鱼肉通过绞肉机绞碎，使鱼肉充分细化，绞板孔径 2~4mm 为宜。

（4）加入清水，将鱼肉分散，加入食盐斩拌至鱼肉黏性较强为止。

（5）将剩余辅料和调味料、强化剂加入鱼糜中调制成焙烤用面团。待面团醒发后，制成直径 3cm 左右的鱼糜条，再切成 0.5cm 厚的切片。

（6）将精炼植物油加热至 160~180℃，放入鱼糜串烧片油炸，至表面呈现金黄色捞起。

（7）将串烧控油后放入风味酱油中上色。

（8）将浸好的串烧取出沥去多余浸泡液，在表面撒一层熟芝麻，再放入烘箱50~60℃烘烤30min。

（9）取长细竹棒，穿取串烧片，用强化聚乙烯薄膜袋封口即为成品。

十五、 鱼排

鱼排是鱼糜制品的一种，有滚面包屑和不滚面包屑两种，煎炸食用十分方便。

（一） 工艺流程

鱼糜 → 斩拌 → 调味 → 成型 → 定温静置 → 缓慢冻结 → 包装 → 冷藏

参考配方（kg）：沙丁鱼鱼糜5，冻狭鳕鱼糜5，精盐0.25，玉米淀粉2，调味料0.25。

（二） 工艺要点

按常规鱼糜制品操作要求，将鲜鱼加工成扁平长方形状鱼糜后，定温静置，可根据环境温度用鼓风机鼓风一定时间以便风干，使制品变成具有橡胶状的弹性肉糊。再放入冷库（-5~-3℃）中缓慢冻结15~20h。如冻不透则取出放平板冻结机中冻结，将一定数量的制品装入聚乙烯塑料袋（150g/袋）后封口，即得鱼排冷冻方便调味食品，或蒸煮定型后外包牛油，再装袋60g/块（袋）后冻结即得汉堡鱼排，食用时油煎不需另加食油。

第四节　鱼糜及鱼糜制品质量控制

一、 影响鱼糜品质的因素

由不同的鱼种或者同一鱼种经采肉、漂洗、混合等工艺制成的鱼糜，质量不尽相同。衡量鱼糜质量的主要指标有凝胶特性、色泽、质地等，其中凝胶特性是鱼糜质量的重要指标，影响鱼糜质量的因素如下：

（一） 内在因素

1. 鱼种

由于鱼种的不同，加工成的鱼糜质量有很大的差异。如沙丁鱼肉中含有转谷氨酰胺酶，在低温下发生蛋白质重组，能提高鱼糜的凝胶特性。如太平洋无须鳕，由于含有组织蛋白酶B、组织蛋白酶H、组织蛋白酶L，导致鱼糜缓慢加热过程中出现软化现象。

根据鱼肉发生重组和软化的明显程度，可将原料鱼分为以下四类：

第一类：重组明显（30~50℃）、劣化不明显（50~70℃），如梭鱼、草鱼等。

第二类：重组不明显（30~50℃）、劣化明显（50~70℃），如鲢鱼、鳙鱼。

第三类：重组明显（30~50℃）、劣化明显（50~70℃），如沙丁鱼、温水性的马鲛鱼等。

第四类：重组不明显（30~50℃）、劣化不明显（50~70℃），如鲨鱼、金枪鱼等。

不同鱼种，组成成分不同。红肉或脂肪含量高的鱼，制成的鱼糜弹性差。红身鱼肉和白身鱼肉相比，不仅乳酸含量高，pH 偏低，而且水溶性蛋白含量高，肌动球蛋白含量低。再由于蛋白质变性对温度敏感，容易引起蛋白变性导致鱼糜质量下降。一般采用 0.1%~0.5% 碳酸氢钠溶液漂洗或 0.05%~0.1% 聚磷酸钠溶液真空漂洗，可以提高 pH，除去水溶性蛋白，提高鱼糜质量。

根据理化性质的不同，可将鱼分成四类：

第一类：鱼肉本身有弹性，色泽较白，如海鳗、白姑鱼、比目鱼等。

第二类：鱼肉本身弹性差，但其他弹性好的鱼肉混合在一起才产生弹性，如鱿鱼。

第三类：鱼肉本身无弹性，但色泽白，可以与其他有弹性的鱼肉混合起来利用，如鲷鱼、鳆鱼、鲂鱼。

第四类：鱼肉没有弹力，色泽也不白，如带鱼。

鱼糜制作过程中，应根据鱼种的特点，选择一种或几种混合起来加工，提高鱼糜的凝胶强度和白度。

2. 鱼体的大小

鱼体大小影响鱼糜的凝胶特性。一般小型鱼加工成的鱼糜凝胶强度比大型鱼的差。以狭鳕为例，体长 20cm 左右的小型狭鳕蛋白含量低，鱼糜凝胶强度小；而体长为 40cm 左右的大型狭鳕蛋白含量高，凝胶强度大，弹性高。

3. 捕捞季节

鱼的组成成分随着季节的不同而不同。如阿拉斯加鳕鱼，10 月蛋白含量达到最高（19%），5 月降至最低（16.5%）；7 月水分含量最高（82.3%），10 月最低（80.2%）。而太平洋无须鳕，4 月水分含量最高（84.5%），10 月末最低（80%~82%）；蛋白含量 4 月最低（14%~15%），随后一直增大，6 月后趋于稳定（15.5%~16.5%）。

一般由育肥期的鱼制成的鱼糜质量最高，这期间鱼肌肉中水分含量、pH 最低，蛋白含量最高。产卵期的鱼由于鱼肉中 pH、水分含量高，制成的鱼糜质量最低。

4. 原料鱼的鲜度

鱼肉鲜度是影响鱼糜凝胶形成的主要因素之一。活鱼肌肉的 pH7.0~7.3，刚捕获的鱼肉 pH 呈弱酸性。当 pH 下降到 6.3 时，肌球蛋白 ATP 酶活性便会加强，ATP 迅速分解，同时肌球蛋白与肌动蛋白结合，形成收缩态的肌动球蛋白，这个过程是不可逆的。当 pH 进一步降低时，就有可能引起肌球蛋白与肌动蛋白的酸变性，所以控制鱼体鲜度十分重要。以狭鳕为例，捕获后 18h 内加工鱼糜可得到特级品，冰鲜 35~72h 以内加工可得到一级鱼糜。原料鲜度越好，鱼糜的凝胶特性越好。

（二）　外在因素

1. 捕捞

鱼糜质量受捕捞条件和方法、船上贮藏条件等因素的影响。海上气候、捕捞方法以及捕后存放温度等捕捞因素也影响鱼糜的质量。

海鱼的捕捞和运输方法很多。自从抗冻剂问世以来，大型船一次可以在海上捕捞和生产冷冻鱼糜数月。由于在船上加工，鱼肉新鲜，生产的鱼糜质量高。

另外一种捕捞方法是利用小型船进行捕捞，然后将鱼运送到沿海的加工厂或大型船上进行鱼糜加工。这样可以充分利用小型船为鱼糜加工提供原料。

利用冷冻船对鱼进行冷冻，为沿海鱼糜加工厂家提供原料。如马鲛鱼因其蛋白具有一定的抗冻性，经人工去头、内脏，再在船上冷冻，在特定码头加工。鳕鱼等抗冻性差的鱼肉，冷冻降低了鱼肉蛋白的加工特性，不能采用这种方法。

2. 船上加工

从捕后到加工的时间间隔以及其间的温度影响鱼糜的质量。船上加工可以直接在海上进行，一般在鱼捕获后12h内完成。拥有冷却设备的渔船可生产出较好质量的鱼糜，如果渔船上没有冷却设备，必须立即加工，否则鱼的温度上升很快。降低鱼温的方法有多种，常见的有冷却海水、冰水等。

3. 漂洗水质与水温

漂洗是保证鱼糜凝胶特性、色泽等品质的关键工序。漂洗能除去色素、无机盐、脂肪、可溶性蛋白等，提高肌原纤维蛋白的浓度和鱼糜凝胶强度，改善色泽，降低脂肪氧化，延长冷冻货架期。

漂洗水质与水温影响鱼糜质量。漂洗用水一般为自来水，避免使用富含钙镁等离子的高硬度水及富含铜铁等重金属离子的地下水。水中 Ca^{2+}、Mg^{2+} 影响鱼糜冷冻过程中的质构，而 Fe^{2+}、Mn^{2+} 影响色泽。

漂洗水 pH 影响鱼肉肌原纤维蛋白质的稳定性。当 pH 接近肌肉的等电点时，蛋白所含的静电荷最少，蛋白质聚集变性，鱼糜凝胶保水性也最低；pH 偏离等电点，静电荷增加，电荷之间的静电斥力使蛋白质结构稳定，保水性随 pH 提高而提高。鱼类在刚捕捞后肌肉的 pH 接近中性，随鲜度的变化而发生变化。一般白肉鱼肌肉 pH 为 6.2~6.6，红肉鱼肌肉 pH 为 5.8~6.0，而形成凝胶的最适 pH 为 6.5~7.5。因此，红身鱼肉需用稀碱水漂洗。

漂洗前鱼肉的盐度接近 0.7%。随着盐浓度的增加，鱼糜凝胶的保水性也相应地增加，这是因为一定浓度的盐溶液能使肌原纤维上的负电荷增加、肌原纤维之间的斥力加强、纤维间的空隙加大；同时还打破了维持肌球蛋白、肌动球蛋白、Z 线、M 线之间相互连接的力，这些连接正是限制肌原纤维膨胀的作用力。另外，用氯化钠溶液漂洗，可以抑制鱼肉吸水膨胀，易于脱水。一般采用 1~3g/L 的氯化钠和氯化钙混合溶液进行漂洗。

漂洗水温主要影响漂洗效果和肌原纤维蛋白变性程度。漂洗水温高，有利于溶出水溶性蛋白成分，去除其他杂质，从而提高肉中肌原纤维蛋白的含量；但温度过高，会引起鱼肉蛋白质变性，溶解度变小，降低鱼糜质量。因而漂洗水温一般控制在10℃以下。

根据鱼肉蛋白的热稳定性选择不同的漂洗水温。热带鱼类蛋白热稳定性高于寒带鱼类，漂洗水温可稍高。

4. 水肉比

鱼糜生产厂家采用的水肉比略有不同。一般，漂洗水肉比为（1~10）∶1。沿海鱼糜加工厂家采用的水肉比为（4~8）∶1；由于淡水资源有限，海上鱼糜加工厂家采用的水肉比为（1~3）∶1。漂洗用水量越多，除去的水溶性成分越多，生产出的鱼糜质量越好。但漂洗时除去了过多的鱼肉中水溶性的氨基酸、无机盐、维生素等营养物质，以及部分的盐溶性蛋白，降低鱼糜的营养价值。另外，用水量越多，相对成本越高，污水也越多。实际用水量以5~7倍为好。

5. 漂洗次数和时间

漂洗是鱼糜加工中的重要工序，直接影响鱼糜质量。各鱼糜生产厂家采用的漂洗次数和时间略有不同。

随着漂洗次数的增加，除去的水溶性蛋白质就增加，而相应地提高了肌动球蛋白的相对浓度，鱼糜制品的弹性等得以提高。但是从无机盐、水溶性蛋白质溶出的速度来看，第1次漂洗所溶出的水溶性成分最多，随着漂洗次数的增加，盐类和水溶性蛋白质的溶出最后趋向平衡，变化甚微。所以，过多的漂洗实际上并无实际意义，一般认为3次即可。

漂洗时间是漂洗工序中的一个重要指标，漂洗时间太长，会使鱼肉膨胀，难以脱水；漂洗时间太短，水溶性成分难以被充分漂洗除去。因此，每次漂洗时间以3~4min为宜。

6. 肌原纤维蛋白的溶解性

漂洗是保证鱼糜凝胶特性、色泽等品质的关键工序，鱼肉中肌原纤维蛋白占2/3，血液、血浆蛋白、肌浆蛋白、脂肪等占1/3。漂洗除去色素、无机盐、脂肪、可溶性蛋白等，提高肌原纤维蛋白的浓度和鱼糜凝胶特性，改善色泽，降低脂肪氧化，延长冷冻货架期。

漂洗在去除可溶性蛋白的同时损失了部分肌原纤维蛋白，采用连续循环漂洗，可降低盐溶性蛋白的溶出。由于蛋白质的亲水性以及离子强度的降低，鱼肉在漂洗中吸水膨胀，下一工序（机械压榨脱水）也会造成肌原纤维蛋白的损失。

贮藏时间和温度也影响蛋白质的溶解度。在0℃贮藏14h，漂洗中鱼肉总蛋白损失从22.8%上升到33.8%；14h后，鱼肉总蛋白损失略有增加，72h后，达到最高35%。随着贮藏温度的升高，漂洗中鱼肉蛋白溶解性增大。贮藏14h内，温度对鱼肉总蛋白损失影响明显；24h后，鱼肉总蛋白损失不受温度的影响。

恒定的漂洗水肉比、循环次数和时间，将降低鱼肉蛋白损失程度。

7. 冷藏条件

整鱼肌肉细胞速冻后细胞形态基本保持完整，肌原纤维Ca-ATPase活性变化和肌球蛋白尾部的变性都很小。而在慢速冻结后，一部分肌细胞被破坏，在内压力增加和细胞已经部分破坏的情况下，酶的失活和肌球蛋白的变性增加。而将碎鱼肉速冻或慢速冻结后，肌细胞已经没有完整的形态，这是由于机械的挤压导致大部分细胞破裂，根据细胞生物学概念，细胞结构的破坏会导致大量细胞液流失，使维持细胞内结构稳定性的因素被破坏，这就使酶在冻结条件下活性下降，肌球蛋白变性。又因为鱼肉经漂洗后除去了肌原纤维周围的大部分物质，对内环境的破坏很大，使得酶的失活和肌球蛋白的下降幅度更大。

分子间以及分子内疏水性增强，暴露在分子表面的—SH氧化成—S—S—，肌肉蛋白质中，—SH影响ATPase参与肌肉收缩，而—SH数量的减少导致凝胶强度的降低。

8. 辅料

（1）抗冻剂 鱼糜在冷冻或冷藏过程中，会引起蛋白质的变性，蛋白质的盐溶性、Ca^{2+}-ATPase活性及巯基含量下降，同时导致凝胶性能的降低。因此，添加一些抗冻剂能防止鱼糜蛋白质的冷冻变性，提高鱼糜凝胶强度。抗冻剂主要有蔗糖、山梨醇、复合磷酸盐和低聚糖等。蔗糖、山梨醇的—OH基团能与鱼糜肌原纤维蛋白周围的水分子形成稳定结构，复合磷酸盐能调整肌肉的pH，防止鱼糜蛋白质的变性。

（2）食盐和磷酸盐 肌原纤维蛋白是鱼肉中主要的盐溶性蛋白质，通过添加食盐和磷酸盐可以提高其离子强度，增强鱼糜的凝胶性和保水性。直接利用焦磷酸盐对改善鱼肉组织结构和保水性有良好的效果。食盐还能去除鱼肉中水溶性蛋白以及与游离脂肪共存的一些腥味物质。食盐的添加量以2.5%~3.0%为宜。

二、影响鱼糜制品品质的因素

除了影响鱼糜品质的因素外，鱼肉中的酶、斩拌条件、加热条件、辅料等也都影响鱼糜制品品质。

（一）鱼肉中的酶

在鱼糜的凝胶过程中会出现凝胶软化现象，一般发生在 55~70℃，此时，鱼糜制品凝胶强度下降，影响鱼糜的品质。事实上这种凝胶软化现象是由激活的内源热稳定性酶快速降解肌球蛋白引起的。

鱼肉中含有大量的蛋白酶，常见的能引起凝胶软化的蛋白酶有组织蛋白酶和热稳定性蛋白酶（HAP）。在沙丁鱼、鲢鱼、鳕鱼及马鲛鱼中发现的 HAP 经过 60℃加热后会降低鱼糜制品凝胶强度。

（二）斩拌条件

斩拌是鱼糜制品加工的重要工序。斩拌效果的主要影响因素是斩拌温度和时间。斩拌温度与鱼肉蛋白的热稳定性密切相关，温水性的鱼类，斩拌温度可高于冷水性的鱼类。例如，冷水性狭鳕斩拌时温度高于10℃，鱼糜制品凝胶强度会下降，15℃则急剧下降。而温水性鱼如真鲷斩拌温度可升高至20℃，25℃则急剧下降。一般来讲，温度超过15℃，活性蛋白乳化性、黏性开始下降，如超过 20℃蛋白容易变性，逐渐失去其亲水性能，所以温度控制在10℃以下较好。斩拌时间应该充分而不过度，不充分则鱼糜黏性不足；斩拌过度，则会由于鱼糜温度升高，而使蛋白质失去其亲水性能。一般斩拌至鱼浆发胀，有黏弹性，取少量投入水中能上浮为止。

（三）辅料

1. 凝胶增强剂

在鱼肉形成凝胶之前添加一些凝胶增强剂，可以提高鱼糜制品的凝胶强度。凝胶增强剂的种类很多，如钙盐、转谷氨酰胺酶（TGase）、淀粉、非肌肉蛋白质和一些还原剂等。它们都各自具有不同程度的凝胶性能的增强作用。

（1）钙离子　对鱼肉蛋白凝胶强度有重要的作用。在鱼糜的正常 pH 下，肌原纤维蛋白带净负电荷。Ca^{2+}带二价正电荷，可与两相邻蛋白分子的负电荷位点形成离子键。加入 Ca^{2+}可增加鱼糜凝胶的强度，但仅靠分子间的离子键还不能诱导鱼糜形成凝胶体。实际生产中通过加入钙盐提高鱼糜凝胶性能方法的主要依据是：Ca^{2+}是肌肉中内源转谷氨酰胺酶（TGase）的辅因子。

（2）转谷氨酰胺酶（TGase）　可以催化转酰基反应，促使鱼肉蛋白质发生重组，提高鱼糜制品凝胶强度。对于某些鱼种，单独使用转谷氨酰胺酶效果不明显，如果配合其他添加剂使用则可显著提高鱼糜凝胶强度。如配合添加 1g/L $NaHSO_3$ 和 0.01mmol E-64 作为蛋白酶抑制剂使用时，能显著提高带鱼鱼糜的凝胶特性。

（3）还原剂　在解冻的鱼糜中添加一些还原物质可以抑制巯基氧化成二硫键，恢复鱼肉冷藏变性蛋白的活性。在鱼糜凝胶前期加入还原剂（如 0.08%~0.10%的巯基乙醇、亚硫酸氢钠等）可使冷冻贮藏后鳕鱼和鲇鱼蛋白中已被氧化的一部分巯基恢复活性，恢复水平达83%~98%。

（4）淀粉和非肉蛋白　在鱼肉中添加淀粉可以对凝胶强度起到一个补充作用，由于淀粉的填充作用，能改善组织结构，有利于分子间网状结构的形成。不同种类的淀粉对凝胶强度的影响不同，支链淀粉含量高的淀粉凝胶结合力强，弹性大又能增加保水性，降低成本。但是添加过多会影响鱼糜制品的风味和口感。同时，在鱼糜中添加一些非肌肉蛋白质可以有效地提高鱼糜凝胶强度。目前，鸡蛋清蛋白、乳清蛋白和大豆浓缩蛋白是使用最多的三种蛋白质，因为它们能增加产品的黏着性和持水性。在高质量的鱼糜中加入任何非肌肉蛋白质都会降低其凝胶特性，但在低质量的鱼糜中加入蛋清、大豆蛋白能显著改善凝胶强度。增加乳清蛋白浓缩物的含量（6%～10%）会增加凝胶强度和保水性。

（5）食盐　斩拌时加入食盐（通常是氯化钠）以破坏离子键，促进蛋白分散。蛋白的分散对加热凝胶结构的形成是必需的。盐离子（Na^+，Cl^-）选择性地与暴露在蛋白表面的相反电荷结合，肌原纤维蛋白分子间的离子键被破坏，肌原纤维蛋白分子与水分子的亲和力增加，蛋白溶解。加入的盐必须充分溶解，以促进蛋白的溶解和分散。

2. 氧化剂

临近斩拌时，在鱼糜中添加一些氧化剂如铬酸钾、半胱氨酸、脱氧抗坏血酸等物质能促进凝胶体的形成，主要是因为这些物质能使蛋白质的硫基发生氧化，在分子之间形成S—S桥键，即二硫键，强化凝胶结构。在鱼肉肌球蛋白充分溶出后加入氧化剂可促进二硫键的形成，从而提高凝胶强度。

（四）　加热条件

鱼糜制品加热的目的有两个：一是使蛋白质变性凝固，使鱼糜凝胶化；二是杀灭细菌和霉菌。加热对鱼糜流变学性质有很大影响。不同的加热条件如加热温度、加热时间和加热方式对鱼糜凝胶强度的影响不同。

在加热方法方面，采用微波加热能起到快速形成凝胶的作用，而且对鱼糜制品的风味、色泽等方面的影响较其他方法好。另外，采用高压与热处理结合的方法，产品的质构特性比典型热处理好。

鱼糜制品加热有三种不同的方式：一段加热、二段加热和持续加热。一段加热是将成型后的制品加热到85～95℃；二段加热是将成型后的制品在低温下放置一段时间，使其充分重组，然后再加热到较高的温度；持续加热是将成型后的制品以一定的升温速率进行加热。在实际生产中，要根据鱼肉重组和软化的特点，选择适当的加热方式。一般情况下，先进行重组，然后快速加热，使其迅速通过凝胶软化温度带，提高凝胶强度。因此，目前对鱼糜加热常采用二段加热法。

三、　鱼糜及鱼糜制品质量控制

（一）　影响鱼糜及鱼糜制品安全性的因素

1. 生产用原辅材料的不安全因素

生产鱼糜制品的主要原料是冷冻鱼糜，抓好鱼糜的安全性是其生产环节安全性的重要环节。冷冻鱼糜的污染主要来源于无安全保证的捕捞海区或养殖基地，若在渔港或海上（也可能在淡水养殖基地）大批量生产不易变性的冷冻鱼糜时，不注意其安全性就可能遭受到各种污染。所以原料进厂除需验收水分、重量、鲜度、色泽、弹性等质量指标，还包括对原料来自安全水域的确认，即原料产地的溯源。

其他辅料质量指标如达不到相应标准，也会存在鱼糜制品安全性隐患，特别是各种食品添加剂的质量和添加量。

加工用水是指原料的冲洗、冷却、加热等过程中使用的水，应保持清洁不受污染，同时也应注意消毒水的余氯不应超过规定要求。

2. 生产过程中的不安全因素

每一种鱼糜制品都有特定的工艺过程，整个工艺过程的每一环节都将直接或间接对最终产品的质量产生影响。

在贮藏、运输与销售过程中，成品可能发生物理变化、化学变化、微生物变化。如包装破损，被环境污染导致产品变质；或贮存条件恶劣，也会使产品保质期缩短或在保质期内发生变质。

3. 生产环境中的不安全因素

车间环境空气质量差、操作人员个人卫生、工器具消毒不彻底，生产加工不规范等，都可能造成加工时被污染，影响鱼糜制品的安全与质量。

4. 消费者购买后至食用前存在的不安全因素

消费者购买后至食用前的一段时间，同样存在食品安全性的问题。消费者必须按产品包装上规定的贮存方法贮存，注意环境条件以及产品的包装是否完好，关注产品保质期，否则消费者同样不能食用到安全的产品。

（二） 鱼糜制品的腐败变质

鱼糜制品营养丰富且含70%以上水分，如加热处理不彻底或包装方法和贮藏不当，因微生物繁殖而使制品腐败变质。污染鱼糜制品的微生物有细菌、霉菌，由于操作环境、加热条件及加热前后的包装情况不同，各种鱼糜制品的腐败变质形式差异较大。以下分类讨论腐败变质情况：

1. 无包装或简易包装鱼糜制品的腐败变质现象

简易包装是指在制品熟制后，经充分冷却后不加包装或作简易包装（包装不严密）的制品，如传统的普通板状鱼糕、炸鱼卷、油炸鱼丸等均属这一类。

这类制品在冷却过程中极有可能受到污染，而且从包装环境、包装纸、包装操作者等方面也可受到二次污染。因此，这类制品极易受到二次污染而引起腐败变质。在夏季只能贮藏1~2d，冬季也仅1周左右。这类制品污染的微生物有以下几类：

（1）典型的细菌　在鱼糕（或鱼卷）的表面繁殖，菌落呈现白毛状，用手一摸，黏糊糊的。开始的时候，表面出现一类点滴样透明物，随后逐渐增加，最后覆盖整个表面。这是肠系膜明串株菌分解砂糖并重新聚合葡聚糖作用的结果，也是腐败现象的一种。但制品无臭，风味变化不大，表面清洁干净，还可食用，但丧失了商品价值。

（2）引起红变的细菌　在鱼糕（或鱼卷）的表面繁殖，菌落呈红色，多见于梅雨季节，是由肠内细菌短杆菌属黏质沙雷菌引起的。它的繁殖能力很强，在25℃条件下从加热后附着到肉眼可见，仅需2d，应引起高度重视。

（3）其他细菌　在鱼糜制品的表面除了以上两种情况以外，还有其他色泽的毛状物，呈现出灰白色、乳白色、白色、黄色、淡黄色等多种多样的色调，形状也多种多样，并伴有恶臭。在含糖制品中，这些现象是由链球菌属，微球菌属的细菌引起；在无糖或低糖制品中，是由微球菌属、无色杆菌属、芽孢杆菌属等引起。这些都是由于加热冷却过程中二次污染所致。

（4）霉菌　发霉是由霉菌所致。实际上，在鱼糜制品中，细菌和霉菌交替产生，混合生成。在初期细菌易于繁殖；而后期霉菌居多。在水分含量高的条件下细菌易繁殖；在水分含量较低的条件下霉菌易繁殖。因此淀粉含量少的制品，尤其是烘烤、油炸制品等干制品，大多是先引起霉变，由曲霉菌属、毛霉菌属、青霉菌属等引起。

（5）引起褐变的细菌　褐变是鱼糕、鱼卷等鱼糜制品中常见的变质现象。在常温下放置，2~3d表面就会出现黑褐色的斑点，接着逐渐扩大，最后遍及整个表面。褐变也会出现在制品内部，先是颜色较浅而后逐渐加深。褐变的产生，使制品 pH 降低，组织硬脆，失去其特有的弹性。褐变是由制品中无色杆菌和黏质沙雷菌引起的。由于上述两种菌在冷冻鱼糜中普遍存在，制品加热不充分，这些菌就很容易残存并在适当条件下繁殖，加之二次污染的因素，因此鱼糜制品的褐变是常见的变质现象。

2. 包装良好的鱼糕类制品的腐败变质现象

这类制品是指鱼糜充填后密封、杀菌的产品，其中一部分是真空包装制品，包装封面有各种各样图案，样式新颖、美观。相比之下，这类制品二次污染基本被防止，因此贮藏性能较好。此为现代化大规模工业生产的模式。

这类制品的变质是由耐热的芽孢杆菌引起，长时间的贮藏有以下几种腐败变质方式：

①气泡：小气泡发生在内容物与包装物之间，气泡中残存有水，一般在 37℃ 保存 2~5d，或在 30℃ 以下保持 10~15d 出现。它是芽孢杆菌繁殖的结果，在原辅料中，这种细菌经常存在，如加热不充分而残存下来，适当条件下繁殖。产生气泡的芽孢菌是地衣芽孢杆菌、多黏芽孢杆菌和凝固芽孢杆菌等。

②软化：软化是鱼糜制品变软的现象，用手压时，鱼糜制品没有弹性。一般在 30℃ 保存10~15d出现，主要由地衣芽孢杆菌引起；另外枯草芽孢杆菌、环状芽孢杆菌也会引起。这也是由于芽孢菌残存后又得以繁殖的结果。

③斑纹：斑纹是制品内容物表面形成直径 5~10mm 的圆形褐变现象，一般在 30℃ 保存10~15d出现。斑纹是地衣芽孢杆菌和圆形芽孢杆菌的繁殖所致，这些细菌存在于原辅料中，由于加热不充分而残存下来。

④斑点状软化：这个现象在制品的表面和内部均可形成，由于在软化部位积有黏液，因此容易被外包装物挤压成凹凸不平的形状。斑点状软化是由地衣芽孢杆菌引起的。

由此可见，包装完好的鱼糜制品都是由于原辅材料中的芽孢杆菌，在加热不彻底时残存下来，并在适当条件下繁殖而引起的变质，主要由地衣芽孢杆菌引起。有别于无包装或简易包装的制品，大多由于二次污染细菌致腐的情形。

3. 鱼肉肠制品的腐败变质现象

鱼肉肠是利用鱼肉糜的可塑性在缺氧条件下充填到密封的包装物之中并经加热杀菌所得到的制品。这样可防止二次污染，氧气也不易透过，保藏效果较好。在正常情况下鱼肉肠等灌肠制品，应经过 120℃、4min 高温杀菌，若密封或塑料肠衣无不良缺陷，即使在室温下也可保存数日不变质。因某种原因或经较长时间贮放后，鱼肉肠类制品也会出现下列不良现象。

①斑点：在制品表面生成直径 1~7mm 的呈现褐色、赤褐色、赤紫色的不定型的斑点，深度在 1mm 以内。斑点的产生是由凝结芽孢杆菌的繁殖所引起。

②气泡：在包装物与内容物之间的表面或深度 1~2mm 以内的表层，充满了少量气体，

其原因是凝结芽孢杆菌或环状芽孢杆菌在制品表面部位繁殖，使制品中添加的硝酸盐或亚硝酸盐分解产生氮气所致，至于灌肠带入的空气所致的内容物中出现气泡例外。

③斑点状软化：这种软化开始是豆粒状的，而后是整个表面发生星星点点的软化，在软化部位 pH 相当低，淀粉粒子被消化分解，制品丧失食用价值。这种腐败是由一种不常见的芽孢杆菌（*B. pantitheticus*）的繁殖所引起的。

④表面软化：鱼肉肠制品表面软化、发黏、稍有臭味，包装物呈现膨胀状态，是由凝结芽孢杆菌、地衣芽孢杆菌、枯草杆菌、圆形芽孢杆菌等繁殖所引起的。

⑤膨胀：膨胀是一种较明显的腐败现象，包装物呈现膨胀状态，内容物与包装物分离，有时有强烈腐败臭，这是梭状芽孢杆菌繁殖的结果，而没有臭味的现象是乳酸杆菌繁殖的结果，都是二次污染侵入的菌种。大部分是从结扎部侵入的，由结扎部不严密造成，2~3d 即可以发生这种现象。

⑥酸败：酸败的制品，外观正常，而食用时有酸味。香肠的酸败是由凝结芽孢杆菌繁殖引起的，是原辅料受污染所致。另外，可能是由于结扎不严密，乳酸杆菌侵入所引起。

⑦黏液：这是在包装制品之间产生大量黏液的现象。这种现象比以上现象少见，是由于结扎不严密而使明串株菌属和链球菌侵入繁殖的结果。特别是添加糖较多的制品容易出现这种现象。

（三）鱼糜制品质量控制措施

鉴于引起鱼糜制品的腐败变质是各种细菌、霉菌的繁殖结果。其侵入方式：一是原辅材料中所污染而加热后残留的芽孢杆菌；二是加热后以各种方式二次污染的细菌或霉菌。因而防止其腐败变质，一要提高原辅材料的清洁度，减少细菌污染；二要采用合适的加热温度；三要防止二次污染。其中还包括添加防腐剂，低温贮藏流通等手段，使不可避免残存的芽孢杆菌延缓或杜绝其繁殖。

1. 原辅材料的清洁

提高原辅料的清洁度、降低初始含菌量也就是使加热后的制品尽可能减少残留的细菌量，因此，鱼体的清洗，内脏去净等工序是必不可少的。还应对淀粉、白糖、精盐等辅料进行检验，耐热性的芽孢杆菌很多都来自淀粉、蔬菜等辅料，进厂必要的细菌检验十分重要。有条件的加工厂对原辅料均需杀菌消毒后使用，例如：使用新蛋白时必须注意有无沙门菌污染的问题。

2. 加热杀菌

加热前的成型鱼糜含有多种微生物，包括：无芽孢杆菌、芽孢杆菌、球菌等。加热杀菌并辅之以其他保藏手段则制品便可耐藏。在实际生产中在加热包装鱼糜制品时，一般加热到中心温度 80℃ 以上，但不可低于 75℃ 以下。

3. 包装

包装的作用是多方面的，而其对制品的贮藏性能具有重要意义，包装的第一作用是防止细菌和霉菌的二次污染，鱼糜制品经过充分杀菌，成为无菌，但此后与空气直接接触，就会使微生物再附着于制品的表面即受到二次污染。由此可见，为防止食品的腐败，加热杀菌是必要的，而采取有效的包装措施对防止污染同样重要。包装的第二个作用是可以使食品保持在嫌气状态，使残存的细菌繁殖受到抑制，鱼糜中的氧气在加热时已被鱼糜中的还原物质所消耗，加热后的鱼糜制品基本处于无氧状态，因此良好的包装（如真空包装）使制品内部始终处于无氧状态，无氧状态是抑制残存的好气性芽孢杆菌繁殖的重要因素。

综上所述，制品的密封包装既可防止二次污染，又可使制品处于嫌气状态，抑制好气性芽孢杆菌的繁殖。此外包装对制品的商品化，产品外观等众多方面也均有一定意义。可见包装对食品的影响是非常重要的。包装的方法有加热后包装和加热前包装两种。

目前普遍采用加热后包装方法，如鱼卷、鱼糕、鱼丸和一些油炸制品等都采用这种方法。这种方法效果不好，它在杀菌后容易受到包装工器具、包装材料、操作人员以及冷却过程中的细菌污染，即受到二次污染。另外，在包装前的冷却过程中，氧气容易扩散到制品内部，不能使制品处于嫌气状态，而且这种包装方法不能起到长时间保藏作用。为此经常辅之相关措施来加以改善，如无菌包装或采用紫外线照射对制品、包装环境、包装工器具、包装材料的表面进行清洁消毒，如能与包装工序同时进行则更为有效（印刷图案的包装纸一般不透紫外线，包装后照射效果较差）；另外采用杀菌剂（双氧水作为杀菌剂既有表面杀菌的效果又具有漂白的效果；因过氧化氢有致癌性报道已被停用，现改用乙醇等）进行表面杀菌。如稀释至 70%～75% 的乙醇浸渍或喷雾的鱼糜制品在 20～25℃ 下进行保藏试验，比不加乙醇的对照制品多保藏 2～3d，但杀菌效果比过氧化氢差一半，而在 10℃ 以下的冷库中保藏，其保藏效果可增加一倍；此外，最可靠的措施便是将加热后冷却的鱼糜制品装入塑料肠衣或袋中，脱气后用金属丝结扎或热融封口，并用蒸汽或热水再次加热杀菌。这种包装可有效防止二次污染，也可除去氧气，故可长期贮藏。

我国加热前包装的鱼糜制品有塑料肠衣鱼香肠，而国外鱼糕食品也用这种包装方法。其要求使用密封性好的塑料薄膜，使制品与空气隔绝。这种包装方法可避免二次污染，又可使制品处于嫌气状态，如果再适当地与防腐剂配合，较长时期保藏是可能的。这种包装方法的防腐保藏性能，往往取决于包装的密封程度，特别是鱼香肠的金属结扎部的密封程度。但加热后如急速冷却很难保持结扎严密，一般塑料薄膜肠衣鱼香肠的腐败变质是从这一薄弱环节开始。

选择合适的塑料薄膜也是改进包装、增强保藏性能的方法之一。目前各国使用的包装材料有玻璃纸、低密度的聚乙烯薄膜、中高密度的聚乙烯薄膜、聚丙烯、聚碳酸酯、聚酰胺、铝箔等。

鱼糜制品包装已呈现良好发展趋势，除真空包装外，出现了无菌包装，充气包装等先进的包装方式。包装新材料也日新月异，如聚偏二氯乙烯（PVDC）已广泛应用于鱼香肠的包装。

我国的食品安全性研究与管理起步较晚，这其中也包括鱼糜制品，随着市场经济发展，人民生活饮食结构不断提高和改变，休闲食品安全面临更高的挑战。国家相继制定了《产品质量法》《水产品加工质量管理规范》，众所瞩目的《中华人民共和国食品安全法》已于 2018 年 12 月 29 日颁布实施。目前，鱼糜制品行业标准体系还不够完善，冷冻鱼糜作为鱼糜制品的主要原料，其质量标准目前缺乏国家和行业标准，而只能以地方标准取代之。因此建立与健全其标准体系，对促进水产品行业安全性管理势在必行。其次，不仅要制定冷冻鱼糜的产品标准，其检测方法与规则也必须得到统一，使得生产、流通、使用、监督部门有法可依，有据可循。此外，社会和企业对消费者的食用安全也要给予必要的关注，规范食品标签内容与形式，充分贯彻鱼糜制品安全性管理的全过程。

🔍 **思考题**

1. 简述冷冻鱼糜的工艺流程。
2. 简述抗冻剂的种类。
3. 简述鱼糜制品的一般工艺流程。
4. 简述鱼糜制品加工中漂洗的意义。
5. 简述重组的定义及影响因素。
6. 简述鱼丸的工艺流程。
7. 简述影响鱼糜品质的因素。
8. 简述鱼糜制品的腐败变质现象及控制措施。

参 考 文 献

[1]叶桐封．水产品深加工技术[M]．北京:中国农业出版社,2007.

[2]汪秋宽．安全优质水产品的生产与加工[M]．北京:中国农业出版社,2005.

[3]刘红英．水产品加工与贮藏:第二版[M]．北京:化学工业出版社,2012.

[4]夏文水,罗永康,熊善柏,等．大宗淡水鱼贮运保鲜与加工技术[M]．中国农业出版社,2014.

干制品

[学习目标]

了解常见水产干制品的生产工艺。

第一节 鱼类盐干品

盐干品是经过盐渍、漂洗再进行干燥的制品。由于盐渍时可以除去原料中的部分水分，因此，可以显著地缩短干燥时间；又因制品含盐分，所以，不仅可提高其保藏性，干制品的水分含量也可相应提高。盐干品较淡干品具有更独特的风味。盐干品多用于不宜进行生干和煮干的大中型鱼类和不能及时进行生干和煮干的小杂鱼等的加工，如盐干大麻哈鱼、盐干鲐鱼、盐干带鱼等。但未经漂洗的制品味道较咸，肉质干硬，复水性差，易发生脂肪氧化。

盐干鱼的生产工艺如下：

1. 工艺流程

选料 → 剖割 → 去内脏、鳃 → 洗涤 → 盐腌 → 洗涤脱盐 → 干燥 → 成品 → 包装 → 贮藏

2. 工艺要点

原料处理：先将原料鱼按鲜度进行分级，再按鱼体大小进行剖割，大型鱼体采用背开，小型鱼体或鳊、鲶等鱼采用腹开或划线等形式，经剖割除内脏、鳃后的原料鱼放入水中洗净，再放进竹筐，鱼鳞面向上沥干水分，即可进行腌制。

盐腌：腌制时将鱼体撒盐或擦盐，使盐均匀分布在鱼体表面和剖开部位，小杂鱼可采用拌盐法。若用缸、木桶等容器时，应先在容器底部撒一层盐，放鱼时鳞面向下肉面向上，鱼头稍低，鱼尾斜向上，装一层鱼撒一层盐，至容器口时，最好漫出口 15~20cm，顶面一层肉面向下鳞面向上，经数小时，待鱼收缩至齐口时，再撒封口盐，一般 1000kg 加封口盐10~15kg。用盐量一般控制在 10%~17%，腌渍时间为 5~7d，这样既可避免过咸，又可缩短干燥时间。另外，为了提高制品的加工质量，还可将大型鱼类（一般体重 2kg 以上）剖割时除去头、尾，切成 3~4cm 见方的鱼块进行腌制。腌渍数天后出缸。

洗涤脱盐：应先用清水洗掉鱼体上的黏液、盐粒和脱落的鳞片，然后放入净水中浸泡约30min，漂出鱼体表层的盐分，沥去水分再进行晒制。

干燥：晒时用细竹片将两扇鱼体和两鳃撑开，再用绳或铁丝穿在鱼的颚骨上，吊起来或平铺在晒台上，经常翻动，使鱼体干燥均匀。晒场应干燥通风，地势较高，中午要注意遮阴，防止烈日曝晒，晚上应及时收盖。晒至八成干时再加压一夜，使鱼体平整，次日再晒至全干，一般约经3d即可晒成成品。若遇阴雨天气，可用机械设备烘干。

包装、贮藏：干燥后需冷却后再进行包装。包装时垫好防潮隔热材料，逐层压紧，然后在包装外面标注品名、规格、毛重、净重及出厂日期等，即可入库贮藏。

第二节　鱼类淡干品

淡干品又称生干品，是将原料经去内脏、剖割、清洗等处理后进行干燥的产品，由于原料未经盐腌处理，因此不含盐分。生干品的制作工艺适宜于体型小、肉质薄、易于干燥的水产品，如银鱼、小鱼虾、鱿鱼、墨鱼、章鱼、鱼卵、鱼肚、海参、海带等。生干品由于原料组织的成分、结构和性质变化较少，故复水性较好；另外原料组织中的水溶性物质流失少，能保持原有品种的良好风味。但是，由于生干品没有经过盐渍和煮熟处理，干燥前原料的水分较多，在干燥过程中容易腐败，并且在贮藏过程中，因酶的作用易引起色泽和风味的变化。

（一）鱿鱼干、墨鱼干的加工

1. 工艺流程

原料→剖腹→除内脏→洗涤→干燥→整形→罨蒸和发花→干燥→包装

2. 工艺要点

原料：新鲜的鱿鱼、墨鱼在剖腹前应按大小、鲜度分别挑选分类，以利晒干过程中干度均匀一致，便于成品分级包装。

剖割：剖割时手握鱼背，鱼腹向上，稍捏紧，使腹部凸起，持刀自腹腔上端正中插入，挑剖或直接剖至尾部腺孔前为止。割到将近腺孔时，要使刀口朝上轻轻地剖过去，以免割破墨囊，流出墨汁，影响成品外观。腹腔剖开后，随即伸直头颈，刀口由腹面颈端中间向头部肉腕正中直切一刀，当剖到鱼嘴时，刀口斜向左右各一刀，割破眼球，让眼球中水分流出便于干燥。并顺手用刀割断嘴和食道连接处，以利干燥和去除内脏。剖割时刀口要平直，左右对称，第一刀割到腺孔附近要留一点距离，否则日晒时易卷缩，会积水变质，干燥时间长。

除内脏：去内脏时要先将墨囊腺轻轻拉起，如墨囊位稍前时应往后轻拉，稍后时往前轻拉，然后小心地把墨囊摘除，防止墨液污染洁白肉面，影响洗涤和美观。除内脏时要从尾部开始，向上撕开，到鳃部附近要随手用指甲剥去附着在肌肉上的鳃和肝脏。

洗涤：把除去内脏的鱿鱼、墨鱼放在洗鱼筐里，每筐5kg左右，放置海水中转筐浸洗，将黏着在鱼体上的污物洗掉。

干燥：采用天然干燥法，将洗净的鱿鱼、墨鱼平摊在竹席或密网上沥水。出晒时，一只手拿住鱼尾部，另一只手拉直头颈，并分开肉腕腹部朝下，肉腕方向一致，平摊在竹席或密网上沥水，以利水分蒸发。出晒时，竹帘应倾斜朝阳，肉腕向下，晒背部。经 2~3h 翻转 1 次，使腹部朝上。翻晒时要顺手将肉腕和头颈拉直，以利头部及时干燥。晒至腹部表面干燥到结成薄膜，再翻晒背部。傍晚连同竹帘一起收回室内或在空地堆置，盖上竹帘罨蒸。第 2 天晒法同第 1 天，翻晒 3 次，可晒到四五成干，晚上收藏时可将 2 个墨鱼腹部相合收藏。第 3 天晒法同第 2 天。

整形：出晒后的第 1 天开始初步整形，即用拇指和食指捻动（俗称捻拨）墨鱼两旁肉块。捻时由尾部开始，逐步移向上端，食指靠近背壳且比腹面的拇指要用力，所用的力随手指上升而增加，并不时以两手摇动和捻动，以免肉腕断裂，如此反复捻动 3~6 次。晒至七成干时，肉腕变硬，用木槌进行打平。晒到八成干时进行第 2 次打平，打平后晒至全干，在下次出晒时应进行第 3 次打平。每次敲打时应顺便将肉腕与头部连接和身体对位，使其充分伸展，并捻动肉腕使其条条圆直。

罨蒸和发花：鱿鱼、墨鱼晒至九成干时，收放在筐内，堆放在仓库，四周用稻草或麻袋密封，放置 3~4d，进行罨蒸，使鱼体内部水分向外扩散，并使体内甜菜碱等氮类化合物析出，干燥后即成白粉附着在表面。这种物质呈碱性，带有甜味，可增加滋味，此过程称为发花。罨蒸发花后的制品待晴天再倒在晒场上，晒至充分干燥，包装入库。也有省去罨蒸发花工序，直接晒干包装。

包装：晒干后应立即包装密封入库。包装一般采用竹篓、纸箱或木箱，包装时篓或箱内部和周围应铺上一层竹叶或草片，墨鱼干按一定大小依次排列成环形或方形。排列时底部背朝下，头部向篓心或箱中间，上部第一层应背部朝上，以减少受潮的影响。装满时，盖上竹叶片，加盖封牢，并注明等级规格和重量。

（二） 鱼翅加工技术

1. 工艺流程

急冻鲨鱼鳍 → 解冻 → 干燥 → 去基肉 → 烫沙 → 刮沙 → 洗涤 → 漂白 → 漂洗 → 去骨 → 晒干或烘干 → 分级 → 包装 → 明翅成品

2. 工艺要点

干燥：置于太阳下晒干或烘房内烘干。烘房内温度应控制在 40℃ 左右为宜。

去基肉：用刀或电锯将鲨鱼鳍的基部肌肉切除干净。

烫沙：以干鲨鳍重量的 1.2 倍清水，加热至 60℃ 左右，将鲨鱼鳍浸入水中，并自下而上翻动，使原料受热均匀。保持水温 50℃ 左右，浸泡时间约 20min。用指甲或小刀试刮鱼鳍几下，如容易刮下沙粒，则注入冷水，调节水温至 40℃ 左右，去除鱼鳍上的血污、黏液及杂质，捞起、沥水。

刮沙：用刮沙刀从鳍的基部向鳍尖方向将沙刮除。

洗涤：用清水洗去鳍表面黏附的沙粒，捞起、沥水。

漂白：将洗涤好的鱼鳍浸入过氧化氢溶液中（1 份 40% 过氧化氢溶液加 15 份清水）浸泡 20min 左右。

漂洗：用流动的清水将鱼鳍漂洗约 60min，洗去鳍中的腐肉、残留的过氧化氢及盐分。

去骨：用剔骨刀将鳍中心软骨剔除。胸鳍用手撕剥成两半边；背鳍剖成鳍尖相连的两片。

晒干或烘干：置太阳下晒干或烘房内烘干，将成品翅的水分含量控制在12%以下。

分级：按鱼翅的品种、部位、大小、质量进行分级。

包装：将同一级别的鱼翅装入塑料袋中，压实，扎紧袋口，外用纸箱包装。

第三节　鱼肉松

鱼肉松是用鱼类肌肉制成的金黄色绒毛状调味干制品。其加工设备主要有煮制锅、炒松机，可连续性生产，日产量可高达10t以上；小型的零星加工，以手工烹炒较为常见。鱼肉松含有人体所需的多种必需氨基酸和维生素 B_1、维生素 B_2、烟酸以及钙、磷、铁等无机盐，可溶性蛋白多，脂肪熔点低，易被人体消化吸收，是营养健康的佳品。现介绍小规模生产鱼肉松的加工工艺。

（1）工艺流程

原料处理 → 蒸煮 → 捣碎 → 调味 → 炒制 → 冷却 → 装袋 → 灌气、封口 → 保温 → 检验 → 成品

（2）工艺要点

原料处理：把新鲜或冷冻良好的原料鱼洗净或解冻，去除鳞、内脏、鱼皮、鱼刺，斩去头尾，剖腹去内脏时应注意不要把鱼胆弄破，洗净鱼腹内脏黑膜及血污杂质。

蒸煮：把净鱼肉放入盆中，每10kg鱼肉中加入精盐80g、料酒500g、生姜60g、葱100g，然后进行常压蒸煮，蒸制时间约为20min，应达到里外均已熟透，但不过熟为宜。

捣碎：将蒸制的鱼肉趁热拣出鱼刺、姜、葱，然后将鱼肉捣碎备用。

调味：将调味料汤汁倒入捣碎的鱼肉中。调味料汤汁配料为（以每10kg鱼肉计）：桂皮30g、八角100g、花椒100g、陈皮20g、生姜40g、酱油500g、白糖50g、精盐20g、醋50g。

调味料汤汁制作方法：将桂皮、八角、花椒、陈皮、生姜等放入纱布中包好，倒入适量清水。先用大火烧沸，后改用小火；使水微沸，大约1h后，取出料包，加入其他调料，拌匀。

炒制：将锅用色拉油润滑，放在小火上，加入鱼肉。不断翻炒。当鱼肉呈金黄色，发出香味时，加入五香粉。继续翻炒至鱼肉松散、干燥、起松，即可停火出锅。

冷却：采用自然冷却或冷藏冷却使肉松温度降至室温。冷却时要严格控制卫生条件，防止产品受到污染。

装袋：把肉松定量装入PVC塑料复合薄膜袋中。

灌气、封口：按照 $N_2 : CO_2 = 7 : 3$ 的比例置换袋内气体，采用包装机的Ⅳ挡进行封口，热封时间约为8s。

（3）感官指标

色泽：正常的金黄色。

口感：较好、无余渣、无异味。

组织形态：酥松、柔软。

第四节　鱼片

1. 珍味烤鱼片

目前国内生产珍味烤鱼片的主要原料为鳕鱼、马面鲀，今后将进一步开发新的原料来源。

（1）工艺流程

原料鱼→ 剖片 → 漂洗 → 调味 → 摊片 → 烘干 → 揭片 → 烘烤轧松 → 称量 → 包装 →成品

（2）工艺要点

原料处理：采用去头、去皮、去内脏的新鲜原料，否则采用冷冻原料，鱼体中的重金属及有害元素含量、有毒有害物质含量、农药和药物残留限量应符合 NY 5073—2006《无公害食品　水产品中有毒有害物质限量》、NY 5070—2002《无公害食品　水产品中渔药残留限量》的规定。出库的原料应本着先冻先出、后冻后出的原则。加工时必须掌握冷藏时间，要求原料鲜度良好，个体完整无损伤，不得有异味，不得有内脏及其他渣滓。解冻后将原料切头、剥皮、除内脏，再用流动水冲洗干净。

剖片：我国一般的剖法是从鱼尾端下刀剖至肩部，而日本一般是从肩部下刀剖至鱼尾端。剖片刀多采用偏狭长的尖刀。剖片后再将褐色肉切除并剪掉残骨、背鳍残渣等。

漂洗：国内常采用的漂洗方法是将鱼片装入筐内，再把筐置于漂洗架上，用 20℃ 以下的流水漂洗 45~60min，并间歇搅动 4~5 次；或直接倒入漂洗槽中浸漂，洗去水溶性蛋白和血污、杂质等，加工用水应符合中华人民共和国国家卫生健康委员会 2006 年 12 月 29 日颁布的 GB 5749—2006《生活饮用水卫生标准》的要求。目前国外采用的漂洗方法是将漂洗槽灌满自来水，倒入鱼片，然后开动高压空气泵。由于高压空气的激烈翻滚，使鱼片在槽中上下翻动。这种空气软性搅拌，既不伤鱼片，又可加速水溶性蛋白的溶出和淤血的渗出，也降低了用水量。经这样漂洗的鱼片色白、肉质较厚且松柔。

将漂洗好的鱼片，捞出放在无毒多孔塑料筐中沥水 15min 左右，即可进行浸渍调味。

调味：其调味料配方为：砂糖（纯度 99% 以上）6% 左右，精盐（NaCl 含量 99.3% 以上）1.6%~1.8%，味精（谷氨酸钠含量 99% 以上）1.2%~1.3%，山梨醇 1.1%~1.2%。将各配料均匀地撒在鱼片上，加适量的水，手工翻拌均匀后，放置在室温为 15℃ 左右（最高不超过 20℃）的专用拌料间，任其渗透 1h，中间应翻拌 2 次。拌料间应安装紫外杀菌设施，定时杀菌消毒。调味还可采用可倾式搅拌机进行。该机转速为 60r/min，每次投料 60kg，加入调味料 2~3min 后即可搅拌均匀。

摊片：浸渍调味后将鱼片背面朝下平摊在烘干帘上。烘干帘应采用无毒塑料网，使用前用洁净的水冲洗干净，并晾干，揭片后烘干帘要及时刷洗干净。摆放时片与片间距要紧密，片型要整齐抹平，两片搭接部位尽量紧密，使整片厚度一致，以防燥裂或成品水分不均，影响质量。相接的两鱼片大小要相当，过小的鱼片可采用 3~4 片相接，但鱼肉纤维纹理要一致，干燥后基本与两片式同样平整。

烘干：将摆满烘干帘的烘车送入隧道式干燥机中，以40℃左右的温度热风干燥（后期可降至36~38℃）。经干燥5h左右后，将烘车从干燥机中推出，使烘架上的鱼片在室温下扩散内部水分1~2h，再推入烘道内继续干燥至水分含量在20%左右。

揭片：烘干后的鱼片，应及时从烘干帘上取下，放入带盖塑料桶中存放。此时制得的半成品又称调味生鱼片干，经包装后可在冷库中贮藏，以供外销。也可作为烤鱼片的原料，但在烘烤前，需先经回潮。

烘烤：多采用远红外烘烤机。机器经预热至额定温度后，即可启动烘烤网带，将鱼片摊展在网带上，一般使鱼片背面朝下、避免重叠，拣出过大、过厚者集中另行烘烤。烘烤温度约为140℃，直接烘烤时间为2~3min，加进出时间总共不超过5min为宜。烘熟标志为鱼片中间呈灰白、微黄的不透明状，周边稍有焦黄。

轧松：烘熟的鱼片须冷却至70~80℃再进行轧松。轧松操作选用水冷式轧松机，在每次使用之前，须对传送带、轧辊等接触鱼片的部件进行消毒，消毒剂的选用及剂量应符合食品卫生的有关规定。轧片温度随烤熟鱼片含水量高低而异，一般水分含量低者温度可稍高些。轧辊的间距、压力要根据烘烤鱼片的厚度调整。将鱼片横向排列在橡胶输送带上，并留适当间隙（避免辊轧时粘连在一起），经第一次辊轧后，鱼肉纤维已被轧松，应趁热进行第二次辊轧，使鱼片继续横向扩展、疏松平整。轧片时，应防止鱼片温度过高、粘连轧辊等情况发生。用于贮存、输送半成品、成品的设备、容器及用具在使用前应彻底清洗和消毒，在使用中不能遭受污染。容器不可直接放在地上，以防止水污染或容器外面污染所引起的间接污染。

称量、包装：根据一定的包装规格进行称量，并立即装入聚乙烯无毒塑料薄膜袋内进行封口包装。

（3）产品质量标准

感官指标：色泽要求玉黄色稍带灰白色，表面有光泽、半透明，允许局部有轻微淤血呈现淡紫红色。片形基本完好平整，鱼片拼接良好，无明显缝隙和破裂片。组织要紧密，软硬适度，肉厚部分无软湿感，无干耗片。滋味鲜美，咸甜适宜，具有干制鱼肉的特有香味，无异味。

水分含量：要求在18%~22%。

微生物指标：肠道致病菌不得检出。

2. 淡水鱼调味鱼干片

淡水鱼调味鱼干片是用生鲜淡水鱼为原料，经处理、调味、烘烤、碾压拉松而制成的淡水鱼加工产品。它具有制造工艺简单、营养丰富、风味独特、携带和食用方便等特点，深受广大消费者的喜欢。

（1）工艺流程

原料鱼→ 三去（去鳞、去内脏、去头）→ 开片 → 检片 → 漂洗 → 沥水 → 调味 → 渗透 → 摊片 → 烘干 → 揭片（生干片）→ 烘烤 → 滚压拉松 → 检验 → 称量 → 包装 →成品

（2）工艺要点

原料的选用：用来加工淡水鱼调味鱼干片的原料鱼，一般有鲢鱼、鳙鱼、草鱼、鲤鱼等，调味鱼干片的质量一般受原料鱼新鲜度的直接影响，因此，应选用产自无公害生产基地

的新鲜或冷冻淡水鱼为原料。要求鱼体完整，气味、色泽正常，肉质紧有弹性，原料鱼的大小一般选用 0.5kg 以上的鱼。

原料处理：先将鱼去鳞片，然后用刀切去鱼体上的鳍，沿胸鳍根部切去头部，自胴部切口拉出雌鱼的内脏，用手摘除卵巢，以备加工咸鱼子。接着用鱼体处理机将雌、雄鱼一起去鳃、开腹、去内脏和腹内膜，然后用毛刷洗刷腹腔，去除血污和黑膜。

开片：开片刀用扁薄狭长的尖刀，一般由头肩部下刀连皮开下薄片，沿着脊排骨刺上层开片（腹部肉不开），肉片厚 2mm，留下大骨刺，供作他用。

检片：将开片时带有的大骨刺、红肉、黑膜、杂质等拣出，保持鱼片洁净。

漂洗：淡水鱼片含血液多，必须用循环水反复漂洗干净。有条件的加工厂可将漂洗槽灌满洁净的自来水，倒入鱼片，用空气压缩机通气使其激烈翻滚，洗净血污，漂洗的鱼片洁白有光，肉质较好。然后捞出沥水。

调味：调味液的配方为：水 100 份、白糖 78~80 份、精盐 20~25 份、料酒 20~25 份、味精 15~20 份。配制好调味液后，将漂洗沥水后的鱼片放入调味液中腌渍。以鱼片 100kg，放入调味液 15L 为宜。调味液腌渍渗透时间为 30~60min，并常翻拌，调味温度为 15℃ 左右，不得高于 20℃。要使调味液充分均匀渗透。

摊片：将调味腌渍后的鱼片，摊在无毒烘帘或尼龙网上，摆放时，片与片的间距要紧密，片型要整齐抹平，再把鱼片（大小片及碎片配合）摆放，如鱼片 3~4 片相接，鱼肉纤维纹要基本相似，使鱼片成型平整美观。

烘干：采用烘道热风干燥，烘干时鱼片温度以不高于 35℃ 为宜，烘至半干时将其移到烘道外，停放 2h 左右，使鱼片内部水分自然向外扩散后再移入烘道中干燥达规定要求。

揭片：将烘干的鱼片从网上揭下，即得生鱼片。

烘烤：将生鱼片的鱼皮部朝下摊放在烘烤机传送带上，经 1~2min 烘烤即可，温度 180℃ 左右为宜，注意烘烤前在生片上喷洒适量的水，以防鱼片烤焦。

碾压拉松：烘烤后的鱼片经碾片机碾压拉松即得熟鱼片，碾压时要在鱼肉纤维的垂直方向（即横向）碾压才可拉松，一般需经二次拉松，使肌肉纤维组织疏松均匀，面积延伸增大。

检验：拉松后的调味鱼干片，人工揭去鱼皮，拣出剩留骨刺（细骨已脆可不除），再称量包装，用聚乙烯食品袋小包装。制品水分以 18%~20% 为宜，此时口感好。

成品率：鲜鱼 7~8kg 可制得成品 1kg。

包装：采用洁净、透明聚乙烯或聚丙烯复合薄膜塑料袋。用塑料袋二次包装，一定数量的小袋装成一大袋，再装入纸箱中，放置平整；大、小塑料袋封口必须都不漏气。采用的纸箱为牢固、清洁、干燥、无霉变的单瓦楞纸箱，表面涂无毒防潮油。纸箱底、盖用黏合剂黏固，再用封箱纸带粘牢。

贮存：淡水鱼片的成品应放置于清洁、干燥、阴凉通风的场所，底层仓库内堆放成品时应用木板垫起，堆放高度以纸箱受压不变形为宜。

（3）产品质量要求

感官指标：淡水鱼片色泽要求黄白色，边沿允许略带焦黄色。鱼片形态要平整，片形基本完好。组织要求肉质疏松，有嚼劲，无僵片。滋味及气味要求滋味鲜美，咸甜适宜，具有烤淡水鱼的特有香味，而无异味。鱼片内不允许存在杂质。

水分含量：要求在 17%～22%。

微生物指标：致病菌（指肠道致病菌及致病性球菌）不得检出。

3. 真空冻干鱼片

与其他鱼肉干片相比，真空冷冻干燥的鱼肉片在色泽、形状、气味、滋味和消化率等方面均基本保持不变，同时复水性能也好，这是自然晾干、晒干或热风干燥鱼肉制品所不及的，但成本较高。

（1）工艺流程

鲜鱼 → 挑选 → 沥水 → 装盘 → 升华干燥 → 检验 → 回软 → 压块 → 后干燥 → 包装 → 成品

（2）工艺要点

挑选：选用鲜度一级的新鲜鱼类（海、淡水鱼类），剔除其中的变质腐败者。

处理：去鳞、去鳍、剖腹、除内脏，并紧挨头部从鳃盖后开始沿着脊骨切开成两条鱼片，切除腹内侧之肋刺。

水洗：水洗的目的是除去粘在鱼片上的鱼鳞、内脏、血污和腹腔内的黑膜等杂质污物，以保证产品的卫生和外观整洁。

沥水：水洗后的鱼片表面吸附有水分，如不沥水，将浪费速冻时的冷量和延长干制时间。但沥水时间不能太长，否则会使鱼片的鲜度降低。

装盘：要求每盘的质量一致，摆时要厚薄均匀，避免将鱼片交叉叠放，以免影响冰晶的升华和各部位的干燥均匀度。

速冻：库温必须在 -25℃ 以下，以便冻结结束时，鱼片中的水分能达到"冻硬"的要求。以速冻为宜，一般在 1～2h 内冻至预定温度。如果冻结速度慢，则形成的冰晶较大，会挤破鱼肉组织细胞，造成成品的复水性差，并且成品会因弹性不足而发软。

升华干燥：将载有已冻硬鱼片的料车迅速推入干燥室，避免其解冻，并立即关闭进料门，开启抽真空系统，使鱼片温度随着室内真空度的降低而迅速降低。室内真空度在 5～6min 内即应达到 66.6～133.3Pa，以防止已冻结的鱼片升温解冻，这时鱼片的温度基本上稳定在预定的升华温度，然后进行加热，以供应鱼片中冰晶升华时所需的热量。经过升温、恒温、降温三个阶段，鱼片就能达到预定的水分含量（4%）。传热方式为辐射传热（辐射冻干机加热），加热板与鱼片不得直接接触。

检验：干燥后的检验是把未达到要求的鱼片拣出，以保证干鱼片的质量。

回软：将已干的鱼片（一般水分含量在 4% 左右）吸收一定量的水分，使其手捏不碎，表面不发黏，以便手工压块操作的进行。

压块：根据鱼片的含水量和回软程度来确定压块压力。

二次干燥（后干燥）：除去回软水分，使鱼片回复到回软前的水分含量（4% 左右）。

包装：要求密封避光、不漏气，并进行充氮包装，防止高度不饱和脂肪酸含量甚高的鱼类脂肪氧化。

4. 微波膨化麻哈鱼片

膨化食品口感酥脆，味美可口，深受儿童的欢迎。但市场上常见的膨化食品多以淀粉为主原料加工而成，蛋白质含量低，儿童长期食用会引起营养缺乏。大麻哈鱼是一种营养丰富、味道鲜美的鱼类，鲜鱼肉中含蛋白质 15% 以上，此外还含有多种微量元素和维生素、氨基酸等，并含有多量益于儿童生长的不饱和脂肪酸 DHA 等。将其切片烘干后，不加任何膨化剂，直接经微波炉膨化可制取营养丰富、口感可与市售膨化小食品相媲美的膨化全鱼片，长期食用，可补充足量的蛋白质和氨基酸，是一种新型高蛋白儿童休闲食品。

（1）工艺流程

麻哈鱼 → 去头、鳍、内脏 → 剥皮 → 速冻 → 切片 → 漂洗去腥 → 浸味 → 沥水 → 脱水 → 整理 → 微波膨化 → 烘干 → 充气包装

（2）工艺要点

前处理：新鲜或解冻后的麻哈鱼，要去除头、鳍、内脏等部位，并用小剪刀剥去其厚而呈灰黑色的皮，以使制品口感及外观良好。

速冻：处理后的鱼体重新低温冷冻，使鱼体变硬，以便于切片操作的进行，并利于切片的厚度均匀。

切片：切片厚度掌握在 1.5~2.0mm 为佳，厚度小于 1.5mm 时，鱼片在浸泡、挤压等处理过程中易断裂。厚度大于 2.0mm 时，虽然成型性好，但影响膨化效果，表面气泡不均匀，且内部膨化不明显。切片中避开鱼骨，余下的带鱼刺的鱼排另行处理。

漂洗去腥：用配好的漂洗液漂洗鱼片，以除去令人不悦的鱼腥味，漂洗液的配比为：10%Na_2CO_3、0.4%NaCl，漂洗浸泡时间为 15min，再以清水冲净。

浸味：选用各种辅料配成各种风味的调味液，将鱼片浸于其中 20~30min 即可，浸液用量为鱼片重量的 3~4 倍，为使浸味均匀，鱼片完整，浸泡中应进行单向搅拌。所制取的膨化鱼片的风味主要取决于所采用的浸液的组成，由于采用了不同的浸液，因而所制膨化鱼片有原味、辣味、甜味之分。

原味鱼片浸液配方：

将 1%$NaHCO_3$、1.3%NaCl、0.5%味精、0.2%异抗坏血酸钠，加水至所需体积，待调味料全部溶解后，再放入鱼片浸泡 20min，所得膨化鱼片保持了海鱼原有风味。

辣味鱼片浸液配方：

①大料水的配制：20%八角茴香，2%橘皮、1%花椒、1%小茴香，加水至所需刻度，煮沸 15min，冷却、过滤；

②辣椒水的配制：称取 2%的红辣椒粉，量取所需体积的水，第一次先加入 2/3 体积的水，煮沸 10min，冷却过滤，再将过滤的辣椒粉用剩余的 1/3 体积水煮沸 10min，过滤，将两次滤液混合；

③辣味鱼片浸液配方为：1%$NaHCO_3$，1.3%NaCl，0.5%味精，10%（体积分数）大料水，20%辣椒水，0.2%异抗坏血酸钠，加水至所需体积。

甜味鱼片浸液配方：

①糖粉的制作：称取一定重量的砂糖，在 105℃烘箱内干燥 4h。烘干后的砂糖为淡黄色，用组织捣碎机打碎，经 0.25mm 分样筛过筛，得白色干燥糖粉，糖粉应注意不能受潮；

②浸液配方：1%$NaHCO_3$，0.5%NaCl，0.5%味精，10%（体积分数）大料水，20%辣椒水，0.2%异抗坏血酸钠，加水至所需体积，溶解后备用。将切好的生鱼片在此浸液中浸味，干燥膨化后所得膨化鱼片还需按下面工艺流程进行挂糖处理，即可得到甜味膨化鱼片；

③鱼片膨化工艺流程：向鱼片上均匀喷洒一层水雾 → 撒糖粉 → 喷水使糖粉溶解 → 烘箱

烘干→冷却→包装。注意糖粉一定要撒得均匀，而且用量不要太多，否则溶解后的糖粉在烘干过程中形成白色结晶，重新析出，影响鱼片外观。

沥水：鱼片从浸液中捞出后，用手稍挤压以除去过多水分。

脱水：将沥水后的鱼片单层摆放于纱网上，于阳光充足、通风干燥处自然脱水，或置于40℃烘箱中鼓风干燥 3h 左右，至含水 45%~50% 为宜。

整理：剪除靠近鱼肚处与鱼皮内表面相接触的黑褐部位，以去除鱼片的腥味及不悦目的色泽。

微波膨化：一般膨化时间为 1.5~2min。鱼片含水量低于 60% 时，鱼片是在微波炉内先干燥再膨化的，由于其水分含量太高，形成较多的水蒸气，同时盘中有一层水出现，故膨化时间需加长，一般为 3~4min，膨化效果不佳；含水量低于 25% 时，鱼片基本不膨化，膨化前后外形没有明显的变化，只是颜色由浅棕红色变成淡黄色；含水量在 43%~50% 时，膨化1.5min，鱼片组织间气泡大而多，组织相对疏松，透光性好，口感酥脆。

烘箱烘干：由于鱼片从微波炉中取出时具有一定的湿度，直接包装易返潮，故需于75~80℃烘箱中鼓风干燥 30~45min。

充气包装：烘干的鱼片冷却后，用聚乙烯袋包装，每袋 10g，并充入 N_2 包装即可。

🔍 思考题

1. 水产品干制指什么？
2. 水产品在干制过程中会发生哪些变化？
3. 水产品干制时常用哪些设备？
4. 请举例说明水产干制品的生产工艺。

参 考 文 献

[1]汪秋宽. 安全优质水产品的生产与加工[M]. 北京:中国农业出版社,2005.

[2]董全,黄艾祥. 食品干燥加工技术[M]. 北京:化学工业出版社,2007.

[3]叶桐封. 水产品深加工技术[M]. 北京:中国农业出版社,2007.

[4]曾庆孝. 食品加工与保藏原理[M]. 北京:化学工业出版社,2002.

[5]李来好. 传统水产品加工[M]. 广州:广东科技出版社,2002.

[6]刘红英. 水产品加工与贮藏:第二版[M]. 北京:化学工业出版社,2012.

[7]夏文水,罗永康,熊善柏,等. 大宗淡水鱼贮运保鲜与加工技术[M]. 北京:中国农业出版社,2014.

腌制品与熏制品

第一节　腌制品

（一）　咸黄鱼

黄鱼，俗称黄花鱼，每 100g 鱼肉含有蛋白质 17.6g，脂肪 0.8g，并含有丰富的钙、磷、铁、核黄素、烟酸和碘等营养成分。

1. 原料选择

选择鲜度良好的黄鱼为原料，对鲜度差的原料，要采用两次加工方法处理。

2. 加工工艺

（1）加盐　加盐是指鱼在下池腌渍前，预先用部分盐拌或塞在鱼的体表、鳃部或腹腔。根据情况不同可选用抄盐法、拌盐法和撞盐法等方法。

抄盐法：是将鲜鱼倒在抄鱼板或船甲板上，撒上盐，用竹制鱼耙抄拌，使食盐均匀地附着在鱼体上。该法省时省工，但制品质量差，不易保藏。

拌盐法：将鱼倒在拌盐板上，逐条揭开两鳃盖，腹部朝上，加 8% 鱼重的食盐在鳃内。再压闭鳃盖，即将鱼往盐堆里拌匀，使鱼体粘附盐粒，待腌。

撞盐法：将鱼、盐倒入操作台上，鱼背部朝左手内侧，随手将鱼鳃盖揭开，右手持一小木棒穿插鳃膜，往腹腔伸进直达肛门抽出，从木棒末端将盐塞进腹腔数次，鳃盖附近肉厚处要多塞盐。同时在两边鳃内塞盐，盐量为鱼重的 10% 左右，合闭鳃盖，再放入盐堆里翻拌，使鱼体附着盐粒。由于盐进入鱼的腹腔，加速了渗透、抑制内脏中酶的作用，达到防止制品腐败变质的目的。

（2）腌渍　先将池或船舱洗净，在底部撒一层 1cm 左右的盐后，放入待腌的鱼。最好将鱼排列整齐，头背靠池壁，腹部向上，略平斜。第二排鱼头紧挨第一排鱼尾，层鱼层盐，至九成满，加封盐。总用盐量为：冬季 32% 左右，春夏季 35% 左右。

（3）压石　腌渍的鱼经 1～2d 后铺上一层硬竹片，上压石块，石块重量为鱼重的 10%～20%。至卤水淹没鱼体 5～10cm 为宜，使上层鱼体不露出卤水面，以加速水分的析出和食盐的渗透。

（4）加工中应注意的问题　由于黄鱼体大肉厚，未经剖割，鳞片紧贴，腌渍保藏中要注意防止变质，特别是抄盐法生产时更应小心。如发现有气泡上冒，要加重压石；发现卤水呈混浊发黑或有臭气，鱼体肌肉松软，腹部充气等现象，要及时换卤或翻池处理；要保持环境、容器及工具的卫生。

3. 成品质量

一级品：鱼体形态完整，色白有光泽，鳞片紧密，胸鳍部仍残存着金黄色，肉质坚实，气味正常，眼球饱满。含盐量不超过 18%。

二级品：鱼体呈灰白色，光泽较差，体形完整，肉质仍结实眼球陷落，鳞片稍有脱落。含盐量不超过 18%。

三级品：鱼体色泽灰暗，无光泽，体形不够完整，肉软、脱鳞严重，但气味正常，无腐败臭和异味。含盐量超过 18%。

（二）　腌鲭鱼

鲭鱼北方称为鲐鱼，南方称油筒鱼或青花鱼，鱼肉易腐而多脂，容易引起腐败和油烧现象，所以加工时应特别注意。国内产地以山东、江苏沿海为最多，因此，卤咸鱼的产量以山东为最盛，山东沿海各地的加工方法有两种，即背开除去内脏的盐渍法（称为鲐鱼片子或鲐鱼血片）和整个鱼体盐渍法（称为荷包鱼）。由于加工地区与渔场距离的远近和原料的鲜度情况不同，其加工方法分下列 3 种：

1. 一次腌渍法

渔场距加工地点较近，渔船捕获归港后立即进行加工者可应用本法。原料到达加工厂后，用刀由尾部至头部剖开背部，并在背部肉厚处割一刀，然后除去内脏，经海水洗涤后用食盐擦附于鱼体的内外，平铺于腌鱼池内，肉面向上背部向下，逐层腌到满池为止，每层鱼间须撒布食盐，在最上面撒布食盐后加盖木板上压石块。4～6d 后，鱼体逐渐下沉，卤汁上升，淹盖全部鱼体经过半月而完成，在腌制过程与贮藏期间不换池，入秋也不致腐败。其用盐量视原料与汛期的不同而略有增减，一般 5 月中旬至 6 月初的头水鱼为 40%，6 月中旬至 7 月初的二水鱼为 45%，而 7 月初以后的三水鱼则达 50%～55%。成品率头水鱼约为 75%，二水鱼约为 70%，三水鱼约为 67%。

2. 二次腌渍法

应用此法腌渍有两种情况，一是渔场距离加工地点较远，原料捕获后必须在船上预行盐渍，才能保持品质，因此，在船上的渔工将鱼体背开除去内脏后立即以 40% 的食盐腌渍于船舱中，待驶运至加工地点后，起卸上岸再加 10% 的食盐施行第二次腌渍；另一种情况是加工生产单位收购渔民自捕归港的血片（经一次盐渍的鱼体），再用食盐水（海水 100kg 溶解食盐 20kg）腌于池中。以上两种情况的成品率，血片 130kg 可得成品 100kg 左右。

3. 荷包鱼腌渍法

在鱼汛末期捕获的鱼体，肥满度及鲜度较差，不能制成血片，用此法处理，所得的成品品质低劣，售价低廉。加工方法：整个鱼体只于背部用刀在肉厚处割一长约 10cm 的刀口，使之与腹腔贯通，再于切口塞入足量的食盐达于腹腔后铺于池内，按照普通的腌渍法腌好，半月即可出池销售。用盐量都为 50%~55%，其成品率为 64%~67%。

在国外，如日本、美国以及太平洋、大西洋沿岸产鲭鱼的各国，都将鲭鱼加工为腌制品，而以美国的制法比较优良，其制法如下：渔获的鲭鱼立即在渔船上进行预腌，以迅速处理保持鲜度为目的的。分为三人一组，一人切开两人去鳃除脏后，立即置入盛有清澄盐水的桶内（5%），使肉面向下，浸渍 6~8h，拔除血液后取出，内外擦盐预腌于桶中，各鱼层间充分撒布食盐，经一日余渗出卤汁，鱼体沉降，另用别桶的腌鱼补充满桶，加盖堆贮舱内，归港后再行二次腌渍。取出预腌桶中的鱼体，沥去卤汁，选别大小，用盐进行第二次盐渍，放于 200 磅的大桶中，密封桶盖，并从桶外所穿的小孔中注加足量的饱和盐液，7d 后完成，即可运销。用盐量预腌时为 20%，二次腌渍时为 10%。

鲭鱼肉质疏松，且含多量的脂肪，产期又正值气温较高的时期，因此极易腐败，迅速处理、及时腌渍为腌制中最重要的环节，所以在渔获后立即在渔船上切开、除去内脏后进行预腌，并必须减少与空气的接触，归港后应立即进行二次腌渍，并随加浓厚的盐液浸渍桶中全部鱼体，上面再加席或加盖，减少与空气的接触。最好的方法是在腌渍和贮藏期间，尽可能使温度降低，运销时也必须应用密封桶装，配合低温，才能保持成品的品质。

（三） 腌鲤鱼

鲤鱼的加工季节以秋冬为主，经渔获后的原料即行加工，鲜度高，为盐渍的良好原料。腌制工艺如下：

1. 原料预处理

原料运到加工厂后，用 3% 的盐水洗除表面附着的黏液，用厚长的鱼刀，剖开背部，自尾至头全部切开，切开后，因背肉尚厚，再用刀自胸鳍起至臀鳍止的肉面上纵划切成两条，以便于盐分的渗透，除去全部内脏及鱼鳃，在淡水中将腹腔各处刷洗清洁。

2. 腌制、包装

用作干制品的原料，即制成半成品者，最多用相当于原料 20%~25% 的盐量撒于腹腔、肉面及鳃盖切口等处。用力敷擦盐分，再将鱼体肉面合拢，于表面敷盐后，背部斜向下面整齐排列于大盆或大桶中，依照普通腌渍法装满至桶口为止，撒盐加压。用石压三四日后再加重压 10d 左右，待盐渍过程完毕时即行取出，于原卤中或浓厚盐水中洗涤一次，沥水后悬空吊晒或风干。

如用作腌渍品，原料经背开后用 25%~30% 的盐量，先将食盐遍擦于鱼体的肉面及背部，鱼体并不合拢，腌渍与普通腌渍法相同，下层背部向下紧密排列一层后撒盐，鱼层盐装至桶口为止，上面撒盐盖以草席，1d 后加压，5d 后加重压，10d 后翻转一次，约经过 20d 后，盐渍过程完毕，仍浸渍于盐卤中贮藏。包装用草席或用竹编的竹筐，先铺洁净的稻草将制品排列筐中，上盖稻草再加竹盖，用篾扎固运销。

（四） 腌酶香鳓鱼

鳓鱼，俗称鲙鱼、白鳞鱼、曹白鱼。我国沿海省市均有生产，生产季节为 3~6 月。每 100g 鱼肉含蛋白质 20.2g、脂肪 5.9g，肉质肥美。鳓鱼除鲜食以外，还可腌制加工酶香鳓鱼。酶香鳓鱼是利用鱼体各种酶以及微生物在食盐抑制下的部分分解作用，使鱼体含有的蛋白质等营养成分分解为多种呈味物质，使制品具有特殊的酶香气味。

1. 原料选择

选用的原料必须是新鲜、鱼体鳞片完整、产卵前较大的鳓鱼。冰藏后的鳓鱼不宜采用。

洗去体表黏液，分级后分别腌渍。

2. 加工工艺

（1）发酵腌渍　用盐时，左手握鱼，腹向右方，拇指掀开鳃盖，右手以木棒自鳃部向鱼腹塞盐，再在两鳃和鱼体上敷盐，其用量以 4d 能全部溶化为宜。然后入桶腌制。先在桶底撒一层薄盐，再将鱼投入桶内排列整齐，使鱼头朝向桶边缘，鱼背压鱼腹，层鱼层盐。用盐总量为鱼重的 28%~30%，其中鱼鳃和鱼腹 7%，鱼面敷 10%，下桶盐 11%~13%。鱼体发酵时间根据气温的高低而不同，温度在 20℃ 左右时为 2~3d，在 25~35℃ 时为 1~2d，在发酵期间不加压石。发酵过后，即加压石，使卤水浸没鱼体 3~4cm 为适度，然后加盖。腌渍成熟时间为 6~7d。

（2）出料　出料时，用手轻按鱼体上下数次，在原卤中洗去盐粒等物，如卤水混浊时，须再用饱和盐水洗涤一次，必须保持鳞片完整。洗净沥水 4h 后再行包装。

（3）包装　包装容器必须洁净、卫生，并加成品鱼重量 6%~8% 的食盐。

3. 成品质量

一级品：鱼体完整，鳞片较齐全，体色青白，有光泽，气味正常并有香味。含盐量不超过 18%。

二级品：鱼体完整，鱼鳞有少量脱落，体色青白，色泽差，肉质稍软，略有香气，气味正常。含盐量不超过 18%。

三级品。鱼体有机械伤，鱼鳞脱落较多，部分体色呈暗黄色，肉质较软，但无腐败臭或异味。含盐量超过 18%。

（五）　海蜇加工

我国海蜇产区分布很广，沿海的广东、福建、山东、浙江等省均有生产加工。各地的加工方法也有所不同，比较科学的是三矾加工法。

1. 原料处理

海蜇含水量很高，一般在 95% 以上，而且渔获季节又是以盛夏为主。因此，如不及时加工，极易腐败变质。海蜇捕获后，用竹片将头和尾体剖开，分别进行加工。不得将头和皮混放一起，以免头部的血污染蜇皮，影响制品的色泽和质量。蜇皮割下后，用刀将头与体连接处的颈肉割去，再刮去血皮和背面白色黏液。割颈肉时，以能保持蜇皮厚度一致为原则。

2. 海蜇皮的加工

（1）初矾　将处理好的蜇皮，浸入前批加工所得的第二矾卤水中（即普通二矾蜇皮加工所得的卤水），如没有二矾卤水，可用海水加盐配成 6°Bé 的盐水，添加 0.5% 左右矾粉即可。蜇皮投入盐矾水中过夜，约 10h，并经常翻动，第二天取出，叠放篮内，沥水 6~8h，再浸入同样浓度的盐矾水搅拌，浸入过夜。如此连续三次，然后进行二矾加工。

（2）二矾　配制盐矾混合物，矾为盐重的 3%。混合物的用量为初矾海蜇的 15%。将蜇皮平放，在中心处敷盐矾一把，用量根据蜇皮的老嫩程度灵活掌握。敷矾后的蜇皮重叠平放5~6 张，放入桶中。桶边缘预先放置一竹编滤器输卤筒。当蜇皮填至半桶卤水渗出时，便可用抽卤器插入竹滤器内抽出卤水，再加填新蜇皮。这样可以快速脱水，并且可提高桶的利用率。装满后，上面放置硬竹片，加石块重压。早晚各抽卤一次，经 7d 后桶内卤水不能再抽便可进行三矾处理。

（3）三矾　经二矾处理后的蜇皮，已除去 60%~70% 水分，为了延长保藏期限，使蜇皮更老脆，尚需进行三矾处理。用盐量为二矾蜇皮的 10%，矾为盐重的 3%。矾盐用量要根据蜇皮在桶中的存放时间而有所增减，存桶时间长，盐矾要稍少，反之盐矾要稍多。操作方法和二矾基本相同，只是二矾的盐矾敷于肉质厚处，而三矾敷于全部。敷盐后叠好置于桶中，上部撒盐，加盖，静置阴凉处，5d 后即可包装。

（4）包装　包装前要控除水，按标准分级，用木桶或塑料箱进行包装。蜇皮要叠平，并均匀撒 5% 的盐，加盖扎牢，即可运销。

3. 海蜇头加工

初矾：竹片剖下海蜇头，用海水漂洗去污血，加入明矾粉 0.8%，腌制 3h。

二矾：将初矾海蜇头渍出血水约 1h，加 10% 的盐和 0.3% 的明矾，拌匀、腌渍抽卤 7d 左右。

三矾：将二矾海蜇头放于筐中，流干卤水。加 8% 的盐和 0.15% 的矾粉，拌匀腌渍，经常抽卤，经 10d 即可。

提干：将三矾海蜇头置于筐中沥水，用 15% 的盐腌渍，待调运出池。

4. 成品质量

（1）海蜇皮质量分为三级

一级品：天然圆形完整，不破碎，直径在 33cm 以上。色泽洁白或淡黄色，有光泽，无红色、红点，无泥沙，无异味，肉质韧而脆。

二级品：天然圆形基本完整，允许有破洞或裂痕，但破裂情况不能达半张，直径在 33cm 以上，允许附有少量血衣。

三级品：直径 23~33cm。色泽等同一级品，血衣附着较多，破碎较大。

（2）海蜇头质量分为两个等级

一级品：肉体完整，色淡红，光亮，质地松脆、无泥沙、碎屑及夹杂物。

二级品：肉体完整，色较红，无泥沙，但有少量碎屑及夹杂物。

（六）　腌鲱鱼

用从渔轮卸下的不破腹且冰藏良好的新鲜鲱鱼，冲洗干净后立即沥水，将鱼体腹背相连、平直整齐地铺在已撒有一层底盐的专用容器中，用盐量为原料重的 10%，用含 96% 以上氯化钠的精盐撒遍鱼体，以盖没为准。撒盐的同时放少许量胡椒粉和丁香叶等天然香料，以增加风味。置 0~4℃ 冷库或冰箱中，低温盐渍 1 个月，即可食用。如需久藏，可将腌好的咸鲱鱼，连同原卤装入密闭容器内，放低温库即可。这样腌出的咸鲱鱼，无论是腌好后随即食用还是冷藏后再食用，口味不亚于卤鲜鱼，带卤清蒸尤佳。此种咸鲱鱼的原卤因在低温环境中形成，故分解物较少；成品外观似油浸鱼，味觉肥美，具有一定的色、香、味。在 20℃ 左右的平均室温解冻后的咸鲱鱼，连同原卤放置 1 周，也不会发生变质。

我国捕获的鲱鱼，大都属于太平洋鲱，不宜用抄盐法腌咸鲱鱼，否则会产生严重变形、内脏挤出、油烧等品质降低的现象，甚至在 30℃ 左右的气温条件下，咸鲱鱼在池中会发酥而不成条形，其主要原因是由于鲱鱼肉嫩、腹薄和油脂含量高的缘故。

国外有将此种咸鱼开成鱼片生食的习惯，即将头、尾和鱼片以整条鱼状装盘，配以各色菜丁和特制的酸辣油性糊状调味液，在某些地区也是一种习惯嗜好。有的国家还将整条咸鲱鱼，或剖成鱼片卷成筒状，内塞胡萝卜等蔬菜丝，用牙签固定，注入甜酸汁液，装小桶贮存，成熟后口味也别具一格。当然，从生食要求来说，务求原料鲜度高，要严加控制卫生条件，这是不容忽视的两个重要因素。

（七）鲱鱼子的盐渍

1. 原料处理

（1）原料要求 以新鲜鲱鱼子为好，有时也用冷冻鲱鱼子、成鲱鱼子。

（2）鱼子的定型取出 腹内有子的鲱鱼习惯上称为子鱼。鱼体特征是：背厚，腹宽大而下垂，腹鳍周围平直如面，两侧有块状突起（是两条子块所形成），腹壁薄软，肛门突出。熟悉掌握这些特征，有利于迅速将子鱼拣出，省工省时。新鲜的鱼子柔软而形状不定，容易破碎，若放入浓盐水中漂洗时，子体因急速脱水而萎缩变形，成品的经济价值受到影响。要解决这个问题，必须采取适当的鱼子定型措施。一般有体内定型和体外定型两种方法。体内定型：是指鱼子在鱼体内进行定型的方法，即将捕获的新鲜鲱鱼，用冰和 $10\sim12°Bé$ 的盐水处理，既能保鲜，又能缩短定型时间，效果也好。实践证明，这样的体内定型比体外定型成品的等级高得多。体外定型：是指鱼子从鱼体取出后，再予以定型的方法，适用于从鲜鱼中取出的成熟鱼子，边取鱼子边逐条放入 $8°Bé$ 的盐水中，浸泡 4h，形状基本固定后，取出鲜鱼子力求减少人为的破损，无论机械或手工取子，一定要保持子体完整，方法可依各地具体情况而定。取出的鲜子要将成熟与未成熟的分别放开，成熟的鲜鱼子，子粒饱满，色泽金黄，子体较硬；未成熟的鲜鱼子，柔软而不饱满，呈暗紫红色。

（3）冷冻鲜鲱鱼子的淡盐水解冻法 在气温较高时，为保持鱼子原料鲜度，保证产品质量，对冷冻鲱鱼子，可采用淡盐水解冻法。此法的特点是：在原料解冻的同时完成鱼子的漂洗，既能保证成品质量，又可缩短生产周期，加快了设备的周转。方法是根据容器的大小，放入 $6\sim8$ 块冻子（150kg 左右，占容器容量的 1/3），目的是使原料和盐水能充分接触，便于冻子块的翻动，加速解冻。然后配入 $8°Bé$ 的洁净盐水，进行解冻漂洗，每隔 1h 将冻子块翻动一次，4h 后见冻子块已有局部解冻，卤水呈血红色，水温降至 0℃ 左右时，抽出血卤，须用特制过滤漏斗，以免吸出鱼子，换入 $12°Bé$ 新配盐水，每隔 1h 仍需将冻块翻动，但要注意保持鱼子条形的完整性。再经过 6h 后，漂洗用的盐水已不呈血红色时，说明解冻漂洗都已完成。如果气温过高，或第三次解冻漂洗后冻子块还未全部融开，盐水仍泛红色，应适当增加漂洗次数和提高盐液浓度，以求尽量去除淤血，防止原料变质。应当指出，在解冻漂洗过程中，应随时将发现的变质发臭鱼子挑出，弃之不用。淡盐水解冻时，为保持在一定时间内盐水的规定浓度，应加入较高浓度的盐水或直接加入精盐，使每次漂洗用盐水的浓度不至于降低。

（4）咸鲱鱼子的脱盐、去淤血法 自咸鲱鱼体内取出成鱼子（可装入内衬塑料袋的木箱中冷藏保存），倒入容器中，体积为容器容量的 1/3。再灌入自来水，2h 后，水中食盐浓度可达 $4°Bé$，换 $8°Bé$、$12°Bé$、$15°Bé$ 的盐水 3 次，时时搅拌，至血水脱净为止。成子如为散粒子和排出卵、混杂的内脏或杂质较多，灌淡水约 1h（盐水浓度为 $2°Bé$）即换 $4°Bé$ 的清洁盐水，以增加去杂质的效果，其余同条形咸子。

2. 漂洗、挑拣

漂洗的目的主要是去除鱼子淤血，并使子色泛黄、子体变硬。漂洗是否完全，对产品质量影响很大，必须多次进行，力求漂尽淤血。漂洗时将成熟与未成熟的鲜子分别放入 $4\sim10°Bé$ 的盐水中，盐水和子的比例也为 3：1，漂洗时用木桨单方向搅动。漂洗次数 $4\sim5$ 次，每次漂洗后必须换新盐水，盐液浓度在规定范围内逐次增高。用粗盐配制的盐水使用时应先经过滤、沉淀，去除泥沙杂质。气温升高和漂洗未成熟的鱼子时，盐液浓度应略高些。漂洗一昼夜后即可捞出沥水待拣。漂洗完成后，鱼子子体变得较硬，便于拣去鱼鳞，除去内脏、黑膜等杂质；对于有异味、发绿、死白或瘪瘦的鱼子，均应剔除。

3. 饱和盐水浸渍

条形完整的成熟与未成熟的鱼子，可分别浸渍在用精盐配制的饱和盐水中。条形破损严重的或长度为 2cm 以下的未成熟子的小块、打散的鱼子（但不得破坏子粒）和在漂洗过程中自然散落的散粒子一样，需经饱和盐水浸渍，浸渍时间全部为 24h。通过饱和盐水浸渍，加快了盐分对子体的渗透，使子体盐分增加到规定的要求，从而进一步变黄发硬。

4. 条形子的盐渍、分级和散粒子的甩水、筛析

从饱和盐水中取出的条形子，放在能漏水的容器中沥尽水。再用这种底部多孔的容器，层盐层子，顶面盖封盐进行盐渍。精盐用量为 30%，盐渍时间为 48h。盐渍好的条形子，磕盐后逐条除杂，由专人负责按五级十等的成品规格（表 9-1）严格分级，防止串等串级。

表 9-1　　　　　　　　　盐渍鲱鱼子的分级标准

等级	气味	规格		熟度与色泽	形状	卫生状况
一级品	无异味	A	重 50g 以上	成熟子，色黄，可有局部血痕	成条形，可稍有残缺，肉质坚实	无杂质，无污染
		B	重 35~50g			
		C	重 20~35g			
		D	重 20g 以下			
二级品	无异味	A	长 5cm 以上	成熟子，色黄，可以有血痕	折断，形状不定，肉质坚实	无杂质，无污染
		B	长 5cm 以下			
三级品	无异味	A	长 5cm 以上	未成熟	形状不定，肉质松软	无杂质，无污染
		B	长 5cm 以下			
四级品	无异味	排出卵		可有局部血痕	形状不定，有韧性	无杂质，无污染
五级品	无异味	散粒子		黄色或红黄色	散粒	无杂质，无污染

鱼子特薄者降规格处理，如 A 级降为 B 级。

浸过饱和盐水的散粒子，则用离心机甩去规定以外的多余水分。据经验，在转速为 600~900r/min 时，甩水 4min 左右，一般都能达到规定的水分要求。甩水后用 8~10 目的振动筛，再次去除杂质。

5. 包装

经检验合格的条形子和散粒子，分别装入衬有聚乙烯塑料袋的木箱中。条形子排列要层盐层子，整齐紧密，鱼子内侧平面顶层朝上、底层朝下，可减少运输途中的碰撞断裂，散粒子直接装入即可。每箱净重皆为 20kg，加水量 4%~6%，视级别而定。

6. 成品质量要求

外观：呈黄色或金黄色，子粒饱满、有弹性，基本无鳞片及其他杂质。

化学指标：盐分 20% 以上，水分 50% 以下（水分过高、过低都不好，过低会使子体失去

弹性，过高容易发生霉变）。

生物指标：肉眼检不出线虫等肠道寄生虫，无肠道致病菌和大肠杆菌。

7. 成品贮藏

成品装箱后，要及时贮存在 0℃ 以下的冷库中，成品因大量失水，会变成海绵状，由于库温过高易产生油烧等现象，故绝不能放入普通仓库中贮存。转运途中要用冷藏车船，到达目的地后，即行进库冷藏，箱外严禁雨淋、水浇，避免霉变生虫。总之，贮运过程要环环相扣，以能保质保量。

（八）咸鲑鱼卵

溯河洄游性鲑科鱼（大麻哈鱼），每年秋季洄游到我国境内黑龙江水系产卵。这是一种珍贵的大型经济鱼，其怀卵量平均约 4000 粒。成熟的卵子呈粉红色，圆形，沉性，卵径为 6mm 左右，营养价值很高，其盐渍品与鱼肉同享盛名。

盐渍新鲜的大麻哈鱼卵巢，有干盐渍和盐水渍两种方法，卵巢的鲜度、鱼成熟度影响制品的品质。

进行干盐渍时，首先要迅速洗去卵巢上的污物，其次是用 4% 的食盐水洗去血污，边用手指压其血管中的血液，边进行沥水。此时，用准备好的饱和盐水，并添加 10% 左右的干盐，混合浸渍已沥水的卵巢，静置 3~5min 后搅拌。将卵巢捞上来，再进行沥水约 4h，此间应避开日光。将用于干盐渍的容器底部的盐液除去后，铺上竹编席，席上铺布，在布上排列卵巢。逐层撒盐，上、下层按十字形交叉排列，最上层的撒盐量以看不到卵巢为宜，然后加石轻压。其撒盐总量为卵巢重的 10%~12%。为了固定鱼卵的粉红色，可用 50~100mg/kg 亚硝酸钠先与食盐充分混合。食盐应是优质的。气候温暖时卵巢经盐渍 3d 后（寒冷时经 5~6d 后），如食盐的渗透良好，没有不均匀的情况，则可更换用盐。更换的食盐用量约为料重的 3%。这样盐藏 2 周左右，由于食盐已溶进料中，料的滋味良好，这时可将它们装入包装容器中密封，贮存在冷库等低温场所，但必须避免冻结。制品中的亚硝酸量控制在每千克制品中含的亚硝酸根在 0.005g 以下。

进行盐水渍时，其采卵和洗净操作与干盐渍相同，但盐渍用饱和盐水首先要煮沸，再予冷却。饱和盐水的量应为卵巢重的 2.5 倍。在向饱和盐水中放卵巢的同时，要添加约相当于卵巢重 10% 的食盐。要时常搅拌以利盐分渗透。经 30~40min 后，将卵巢捞上沥水。与干盐渍法同样将卵巢排列在容器中，撒以 3% 的食盐，放置 10d 即可装入包装容器中，贮存于冷库中。

两种盐渍法所得的成品率均为原料卵巢重量的 60%~70%。这种咸鲑鱼卵在常温下运销时，冬季也只能保持 1 周时间，因此必须低温运销。

（九）带鱼的腌制

1. 原料预处理

捕获后的新鲜原料，运抵加工厂后选择腹部未破裂者，用海水冲洗附着的泥沙等杂物。

2. 腌制

先在清洁的腌鱼池底部撒布约 2cm 厚的食盐，再将鱼体整理伸直，用盐擦附鱼体外部并将食盐塞入鳃盖，然后，排列鱼池中。排列时鱼头紧靠池壁，鱼腹向上鱼背向下，倾斜安放于池底，并在池的另一端，也按照上法腌渍，至中间有空隙时再以鱼体横排填平，依次层铺层叠至池口为止。在最上层的鱼体上面撒遍食盐，使其盖没鱼体，上面覆以木板等物，上压石块，至 3d 后卤汁渗出上升池面，约 2 周时间即完成。其腌渍用盐量，依照季节而稍有差异，一般春季及夏初的制品，如计划在夏天伏前出售者，用盐量为 30%～35%，计划在伏后出售者为 40%～45%，制品可保存至秋后或年底不致变质。

制品的成品率头水鱼为 75%～80%，二水鱼为 72%，末水鱼为 67%～68%，在伏前出池者成品率为 70%，秋后出池者约为 85%，而在小雪前后出池者高达 90%。

（十）　醉泥螺

1. 工艺流程

原料挑选 → 卤水浸泡 → 清洗 → 盐水腌制 → 沥干 → 二次清洗 → 盐渍 → 三次清洗 →

加料 → 装罐 → 封口

2. 工艺要点

（1）原料挑选　原料加工前要进行验收，确保原料新鲜、色泽正常、体内无沙，无破螺和带有异味的变质螺，这是加工的关键。以仲夏前后，泥螺格外脆嫩肥满时，为采捕、加工的黄金季节。

（2）卤水清洗　将原料浸入盐水中浸泡 1h，使其吐出部分泥沙，肌体收缩，分泌黏液。

（3）清洗　用清洁自来水或深井水冲洗干净，并除去部分黏液。

（4）盐水腌制　用占螺重 3% 的盐将清洗过的泥螺进行腌制，并不断翻动，使泥螺体内的卤水回出。

（5）沥干　将泥螺体内回出的卤水沥干。

（6）二次清洗　再用洁净自来水或深井水进行清洗，并轻轻翻动，使其充分洗净，然后再把水分沥干（要尽量把水分沥干）。

（7）盐渍　将充分沥尽水分的泥螺以 100∶2 的螺、盐比例加盐拌和，并轻微拌动，使其充分盐渍，然后静置半小时左右。

（8）三次清洗　将盐渍过的泥螺再次用水清洗。经过 3 次腌制和清洗，肌体已充分收缩入壳，黏液基本吐尽，并清除干净，然后把水分沥干，尽量不带或稍带水分，有利于保证质量。

（9）加料　根据不同口味醉制要求，可加入酒精体积分数 55%～65% 的高粱酒（也可加黄酒）、糖、味精、少量的酱和花椒等作料，充分拌和，然后加盖放置 3～5d 即成。

（10）装罐　用特制容器（定量容器）捞出醉螺装入大口玻璃罐。玻璃罐在装螺前应先清洗消毒，沥干水分。然后加液体使泥螺浸没在液体里。

（11）封口　装罐时液体离罐口 2～3cm，然后加盖封口，使液体不致从瓶口流出即可。

3. 质量要求

醉泥螺色泽应呈黄灰色，无红变等异常；个体均匀、无碎破螺；气味应带有醉泥螺应有的芳香味；汁液可口无泥沙。

（十一）　糟醉鱼

1. 工艺流程

原料处理 → 盐渍 → 晒干 → 糟渍 → 装坛 → 封口

2. 工艺要点

（1）原料处理　原料一般选用青鱼、鲤鱼、草鱼，以草鱼为最佳。将鱼体开腹除去内脏（包括肾脏），刮鳞并切除头、鳍、尾，较大型鱼还需切除脊骨，然后将鱼用清水洗涤，最后可用 3% 盐水充分洗净血污。

（2）盐渍　将洗后的鱼沥干表面水分后进行盐渍，用盐量依气温而异。由于这类养殖的成鱼多在深秋至冬季出塘，此时气温不高，故盐渍用盐量多为 8%～10%。盐渍 3～5h 后即可。

（3）晒干　将盐渍后的鱼取出置于清水中，使其表层稍为脱盐并洗去其表面的黏滞物。将鱼晒干到一般盐干品的程度，用作糟渍的原料。在鲜活鱼少的季节，也可选用优质的成品盐干鱼，除去头、鳍、鳞、骨等，切段，浸水脱盐 3～6h 后，再进行晒干供作原料。

（4）糟渍、装坛、封口

酒糟配制：常用的有甜酒原糟和黄酒酒糟等。使用经过压榨的甜酒原糟，其水分含量为 40%～50%，酒精成分为 3%～6%，香味浓醇。要使用新鲜糟，不得使用已发酸的陈糟。酒糟味淡者可添加高粱酒（烧酒）2%～4%、食盐 3%～5%、白糖 0.3%～0.5%，拌和均匀后使用。还可根据各地的传统口味添加适量的香辛料（如胡椒、花椒、桂皮、茴香、辣椒等）。原料鱼与酒糟用量比通常在（1：1）～（1：1.5）。

糟渍操作：选择定容的小口坛作容器，将它们洗净、干燥后，在底部加一层已配拌均匀的酒糟，将已切成一定大小的鱼块，排列在糟上，然后层糟层鱼逐层排放，直至装满，并予压紧，在最上层应添加少量烧酒和食盐。然后用牛皮纸或干荷叶扎封坛口，再加湿泥密封。坛上不能留空隙，封泥不能有裂缝。气温高时经 2～3 个月成熟，气温低时需经 3～4 个月才能成熟。

3. 质量要求

糟醉鱼色泽红润，有光泽；有浓郁的乙醇香味；肉质坚实；味鲜美而不咸苦。

（十二）　酒精海胆酱

1. 工艺流程

原料 → 去棘洗刷 → 开壳 → 挖取生殖腺 → 漂洗沥水 → 称重 → 加盐脱水 → 加酒精拌匀 → 密封发酵 → 成品

2. 工艺要点

（1）原料要求　鲜活的紫海胆或马粪海胆采捕后应趁活加工。暂不加工的海胆可放在阴凉处，喷淋海水，以延长保活时间。当天加工不完的海胆，可置筐内在海水中暂养。离海较远的加工厂，可以放在 0℃ 的冷藏库中，能存活 2～3d。原料海胆的规格要求一般为：紫海胆的直径在 5cm 以上，马粪海胆的直径在 3cm 以上（指壳的直径，棘不计算在内）。

（2）原料处理　在开壳加工前必须将海胆外面的棘刺除去，其方法是把海胆放在筐中，两手握住筐耳，前后搓转，待外面的棘刺全部去掉后，用清水冲洗干净。

（3）开壳取生殖腺　把去棘和洗刷后的海胆放在案板上，口部朝下。用两把尖刀同时插入背部中心，向左右分割，把海胆分成两半。开壳后用特制的小勺将生殖腺挖出。操作要小心，尽量保持橘瓣状生殖腺的原形，不沾染其他内脏及碎壳。取出生殖腺，放入盛有海水的盆中轻轻漂去异物，然后置于沙网上沥水。

（4）加盐脱水　经过漂洗沥水后的生殖腺，先用衡器称重，然后按其重量撒 10% 的精盐，腌渍沥水半小时左右。加盐方法以少量多次为宜，加盐过程中应将生殖腺置于倾斜的大盘上进行。所用的精盐要提前进行炒制，除去苦味。盐在手中呈松散状为好，腌渍过程不要搅拌，以免破坏组织结构，不利于脱水。

（5）加入酒精　把沥水后的生殖腺倒入容器中，按生殖腺重量加入 10% 的食用酒精

（生殖腺的重量是指加盐脱水前的重量，酒精浓度为95%以上）。同时进行适当搅拌，使其均匀即可。酒精起防腐和调味作用。

（6）密封发酵 将搅拌均匀的生殖腺装入密封的容器中存放，在20℃左右的常温中，经半月左右发酵即为成品，置于0~5℃冷藏库中贮藏。

3. 质量要求

（1）色泽 呈本品种的天然色泽，有艳黄、淡黄、红黄、褐黄等。同件内的色泽要一致，基本上没有其他颜色的海胆混入。

（2）状态 带有原粒形的酱状，稠厚又呈凝固状。

（3）味感 具有明显的醇香味和海胆酱发酵的香味，无异味。

（4）卫生 基本上无碎壳、棘等杂质，无异变，允许有不明显的内脏膜。

另外，要求含盐量在6%~9%，干燥失重在63%以下。

第二节 烟熏制品加工工艺

（一）鲐鱼冷熏制品

1. 原料

冰鲜或冷冻鲐鱼均可作为原料使用。

2. 工艺流程

冷冻原料→ 解冻 → 洗净 → 脱盐 → 调味浸渍 → 风干 → 第一次烟熏 → 罨蒸 → 风干 →
罨蒸 → 第二次烟熏 → 风干 →成品

3. 工艺要点

（1）原料处理 冷冻原料用流水解冻至半解冻状态，去头、去内脏，分别处理成片状或条状。

（2）盐渍 冷熏品主要以长期保存为目的，食盐含量较高，鱼肉中的水分需要脱去，多采用撒盐法进行盐渍，用盐量为原料重量的12%~15%，盐渍可使鱼肉脱水、肉质紧密，盐渍温度5~10℃。

（3）脱盐 表面看来，盐渍后，又进行脱盐处理，似乎是一步多余的操作，其实脱盐操作有以下两个方面的作用：除去鱼肉中多余的盐分，调整制品的咸味；除去鱼肉中容易腐败的可溶性物质。脱盐时间与原料鲜度、食盐的浸透度、水的温度有关，在条件允许的情况下，最好用流水脱盐，如果用静水脱盐应不时轻轻翻动并换水，脱盐温度以5~10℃为宜，脱至盐分含量在2%以下（烤后尝味，稍带咸味）。

（4）调味浸渍 按脱盐原料重量的50%用量，配制调味液，在5~10℃的温度下调味浸渍3h以上。

（5）干燥、烟熏、罨蒸、风干 上述调味后的原料，沥干调味液，整齐平铺于网片上，先用18~20℃冷风吹至表面干燥（约30min），然后18℃烟熏1~2d后，然后反复风干、罨蒸7~10d至水分含量为35%左右，烟熏、干燥、罨蒸的温度前三天用较低温度18~20℃，中间用 20~22℃ 的温度，最后两天可用 23~24℃ 的温度。

（6）包装 整形、修片后用复合袋真空包装，可常温保存 3 个月左右。

4. 配方

调味液配方：水 1kg，食盐 40g，砂糖 20g，味精 20g，核酸调味料 4g。

（二） 鲐鱼温熏制品

1. 原料

冰鲜或冷冻鲐鱼均可作为原料使用。

2. 工艺流程

新鲜或冷冻原料→ 解冻 → 原料前处理 → 调味浸渍 → 风干 → 烟熏 → 包装 →成品

3. 工艺要点

（1）原料处理 冷冻原料自然解冻，在半解冻状态下去头、去内脏、剖片、去中骨，洗净。原料处理得率为 48.2%。

（2）调味浸渍 用原料鱼片重量 50% 的调味液，在 5~10℃ 浸渍 2h。

（3）风干 将调味后的鱼片沥干调味液后，整齐平摊于烘车的网片上（鱼皮上面贴网片），用 40℃ 热风吹干 1h，使表面干燥。

（4）烟熏 开始用温度 40℃ 熏 1h 后，再升温至 60℃ 熏 1h，最后升温至 80~90℃ 熏 30min，成品的得率为 32%（对原料重量比），制品的水分含量为 50%~55%。

（5）包装 冷却至室温后整形，用复合塑料袋真空包装，冷冻保藏或用蒸煮袋真空包装，杀菌后室温保存。如果在包装时加入 10% 左右的精制植物油，再杀菌成为油浸烟熏鲐鱼制品。

4. 配方

调味液配方：水 100g，酱油 8g，食盐 2.5g，砂糖 1.5g，味精 0.5g，黄酒 3g，胡椒粉少量，维生素 C 少量，山梨酸钾 0.1%，月桂叶少量。

（三） 温熏鲱鱼

鲱鱼烟熏制品是世界上产量最大的水产烟熏制品。生产国主要有英国、德国、波兰、荷兰、加拿大等。分整条温熏鱼、背开温熏鱼和冷熏鱼三种。整条温熏鲱鱼是将整条鲱鱼用盐水法或撒盐法盐渍数小时至 1d，经水洗、沥干后，在 27~32℃ 温熏 8h 而得的制品。

1. 原料

以新鲜、脂肪含量高的鲱鱼为原料。

2. 工艺流程

原料处理 → 盐渍 → 水洗 → 熏制 →成品

3. 工艺要点

（1）原料处理 用手指揭开鳃盖，除去鳃和内脏，保留鱼籽和鱼精等。

（2）盐渍 撒盐法添加 8% 食盐，在桶内腌渍 15~17h。或者用饱和盐水浸渍 12h 左右，用淡水或稀盐水洗涤，吊挂在木棒上，风干 7~8h。

（3）烟熏 最初的熏干温度为 26℃ 左右，然后每隔 1h，温度分别上升到 40℃ 左右、48~60℃、65~75℃、75~80℃、80℃、65℃、50℃，连续烟熏 8h。

4. 保藏

产品需要冷藏贮运。

5. 质量要求

温熏鲱鱼的质量要求见表9-2。

表9-2　　　　　　　　　　　　　温熏鲱鱼质量要求

项目	质量要求		
	一　等	二　等	三　等
肉质	肉质良好，脂肪含量适中	肉质一般，脂肪含量或多或少	肉不裂
色泽	皮呈金黄色有光泽	皮呈红色或更好的颜色，无光泽	
香味	烟熏香味适中，风味良好	风味稍差	无刺激性气味及其他腐败气味
外形	外形整齐，大小一致，无腹开鱼混入	外形基本一致，大小基本一致，腹开鱼在10%以下	
干燥度	水分含量40%（温熏品55%）以下	水分含量40%（温熏品55%）以下	水分含量40%（温熏品55%）以下
夹杂物	无	无	无

（四）　温熏开背鲱鱼

1. 原料

以鲜度好、脂肪多的春季鲱鱼为原料。

2. 工艺流程

原料处理 → 盐渍 → 风干 → 烟熏 → 冷却 → 产品

3. 工艺要点

（1）原料处理　去头，从尾部起背开，洗净。

（2）盐渍　以盐水浸渍30~50min，稀盐水洗涤，风干10h左右。

（3）烟熏　刚开始熏制的1h用20~25℃，然后每隔1h，温度分别升至33~34℃、40~45℃、50~60℃、60~68℃、80~90℃，连续烟熏6h。

（4）冷却　熏干后自然冷却，从熏室取出，风干10h左右。制品水分为65%~66%，得率为新鲜鲱鱼的43%~47%。

4. 质量要求

温熏开背鲱鱼的质量要求见表9-3。

表9-3　　　　　　　　　　　　温熏开背鲱鱼质量要求

项目	质量要求		
	一　等	二　等	三　等
肉质	肉质良好，脂肪含量适中	肉质一般，脂肪含量或多或少	肉不裂

续表

项目	质量要求		
	一 等	二 等	三 等
色泽	皮呈金黄色有光泽	皮呈红色或更好的颜色，无光泽	
香味	烟熏香味适中，风味良好	风味稍差	无刺激性气味及其他腐败气味
外形	外形整齐，大小一致，无腹开鱼混入	外形基本一致，大小基本一致，腹开鱼在 10% 以下	
干燥度	水分含量 40%（温熏品 55%）以下	水分含量 40%（温熏品 55%）以下	水分含量 40%（温熏品 55%）以下
夹杂物	无	无	无

5. 保藏与使用

直接出售需要冷藏，也可作为生产罐头制品的原料使用。

（五） 冷熏鲱鱼

1. 原料

最好采用产卵期脂肪含量高、运动量大的鲱鱼为原料，脂肪含量过高的油鲱或脂肪少的鲱鱼都不宜使用。

2. 工艺流程

原料 → 盐渍 → 脱盐 → 风干 → 烟熏 → 制品

3. 工艺要点

（1）盐渍　选用盐水浸渍法。用盐量为原料的 12%~15%。2d 后加 10% 的石重压，第 3 天和第 4 天重量逐渐加到 20% 和 30%，盐渍 7~8d。

（2）脱盐　用淡水浸泡脱盐 30~48h。静水脱盐时，每天早晚各换 1 次水。由于脱盐时间长，有时长达 3 昼夜，为防止腐败变质，宜在流水中进行。

（3）风干　脱盐洗涤后，需避开太阳风干 3~5h。风干方法是用穿挂钉对准眼球或上吻突出的部位穿过，吊挂在木棒上。风干到没有水滴、表皮略显干燥为止。

（4）烟熏　放入烟熏室夜间熏干。温度控制方法如下：

第 1~7 天　　　　　　　　18~20℃

第 8~21 天　　　　　　　　20~22℃

第 22 天至结束　　　　　　22~25℃

夜间打开熏室的窗及排气孔风口。熏干速度过快会引起脱皮及表皮起皱，影响外观。产品得率为新鲜鲱鱼的 40%~70%。

4. 质量要求

冷熏鲱鱼的质量要求见表 9-4。

表 9-4　　　　　　　　　　　　冷熏鲱鱼质量要求

项目	质量要求		
	一　　等	二　　等	三　　等
肉质	肉质良好，脂肪含量适中	肉质一般，脂肪含量或多或少	肉不裂
色泽	皮呈金黄色有光泽	皮呈红色或更好的颜色，无光泽	
香味	烟熏香味适中，风味良好	风味稍差	无刺激性气味及其他腐败气味
外形	外形整齐，大小一致，无腹开鱼混入	外形基本一致，大小基本一致，腹开鱼在 10% 以下	
干燥度	水分含量 40%（温熏品 55%）以下	水分含量 40%（温熏品 55%）以下	水分含量 40%（温熏品 55%）以下
夹杂物	无	无	无

（六）　冷熏鲑鱼

1. 工艺流程

原料处理 —→ 盐渍 —→ 修整 —→ 脱盐 —→ 风干 —→ 熏干 —→ 制品

2. 工艺要点

（1）原料处理　将新鲜原料分切成背肉和腹肉两块，充分洗净血液、内脏等污物。

（2）盐渍　在盐渍台上向背肉抹上食盐，逐条放在木桶或木槽中，皮面向下，肉面向上，排列整齐。每层撒盐盐渍。盐渍后的鱼肉注入足够的食盐水，移入烟熏工厂。

（3）修整　盐渍后的鲑鱼肉切除腹鳍即算完成。切片上变色及油脂氧化处，需要人工修整。

（4）脱盐　洗净后，尾部打一细结吊挂在木棒上。棒的长度一般为 1.5m，每根棒挂 8 条左右。置于脱盐槽内吊挂脱盐。根据盐渍时盐水的浓度和水温等调整脱盐时间。一般盐水浓度为 22~23°Bé、水温 44℃ 时，需脱盐 120~150h。经 100h 脱盐后，烤一片鱼肉尝一下鱼肉的盐分，直到盐分略淡为止。

（5）风干　脱盐后，悬挂在通风好的室内，沥水风干 72h，直至表面充分沥水风干、鱼体表面明胶质出现光泽为止。风干不足，有损于制品色泽，但干燥过度，表面出现硬化干裂，不利于加工高质量的产品。

（6）熏干　熏干温度根据大气温度和原料情况作适当调整。但一般标准如下：

3.6m 见方、高度 6m、吊挂 4 层；气温 10℃、熏室 18℃；火源 2~7 处。

上述条件适宜在最初的 3~5d 内烟熏，5d 后应增加火源，温度最好控制在 24℃，大约再熏干 15d。在此期间，吊挂的鱼要上下翻动，或头尾交替吊挂，以利烟熏均匀。夜间加火源，白天风干，使鱼体水分均一。顶部窗开启 1/3 左右烟熏。白天停止期间，打开下部通风门及顶部窗。最初的 4~5d，如温度较高，表面发硬，对产品不利，因此需要逐渐升温。

（7）后处理　熏制结束后，拭去表面尘埃，放在熏室或走廊内堆积成 1~1.3m 的高度，覆盖后罨蒸 3~4d，使内外干燥一致，色泽均匀良好。

3. 质量要求

冷熏鲑鳟的质量要求见表 9-5。

表 9-5   冷熏鲑鳟的质量要求

项目	质量要求		
	一 等	二 等	三 等
肉质	肉质良好，脂肪含量不少	肉质一般	肉不裂
色泽	背部呈茶褐色或深褐色，有光泽；腹部呈黄色，有光泽；除去腹部或开车三片后，肉呈红色或红褐色	背部呈暗茶褐色，暗褐色或比此色好的颜色，失去光泽；腹部呈红褐色或比此好的颜色，失去光泽；除去腹部或开成三片后，肉面呈红褐色或比此好的颜色	
香味	烟熏气味适中，风味好	风味较差	无刺激性气味及其他腐败气味
外形	外形整齐，大小一致，不离刺，无外伤，无鳃及内脏附着物	外形基本整齐，大小基本一致，略有离刺，无外伤，无鳃及内脏附着物	无鳃及内脏附着物
干燥度	水分含量 50%（温熏品 60%）以下	水分含量 50%（温熏品 60%）以下	水分含量 50%（温熏品 60%）以下
夹杂物	无	无	无

（七）温熏鲑鳟

1. 原料

使用冷冻红鲑、冷冻银鲑、冷冻鳟鱼。

2. 工艺流程

原料处理 → 浸渍 → 沥水、风干 → 熏干 → 制品

3. 工艺要点

（1）原料处理   冷冻红鲑分胴体（去头、开腹）、整条（带头、圆形）、带头胴体（带头、开腹）3 种类型的原料。在水中解冻，经九成解冻到可以切断为止。对整条和带头胴体要去头（整条鱼要去内脏），可切成 3 片。去头的方法是在离鳃盖骨中心部位 1/6 处切去头部，开片及去头操作要谨慎，它直接影响到产品的外观质量。

（2）调味液浸渍   调味液是在 15°Bé 的食盐水中加入原料重量 1% 的砂糖，再加入少量月桂、胡椒。900g 大小的鱼片浸渍 24h 左右。

（3）沥水、风干   调味后的鱼肉头部向上悬挂在吊钩上。用与冷熏同样的方法沥水风干到表面干燥。在此期间，用砂糖液涂抹肉面 2 次左右。

（4）熏干   风干结束后，移入烟熏室。与冷熏相比，温熏制品对温度更为敏感，所以只吊挂一层鱼肉进行熏制。熏室大小为 3.6m×3.6m×2.4m（吊挂处）。在木柴上稍多加些锯屑

作为熏材，火源需设置 8~10 个。早晨 6 点左右点火，7~8h 后，最高温度达 26℃，其后的 2~3h，使室温逐渐降低，自然冷却，制成的产品如有卷曲的现象，可将几块鱼片重叠放置 1 夜，达到整形的目的。

4. 质量要求

温熏鲑鳟的质量要求见表 9-6。

表 9-6　　　　　　　　　　　　　　温熏鲑鳟质量要求

项目	质量要求		
	一　等	二　等	三　等
肉质	肉质良好，脂肪含量不少	肉质一般	肉不裂
色泽	背部呈茶褐色或深褐色，有光泽；腹部呈黄色，有光泽；除去腹部或开成三片后，肉呈红色或红褐色	背部呈暗茶褐色，暗褐色或比此色好的颜色，失去光泽；腹部呈红褐色或比此好的颜色，失去光泽；除去腹部或开成三片后，肉面呈红褐色或比此好的颜色	
香味	烟熏气味适中，风味好	风味较差	无刺激性气味及其他腐败气味
外形	外形整齐，大小一致，不离刺，无外伤，无鳃及内脏附着物	外形基本整齐，大小基本一致，略有离刺，无外伤，无鳃及内脏附着物	无鳃及内脏附着物
干燥度	水分含量 50%（温熏品 60%）以下	水分含量 50%（温熏品 60%）以下	水分含量 50%（温熏品 60%）以下
夹杂物	无	无	无

（八）　冷熏淡水鱼制品

1. 原料

用作烟熏的淡水鱼以鲤鱼、青鱼、草鱼、鲶鱼为主，鳊鱼、鲢鱼为辅，体重小于 0.25kg 的不宜作为烟熏原料。

2. 工艺流程

原料处理 → 腌渍 → 脱盐 → 风干 → 烟熏 → 包装 → 成品

3. 工艺要点

（1）原料处理　洗净鱼体黏液与污物。1kg 以下的鱼采用背开法，并去鳃；1kg 以上的鱼采用开片法，即去头去尾，背开剖成 2 片。除去内脏、血污，洗净腹黑膜，沥干。

（2）腌渍　洗净的鱼片或鱼块，投入经过滤的饱和食盐水中腌渍。腌渍时间根据气温及鱼块大小而定，一般不宜超过 24h。

（3）脱盐　脱盐最好用井水，夏、秋季节气温高时可用 5% 左右的稀盐水。脱盐时间可根据成品规格、含盐量的要求加以掌握。脱盐后沥水 30min，并使鱼体内的盐分扩散均匀。

（4）风干　背开的鱼最好采用挂晒，鱼块可放在竹帘上晒，竹帘要离地 0.5m 以上，使空气流通，避免尘土黏附鱼体。晒干程度以脱盐后的鱼风干至七成左右。鱼在晒干过程中，应经常翻动，不得在炎热的正午日晒。

（5）烟熏　选用含树脂较少的阔叶树如柞木、杉木、杨木等锯屑为熏材。背开鱼用挂熏法，鱼块可放在熏折上熏，用 20～40℃熏制 24h 以上。

（6）包装　熏鱼充分冷却后，分等级包装。用木箱包装，内铺层牛皮纸。每件净重 25kg。

4. 质量标准

一级品：剖割正确，大小一致，无破伤、鳞完整，鱼腹与表面洁净，颜色金黄，无盐霜，肉结实，有香味，鱼肉含水分不超过 45%，盐分不超过 10%。

二级品：剖割基本正确，无破伤，鳞片部分脱落，表面稍有脂肪溢出，但内外均洁净，色金黄，稍有盐霜，肉质稍软，有香味，略有树脂气味，鱼肉含水分不超过 45%，含盐分 10%以下。

三级品：体表稍有损伤，鳞片脱落较多，由于剖割不正确，部分肋骨露出，肉有裂纹，稍有黑膜，出油较多，熏烟色泽不匀，呈暗褐色，有盐霜，树脂气味较重，鱼肉含水分、盐分不符合一、二级标准。

（九）调味烟熏乌贼

1. 原料

新鲜或冷冻乌贼。

2. 工艺流程

原料处理 → 剥皮 → 洗净 → 第一次调味 → 熏制 → 切丝 → 第二次调味 → 包装 →制品

3. 工艺要点

（1）原料处理　先将头部和内脏一起从胴体取出，除去头、足、内脏，进行背开，同时除去内骨（软骨），然后沿鳍的根部切断。只用胴体作为烟熏品，鳍、头、足部用于其他调味加工品、盐腌发酵、淡干品、鱼粉或冷冻鱼糜等。胴体需充分水洗，除净污物。

（2）剥皮　乌贼剥皮，一般放在 55～60℃的热水中浸烫，通过搅拌使鱼体相互摩擦，色素和表皮溶到热水中。大多使用加热釜或者大木桶，也有在配备搅拌机的剥皮机上加工。剥皮所需的时间根据原料鲜度而定，鲜度良好的加热到温度后保温 10～20min，鲜度差的 10min 左右即可剥皮。温水要及时更换（每使用 2～3 次再换）。

（3）洗净、煮熟　经剥皮的胴体，特别是胴体内部要用刷子清洗干净，然后放在 90～95℃的沸水中煮熟 2～3min，待肉质完全凝固时，捞起排列在竹帘上冷却风干。

（4）第一次调味　第 1 次调味根据生产厂家不同有所不同，例如，经过前处理的煮熟原料，大多添加食盐 3%～5%、味精 0.1%～1%，混合后均匀撒在鱼体上，加轻压，堆积过夜。使调味料渗入肉体，肉体的水分向外浸出。

（5）熏制　第 1 次调味后，鳍根部钉入挂棒的钉上，排列吊挂，移入烟熏室内，最低层应离火源 1.8～2.4m，每个挂棒之间的横向间隔距离为 6～9cm，上下间隔为 18～24cm。如烟熏室面积为 1m×1.5m，高为 3.6m，则每层 14 根（每根 20 尾），共 15 层，大约可以容纳 210 根挂棒，4200 尾（合鲜原料 1000kg）。最初的烟熏温度为 20～25℃，经 2h 后逐渐升高温度，至最后 2～3h 内用 60～70℃进行熏干，烟熏 7～9h 完成。采用热熏法时，初温 70℃烟熏 3～4h，然后 100℃熏干 30～60min，一般在夏季熏干时间长些，使制品水分在 40%左右，冬季熏干时间短些，水分在 45% 左右。

（6）切丝、筛选　熏干完成后，通过切丝机沿胴体垂直的方向切成宽 1~2cm 的丝。弃去两端过度干燥的部分。切丝后，通过圆筒形的回转金属网，筛去切丝不好的部分。

（7）第 2 次调味　乌贼需做第 2 次调味。调味料用量为乌贼丝重的 5%~10%。例如，用食盐 2%~5%、味精 0.1%~0.5% 以及核苷酸调味料 0.1%~0.5%，与鱼肉在混合机内搅拌，并加入调味料。如要进行防霉处理，可喷入山梨酸-PG 液等。第 2 次调味后放过夜，使调味液渗透均匀。如表面过于发黏，可用红外线干燥机在 75~85℃ 干燥 10min。另外，为了防止过分干燥，可添加乌贼肉重 1%~2% 的植物油（棉籽油、大豆油）。

（8）包装　制品用聚乙烯袋或硫酸纸包装，每袋 1kg 或 2kg，外用厚纸箱包装出售。也有采用聚乙烯复合袋抽真空包装、90℃ 30min 左右蒸汽杀菌后，装入塑料袋（聚乙烯）即成商品。

4. 调味液配方

熏制调味液配方示例见表 9-7。

表 9-7　　　　　　　　　　　　熏制调味液配方

原　　料	第 1 次调味配方	第 2 次调味配方
原料乌贼	10kg	10kg
砂糖	2kg	1.2kg
食盐	600g	360g
味精	100g	80g
核苷酸调味料		2g
鲜味调味料		20g

（十）　调味烟熏章鱼

1. 原料

要求原料必须很新鲜。

2. 工艺流程

原料处理 → 剥皮、风干 → 调味 → 熏干 → 切断 → 包装 → 制品

3. 工艺要点

（1）原料处理　由于章鱼很难熏干，必须采用很新鲜的原料。首先在盐水中轻轻搅拌，洗去表面污物和杂质，吸盘中沙土也要充分洗净。然后投入沸水中，煮沸后继续煮 15~25min，再用冷水急速冷却。

（2）剥皮、风干　菜刀沿肉腕吸盘两侧切入，可很容易地剥净鱼皮。胴体上大约残留 3cm 宽需切去。胴体一端吊挂，风干一夜。

（3）调味　对风干的鱼肉，撒入预先混合均匀的调味料，装入容器。冬季调味渗透 2 夜，夏季渗透 1 夜，使调料渗透均匀。腕肉逐个调味，对大型腕肉需分割并切除中心部位的骨髓。

（4）熏干　调味后，将鱼吊在挂棒上充分风干，再用 30℃ 左右温度熏干，前五天每天

熏干半天，以后按同样方法隔日熏干。7.5kg 左右（2 根挂棒）的原料，腕肉熏干 8~10d，胴体熏干 2~3d。

（5）切断　腕肉沿腕部垂直方向切成薄片，胴体切成适当的大小。

（6）包装　按烟熏乌贼的标准，每个纸箱 1kg 或 2kg，或者装入聚乙烯塑料袋中，抽真空包装防霉处理。

4. 配方

每 100 份风干鱼肉添加砂糖 20~25 份、食盐 3~6 份、味精 0.5~1 份。

（十一）　调味烟熏狭鳕

1. 原料

以新鲜或盐腌大型狭鳕为原料。

2. 工艺流程

原料狭鳕 →| 前处理、剥皮 |→| 水洗 |→| 浸盐水 |
原料狭鳕（盐腌品）→| 脱盐处理 |→| 水洗 |
}→| 沥水 |→| 浸渍 |→| 熏干 |→| 切片 |→| 调味 |→ 成品

3. 工艺要点

（1）原料处理　原料鱼经去头、开片、剥皮后制成鱼片。

（2）调味、浸渍　洗净沥水，放入食盐水中浸渍 20min，沥干后浸入调味液。也可用原料重 3%的食盐、15%砂糖、0.5%~1%味精拌匀后撒在肉的表面，装入容器内，温暖季节腌渍 1 夜，寒冷季节腌渍 2 夜，使调味液渗透均匀。

（3）熏干　将浸渍调味的鱼肉片，用水稍作漂洗、沥水，然后穿挂在挂棒上风干，即可进行熏干。熏干只赋增香作用。在 20~30℃下熏干 3d 左右。然后罨蒸 1~2d，使内外水分含量一致。

（4）切片　制品削成薄片或切成细丝。夏季，要将制品进一步干燥。

4. 配方

浸渍用调味液配方为：水 1.8L，砂糖 680g，味精 11g，琥珀酸少量。

（十二）　调味烟熏沙丁鱼

1. 原料

冰鲜或冷冻远东拟沙丁鱼。

2. 工艺流程

原料鱼 →| 处理、清洗 |→| 开片 |→| 调味浸渍 |→| 干燥 |→| 熏干、罨蒸 |→| 整形 |→| 包装 |→ 成品

3. 工艺要点

（1）原料处理　切除头部，腹开除去内脏后清洗干净。

（2）开片　开 3 片，除去中骨及腹鳍。

（3）调味、浸渍　将鱼肉在预先配制好的调味液中浸渍 1 夜。温熏品应煮沸后再浸渍。

（4）干燥、罨蒸　生产咸味制品时，冷风烘干机 20℃干燥 1d。生产温熏或冷熏制品时，20℃烘干 2~3h。

（5）熏干、罨蒸　用枹、樱等熏材熏干。生产温熏制品时，先用 30~40℃熏 1h，接着用 50~60℃熏 1h，再用 80~85℃熏干 30min，自然冷却后置于密闭容器罨蒸 1 夜；生产调味冷熏制品时，用 20~25℃连续熏 3d（每天熏 8h），熏干后置于密闭容器中罨蒸 1 夜。

（6）包装　真空包装。调味冷熏沙丁鱼的成品率为原料的 32%（水分 25%）。

4. 配方

（1）咸味温熏沙丁鱼用调味液　鱼肉 100 份，水 100 份，食盐 5 份，白砂糖 1 份，味精 0.5 份，核苷酸 0.1 份，白胡椒 0.1 份。

（2）酱油味温熏沙丁鱼用调味液　鱼肉 100 份，酱油 23 份，水 6 份，饴糖 8.6 份，粗糖 12 份，味精 0.1 份，白胡椒 0.1 份，姜 0.1 份，甜菊糖 0.1 份。

（3）咸味冷熏沙丁鱼用调味液　鱼肉 100 份，水 100 份，食盐 5 份，砂糖 1 份，味精 0.5 份，核苷酸 0.1 份，牙买加胡椒 0.1 份，白胡椒 0.1 份。

（4）酱油味冷熏鱼沙丁鱼用调味液　鱼肉 100 份，水 6 份，酱油 23 份，粗糖 12 份，饴糖 8.6 份，味精 0.1 份，白胡椒 0.1 份，姜 0.1 份，甜菊糖（10%）0.1 份。

（十三） 调味烟熏扇贝

1. 原料

采捕新鲜的扇贝。

2. 工艺流程

原料扇贝 → 洗净 → 蒸煮 → 脱壳 → 第 2 次水煮 → 浸渍调味 → 沥汁 → 风干 → 熏干 → 罨蒸 → 真空包装 → 加热杀菌 → 冷却 → 成品

3. 工艺要点

（1）洗净、蒸煮　原料洗净污物后，倒入网筐内，投入 98℃ 水中，沸腾后再煮 3~5min。

（2）脱壳　用开壳器具（或开壳机）分离贝壳和软体部分，再除去软体部分内的肠腺，水洗。

（3）第 2 次水煮　将除去肠腺的扇贝软体部分，倒入金属网筐内，投入 98℃ 水浴，加热沸腾后再煮 10~15min。根据贝柱的规格大小、投入量不同，确定加热时间。当切开贝柱，中心部分的肌肉纤维具有良好的拉伸性表明加热时间已足。煮熟后，在清水中冷却 20min 左右。

（4）腌渍调味　第 2 次煮熟后的扇贝软体，用混合均匀的调味料液腌渍 1 夜，沥汁。

（5）风干　室温风干至表面干燥。

（6）熏干　将扇贝捞于金属网片上，置于烟熏室内，用干燥熏材（枹、樱等）熏干。约经 1h 后，逐渐将温度升至 80℃，然后保持 30min。

（7）罨蒸　熏干后的扇贝置于密闭容器中，冷暗处放置。

（8）加热杀菌　真空包装后，用 85~90℃ 加热杀菌 40min，清水急速冷却。成品率为原料贝重量的 15%~16%。

4. 配方

扇贝软体 100 份，白砂糖 7 份，甜菊糖（10%）0.2 份，食盐 2 份，味精 0.3 份，琥珀酸钠 0.1 份，山梨酸钾 0.1 份。

🔍 思考题

1. 腌制品有哪些特点？

2. 烟熏制品加工的关键技术是什么？

参 考 文 献

[1]曾庆孝. 食品加工与保藏原理[M]. 北京:化学工业出版社,2002.

[2]李来好. 传统水产品加工[M]. 广州:广东科技出版社,2002.

[3]叶桐封. 水产品深加工技术[M]. 北京:中国农业出版社,2007.

[4]董全,黄艾祥. 食品干燥加工技术[M]. 北京:化学工业出版社,2007.

第十章

CHAPTER

罐藏制品

10

[学习目标]

掌握水产罐藏制品的加工工艺，熟悉典型水产罐头的加工方法，了解水产罐头质量控制技术。

第一节　典型水产罐头的加工

水产罐头食品的品种较多，根据罐藏原料的加工方法不同，可将水产罐头食品分为清蒸类水产罐头、调味类水产罐头、油浸类水产罐头和鱼糜类罐头等。

一、清蒸类水产罐头

清蒸类罐头又称原汁罐头，是将处理好的原料预煮脱水后装罐，再加入精盐、味精，经排气、密封、杀菌等工序而制成的罐头产品，如清蒸对虾、清蒸蟹、原汁贻贝等罐头。这类水产罐头具有原料特有的色泽和风味，块形完整，不含杂质，汁液较澄清，含盐量一般在1.5%~2.0%。食用时可依消费者的嗜好再行调味，不受各地口味不同的影响。

（一）清蒸鱼类罐头

1. 原料种类与要求

清蒸鱼类罐头所用原料主要有鲭、鲷、鲑、鲐、鲅、鳕、鳓、海鳗、墨鱼、鲋、鲳、鲤鱼及鳖等，要求原料鱼鲜度指标在二级鲜度以上，肉质紧密、气味正常、尚在僵直期内、鳃色鲜红、眼球透明有光、鳞片坚实不脱落的鲜鱼或冻鱼均可用于罐头加工；淡水鱼宜用活鱼。下面以清蒸墨鱼罐头为例说明清蒸鱼类罐头的生产工艺流程和操作要点。

2. 工艺流程

原料验收 → 原料处理 → 预煮 → 冷却 → 修整 → 装罐 → 排气密封 → 杀菌冷却 → 入库

3. 工艺要点

（1）原料验收　选用新鲜肥美、鱼体完整、无钩洞伤斑、肉质不发红的墨鱼为原料。

（2）原料处理　先用清水洗净表面墨汁和其他污物，然后逐条去头、挖去内脏。但要注意不要弄破墨囊，以免墨汁外流而影响肉的色泽。接着翻去螺蛸，并将胴体翻转，去净附着的内膜等，最后从尾端剥离皮层，再将胴体复原，翻转时注意防止搭口断裂。在处理过程中若发现钩洞斑疤、多量墨汁而又无法洗净、影响色泽以及发红变质的墨鱼应予剔除。

（3）预煮、冷却与修整　将处理好的墨鱼胴体按料水1：1的比例，投入沸水中预煮5min，然后捞出即刻投入冷水中冷却。冷却后在清水中修整，修去墨鱼腹腔中的残余内膜、肉屑等，再次剔除发红变质、破裂、钩洞、黑斑等不合格的墨鱼。将修整好的墨鱼按料水比1：1的比例投入到4%的煮沸盐水中进行两次预煮，预煮10min后立即捞出，投入洁净的冷水中冷却。预煮时要及时翻动，以减少变形及粘连。预煮所用食盐水可以连续用三次，但每次应补加少量食盐。

（4）装罐　经盐水预煮的墨鱼即可装罐。一般选用抗硫涂料的860罐型马口铁罐，每罐装墨鱼215g，汤汁60g。装罐时注意尾部向上，排列整齐，加入的汤汁温度不得低于70℃。装罐所用汤汁的配制：精盐1.5%，砂糖0.78%，加热溶解、煮沸过滤后使用。

（5）排气密封　装罐后的罐头可在90℃排气12min，然后趁热密封并逐听检验封口质量，不合格者马上开罐重装、重封。采用真空封罐时，要求真空度40kPa。

（6）杀菌冷却　杀菌公式：15—40—15min/116℃。杀菌后的罐头急速冷却至40℃左右，随即擦罐入库。

（7）成品要求　净重256g，具有新鲜墨鱼的光泽，略显淡黄色；鱼体竖装成卵形；肉质柔嫩、滋味正常，咸淡适中，无异味。

（二）　清蒸贝类罐头

1. 原料种类与要求

清蒸贝类罐头所用原料主要有蛏、牡蛎、蛤、鲍、赤贝、贻贝等，要求贝类新鲜肥满、气味正常。下面以原汁鲍鱼罐头为例说明清蒸贝类罐头的生产工艺流程和操作要点。

2. 工艺流程

原料验收 → 清洗 → 剥壳取肉 → 清洗 → 盐渍 → 清洗 → 预煮 → 装罐 → 排气密封 →

杀菌冷却 → 入库

3. 工艺要点

（1）剥壳取肉　活鲜鲍鱼用清水洗净后，用不锈钢刀剥壳取肉并去除内脏，漂洗干净。

（2）盐渍　清洗后的鲍肉按肉柱大小分别用10%的盐水腌渍8~12h，用搓洗机搓洗5~15min，再用清水冲洗去盐分。然后剪去嘴和外套膜，逐只洗净，去净黑膜。

（3）预煮　处理好的鲍肉以80℃热水煮20min，预煮水与鲍肉比例为3：1。预煮水中，可添加适量的柠檬酸等护色剂，防止变色。煮后用流动水冷透，漂洗一次后即可分选装罐。

（4）装罐　一般采用7114罐型的抗硫氧化锌涂料罐，净重425g，装预煮鲍肉253g，汤汁172g，汤汁温度不低于80℃，大小鲍肉分开装罐。汤汁配制：精盐2%，味精1%，煮沸过滤后使用。

（5）排气密封　采用加热排气时，罐中心温度达到80℃以上即刻密封；真空密封排气时，真空度53.3~60kPa。

（6）杀菌冷却　杀菌公式：15—70—20min/115℃，杀菌后急速冷却至40℃以下，擦罐入库。

（三） 清蒸虾类罐头

1. 原料种类与要求

清蒸虾类罐头原料主要是对虾，可采用新鲜、肥壮、未经产卵、完整无缺的新鲜虾或冷冻的优质虾作罐头加工用原料。下面以清蒸对虾罐头为例说明清蒸虾类罐头的生产工艺流程和操作要点。

2. 工艺流程

原料验收 ⟶ 原料处理 ⟶ 预煮 ⟶ 冷却修整 ⟶ 装罐 ⟶ 排气密封 ⟶ 杀菌冷却 ⟶ 入库

3. 工艺要点

（1）原料验收 原料必须新鲜，要求外壳为淡青色、具有光泽且呈半透明，肉质紧密有弹性，甲壳紧密附着虾体，色泽、气味正常。

（2）原料处理 将合格新鲜虾的头、壳小心剥去，再用不锈钢小刀剖开背部，取出内脏，在冰水中清洗 1~2 次，同时按虾大小进行分级。

（3）预煮 按虾水比为 1：4 比例，将虾肉投入浓度为 1.5% 煮开的稀盐水中预煮，大虾煮 9~12min，小虾煮 7~10min，脱水率约为 35%，预煮水需经常更换。预煮后立即投入冷水中漂洗，冷却后再进行修整，挑出不合格的虾另行处理。

（4）装罐 预煮后的虾立即装罐。采用 962 罐型的抗硫涂料罐，并在罐内衬垫硫酸纸。装罐时虾要排列整齐。装罐净重 300g，虾 295g，盐 4g，味精 1g。

（5）排气密封 加热排气时要求罐内中心温度达到 80℃ 以上，采用真空封罐时则要求真空度 67kPa。

（6）杀菌冷却 杀菌公式：15—70—20min/115℃，杀菌后的罐头冷却至约 40℃，擦罐入库。

（四） 清蒸蟹肉罐头

1. 原料种类与要求

清蒸蟹罐头原料主要有河蟹、梭子蟹，必须是新鲜的活蟹。

2. 工艺流程

原料 ⟶ 清洗 ⟶ 蒸煮 ⟶ 去壳取肉 ⟶ 装罐 ⟶ 排气密封 ⟶ 杀菌冷却 ⟶ 入库

3. 工艺要点

（1）原料清洗 选用活蟹，洗净泥沙，掀去蟹盖壳，用不锈钢小刀去除浮鳃、嘴脐、蟹黄等。用刷子逐只刷洗表面污物（包括蟹黄），将蟹足、螯身及螯分开，漂洗干净，立即蒸煮。

（2）蒸煮 将蟹身及螯装屉、旺火蒸煮 20min，自然冷却，脱水率一般控制在 35%。

（3）去壳 取肉时应尽量使蟹肉完整，肌肉内膜保留或去除均可。取出后的蟹肉投入 0.2% 的柠檬酸溶液中浸泡 15min，柠檬酸溶液与蟹肉比为 2：1，然后用清水漂洗一次，浸泡增重控制在 10%~12%。浸泡液不要重复使用。

（4）装罐 采用 854 罐型抗硫氧化锌涂料罐。净重为 200g，每罐装入量为：蟹肉 197g，精盐 2g，味精 1g。装罐时注意蟹肉的搭配。

（5）排气密封 采用蒸汽于 95℃ 加热排气 30~35min，趁热立即密封。

（6）杀菌冷却　杀菌公式：15—70—15min/110℃，急速冷却。

二、　调味类水产罐头

调味类罐头是将处理好的原料经盐渍脱水或油炸、装罐、加入调味汁、排气密封、杀菌、冷却等工序制成的罐头产品，具有原料和调味料特有的风味，肉块紧密，形态完整，色泽一致。根据加工调味方法和配料的不同，又可将调味类水产罐头分为五香、红烧、豆豉、茄汁等品种。

（一）　五香鱼罐头

1. 原料种类与要求

五香鱼罐头采用油炸后用五香调味的工艺生产，成品具有汤汁少、香味浓郁，味美可口的特色。常见的品种有五香凤尾鱼、五香带鱼、五香鳗鱼、五香马面鱼等，淡水鱼也是生产五香鱼罐头的良好原料。下面以五香凤尾鱼罐头为例说明五香鱼罐头的生产工艺流程和操作要点。

2. 工艺流程

原料验收 → 原料处理 → 油炸 → 调味 → 装罐 → 排气密封 → 杀菌 → 冷却 → 入库

3. 工艺要点

（1）原料验收　选用鱼体完整带子、鱼鳞发亮，鳃呈红色，鱼体长 12cm 以上的冰鲜或冻藏凤尾鱼作为生产原料，不得使用变质鱼。

（2）原料处理　冰鲜鱼或解冻鱼要先用流动水清洗，去除附着在鱼体表面的杂物，剔出变质鱼、无子鱼、破腹鱼及其他混杂鱼。然后沿鱼头背部至鱼下腭摘取鱼头并将鱼鳃和内脏一起拉出，但要保留下腭、不能弄破鱼肚以免鱼子流失。

（3）油炸　将带子鱼体按大小进行分级、定量装盘。将鱼体沥水后，定量投入 180～200℃的油炸锅内炸 2～3min。油炸时要准确掌握油温，油温过高会使鱼尾变成暗红色，油温过低则会造成鱼体弯曲、色泽变暗。较大的凤尾鱼选用180℃、鱼油比 1：10 的油炸条件为宜，炸至鱼体呈金黄色、鱼肉有坚实感为度。

（4）调味　炸好的凤尾鱼稍经沥油后，趁热浸入五香调味液中，并浸渍 1～2min，然后将鱼捞起，沥去鱼表面的调味液，放置回软。

调味液配制：精盐 2.5kg、酱油 75kg、砂糖 25kg、黄酒 25kg、白酒 7.5kg、鲜姜 5kg、桂皮 0.19kg、茴香 0.19kg、陈皮 0.19kg、月桂叶 0.125kg、味精 0.075kg 以及水 50kg。先称取生姜、桂皮、茴香、陈皮和月桂叶，加适量清水煮沸 1h，香味熬出后捞出残渣，然后加入砂糖、精盐、酱油和味精，煮沸后加入白酒和黄酒，取出过滤并用开水补至190kg。

（5）装罐、排气与密封　采用 303 号抗硫全涂料马口铁罐，装油炸、调味的凤尾鱼184g。装罐时鱼腹向上、整齐交叉排列于罐内，要求同一罐内鱼体大小和色泽一致。采用真空封罐时，要求真空度达到 400mmHg；使用冲拔罐时真空度要达到 260～270mmHg（1mmHg=133Pa）。

（6）杀菌冷却　杀菌公式：20—30—20min/121℃，反压（14.71×10⁴Pa），杀菌完成后冷却至 40℃。

（二）　红烧鱼罐头

1. 原料种类与要求

红烧鱼罐头通常采用将鱼块经腌制、油炸后，再装罐注入调味液的工艺生产，具有红烧鱼的特有风味，一般汤汁较多，色泽深红。常见的品种有红烧鲐鱼、红烧鲅鱼、香酥黄鱼、酱油墨鱼等。下面以红烧鲅鱼罐头为例介绍红烧鱼罐头的生产工艺流程和操作要点。

2. 工艺流程

原料验收 → 解冻 → 处理 → 腌制 → 油炸 → 装罐 → 排气 → 密封 → 杀菌冷却 → 入库

3. 工艺要点

（1）原料　选用鱼体完整、气味正常、肌肉有弹性、骨肉紧密连接、鲜度良好的冰鲜鱼或冷冻鱼，每条质量在 0.5kg 以上。不得使用变质的鲅鱼。

（2）原料处理　若以冷冻鲅鱼为原料，需要进行解冻。解冻程度视生产季节的温度、加工工艺要求等而异。一般炎热的夏季，冻鱼只要基本上解冻就可以，其他季节需要完全解冻。解冻后，去除鱼头、鱼尾、鳍以及内脏，充分洗去血水后切成 2~3cm 小块。

（3）腌制　每 100kg 处理好的鱼块加精盐 1kg、白酒 0.5kg 后腌制 10~30min。

（4）油炸　先将植物油加热至 180~190℃，然后投入腌制好的鱼块炸 5~8min，至鱼表面呈黄色时即捞出沥油。油炸时，油鱼比 1∶10；鱼投入后，待鱼块表面结皮、上浮时才可轻轻抖散翻动，防止鱼块相互粘连和脱皮。鱼块在油炸过程中产生的碎屑要及时去除，同时要经常补充新油，必要时更换新油。

（5）装罐　采用 860 型抗硫涂料罐或玻璃罐。860 型马口铁罐净重为 256g，每罐装入鱼肉 150g、汤汁 106g；玻璃罐净重为 510g，每罐装入鱼肉 340g、汤汁 170g。装罐时汤汁温度不宜过低。

汤汁配制：大料粉 300g、桂皮粉 200g、花椒粉 100g、姜粉 300g、胡椒粉 300g、大葱 10kg、精盐 14kg、酱油 20kg、砂糖 20kg、味精 0.5kg。先将大料粉、桂皮粉、花椒粉、姜粉、胡椒粉、大葱加清水熬煮 3h 后补足水至 20kg，然后加入精盐、酱油、砂糖、味精和水，加热使上述配料全部溶解后用清水补足 180kg，煮沸后用三层纱布过滤即可供装罐用。

（6）排气密封　采用加热排气时，罐中心温度应在 80℃ 以上。真空封罐时真空度应达 40kPa。

（7）杀菌冷却　杀菌公式：860 型铁罐，15—90—15min/116℃。

（三）　茄汁鱼类罐头

1. 原料种类与要求

茄汁鱼类罐头具有鱼肉和茄汁二者结合的风味。加工时，可将经处理、盐渍的鱼块直接生装后加注茄汁，或经预煮或油炸后装罐加注茄汁，然后再进行排气密封、杀菌冷却。产品经一定时间贮藏后风味更佳。可作茄汁鱼罐头的原料很多，有鲭鱼、鳗鱼、鲹鱼、鲅鱼、鱿鱼、鲳鱼、草鱼、鲢鱼、沙丁鱼和鳙鱼等。下面以茄汁沙丁鱼为例介绍茄汁鱼类罐头的生产工艺流程和操作要点。

2. 工艺流程

原料验收 → 处理 → 盐渍 → 脱水 → 装罐 → 排气密封 → 杀菌冷却 → 入库

3. 工艺要点

（1）原料验收　采用新鲜冰藏沙丁鱼或新鲜度高的冷冻沙丁鱼。

（2）原料处理　先用清水洗净鱼体表面污物与杂质，再去头、同时拉出内脏（不剖腹），去鳞、去鳍，逐条洗净后沥水。

（3）盐渍　处理好的沙丁鱼投入 10%～15% 盐水中浸泡 10～12min，盐水与鱼比例为 1∶1；或用 2% 的精盐拌均匀后盐渍 30min，再用清水漂洗一次，沥干水分。

（4）蒸煮脱水　将盐渍好的沙丁鱼生装于罐内，灌满 1% 的盐水，在 90～95℃ 下蒸煮 40min，脱水率控制在 20% 为宜。蒸煮后倒罐沥净汁水后迅速加茄汁。

（5）装罐　装罐时背向上整齐排列。603 型罐净重 340g，装鱼重 290～300g（脱水后为 232～242g）、茄汁 98～108g；604 型罐净重 198g，装鱼重 160～170g（脱水后 128～138g），茄汁 60～70g。

（6）排气密封、杀菌冷却　条件如下：603 型，加热排气，罐中心温度 80℃，真空抽气真空度 53.3kPa，杀菌条件 15—80—20min/118℃。604 型，加热排气，罐中心温度 80℃，真空抽气真空度 53.3kPa，杀菌条件 15—75—20min/118℃。

（四）　豆豉鱼类罐头

1. 原料种类与要求

豆豉鱼类罐头是在罐头中添加了豆豉后加工制成的罐头，具有鱼类和豆豉的香鲜味。可做豆豉鱼罐头的原料很多，如鲮鱼、草鱼、鲢鱼、其他杂鱼等。下面以豆豉鲮鱼为例介绍豆豉鱼类罐头的生产工艺流程和操作要点。

2. 工艺流程

原料验收 → 原料处理 → 油炸 → 装罐 → 排气密封 → 杀菌冷却 → 入库

3. 工艺要点

（1）原料验收　一般选用体重 0.11～0.19kg 鲜活鲮鱼为原料。

（2）原料处理　去鳞、去头、剖腹、去内脏，然后按 4.5～5.5kg/100kg 比例加盐腌制 4～10h。起桶后迅速将鱼取出，逐条洗净，刮去腹腔黑膜，沥干。

（3）油炸与着味　将油加热至 170～175℃，投入腌制好的鲮鱼，油炸至浅褐色，趁热置于 65～75℃ 调味液中浸泡 40s，沥汁后装罐。

调味液配制：先将丁香 1.2kg、桂皮 0.9kg、甘草 0.9kg、沙姜 0.9kg、八角茴香 1.2kg、水 70kg 用文火熬煮 4h，去渣得香料水 65kg。再在 10kg 香料水中加入 1.5kg 砂糖、酱油 1.0kg 和味精 0.02kg，配制成调味液。

（4）装罐　采用 501 型罐，净重 227g，要求装入油炸、着味的鲮鱼 135g、豆豉 40g、油脂 55g。豆豉经分选、去杂后水洗一次，沥水后装入罐底，然后装鱼，同一罐内鱼体大小要基本一致，排列整齐。

（5）排气密封　采用加热排气时，要求罐中心温度在 80℃ 以上；采用真空封罐时真空度应在 47～53kPa。

（6）杀菌冷却　杀菌公式 10—60—15min/115℃，杀菌完成后冷却至 40℃ 以下，擦干后入库。

三、　油浸类水产罐头

油浸类水产罐头是将经盐渍的鱼块直接生装罐或先预煮再装罐，加入一定量的精制植物油及其他少量调味料，如精盐、糖等，再经排气密封、杀菌冷却等工序制成的罐头食品。制成品具有鱼块经油浸后特有的色香味和质地，特别是经一定时间贮藏，使罐内容物的色、香、味调和后，食用味道更佳。许多海水鱼和淡水鱼都可作油浸鱼罐头的生产原料，故油浸鱼罐头的品种也就比较丰富，如鲭鱼、鲅鱼、鳗鱼、鱿鱼、青鱼、鲢鱼、草鱼、鳙鱼等。

（一）油浸鲭鱼罐头

1. 原料要求

选用冰鲜或冷冻优质鲭鱼为原料。

2. 工艺流程

原料验收 → 原料前处理 → 盐渍 → 蒸煮脱水 → 装罐 → 加油 → 排气密封 → 杀菌冷却 → 擦罐入库

3. 工艺要点

（1）原料验收　选用冰藏或冷冻优质鲭鱼为原料，要求鲜度保持二级以上。

（2）原料处理　采用冷冻鲭鱼时要先按要求进行解冻，解冻后去除鱼头和内脏，充分洗净腹腔内的血水和黑膜等污物，再把鱼切成5cm长的鱼段，尾部直径不小于2cm。

（3）盐渍　切好的鱼块用盐水腌渍处理。若是新鲜冰藏鱼用20%的食盐水浸泡20min；若为冷冻鱼则用100g/L的食盐水浸泡15min，盐渍后清水清洗一次后沥水。

（4）蒸煮脱水　鱼块装入862型涂料罐，鱼块竖装，排列整齐，然后灌满0.1°Bé的洁净盐水，于98~100℃下蒸煮30~35min，然后倒罐沥净汤汁。要注意脱水后倒罐沥水前，鱼块不要露出汤汁，也不要积压过久，以防变色。

（5）装罐　862型罐要求净重256g，装入鱼块260~270g（脱水率约为15%），脱水后质量220~230g，加精炼植物油35g、精盐2.5~3g。条重小于0.5kg的小鲭鱼，装罐量需要增加10g，而冷冻鱼较鲜鱼装罐量减少10g，以保证开罐时的固形物含量。

（6）排气密封　采用真空密封，真空度控制在53.3kPa以上。

（7）杀菌冷却　杀菌公式：15—70—15min/118℃，反压冷却至40℃以下，然后入库。

（二）油浸烟熏鳗鱼罐头

1. 原料要求

选用冰鲜或冷冻优质鳗鱼为原料。

2. 工艺流程

原料验收 → 原料处理 → 盐渍 → 烘干和烟熏 → 装罐 → 加油 → 真空封罐 → 杀菌 → 冷却 → 入库

3. 工艺要点

（1）原料验收　选用肌肉有弹性、骨肉紧密联结、每条重量在0.75kg以上，鲜度良好的冰鲜冷冻海鳗。

（2）原料处理　冰鲜或已解冻的鳗鱼用清水洗净，去鳍、剖腹、挖去内脏，然后在流动水中洗净腹腔内的黑膜及血污，沿脊骨剖取两条带皮鱼片。若鱼体过长，则可将鱼片再纵切或横切成两条带皮鱼片，然后修出腹肉，再按鱼片大小、厚薄分档装盘。分档的目的是为了使鱼片盐渍均匀，成品咸淡适中。

（3）盐渍　采用8%盐水盐渍，鱼与盐水比例为2∶1，盐渍时间依鱼片大小和厚薄而定，一般为1~40min。盐渍完成后，取出用清水冲洗一次，装盘沥出水分。

（4）烘干和烟熏　将大小、厚薄一致的鱼片吊挂或平铺在烘车上，在60~70℃烘房中烘干2h，再送入熏室中烟熏上色，熏室温度不高于70℃，熏制时间30~40min，待鱼片表面呈黄色即完成烟熏，最后送入烘房中烘干至产品得率58%～62%。取出放置在通风的室内冷却至常温。

（5）装罐　采用962型抗硫全涂料马口铁罐。将经烘干、烟熏和冷却的鱼片切成段长为8.5cm左右的鱼块。每罐装入鱼块215g，但总块数不能超过8块，鱼块平铺罐内、整齐排列，除罐底的两块肉面向下外，其余肉面均向上，色泽较浅的装在表面，然后每罐加入精制植物油40g。

（6）排气密封　先行加盖预封后，随即进行真空密封，真空度53kPa。

（7）杀菌冷却　采用高压蒸汽杀菌，杀菌公式为15—70—15min/118℃，杀菌完成后冷却至40℃入库。

第二节　水产罐头的质量控制

一、水产罐头食品的质量指标

我国目前生产水产品罐头有240余种，不同品种的水产罐头其质量要求不同，国家和行业制订了一系列的标准，一般包括感官指标、理化指标和微生物指标。

1. 感官指标

感官指标通常包括罐头食品的色泽、滋味气味、组织形态以及有无杂质和异物。不同类型的水产罐头食品，由于原料特性、加工工艺和调味方法的不同，因此具有不同的感官品质指标要求。

2. 理化指标

水产罐头食品的理化指标，包括净重、固形物含量、氯化钠含量、pH、营养成分（蛋白质、脂肪、维生素、矿物质等）含量、酸价、过氧化物值、重金属（汞、砷、铅、镉）含量、挥发性盐基态氮（TVB-N）含量、组胺含量、食品添加剂使用量、农药、渔药残留量等，按对营养和安全性的关系可分为一般理化指标（如净重、固形物含量、氯化钠含量、pH、蛋白质含量、脂肪含量、矿物质等）和卫生指标［酸价、过氧化物值、重金属（汞、砷、铅、镉）含量、TVB-N、食品添加剂使用量、农药、渔药残留量等］。

我国目前常用渔药可分为消毒剂、驱杀虫剂、抗微生物药（抗生素类、磺胺类、呋喃类）、代谢改善和强壮剂（激素类）等几大类，许多药物的残留均对不同人体有不同程度的危害。欧盟委员会专门制定水产品投放市场的卫生条件的规定（91/493/EEC指令），要求向欧盟市场输出水产品中氯霉素、呋喃西林、孔雀石绿、结晶紫、呋喃唑酮、多氯联苯等不得检出，对六六六、DDT等也制定了严格的限量指标，而且越来越严格。

3. 微生物指标

微生物指标通常包括总菌数、大肠菌群和致病菌（沙门菌、志贺菌、金黄色葡萄球菌、溶血性链球菌）等指标。水产罐头食品属低酸性罐头食品，因此需要达到商业无菌要求。

二、水产罐头食品的安全与质量控制

国内外已普遍采用HACCP体系（Hazard Analysis and Critical Control Point，危害分析与关

键控制点）对水产罐头食品的安全和质量进行有效控制。我国农业部于 1999 年制定《水产品加工质量管理规范》，专门规定了水产品加工企业的基本条件、水产品加工卫生控制要点以及以危害分析与关键控制点（HACCP）原则为基础建立质量保证体系的程序与要求。

HACCP 体系是以 GMP（Good Manufacturing Practice，良好操作规范）和 SSOP（Sanitation Standard Operation Procedure，卫生标准操作规范）为基础建立和实施的。良好操作规范（GMP）是一种具体的品质保证制度，其宗旨是使食品工厂在制造、包装及贮运食品等过程中，有关人员、建筑、设施、设备等设置，以及卫生、制造过程、质量管理，均能符合良好的生产条件，防止食品在不卫生或可能引起污染或品质变坏的环境下操作，减少生产事故的发生，确保食品安全卫生和质量稳定。

我国还针对罐头出口对产品质量和安全的要求，制定了《出口罐头加工企业注册卫生规范》，规定了出口罐头生产过程中的卫生质量管理，厂区环境卫生，车间及设施卫生，原辅料及加工用水卫生，加工人员卫生，加工卫生，密封卫生质量控制，杀菌质量控制，包装、运输、贮藏卫生，卫生检验管理和卫生质量记录等要求。因此，我国水产品罐头生产企业应按照相关法规和标准，严格控制生产过程，确保产品质量和安全。

🔍 思考题

1. 根据原料的加工方法可将罐头食品分为哪几类？
2. 水产罐头食品的质量指标是什么？

参 考 文 献

[1]赵晋府．食品工艺学:第二版[M]．北京:中国轻工业出版社,1999.

[2]杨邦英．罐头工业手册[M]．北京:中国轻工业出版社,2002.

[3]李雅飞．食品罐藏工艺学[M]．上海:上海交通大学出版社,1993.

[4]天津轻工业学院,无锡轻工业学院．食品工艺学:上册,中册[M]．北京:中国轻工业出版社,1993.

[5][日]清水潮,横山理雄．陈葆新,江彩秀,李玲娣译．软罐头食品生产的理论与实际[M]．北京:中国轻工业出版社,1993.

第十一章

发酵制品

CHAPTER

11

[学习目标]

　　了解水产发酵制品的种类和传统发酵生产技术，掌握现代生物技术在水产发酵制品中的应用，达到能够通过现代科学技术改造传统水产发酵制品并进行安全生产的目标。

第一节　蟹酱和虾酱

一、蟹酱

　　每年海洋捕捞的低值蟹类多达百万吨，除部分鲜销作为家庭的汤料外，大部分作为鱼粉或养殖饲料，浪费了资源。众所周知，蟹由于其特殊的香味和鲜味深受消费者的青睐。日本和美国等发达国家以小杂蟹为原料，采用酶水解法，再经浓缩、过滤和精制，提取出水解蟹油作为模拟蟹肉的添加剂或配合其他香辛料生产出粉状调味料——蟹味素；我国曾采用传统发酵法生产蟹糊和蟹酱，但由于长时间发酵致使挥发性盐基氮较高、腥味较浓，市场占有率不高。近年来，为了有效地开发利用这类低值蟹类资源，采用酶水解法水解其蛋白质，再经浓缩后添加各种辅料制成蟹酱罐头。水解蟹酱的生产比传统生产工艺周期短、效率高，而且挥发性盐基氮低，腥味淡，气味、鲜味较好，不仅可作为高档调味品，丰富人们的物质生活，而且可以提高低值蟹的利用价值，给渔民和加工企业带来经济效益，促进水产加工业的发展。

　　蟹肉的主要呈味成分包括甘氨酸、谷氨酸、精氨酸、核苷酸、丙氨酸、甘氨酸甜菜碱及钠离子、钾离子、氯离子。如盲纹雪怪蟹煮熟脚肉的浸出物成分中，呈味氨基酸甘氨酸、丙氨酸、谷氨酸和精氨酸占氨基酸类总含量的 60% 左右；另外，从表 11-1 可见，牛磺酸含量高达 2430mg/kg，这种物质对人体具有多种保健作用：①是新生儿大脑发育的必需物质，缺乏牛磺酸会导致脑发育异常，视功能障碍等。②能保护肝细胞，降低血糖。③能促进垂体激素分泌，增强胰腺功能，改善机体内分泌系统状况，调节机体代谢。此外，具有水产品特殊风味的甘氨酸甜菜碱和氧化三甲胺分别高达 3570mg/kg 和 3380mg/kg。蟹类的呈味成分尽管因种类、产地、季节等不同而异，但其总体呈味是比较相似的。所以用小杂蟹水解物制成蟹酱不仅是一种高档的调味品，而且对人体可能还有保健作用，是一种有市场潜力的产品。

蟹酱生产集中在浙江、河北和天津等地。浙江沿海的渔民常将新鲜梭子蟹捣碎，加入适量盐，经腌制发酵后作为日常佐餐食品，很受欢迎。蟹酱生产一般在冬季进行，为避免食物中毒，对原料蟹鲜度、加工工艺和卫生条件要求较高，上市销售的蟹酱必须经食品卫生部门检验合格，才能出售。

目前，制作蟹酱的技术可分为两种，即传统发酵法蟹酱和现代生物技术法蟹酱。

表 11-1   盲纹雪怪蟹肉浸出物成分   单位：mg/kg

成分	含量	成分	含量	成分	含量
牛磺酸	2430	苯丙氨酸	170	次黄嘌呤核苷	130
天冬氨酸	100	鸟氨酸	10	鸟嘌呤	10
苏氨酸	140	赖氨酸	250	胞嘧啶	10
丝氨酸	140	组氨酸	250	甘氨酸甜菜碱	3570
甲基甘氨酸	770	3-甲基组氨酸	30	氧化三甲胺	3380
脯氨酸	3270	色氨酸	100	灰虾基碱	630
谷氨酸	190	精氨酸	5790	葡萄糖	170
甘氨酸	6230	CMP	60	核糖	40
丙氨酸	1870	AMP	320	乳酸	1000
缬氨酸	300	IMP	50	NaCl	2590
蛋氨酸	190	ADP	70	KCl	3760
异亮氨酸	290	腺嘌呤	10	NaH_2PO_4	830
亮氨酸	300	腺嘌呤核苷	260	Na_2HPO_4	2260
酪氨酸	190	次黄嘌呤	70		

1. 传统发酵法蟹酱

传统发酵法蟹酱和鱼露、虾酱一样，也是加盐后发酵的调味品，但生产情况远不如虾酱普遍，产量也不大。每 100kg 鲜蟹可制成蟹酱 120kg 左右。

（1）工艺要点

①原料处理：选择新鲜海蟹为原料，9~11 月的蟹为上等。捕捞后，及时加工处理。用清水洗净后，除去蟹壳和胃囊，沥去水分。

②捣碎：将去壳的蟹置于桶中，捣碎蟹体，越碎越好，以便加速发酵成熟。

③腌制发酵：加入 25%~30% 的食盐，搅拌混合均匀，倒入发酵容器，压紧抹平表面，以防酱色变黑。经 10~20d，若腥味逐渐减少，则发酵成熟。

④贮藏：蟹酱在腌制发酵和贮藏过程中，不能加盖与出晒，以免引起变色。失去其原有红黄色的色泽。

（2）产品特点   红黄色，具有蟹酱固有气味，无异味。

2. 现代生物技术法蟹酱

（1）工艺流程　低值蟹 → 预处理 → 捣碎 → 绞碎 → 称量 → 加水 → 调整 pH → 升温 → 加木瓜蛋白酶 → 恒温水解 → 升温杀酶 → 离心 → 中上层浆液 → 真空浓缩 → 添加辅料搅拌 → 均质 → 装罐 → 排气、杀菌 → 洗涤、擦干 → 保温检验 → 贴商标、塑封 → 装箱

（2）工艺要点　选取个体较小的低值蟹为原料。将低值蟹洗净、剥壳、去鳃，再水洗除去泥沙、污物、杂质等。然后用刀或破碎机先把蟹破碎或捣成小块，再用绞肉机绞两次，使其壳肉尽可能成浆状。再加水、调整 pH，由于考虑到后工序还需浓缩，所以加水量以 1∶1，并且用稀盐酸调节 pH 至 7 左右（一般搅碎的蟹肉 pH 在 8 左右）。然后加热至 70℃，恒温后再添加定量的木瓜蛋白酶进行恒温水解。水解一定时间后，升温至 100℃ 杀酶 20min，趁热用沉降式离心机离心（3500r/min）15min 左右，将中、上层浆液收集起来先常温浓缩至 75% 左右，再用 ZFA-02 型旋转蒸发器真空浓缩（70℃ 左右），最终浓缩至 50% 左右，冷却或冷藏备用。添加辅料、搅拌、均质操作时，应先将复合增稠剂溶解均匀后，加入浓缩的蟹浆液，搅匀，再加入其他辅料搅拌，用胶体磨均质、装罐。每瓶装 180g，罐顶必须留有间隙，以防加热杀菌时内容物的膨胀，引起瓶盖变形，甚至造成脱盖和破瓶。仪器设备主要有绞肉机，恒温水解锅，沉降式离心机，搅拌机，胶体磨，ZFA-02 旋转蒸发器等。辅料包括食品级的糖、盐、豆豉、葱、姜、蒜粉、味精等调味料和复合增稠剂。

（3）关键技术　蟹酱生物技术法生产技术的关键是酶的选择及水解的控制。低值蟹本身很容易腐败变质，如果采用低温蛋白酶水解势必造成水解物挥发性盐基氮增加，甚至腐败；采用最适温度为 70℃ 的中性木瓜蛋白酶进行水解，大部分的腐败细菌在 30℃ 时就被杀死或者停止了生长发育，这样可以保持水解物的新鲜度。在加水量的控制方面，考虑到后续浓缩工艺，及减少能耗，所以加水量以能淹没蟹浆，又适宜搅拌为准，大约为 1∶1。在水解过程中，氨基酸态氮含量随着水解时间的延长和酶用量的增加呈直线性增加，其影响大小的次序为酶用量＞水解时间，氨基酸态氮含量最好的技术要求是酶（木瓜蛋白酶，酶活力为 650000IU/g）用量 0.4% 及水解时间 4h。然而，酶用量 0.2% 或 0.3% 时，水解液略带苦味，而 0.4% 时则有明显的苦味；且用酶量 0.3%，水解时间分别为 3h，4h 和 5h 的三个水解浓缩液的挥发性盐基氮分别为 6.5mg/100g，8.8mg/100g 和 12.8mg/100g，即水解时间的延长挥发性盐基氮增加，风味和品质会受到较大影响。因此，在水解时要综合考虑氨基酸态氮、风味和苦味等问题，一般应选择酶用量 0.3% 和水解时间 4h 的水解工艺。

二、虾酱

　　虾酱是我国沿海居民传统的一种发酵型海洋食品，味道鲜美，营养丰富，风味独特，深受沿海地区广大群众的喜爱。我国生产虾酱的原料虾十分丰富，各种新鲜小型经济虾类都能作为其原料，主要有中国毛虾、蟛子虾（糠虾）、沟虾等，每年的捕捞量都很大。由于其个体小，加工比较困难，利用率不高，既浪费了资源，又在一定程度上污染了环境。以低值经济的小型虾为原料生产虾酱不仅可充分利用资源，而且可以扩大我国居民相对缺乏的动物蛋白来源，具有较大的经济效益和社会效益。

　　虾酱的生产历史悠久，但目前虾酱的生产绝大多数为家庭作坊式的自然发酵法生产，传

统的自然发酵法制备虾酱存在诸多弊端：工艺落后、方法粗放、生产周期长、含盐量高、卫生质量难以保证，不易保存和远销。虾酱的含盐量比较高，一般为25%~30%，大多情况下只能用作调味品，用量不多，限制了虾酱的食用范围。而酶法制备低盐虾酱是利用蛋白酶加速蛋白质的分解转化，大大缩短发酵时间，并且可明显降低含盐量，扩大食用范围。目前相关研究报道极少，只有刘树青等人在单因素上进行过酶法制备虾酱的探讨，但多因素下各因素间相互影响，可能工艺条件会有较大的变化，因此，探讨多因素多水平的酶解工艺条件很有必要。

成品虾酱质量标准的主要理化指标为蛋白质含量为干质量的25.84%，粗脂肪的含量为干质量的0.91%，总糖含量为干质量的0.71%，总灰分含量为干质量的26.14%。其中蛋白质和矿物质的含量比较高，是一种营养价值较高的食品。蟛子虾虾酱的感官性状为色泽褐红色，质地均匀，口感鲜、咸、香，特别是鲜味明显，具有虾酱固有的气味，无异味。虾酱中的细菌总数为2.7×10^4 cfu/g。

（一）　主要工艺流程

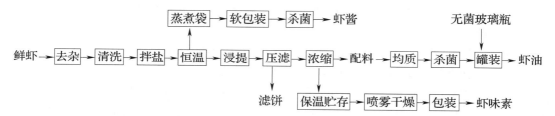

（二）　工艺要点

（1）原料收购　必须采用当日定置网捕获的鲜虾，并要及时采集和及时加工，尽量缩短鲜虾在码头、运输途中及厂内的停留时间。已经产生异味的虾不能采用。

（2）去杂、清洗　进厂的鲜虾原料，应剔除少量个体较大的杂鱼、杂虾及聚乙烯线头等杂质，并通过特制的20目、40目漏筐，采用洁净的（经沉淀或过滤处理）流动海水漂洗干净。

（3）拌盐　为了促进快速发酵和便于食用，并考虑到方便贮存和在发酵过程中有效抑制细菌的繁殖，拌盐比例以鲜虾重的10%~15%为宜，且必须采用符合国家食用盐标准的食盐。当选定虾酱为最终产品时可在拌盐的同时适量添加料酒、糖、花椒和大料等，以进一步增强产品的风味。

（4）恒温发酵　可在专用发酵罐中进行，也可采用自制简易发酵罐。发酵温度为(37±1)℃时需4~6d，其间每天搅拌1~2次，使发酵产生的气体逸出。至酱体颜色变红、鲜香浓郁时表明发酵已经完成。注意，已完成发酵的虾酱因处于低盐状态下，应及时进一步加工处理，不可长时间自然放置，以免细菌大量繁殖，引起腐败。

自制简易发酵罐介绍：弧型上盖和罐底，中间圆筒状罐体，中下部带夹套层，整个内筒体及上盖均以1.5~2.0mm不锈钢板为材质，夹套外层以3~4mm的A3钢板为材质。以蒸汽或电能通过夹套水实施对罐内物料的加热和保温，通过温度计、继电器、电磁阀或触点开关控制蒸汽的通入或电热管的工作。上盖为不对称对开式，以方便加料、发酵过程中搅拌、观察，并防止外界细菌的侵入。底部设置由阀门控制的放料口，以方便放料和罐内冲洗。还可在整个罐体外再设保温层，以提高热效率，减少能耗。

（5）虾酱的包装、杀菌与检验　采用专用蒸煮袋包装，真空封口后水煮并微沸 30min 进行杀菌处理，然后擦袋检验，剔除破碎袋。

（6）浸提、压滤　将已发酵的虾酱置于夹层锅内，添加酱体重量 50%～75% 的水，加热煮沸并微沸 10～15min 进行浸提，然后通过 160 目滤布压滤，一次浸提后压滤的饼可进行二次浸提和压滤，第二次浸提的添料水以松散后的滤饼被浸没为准，微沸时间为 5～10min。两次压滤所得滤液即为原料粗虾油。每次压滤所得粗虾油在浓缩前可通过中间贮罐收集暂存，但时间不宜过长。

（7）浓缩　为最大限度地保留虾油中的有效呈味物质，对原料粗虾油宜采用真空浓缩，蒸发温度应控制在 75℃ 以下，浓缩程度以最终虾油质量与相应的原料酱体质量相当或略少为宜。

（8）配料、均质　为进一步增强虾油产品的呈味、防腐和稳定性能，还可适量加入味精、黄酒、糖等调味物质及山梨酸、瓜尔豆胶等防腐剂和增稠剂，并搅拌溶化（解）均匀。瓜尔豆胶黏性和吸水性极强，但易结块，需提前以 10～15 倍重的虾油预化，充分搅匀并溶胀 2～3h 后使用。配料后虾油再经两次胶体磨或一次胶体磨一次高压均质机充分均质处理，使组织充分细化、均匀。

（9）杀菌、灌装　将均质处理后的虾油在夹层锅内加热至 90℃ 左右，保温 30min 后进行杀菌处理，之后在无菌状态下采用消毒处理过的玻璃瓶趁热灌装。

（10）保温贮存、喷雾干燥　浓缩后虾油在保温贮罐中的温度应控制在 60℃ 以上。为减少有效呈味物质的流失和保持虾味素产品的良好组织状态，则浓缩后虾油宜采用喷雾干燥。喷雾干燥的吸热（进风）温度宜控制在 180～200℃ 以下，释热（出风）温度宜控制在 75℃ 以下，虾油的输送流量应根据其具体浓度及喷雾干燥塔的性能（干燥能力）通过试验确定。在虾味素产品中适量添加葱粉、姜粉等配料，则可制成复合型风味调味料。

（11）副产品虾渣　在虾油或虾味素产品制取过程中产生的唯一副产品——虾渣（滤饼），含有丰富的甲壳素及残存的少量蛋白质、无机盐、脂、糖等有效成分，可作为制取甲壳素的原料，或直接用作畜禽饲料。

酶在使用的过程中经常会发生活力降低的情况，所以在使用之前要对酶活力进行测定。从经济方面来考虑，木瓜蛋白酶的价格相对较高，而碱性蛋白酶的价格比较低廉，因此，在对水解程度影响不大的情况下选择碱性蛋白酶作为水解酶比较经济，而且碱性蛋白酶水解出的产物口味适中，比较符合大众口味。虾酱中的蛋白质含量极其丰富，干质量可达 25%，可作为重要的蛋白质来源，是调味类食品中营养比较丰富的食品之一，高含量的蛋白质在碱性蛋白酶的作用下变成较短的肽链或游离氨基酸，使虾酱中充满了海鲜类食品的鲜味，同时由于蛋白质已经被充分水解，更加适合胃肠道的吸收，是老少皆宜的食品。酶法制备低盐虾酱改变了传统虾酱的高盐口味，更符合大众口味，生产周期短，产品的成本降低，且在生产过程当中不易污染，比较卫生。

（三）　虾酱的加工方法

1. 辽西虾酱

用虾体结实的新鲜毛虾，先用网筛除去小鱼及杂物，洗净沥水后用 30%～35% 的食盐拌和，渍入大缸中，经过 3d 左右，取出盛入筐中，沥去卤汁，再行倒入缸中，每天 2 次用木棍搅拌捣碎约 20min。在捣碎时，必须上下搅透，完毕时压紧并抹平顶面，称为打稀。其目的在于促进分解和发散产生的气体，如此连续进行 15~30d，至发酵作用完成为止。加工的酱缸都放于室外，借日光的天然加温以促进酿熟作用。缸口常用高粱秆皮编成锥形顶篷遮盖，白天向着日光方向斜盖，不使制品直接晒到日光，否则，会因过热而使制品有变黑现象。顶篷遮盖的目的，主要是避免雨水、尘沙的混入，其次可以调节缸内的温度。打稀过程结束时，虾酱即初步成熟，呈微红色，可以随时出售。此种制品在贮藏期间温度保持在 10℃以下时，可以保存较长时期而不致变质。制品出成率为每 100kg 鲜虾，如鲜度高的可制酱70~75kg，用不新鲜的原料，只能出酱 50~55kg。

2. 山东虾酱

运输鲜虾的船只，在海上收到小雪虾的原料后，即倒于舱面上，冲洗洁净后用盐 25%~30%，以木耙搅拌均匀推入舱内，这种的半制品成为卤虾。返岸后用木桶卸入加工厂的缸内，放置 3~5d，将卤虾取出去卤汁，移入槽中踩碎虾体，如觉虾量不够，应再加入 5%左右的食盐，同时加入少量的红曲（约 250kg 原料加 150g 红曲）以美化其色泽，置入室外缸中，白天揭去缸盖使稍受阳光，晚间加盖，5~10d，酱即发酵膨胀而浮起，此时必须每天用耙早晚搅拌，待一个月左右发酵成熟而不再发胀时停止，至此加工完毕。制酱时最忌雨水淋入，这将使酱色变黑，万一遇有雨水侵入缸内，必须在酱面撒少量食盐再经日晒可资补救。加工时盐腌至发酵前的半成品称为鲜泡虾，食味极鲜美。发酵未完全半制品称为半泡虾，发酵完成才称虾酱。

3. 石岛精制虾酱

用新鲜的原料，仔细捡去杂物，沥干磨碎后加食盐 25%~30%，并加茴香、花椒、桂皮等香料，放入缸中拌和，每日清晨搅拌一次，散放气味，白天日晒使它易于发酵，每隔一周选择晴天搅拌后露置一夜，促使气体充分逸散，经两个月后成熟。

4. 虾酱砖

将原料小虾去杂洗净后，加 10%~15%的食盐，盐渍 12h，加压去掉卤汁。经粉碎、日晒 1d 后倒入缸中，加白酒（0.2%）和茴香、花椒、橘皮、桂皮、甘草等混合香料（0.5%），充分搅匀，压紧抹平表面，再洒酒一层。每天日晒，促进其发酵，则其表面逐渐形成约 3mm 厚的硬膜，晚上加盖，至秋天酿熟完成。在酿熟期间，缸口打一小洞，使发酵中渗出的虾卤流集洞中，随时取出，即为浓厚的虾油。此卤如不随时取出，则至初秋后，又会渗入酱中。成熟后的虾酱首先除去表面硬膜，取出软酱，放入木制模匣中，制成长方砖形，去掉模底，取出虾酱，风干 12~24h 即可包装销售。

第二节　虾油和鱼露

一、　虾油

虾油是用新鲜虾为原料经腌渍、发酵、熬炼后得到的一种味道极为鲜美的汁液，虾油清香爽口，是鲜味调料中的珍品。加工季节为清明节前一个月，再经过伏天晒制，称为"三伏虾油"。

（一） 工艺流程

鲜麻虾 → 原料清理 → 入缸腌渍 → 加盐开耙 → 曝晒发酵 → 提炼煮熟 → 成品

（二） 工艺要点

1. 原料清理

麻虾在起网前，用手控握麻虾网袋的两端，用海水淘洗干净，除去杂质。倒入箩筐内运回加工。

2. 入缸腌渍

酿制虾油的容器采用缸口较宽、肚大底小的陶缸。缸排放在清洁的露天场地，以便阳光曝晒发酵，并备好缸蓬，以便下雨时遮盖。将清理好的麻虾倒入缸内，每缸麻虾的容量为缸容积的60%左右。经日晒夜露2d后，用耙子在虾缸内上下搅动，早晚各1次。使缸内上下麻虾受光照温度均匀，虾体死亡后产生一种组织蛋白酶，促使虾体消化，将虾体分解。

3. 加盐开耙

麻虾入缸3~5d后，缸面有红沫时，即可加盐搅拌，早晚各1次。搅动时，各加盐0.5~1kg，以缸面撒到为度。进行日晒夜露，达到稀厚均匀，任其自然发酵。虾体在食盐的高渗透压的作用下，起到防腐保质的作用。微生物的细胞发生质壁分离现象。虾体的蛋白质在蛋白酶的水解作用下，分解成氨基酸和多种呈味核苷酸类及特殊香味的物质。虾体在发酵过程中，同时产生挥发性的氨及其他胺类等不愉快的腥臭味。15d后发酵基本完全，搅动后不见上浮或很少上浮时，继续每天早晚各搅动1次，每次用盐量可减少5%，30d以后只要早上搅动，加盐少许。直至按规定的用盐量用完为止。整个腌渍过程的用盐量为原料量的16%~20%。

4. 曝晒发酵

虾油的酿造过程，主要是靠阳光曝晒，同时早晚搅动，经日晒夜露，搅动时间越长，次数越多，晒热度越足、则腥味越少，质量越好。如遇雨天，虾缸需加盖，以防淋雨变质。经过大、中、小三伏天日晒夜露，缸内成为浓黑色的酱液，上面浮一层清油时，发酵即告结束。由于日光的晒炼和夜间星露，经过3个伏天，温度可达40~45℃，是酶作用最适宜的温度，加速了催化作用，促使虾体中蛋白质转化为各种氨基酸，其中谷氨酸与食盐相互作用生成谷氨酸钠，增加了虾油的鲜味。同时在较高温度的作用下，虾体所产生的腥臭味得到挥发。夜露能调节品温，延长发酵时间，使各种脂肪酸经过缓慢的脂化过程，形成各种具有香味的酯类，构成三伏虾油的独特风味。

5. 提炼煮熟

经过晒制发酵后的虾酱，过了伏天至初秋，即可开始炼油。可用勺子撇起缸面的浮油，再以50~60g/L的食盐溶解成盐水倒入虾缸内，开耙搅拌，每天早晚各1次，促使虾油与杂质分离，2~3d后，虾缸中插入竹篓，利用液汁压力渗入竹篓内，再用勺子渐渐舀起，直至各缸内虾油舀完为止。随后将前后舀出的虾油混合搅拌，便成生虾油。将生虾油放入锅内煮，边煮边用80目箩筛撇去上浮泡沫。虾油浓度以20°Bé为宜，不足此浓度时，在烧煮过程中应加适量的食盐，超过此浓度时，可加开水稀释。将过滤去杂质的虾油，放在室外，上用芦席遮盖，架成弧形，能通风，切不可用木盖盖上，以免变质。陈酿30d后即成为成品虾油。

二、 鱼露

鱼露是一种风味独特的调味品，在我国也将其称为鱼酱油，它是某些国家和地区菜系必备的调味佳品，拥有较广的消费市场。一般以鱼、虾等为原料，利用鱼体所含的蛋白酶及其他酶，以及在多种微生物共同参与下，对原料鱼中的蛋白质、脂肪等成分进行发酵分解，酿制而成。已经测得鱼露中约有124种挥发性成分，包括20种含氮物、20种醇类、18种含硫物、16种酮、10种芳香族碳水化合物、8种酸、8种醛、8种酯、4种呋喃及12种其他成分。目前生产与食用鱼露的地区很分散，主要是分布在东南亚、中国东部沿海地带、日本及菲律宾北部。在日本，鱼露广泛应用于水产加工制品（如鱼糕）和农副产品加工中（如泡菜及汤、面条、沙拉）。在越南，鱼露是人们每餐不可缺少的调味品。在我国辽宁、福建、广东、广西等地均有鱼露生产。

各国鱼露传统酿造方法大同小异，发酵方法对鱼露的质量和风味有直接的影响。即使是采用同一种原料，发酵方法不同，鱼露的色、香、味也会存在明显差异。泰国和越南是鱼露的消费和生产大国，其中泰国的鱼露加工业达到了较高的水平。

（一）　传统鱼露的安全性

传统发酵鱼露中含有的亚硝酰胺类（NAD）可能是真正的胃癌病因。如何抑制或降低亚硝基化合物的生成是目前研究和生产中需要解决的问题。

（二）　鱼露的生物活性成分

鱼露中含有生物活性成分。经检测，鱼露中小分子肽的含量较高，若以氮的形式进行折算，可达到总含氮量的20%。小分子肽具有多种功能特性，不但易于肠道吸收，而且某些小分子肽由于结构特殊，具有特定的生物活性，例如具有抗高血压功能的血管紧张素转化酶抑制肽（ACEIP）。Ichimura等从发酵的鱼露中分离得到了ACEIP。其中包括丙氨酸-脯氨酸，赖氨酸-脯氨酸，精氨酸-脯氨酸，以及其他5种含脯氨酸对ACE具有抑制作用的二肽，同时经自发性高血压大白鼠动物实验证明，口服赖氨酸-脯氨酸后，血压下降，证明了鱼露中含有对ACE具有抑制效果的成分。

（三）　鱼露的风味物质

鱼露味道鲜美，具有特殊的风味，是某些国家和地区菜系必备的调味品。目前对鱼露的风味研究可分为挥发性香味物质的研究以及非挥发性滋味物质的研究，其中对挥发性香味成分的研究较多，而对滋味部分的研究已由对鱼露中氨基酸组分进行分析，发展到对鱼露中肽类呈味作用进行研究。

1. 鱼露的香味成分

鱼露风味由氨味、肉味和干酪味组成。其中氨、多种胺以及其他含氮化合物构成了氨味成分形成的原因。而低分子质量的挥发性酸（VFA），特别是蚁酸、乙酸、丙酸、正丁酸、异戊酸、正戊酸，构成了干酪风味的生成原因。肉类风味形成原因较为复杂，脂质氧化物和微生物产生的挥发性脂肪酸是构成鱼露风味的主要物质。

2. 鱼露的滋味成分

鱼蛋白质在长时间发酵过程中不但可彻底水解为氨基酸，也可被部分水解为多肽。这些氨基酸和多肽对风味有着重要的影响。

（四）　鱼露快速发酵生产工艺技术

鱼露的天然发酵法一般要经过高盐盐渍和发酵两步，其生产周期长，时间长达10~18个月，使产量难以提高，不利于大规模生产。较长的发酵周期主要是因为在生产过程中，原料盐渍需要较长的时间。为了防止鱼体的腐败变质，往往需要在发酵前对鱼进行盐渍，来抑制腐败微生物的生长。盐渍的时间一般在半年到一年。缩短鱼露生产周期需要加速鱼露的发酵速度，运用现代生物化学、微生物学以及采用先进的酿造技术与传统的发酵工艺相结合来提高发酵速度，其中常用的方法有：提高温度保温发酵、外加酶发酵、加曲发酵等方法，可以缩短鱼露生产周期，一定程度降低产品盐度，同时又减少产品的腥臭味，但由于发酵时间缩短，若运用的措施不当，鱼露的风味可能会较差，甚至带来异味。

1. 保温发酵法

保温发酵法是一种较早采用且容易实现的提高鱼露发酵速度的方法，采用一定的措施维持适宜的发酵温度，利用鱼体自身酶系在最适温度下具有最高活力，来加快鱼体的水解速度。一般发酵温度越高，水解速度也越快，随着发酵温度的升高，鱼露的颜色变淡，风味明显下降。

2. 外加酶发酵法

外加蛋白酶是一种较为简便的速酿方法，由于在鱼露的酿制过程中蛋白酶的水解使鱼体蛋白质降解为小分子的氨基酸和多肽，外加蛋白酶可以人为地加速鱼体蛋白质的酶解。如添加鱿鱼肝脏来加速鱼露发酵，就是利用肝脏中的蛋白酶来水解蛋白；也有直接添加酶制剂，如胰蛋白酶、木瓜蛋白酶、枯草杆菌蛋白酶等，都有较好的水解效果。如用胃蛋白酶可以在1周内完成发酵，但其总体感官质量远远不如传统方法生产的鱼露。而采用多酶法工艺则可以在一定程度上改善单酶法工艺所带来的苦味及风味不足等问题，经多酶水解和适当调配可制得风味较好的鱼露。

3. 加曲发酵法

加曲发酵法的工艺过程较为复杂，将经过培养的曲种，在产生大量繁殖力强的孢子后，接种到盐渍的原料鱼上，利用曲种繁殖时分泌的蛋白酶进行鱼体水解发酵。该方法可以缩短发酵周期1~2月。且由于种曲发酵时能分泌多种酶系，发酵所得的鱼露呈味更好，风味更佳。鱼露加曲发酵的过程类似酱油的酿造过程，所选用的菌种主要是酿造酱油用的米曲霉。米曲霉通过在种曲上的生长繁殖，分泌出多种酶，如蛋白酶、淀粉酶、脂肪酶等，接着这些酶在鱼露发酵过程中，将原料鱼中的蛋白质、碳水化合物、脂类充分分解，经过复杂的生化过程，形成具有独特风味的物质。利用米曲霉制得的种曲，生长旺盛、水解能力强，十分适合鱼露的速酿生产。

鱼露是一种传统的发酵食品，是某些菜系不可缺少的调味品，在全球范围拥有较广的消费市场。我国若能借鉴其他国家鱼露加工业发展的经验，在科学研究的基础上改进生产工艺，保持传统风味，实现生产过程的标准化及操作的规范化，消除或降低产品中对人体不利的成分，实现鱼露加工业的快速发展。

第三节　其他发酵水产品

一、　海胆酱

海胆（Sea-Urchin）又称海肚脐、刺海螺，在大连称为刺锅子，属棘皮动物门、海胆纲、海八珍之一，为暖海底栖种类，生活在潮间带以下的岩石中和珊瑚礁底，白天潜伏于海底，夜间出来活动，依靠管足和棘在海底爬行，以腹足类和其他棘皮动物及各种海藻为饵。雌雄异体，繁殖期 6~8 月，体外受精，受精卵从细胞分裂、胚胎发育到幼海胆，需 30d 左右，要经过 3 次变态。

（一）　海胆的种类

目前，世界上已发现的海胆有 850 余种，我国约有 100 余种，但是大部分海胆不能食用，可食用的经济海胆只不过 10 余种，主要有虾夷马粪海胆、光棘球海胆、马粪海胆、紫海胆、白棘三列海胆、海刺猬等。在我国常见的为以下几种：①马粪海胆。体呈半球形，直径 3 ~ 5cm，呈棕灰色，体表密生短棘，马粪海胆为我国和日本沿海的特有种，在我国分布于黄海、渤海沿岸，向南至浙江、福建浅海，但资源比较分散。②细雕刻肋海胆。体呈高圆锥状，直径 4cm，大棘扁平，在黄褐色的底子上带有紫红色的横斑，我国南北沿海均有分布。③北方刻肋海胆。壳较低矮，大棘浅灰黑色，无紫红色斑纹，仅基部黑褐色，分布在辽、鲁、浙。④大连紫海胆。又称光棘球海胆，体呈半球形，直径 8 ~ 13cm，重可达 100 ~ 250g，紫褐色或紫黑色，棘大小不等，大棘粗壮，长可达 3cm，是我国北方沿海所产海胆中最主要的经济种类，分布在我国辽东、山东半岛的黄海一侧海域及渤海部分岛礁周围。

（二）　海胆的成分

在海胆壳中含有 Mg、Sr、Mn、Ti、Fe、Al、Si、Ca、Cu 等元素。Sultanov 分析了海胆壳中几种无机物和微量元素的含量，其中 CaO 50.3% ~ 52.65%、MgO 0.26% ~ 1.13%、Fe 0.1% ~ 0.8%、Sr 0.01% ~ 0.09%、Ba 0.006% ~ 0.06%。

童圣英等采用石英毛细管气相色谱法，对光棘球海胆、虾夷马粪海胆及海刺猬的性腺中总脂的脂肪酸组成进行了研究。结果表明，这几种海胆含有 40 种以上的脂肪酸，分布十分相似，其中二十碳烯酸可占脂肪酸的 30% 以上，而它是预防心血管疾病的有效成分。

海胆的磷脂成分主要有磷脂酰胆碱、磷脂酰乙醇胺、磷脂酰丝氨酸、磷脂酰肌醇、神经鞘磷脂等。还有其他的有机酸，例如柠檬酸、丁二酸、焦谷氨酸、苹果酸、乳酸、乙酰丙酸等。

海胆含有牛磺酸、天冬氨酸、苏氨酸、丝氨酸、谷氨酸、脯氨酸、甘氨酸、丙氨酸等氨基酸，以甘氨酸含量最丰富。

（三）　海胆的营养价值

海胆可食部分为海胆黄，即海胆的生殖腺，营养丰富，味极鲜美。五叶生殖腺，以系膜紧贴于间步带区的生殖腔内。每逢繁殖季节，生殖腺极为发达，几乎充斥整个体腔。此时，雌性卵巢为黄色至深黄色，雄性精巢呈白色至浅黄色。海胆黄的质量，与生殖腺发育程度有着密切的关系。成熟的生殖腺质地饱满，颗粒分明，颜色纯正，味道最好；迟熟或过熟的生殖腺质地十分柔软，呈糯糊状，时有白浆溢出，颜色浅淡，味道欠佳，不但产量低而且质量也差。

海胆不仅味美，而且富含营养。海胆生殖腺为天然激素类物质，并含动物性腺特有的结构蛋白、磷脂等重要活性物质，是一种保健食品，能明显地促进性功能，增强机体的耐氧能力，并能安神补血，提高机体的免疫能力。用现代科学技术从海胆生殖腺中提取的海胆皇，含蛋白质 40%，脂肪 20%，并含 17 种氨基酸及多种人体必需的微量元素，是理想的天然海洋生物保健食品。药理试验表明，海胆能明显增强运动能力，延长动物存活时间，降低血清胆固醇和甘油三酯，提高机体免疫能力；并有轻度雄性激素样作用，可用以治疗阳痿、性机能减退、高脂血症、冠心病、脑血管病、糖尿病等；对失眠、多梦、心悸、气短、头晕目眩、怠倦无力、腰膝酸软、记忆力减退等神经衰弱症状，也有辅助治疗作用。

（四）　海胆酱

海胆酱是以新鲜海胆为原料，取其生殖腺，调入精盐或食用酒精而制成的调味品。以海胆纲整形目中的鲜活紫海胆和马粪海胆或其他可食用的海胆为原料，开壳取出生殖腺，去杂质洗净、沥水后撒入8%～12%已加热过的精盐，层盐层卵放在沙网上沥水1～2h，然后装入容器，在10～20℃下发酵1～2个月即为成品。海胆酱成品淡黄、橙黄、红黄或褐黄色，具独特鲜美滋味和醇香气味。海胆酱入肴调味使用方法同蚝油。

二、　发酵鱼肉香肠

发酵鱼肉香肠是一种利用微生物混合发酵剂制作而成的鱼肉香肠。从技术领域看，它属于生物技术在食品中的应用，是江南大学夏文水教授等2006年新发明的生产技术。包括原料鱼肉预处理、腌制、斩拌及擂溃、灌装、发酵、干燥、冷却、包装和贮藏等步骤，原料选用冷冻鱼或鲜鱼，发酵采用两段进行，菌种为干酪乳杆菌、植物乳杆菌、戊糖片球菌和木糖葡萄球菌等微生物的混合发酵剂。发酵成熟后的制品口感鲜嫩、凝胶性好，并增加了白度、改善了风味及切片性，还具有营养价值高、安全性好、食用方便、易保藏及益生效应等优点，发酵鱼肉香肠的开发为社会提供了一种新型、方便即食的食品。

（一）　工艺流程

冷冻鲐鱼━━▶ 解冻 ━━▶ 洗涤 ━━▶ 采肉 ━━▶ 漂洗 ━━▶ 脱水 ━━▶ 绞肉 ━━▶ 混合、腌制 ━━▶ 擂溃充填 ━━▶ 漂洗 ━━▶ 发酵 ━━▶ 烟熏 ━━▶成品

1. 配方

鲐鱼100kg，精盐2kg，曲酒（酒精体积分数60%）3kg，料酒2.5kg，变性淀粉1kg，蔗糖7kg，番茄4.5kg，大蒜0.8kg，维生素C 0.05kg，β-环状糊精2kg。

2. 工艺技术

（1）原料鱼解冻后，经采肉机采肉2～3遍，鱼肉以2%盐水浸泡2～4h后用脱水机进行脱水，使鱼肉含水量在80%以内。

（2）脱水后的鱼肉用绞肉机绞碎或斩拌机斩拌，加入调味料、黏结剂混合均匀，0～4℃腌制8～12h。

（3）发酵菌种可选用植物乳杆菌、啤酒片球菌、微球菌、戊糖片球菌等，以植物乳杆菌发酵鲐鱼为最佳，工作发酵剂添加量以10^7～10^8个菌落/g为宜。

（4）将发酵剂与腌制好的鱼肉混合，充填于动物肠衣中，保温发酵3～6h，发酵温度30～35℃，相对湿度90%～95%。发酵时间及湿度控制，依肠衣种类及直径大小调整。

（5）发酵鱼肉香肠的pH下降至5.3时，通过90～100℃、烟熏10～18h终止发酵。

（6）烟熏后将香肠置于10～16℃、相对湿度70%～75%环境中干燥，成熟后即为成品。

（二）　产品质量要求

发酵鱼肉香肠，水分活度≤0.73，蛋白质含量>62%，外表光洁无霉变，呈褐红色，有特殊香味，质地坚挺不松散。

三、 酶香鱼

酶香鱼是用发酵方法加工的腌制品，其特点是在食盐的控制下鱼肉蛋白质适度分解，提高食用的风味和滋味，同时更易于人体消化吸收。酶香鱼加工原料为鲥鱼、黄鱼、鲳鱼等，以鲥鱼最好。广东、福建等省有较久的加工历史，经验丰富。其加工期为 5~6 月和 9~10月。鲥鱼，俗称会鱼、白鳞鱼、曹白鱼，肉质肥美，在盐渍发酵过程中，鱼体自身的各种酶及自然沾染的微生物对鱼蛋白质进行分解，产生多种呈味物质，使酶香鲥鱼制品具有特殊的酶香气味。

（一） 干盐酶香鱼

1. 原料选择和预处理

原料选用单潮捕获的鳞片完整、无创伤、鲜度良好、重量 0.75kg 以上的鲜鱼。将鱼逐条揭开鳃盖，压断鳃骨，打破眼球内膜，摘除鳃及内脏，用清水洗除鱼体黏液及血水。将鱼头部向下，逐条排列于竹筐中，滴干腹腔血水，再用清洁干布吸干表皮水分。

2. 加工工艺

（1）撞盐 将鱼放置操作板上，揭开鳃盖，用圆形小木棒从鳃盖边捅入腹腔，直达肛门后抽出，注意不能捅破腹壁，以免影响发酵。然后再用木棒将盐塞入腹腔，同时随手往两边鳃内塞盐，合闭鳃盖后，把鱼在盐堆里蘸拌，使鱼体附着盐粒，再盛放于竹箕内待腌。用盐量为鱼体重的 10%~13%（其中肚盐 4%，鳃盐 3%，体盐 3%）。

（2）干盐埋腌 选用带排卤小孔的木桶或在室内地势略高两边靠墙，地面略平斜的水泥地面上撒上 8cm 厚的底盐，靠桶壁或墙壁，将干盐堆成 35°~40° 的坡度，将撞好肚盐的鱼，头部向下，顺堆盐坡度整齐排列。第二排的鱼头夹在底排两条鱼尾部中间，同样依次倾斜排列，高度以三排为度，约 1.5m。每排完一层鱼后，覆盖一层 8cm 厚的隔体盐，至九成满桶或场地既定面积，覆盖 8cm 厚的封面盐或护边盐。护边盐应堆成梯形。这种埋腌法依靠干盐加速鱼体脱水，使鱼体的水分快速渗出。盐分渗进速度较慢，具有防腐和促进发酵的作用。流出的卤水流到地面，将鱼头朝下排列有利于腹腔和鱼体脱水排卤，用盐量为 300% 左右。

（3）发酵 春季室内最适温度 24~26℃，要注意观察气温变化。温度高于这一范围，将出现特异的风味，若低于这一范围，则关闭窗户，必要时应加盖麻袋或草垫保温。埋腌 24h后，要经常检查发酵脱水状况。在此室温条件下 2d 左右开始发酵，4~5d 逐渐发酵完全，6~7d 后为成品。其外观为背部肌肉收缩变硬，有浓酶香味，色泽略透明，说明脱水、发酵达到要求，方可取出洗涤。

（4）洗涤 将逐条成品抖出腹鳃内盐粒，手持鱼头浸入清水中，边脱盐，边用软刷将鳃盖内、腹腔口和表皮污物洗涤干净，严防脱鳞，小心放于竹筐中，鱼头向下排列，滴干水分后晾晒。

（5）晾晒 最好将鱼鳃盖掀开塞进纸团，平排放于竹帘上。竹帘置于朝阳通风场所，倾斜放置，便于沥净腹腔内的积水。每天翻晒 3~4 次。每逢中午，因为阳光强，气温高，故要移放于阴凉处风干，至午后再日晒。正常情况晒四天便有六成干，即为成品。

（6）包装 用木桶或竹筐装，内置防潮竹叶片，平放排列，每 50kg 成品用晒干的粗盐150g 隔体，每件 25kg，标明品名、重量、等级。

（二） 酶香咸鱼

酶香咸鱼是一种风味浓郁的盐渍品，在腌制过程中，利用鱼体自身酶类的自溶作用和微生物在食盐抑制下的部分分解作用，使蛋白质、核酸等营养物质分解为氨基酸、核苷酸等呈味物质。只有酶的活性强、鲜度高的鱼才能腌制成成熟的酶香鱼，马鲛鱼是常见原料之一，鱼体条状较长，且头尾大小匀称，易于切块、切段加工。酶香鱼含有多种易于被人体吸收的氨基酸，加工成软罐头小包装，是清洁卫生、携带方便、营养丰富的珍品。

制作工艺如下：

（1）原料选择　选择已腌制好的咸酶香马鲛，条重在 1000g 左右，发酵成熟，质量上乘。鉴定标准：①鱼体完整，无花皮、破腹现象；②用手按肌肉有软熟感且有弹性；③切面呈粉红色，发出浓郁的酶香味；④口感咸淡适宜，含盐量≤5%，水分含量≤45%。

（2）制作步骤　把选好的鱼先切头，去除部分腹肌，刮净内脏，去尾，接着用清水洗掉表面的盐粒、杂质和腹部脏物，放在干燥通风处晾干即可切块，每块长约 4cm。

（3）包装　采用内外两层包装，内袋用聚酯+聚丙烯材料，外袋为铝箔复合袋。包装一块或两块的小包装，注入符合卫生标准的食用油（含有抗氧化剂）10~20mL，内包装采用真空包装，真空度为−0.8×10^{5}Pa。

（三） 质量卫生标准

1. 加工中应注意的问题

加工中应注意以下几个问题：①加工的场所、器具应清洁卫生；②要选用晒干的洁白且颗粒粗的陈盐；③撞盐时，小木棒切勿捅破腹肉而影响发酵；④操作过程严防鳞片脱落；⑤注意观察气温变化，掌握发酵程度。

2. 成品质量

一级品：鱼体完整，鳞片较齐全，体色青白，有光泽，气味正常并有香味，含盐量不超过 18%。

二级品：鱼体完整，鱼鳞有少量脱落，体色青白，色泽较差，肉质稍软，略有香气，气味正常，含盐量不超过 18%。

三级品：鱼体有机械伤，鱼鳞脱落较多，部分体色呈暗灰色或暗黄色，肉质较软，但无腐败臭或异味，含盐量超过 18%。

3. 质量指标

（1）感官指标　具有本产品特有的天然色泽，切面呈粉红色，油清晰橙黄；具有本产品独有浓郁的酶香味，无异味；块形完整，大小一致，鱼骨无明显外露现象。

（2）理化指标　水分≤50%；其他理化指标应符合 GB 2762—2017《食品安全国家标准　食品中污染物限量》的要求。

（3）卫生指标　致病菌不得检出。

四、 国外发酵水产品简介

（一） 泰国鱼露

泰国鱼露是泰国人民烹调菜肴时常用的调味品之一，味咸鲜美，稍带鱼虾腥味，富含蛋白质、脂肪和钙、碘等无机盐。泰国鱼露制作历史悠久，据载，泰国最早食用鱼露从大城王朝那莱大帝（公元 1656—1688 年）时就开始了。制作泰国鱼露的原料可以是淡水鱼、糠虾或河蚌，也可以是海鱼，常用的是斑鱼和树叶鱼。其家庭制作方法：取一定量的鲜鱼和盐按3∶4或1∶2的比例配好，比例可适当调整，但盐一定要多于鱼，以免鱼体腐臭。将鱼、盐充分混合后装坛腌3~4个月。鱼体缩小变软变烂，涌出的浅黄色的液体溢满坛子时，舀出这种黄色的透明液体，此液体便是鱼露。经过滤或蒸制可立即食用。因为是原露鱼汁，所以味道异常鲜美。市场上出售的鱼露，多数是大规模现代化生产的产品。为降低成本，一些工厂加入化学药品以加速鱼体酥软，有的加入大量海水熬制，以便1次获得大量鱼露。这种鱼露价格低廉，营养价值不高，与家庭制作的鱼露相差甚远。

（二）　印度鱼露

印度鱼露以小公银鱼和参鱼为加工原料，采用柬埔寨的鱼露加工工序，即将整条鱼、鱼糜与盐一起混合，鱼盐比例为3∶1，室温日晒发酵1年左右后将清液上层悬浮物去除，过滤装瓶，其质量类似泰国鱼露。

（三）　发酵点心

很多鱼种由于体型小、肉色暗、脂肪含量高、腥味重、弹性差或其他因素而不能被充分利用。近年来欧美地区将此类低值鱼种加工制成碎鱼肉或鱼浆产品。这类低值鱼自然发酵后，加入面粉挤压干燥，制成高蛋白、半湿性点心食品，这是利用全加工技术制作的低值鱼类新产品。配方为：鱼肉35.7%，小麦面粉35.7%，玉米淀粉4.8%，水23.8%。

🔍 思考题

1. 解释下列名词：蟹酱、虾酱、虾油、鱼露、发酵鱼肉香肠、酶香鱼。
2. 哪些鱼可加工酶香鱼？
3. 哪些菌种可用于发酵鱼肉香肠的发酵加工？
4. 鱼露快速发酵工艺有哪些方法？简述基本工艺流程。
5. 蟹酱发酵有哪些关键技术？

参 考 文 献

[1]许永安,廖登远,刘海新,等. 蟹酱的生产工艺技术[J]. 福建水产,2001(3):33~38.

[2]綦翠华,王元秀,张伟,等. 酶法制备虾酱工艺条件的研究[J]. 食品科技,2007(4):108~113.

[3]杜云建,唐喜国,陈鸣. 发酵调味虾酱的研究[J]. 中国酿造,2006(10):68~70.

[4]刘树青,林洪. 酶法制备低盐虾酱的研究[J]. 海洋科学,2003(3):57~60.

[5]沈开惠. 虾酱制品罐头生产[J]. 食品工业,1998(3):43.

第十二章

CHAPTER

海藻食品加工

12

[学习目标]

　　了解海藻食品的种类和特点，掌握紫菜、海带、裙带菜食品加工的关键技术和质量控制方法。

　　海藻具有较好的保健和药用价值。长期食用海藻的人患高血压、心脏病、便秘、肠癌和甲状腺肿大等疾病的几率较低。目前可供食用的经济藻类主要有海带、紫菜、裙带菜和羊栖菜等品种，可加工成各种淡干、盐渍、调味海藻食品。

第一节　紫菜的加工

　　我国食用的紫菜品种主要有坛紫菜和条斑紫菜两种。条斑紫菜产于江苏、山东、辽宁等省，坛紫菜主要产于福建、浙江和广东沿海。养殖紫菜的省份有福建、浙江和江苏。紫菜加工一般以条斑紫菜为加工原料，主要有淡干紫菜饼、调味紫菜片等。

一、淡干紫菜饼

（一）工艺流程

原料 → 初洗 → 切碎 → 洗净 → 调和 → 制饼 → 脱水 → 烘干 → 剥离 → 分级、包装

（二）工艺要点

1. 初洗

　　紫菜的初洗由洗菜机完成。将从海区采收回的紫菜放入洗菜机里进行清洗，除去紫菜上所附着的泥沙。清洗时宜采用天然海水，如果用自来水洗，则会导致紫菜中氨基酸、糖等营养成分的损失，并影响紫菜叶状体的光泽和易溶度。清洗的时间长短依紫菜的老嫩而定，早期采收的紫菜比较幼嫩，一般不必洗很长时间，只要十几分钟即可；中、后期收割的紫菜较老，并附有很多硅藻，清洗的时间要延长，一般需清洗 30min 左右。这样既能保证紫菜的清

洁度，还有利于藻体的软化，有利于提高加工制品的品质。

2. 切碎

紫菜的切碎由切碎机完成。将初洗后的紫菜输送入紫菜切碎机切碎，一般幼嫩的紫菜宜切得粗一些，可使用孔径大、刀刃少的刀具；叶质硬的老紫菜则相反，宜切得细一些，所用刀刃应锋利，否则会造成紫菜拧挤，使原生质流失而导致紫菜光泽的下降和营养成分的流失。

3. 洗净

切碎的紫菜直接送入洗净机，用 8~10℃ 的淡水洗，洗净附着的盐分和泥沙杂质。在新的紫菜加工设备中，切碎机和洗净机组合成一台整机，称为混成机。

4. 调和

紫菜的调和由调和机和搅拌水槽共同完成。首先由调和机调节菜水混合液的菜水配比，经调和机调和后送入搅拌水槽进行充分搅拌，使紫菜在混合液中分布均匀，以保证制饼质量。为满足加工工艺对制品厚薄的要求，水的用量为一张紫菜饼需一升水，在这一工序中水温一般控制在 8~10℃。水质采用软水为宜，因含铁、钙成分较多的硬水很难制出优质的紫菜饼。

5. 制饼

由制饼机完成，先在塑料成形框中自动置入菜帘，进入成型位置时，框即闭合，并夹紧放在底架上的菜帘，由料斗向框内注入原料混合液，使之在菜帘上均匀分布，每个塑料框就是一张紫菜，一般来讲，制饼机的生产能力为 2800~3200 张/h。

6. 脱水

将装有菜饼的菜帘一层一层叠起，放入离心机中离心脱去水分。

7. 烘干

采用热风干燥方式，将脱水后的菜饼和菜帘一起放入烘干机内烘干，温度控制在 40~50℃，从原料入口到成品出口运行的时间为 2.5h 左右，一般幼嫩的紫菜干燥温度可低一些，时间可长一些，而老的紫菜则相反。

8. 剥菜

将烘干后的干紫菜饼从菜帘上剥离下来。由于烘干后紫菜饼与菜帘附着得较紧密，所以剥离工作须小心谨慎，不要撕破或损坏其形状，以免影响成品的质量。

9. 分级

由于紫菜质量优劣之间价格相差多达几倍以至数十倍，所以必须十分注意加工制品的挑选与分级。干紫菜的加工质量与商业价值主要由颜色、光泽、香味和易溶度等指标来决定，必要时还要进行烤烧来判断其质量的优劣。对于混有硅藻和绿藻等杂质的紫菜要另行确定等级，剔除混有沙土、贝壳、小虾和其他碎屑的紫菜，挑出有孔洞、破损、撕裂和皱缩的干紫菜。

10. 包装

将完成挑选分级的紫菜制品用塑料袋封口包装，即获得一次干燥加工的淡干紫菜成品。

二、　调味紫菜片

（一）　工艺流程

淡甘紫菜 → 烘烤 → 调味 → 二次烘烤 → 挑选分级 → 切割与包装

（二）　工艺要点

1. 烘烤

将经一次干燥加工的淡干紫菜放入烘干机的金属输送带上，于 130~150℃烘烤 7~10s，取出后进入下一道调味工序。

2. 调味

按一定的比例将调味液配置好（参考配方：食盐 4%，白糖 4%，味精 1%，鱼汁 75%，虾头汁 10%，海带汁 4%），装入贮液箱，经喷嘴注入海绵滚筒。当干紫菜片由输送带经过滚筒时，滚筒也要相对运动并将吸附在海绵中的调味液均匀压入到干紫菜片中，每片紫菜约吸收 1g 调味液。

3. 二次烘烤

二次烘烤的目的是延长干紫菜的保藏期，并提高紫菜的质量品质。可由热风干燥机完成，干燥机的温度一般设定为 4 个阶段，每一阶段有若干级，逐级升温。实际生产时，4 个阶段的温度控制在 40~80℃，烘干时间为 3~4h。经二次烘干后，干紫菜水分含量可由一次烘干时的 10% 下降至 3%~5%。

4. 挑选分级

要求与一次加工（烘干）后的挑选分级基本相同。

5. 切割与包装

将调味紫菜片切割成 2cm×6cm 的长方形，每小袋装 4~6 片，一张塑料袋一般可压 12 小袋。由于调味紫菜片的水分含量很低，因而极易从空气中吸收水分，所以二次烘干后应立即用塑料袋包装、加入干燥剂后封口，再将小包装放入铝膜牛皮纸袋内，封口。为了减少氧化作用，可在袋内充氮气或二氧化碳，然后装入瓦楞纸箱密封。

三、　紫菜牛肉苹果卷

（一）　工艺流程

原料准备 → 成型、裹紫菜 → 高温蒸煮 → 上衣 → 冻结 → 装袋

（二）　工艺要点

1. 原料准备

包括牛肉片和苹果条的准备。

（1）牛肉片的处理与调味　冻结牛腿肉经 −3~−2℃半解冻后，切成 3~5cm 厚的片，经调味料浸渍后于 5℃冷藏备用。

（2）苹果条的处理　苹果切成条（6mm×6mm×80mm），浸渍液浸渍 30min，沥干后与小麦粉、玉米淀粉、蛋清一起混合。

2. 成型、裹紫菜

先将牛肉片摊平，然后将 3 根苹果条成"品"字形放置在肉片上，肉片呈螺旋形将苹果条卷紧，在卷的中间裹一圈紫菜，放在托盘上，进入下一道工序。每个紫菜卷的重量为 36~37g，肉与苹果条的重量比为 1:1.2。

3. 高温蒸煮

控制蒸气压为 0.03MPa，紫菜卷的中心温度在 75℃以上，时间约为 7min。

4. 上衣

（1）涂衣料制备　涂衣料配方：薄力小麦粉 35.6kg，玉米淀粉 5.93kg，发酵粉 3.86kg，水 54.61kg，用乳化机乳化 10min，测其流下的时间为（45±3）s。

（2）上浆　一般用上浆机上衣，要求上衣量为 3~4g/个，涂衣均匀。

5. 冻结、装袋

平板速冻机速冻，冻结温度为 -35℃，冻结时间为 30min，冻品中心温度在 -18℃ 以下。将冻结后的产品装袋。这种产品属于速冻调理产品。

四、 紫菜酱

（一） 工艺流程

原料选择 → 清洗 → 蒸煮 → 打浆 → 调味 → 杀菌 → 成品

（二） 工艺要点

1. 原料选择与清洗

选择薄厚均匀，颜色鲜亮有光泽，无杂色、霉变的紫菜。也可采用烤紫菜加工中的碎屑和边角料。无论选择何种原料，都应清洗后备用。

2. 高温蒸煮

将洗净的紫菜于 100℃ 水中蒸煮 90min，目的使紫菜的组织软化，口感润滑，口味均匀。

3. 打浆

用打浆机打浆，使紫菜进一步细化，筛孔的孔径控制在 0.60mm 左右。

4. 调味

将紫菜浆于夹层锅内进行调味，调味料参考配方：味精 2%，盐 3%，糖 5%，醋 1%，变性淀粉 1%，花生油 6%，脱氢乙酸 0.2%，灭菌水 50%。

5. 杀菌

将调味紫菜酱装罐、排气，于 105℃ 杀菌 20min，然后冷却至室温。

第二节　海带加工

海带具有很高的食用价值和经济价值，常食海带能增加碘的摄入、增加钙的吸收，可防治地方性甲状腺肿，显著降低胆固醇。对高血压、动脉硬化及脂肪过多症有一定的预防和辅助治疗作用。

一、 淡干海带

（一） 工艺流程

采收 → 干燥 → 腌蒸 → 卷整 → 二次腌蒸 → 展平 → 整形 → 切断 → 包装

（二）工艺要点

1. 干燥

晴天利用太阳将海带晒至根部水分含量20%～25%，尖部水分含量在15%左右，即可入腌蒸室。也可将海带置于干燥室中，藻体间保持一定的间隙，以便与空气充分接触。流动空气温度控制在20～40℃，从低温到高温，再到低温，呈交替变化。空气流通速度为25～40m/s，温度为45～50℃。该法的优点是：干燥后海带呈绿色，表面硬化，复水性强，干燥效率高。

2. 罨蒸

罨蒸室内铺一层草席，将海带整齐堆放于其上，然后再盖上一层草席，适当通风，保持室内湿度80%左右，罨蒸2d。进行罨蒸的目的在于调节干燥后期的水分平衡。

3. 卷整、展平、整形

将罨蒸变软的海带从根部卷好，再次罨蒸两天（让海带内部水分逐渐扩散到表面，使海带根部、尖部的水分趋于一致），然后展平，用两层厚木板压住，并加重石，压2～3d，将海带压平。

4. 切断、包装

根据压平后海带的水分、色泽、黄白边、泥沙杂质等指标进行分级，包装。分级标准可参考SC/T 3202—2012《干海带》。

二、盐渍海带

（一）工艺流程

原料选择与前处理 → 漂烫 → 冷却 → 沥水 → 拌盐 → 腌渍、卤水洗涤 → 脱水 → 冷藏 → 理菜、成型 → 包装

（二）工艺要点

1. 原料选择与前处理

一般选择3～5月收割的幼嫩海带为原料，要求叶状体厚实、新鲜，色泽为褐色或褐绿色。收割后当天加工，剔除烂叶和枯黄叶，用清洁的海水洗去附着的泥沙和杂质。

2. 漂烫

漂烫不仅起到加热杀菌和抑制酶活力的作用，而且可使褐色的叶片变成翠绿色。温度控制在90℃以上，时间30～90s。漂烫时间过长叶片易软化、褪色和变质，时间过短则色不均匀，水温太低会导致变色困难。

3. 冷却

漂烫后的海带迅速用12℃以下的清洁海水进行冷却，并进一步冲洗干净。

4. 沥水

冷却后的海带装入带孔的塑料箱中进行沥水，时间2h左右。

5. 拌盐

控水后的海带要及时拌盐，用盐量为海带重的30%～40%，搅拌15～20min。

6. 腌渍、卤水洗涤

将拌盐后的海带整齐地放在腌池或缸中，上面压石，使藻体全部浸没在水中，并加遮盖

物避光，腌渍 36~48h，用卤水洗去多余的盐及其他杂质。

7. 脱水和保藏

可采用离心法甩干，也可将海带装入塑料编织袋中加压 48h 左右，使水分含量控制在 60% 左右。此时的产品为半成品，并放在-10℃的冷库中保藏。

8. 理菜、成型

将脱水海带的余盐、根茎、边梢及杂质等清除干净，剔除变色的叶片，然后根据要求切割成条，再打结或切成丝、段或块。

9. 包装、冷藏

根据客户的要求称重，先装入塑料袋，封口，再装入纸箱包装，并送入-10℃的冷藏库中保藏。保藏期为一年。

三、 调味海带

（一） 调味海带丝

1. 工艺流程

原料选择 → 清洗 → 切丝 → 蒸煮 → 干燥 → 调味浸泡 → 包装

2. 工艺要点

（1）原料选择、清洗、切丝　选用淡干海带，用清水浸泡 30min 后洗去其表面的精胶、泥沙及其他杂质，沥干水分切丝，长 10~15cm，宽 2~3cm。

（2）蒸煮、干燥　将切好的海带丝放入蒸锅内，蒸气压保持在 196kPa，蒸煮 30min。蒸熟的海带丝经人工干燥，干燥至含水量为 18%。

（3）调味浸泡　根据市场需求，用酱油、砂糖、料酒以及各种香辛料配制成各种不同口味的调味液进行调味。将上述干燥的海带丝投入调味液中浸泡 12h，在调味过程中要经常翻动，使其调味均匀，海带丝吸收调味液而膨胀。

（4）包装　用聚丙烯或聚乙烯袋定量真空包装。

调味海带丝的水分含量为 10% 以下，盐分含量为 8%，在常温下保存可达 6 个月。

（二） 脆海带丝

1. 工艺流程

原料选择 → 浸泡 → 清洗 → 切丝 → 烫丝 → 冷却沥干 → 腌渍 → 调味 → 装袋 → 真空封口 → 灭菌 → 冷却 → 检验 → 成品

2. 工艺要点

（1）原料选择与前处理　采用干海带，前处理包括浸泡、清洗、切丝。将干海带在水中浸泡 20min，清洗干净，在浸泡过程中加入脆化剂。

（2）烫丝与腌渍　海带丝放在沸水中烫 2min 左右，然后腌渍，部分脱水。

（3）调味　沥干后，先加水溶性调味料及汁，再加不溶性调料，最后加油及油溶性调料。

（4）包装　用料斗装入复合薄膜袋进行包装。

（5）灭菌　软包装于 80~90℃ 水浴锅内，灭菌 10~15min，隔日再二次灭菌。

（三） 即食彩色海带丝

1. 工艺流程

原料选择 → 清洗 → 烘干 → 脱色脱腥 → 烘干 → 染色 → 漂洗 → 晾干 → 切丝 → 蒸煮 →

调味 → 包装 → 杀菌 → 冷却 → 成品

2. 工艺要点

（1）原料选择、清洗、烘干　采用干海带，按前述方法进行清洗、烘干。

（2）脱色脱腥、烘干　将烘干的海带投入脱色池中（乙酐∶双氧水∶乙酸或水＝1∶3∶4）浸泡脱色。这一过程应经常翻动海带，利于散热。当海带由褐色褪成淡黄绿色，用水漂洗，再用1%的抗坏血酸溶液浸泡15~20min，然后用自来水冲洗至洁白无腥味。将海带于60~70℃干燥4~6h。

（3）染色、漂洗、晾干、切丝　海带烘干后，投入盛有染色液的染色池中（0.5%~1%浓度食用色素）浸泡10~15min染成所需的颜色，然后用水漂洗、晾干、切丝。

（4）蒸煮　将海带丝用蒸汽干蒸15~20min，取出摊开冷却备用。

（5）调味　按100g调味料/kg海带丝进行调味，调味料参考配比（g）：白糖45、柠檬酸16、味精16、食盐9、鸡精5、辣椒粉5、大蒜粉3、花椒粉1。

（6）包装、杀菌、冷却　采用真空包装，高压杀菌，冷水冷却。

四、 海带饮料

（一） 海带营养饮料

1. 工艺流程

选择原料 → 浸泡、清洗 → 切碎 → 脱腥软化 → 磨浆 → 取汁 → 调配 → 均质 →

瞬时灭菌 → 热灌装 → 封口 → 巴氏杀菌 → 冷却 → 入库 → 检验

2. 操作要点

① 原料选择、浸泡、清洗、切碎：采用干海带，按前述方法进行浸泡、清洗、切碎（2~5cm）。

② 海带脱腥软化：将海带在含食用酸的溶液中加热煮沸3~5min，冷却后，低温条件下保存，熟化脱腥。

③ 磨浆、取汁：按料水比2∶1放入磨浆机中磨碎，边磨边加热水，水温80~90℃，然后过滤取汁，滤渣加2倍的水煮沸提取，3~5h后过滤取汁，将两种滤液混匀，调pH至3.8左右。

④ 均质：料液加热至50~60℃，2次高压均质，第一次压力19.6MPa，第二次压力39.2MPa。

⑤ 瞬时灭菌：130℃/3~4s，超高温瞬时灭菌后，进行无菌灌装，也可冷却至90℃左右，灌装。

⑥ 巴氏杀菌：热灌装的产品还需经90℃热水巴氏杀菌20~25min。

⑦参考配方：干海带2kg，脱脂乳粉1kg，白砂糖45kg，柠檬酸500g，异抗坏血酸50g，羧甲基纤维素800g，琼脂400g，皂香兰素40g，菠萝香精、山楂香精、炼乳香精适量，稳定剂200g。

（二） 番茄海带富碘复合汁

1. 工艺流程

干海带→ 去杂 → 清洗 → 切碎 → 打浆 → 脱腥 → 过滤 →海带汁
↓
番茄酱→ 复原调配 →番茄汁→ 混合调配 ←糖酸及辅料
↓
灌装 → 杀菌

2. 操作要点

① 脱腥：将干酵母直接加入海带浆中，搅拌均匀后发酵脱腥（以酵母添加量 0.4%，温度 25℃，时间 120min 为宜），然后灭菌、过滤。

② 复合汁调配：将海带汁与番茄汁根据营养成分的需求按一定比例混合，可通过添加适量菠萝汁、糖、酸及其他配料，调整饮料的糖酸比，提高和改善饮料的口感和风味。

③ 均质：对调配好的复合汁依次在 20~25MPa、35~40MPa 压力下均质 2 次，以改善饮料的外观和口感，并取得较好的稳定性。

④ 灌装：在 90℃ 以上进行热罐装排气，然后立即封口。

⑤ 杀菌：巴氏杀菌，常压下 100℃ 杀菌 30min。

（三） 海带保健茶

1. 工艺流程

海带→ 挑选 → 泡发 → 漂洗 → 脱腥 → 洗净 → 沥水 → 烘干 → 粉碎
↓
茶叶→ 粉碎 → 混合 ←风味剂
↓
成品← 包装

2. 操作要点

①脱腥：同番茄海带富碘复合汁的脱腥工艺。

②干燥：脱腥沥水后海带于热风循环干燥箱中干燥，空气条件为：平均温度 19.3℃，平均相对湿度 63%；热风条件：温度 33~35℃，风速 2.5~3m/s。经干燥后，回软 2d，再进行二次干燥。

③茶叶处理：选用香气纯正的乌龙茶，按海带粉碎的要求对其进行粉碎。

④混合：粉碎后的海带、茶叶与风味剂以 100：100： （2~3）的比例混合，可根据口感适当调整混合比例。

（四） 海带、 菠萝复合饮料

1. 工艺流程

①海带汁的制备：海带→ 选料 → 浸泡清洗 → 破碎打浆 （5 倍饮用水） → 保温浸提 → 离心分离 → 过滤 → 冷却 →海带汁 （备用）

②菠萝汁的制备：菠萝→ 选果 → 通心 → 去皮 → 破碎 → 榨汁 → 预煮 → 离心分离 → 过滤 → 冷却 →菠萝汁 （备用）

③复配：海带汁、菠萝汁 → 混合调配 → 均质 → 脱气 → 杀菌 → 灌装 → 封盖 → 冷却 → 成品

2. 操作要点

①原料处理：选用新鲜海带，也可用干海带浸泡复水，一般可复水至干海带重量的 15～20 倍，洗净，加入 5 倍量水后粉碎匀浆。

②保温浸提：加入 0.04% 的乙酸于海带浆汁中，加热煮沸，于 96～100℃ 保温 2h，不断搅拌，以充分提取海带汁。

③分离：采用离心法分离，再经过滤除去海带细胞壁和纤维素碎片等不溶性部分，得到的浆液冷却备用。

④预煮：将榨出的菠萝果汁加热煮沸 3～5min，钝化多酚氧化酶，以防果汁褐变，然后冷却备用。

⑤配方：海带汁 40%，菠萝汁 40%，糖 8%，柠檬酸 0.3%，羧甲基纤维素 0.01% 与水混合调配。

⑥真空脱气：脱气时，罐内真空度为 90.7～93.3kPa，果汁温度 25℃ 以下，排气。

⑦杀菌、灌装、封盖和冷却要求同一般罐装饮料。

（五）　海带、苹果复合汁

1. 工艺流程

海带汁、苹果汁加辅料混合调配 → 均质 → 灌装封口 → 冷却 → 包装 → 成品

2. 操作要点

①护色：苹果榨汁后，为防止褐变，可在果汁中加入 0.01% 抗坏血酸护色。

②均质：混合均匀的配料在 35～40MPa 压力下均质 2 次。

③杀菌：80℃ 下杀菌 20min，趁热灌装，迅速冷却。

④参考配方：苹果汁 95%，海带汁 5%，糖适量，羧甲基纤维素钠 0.1%，海藻酸钠 0.2%，柠檬酸 0.07%。

五、　海带调味品

（一）　海带酱油

1. 工艺流程

（1）豆饼 → 粉碎 → 润料 → 麸皮 → 混合 → 蒸煮（蛋白质适度变性、淀粉质糊化） → 降温 → 接种 → 通风 → 成曲

（2）海带 → 洗净 → 蒸煮 → 粉碎 → 制曲 → 成曲拌盐水 → 入池发酵 → 保温发酵 → 成熟酱醪 → 浸泡淋油 → 配制 → 灭菌 → 沉淀 → 检验 → 包装 → 成品

2. 工艺要点

（1）豆饼处理　豆饼经粉碎后加入一定量的水分和麸皮充分混合，然后放入夹层锅中蒸煮，以使蛋白质适度变性、淀粉质糊化。

（2）通风制曲　采用蛋白酶、糖化酶菌种混合制曲，其中混种制曲的比例为：3951# 米曲霉 AS3、951 为 4/5，加 1/5 的黑曲霉 AS3、350 1 号（曲料水分相对要大）。

（3）保温发酵　待曲子成熟，经破碎后，加入蒸煮粉碎后的海带及盐水，拌匀后入发酵

池发酵。3d 内控制酱醅温度在 42~45℃，以利于蛋白酶和淀粉酶进行酶解，后期逐步升温，10d 后温度可升到 48℃左右，第 15 天升到 53℃，发酵周期约为 20d。

（4）浸泡淋油　酱醅成熟后移入淋池，加入 95℃以上的二淋油浸泡 8h 后放淋为头油。头油放完后加 90℃以上的三淋油浸泡 4h 后放淋为二淋油，再加 80℃以上的清水浸泡 2h 后放淋为三淋油。

（5）配制　浸泡头油时勾兑大料、茴香、花椒等调味料，头油经加热灭菌、沉淀、检验合格后为成品。

（二）　海带豆瓣酱

1. 工艺流程

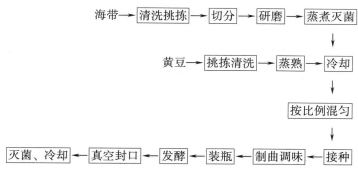

2. 工艺要点

（1）蒸煮　将黄豆用直接蒸汽蒸 25~30min，至手指捻时豆皮能搓破即可，咀嚼时无豆腥味；将切分、研磨后的海带放入夹层锅中蒸煮 15min 左右，至浆状。

（2）混匀　将海带∶黄豆=1∶3 的比例混匀进行制曲。

（3）制曲方法　在料温 40℃左右，接入混合菌种，接种量为原料量的 0.4%~0.5%（米曲霉菌∶毛霉菌∶生香酵母=6∶3∶1），于制曲房内培养，前期在 20℃左右培养约 25h，当长有白色毛霉菌丝及少量米曲霉菌丝时，提温至 26℃培养 10h 左右，通风降温，大约经过 24h，制曲成熟，菌丝饱满，有种曲特有香气，无霉味及其他杂味。

（4）封口、灭菌　用真空封口机密封后，以 227g 包装为例，杀菌公式 7—20—15min/110℃杀菌后分段冷却至 40℃。

（三）　海带豆酱

1. 工艺流程

黄豆 → 蒸熟 → 发酵 → 搅拌 → 干燥

海带 → 软化 → 打碎 → 混合 ← 调味品、苯甲酸钠

成品 ← 杀菌 ← 装瓶

2. 工艺要点

（1）海带软化　将海带在压力为 0.2MPa 条件下干蒸 40min，洗净后再于 2g/L Na_2CO_3 溶液中浸泡 10min，使其充分软化。

（2）配菌　黄豆泡软，煮至七八成熟，沥干水分，冷却后，接毛霉菌，密封，在 20~

25℃室内培养 10~15d，然后搅拌，干燥至黏稠状。

（3）混合　于豆酱中加入软化海带，密封发酵 30d。

（4）灌装与杀菌　取出发酵后的豆酱，根据风味不同加入调味品和 1g/L 苯甲酸钠，装瓶，密封，于沸水中进行 20min 杀菌。

（5）参考配方　较佳的参考配方为：豆料 55%，海带粉 40%，调味粉 5%，在调味品中为花椒 10%，大茴香 10%，干姜 20%，小茴香 30%，陈皮 20%，桂皮 10%。

第三节　裙带菜加工

裙带菜具有较高的营养价值，并具有辅助降血压和增强血管弹性等功效。我国裙带菜资源丰富，用其汁液制成的冷饮食品，香气柔和，口感清凉，并具有一定的保健功能。

一、　盐渍裙带菜

（一）　工艺流程

采菜 → 选菜 → 沸水浸烫 → 冷却 → 拌盐 → 成品选别 → 脱水 → 包装 → 成品

（二）　工艺要点

（1）一般在 3 月中下旬采收裙带菜，具体时间根据海区水温及藻体生长情况等具体把握，采菜时将菜在海水中冲洗干净，剔去枯梢和黄叶。将原藻从叶发生部剪断，剪去根茎部，拣除老化叶、病害菜和附着的杂质。

（2）将选好的裙带菜立即放入沸水中浸烫，水与菜比例大于 5∶1，浸烫时使水保持沸腾。菜投入后迅速搅拌，使其受热均匀。嫩叶浸烫约 40s，茎浸烫约 2min。

（3）浸烫后的熟菜放入海水中迅速冷却，固定色泽。

（4）熟菜冷却后脱水，及时拌盐，用盐量为熟菜的 50%。拌盐后，将菜放入木桶或其他容器内，在顶层加压，使菜浸没在盐含量约 23%（g/g 卤水）中，盐渍 36h，取出脱水，置于暗库房里或盖上帆布，待选别。

（5）腌好的菜呈黑色，菜身松爽发颤，原藻水分已经沥净，挑出枯黄叶菜和带有泥沙的菜。

（6）将裙带菜从茎中心平分劈开，下部连接，中茎直径超过 1.5cm 的要剔除中茎。中茎单独包装，可作菜筋出口。

（7）将选出来的菜用压力机进行脱水。成品装入尼龙袋扎口，外用木箱包装。成品置于 10℃ 以下冷库贮藏。

二、　脱水裙带菜粒

（一）　工艺流程

盐渍裙带菜 → 漂烫 → 去杂质 → 脱盐 → 离心脱水 → 一次干燥 → 整形切割 → 二次干燥 → 选拣 → 成品

（二）　工艺要点

1. 漂烫

盐渍裙带菜用热水进行漂烫，除去杂质。

2. 脱盐、脱水

裙带菜一般以盐渍方式贮藏，所以要放在淡水中脱盐，由于脱盐中会发生吸水现象，含水量大大提高，因此先用离心机脱去部分表面水分。

3. 一次干燥

将脱去外表水分的裙带菜经一次热风干燥，使水分含量为50%左右，便于整形。

4. 整形切割

将裙带菜整形后切割成小块，便于干燥。

5. 二次干燥

再经一次热风干燥，使裙带菜制品干燥后的水分≤10%，含盐量≤11%，粗蛋白的含量为25.6%。藻体坚实，不易破碎。

6. 选拣

除去破碎和不合格的颗粒。

三、　调味裙带菜

（一）　工艺流程

盐渍裙带菜→ 漂烫 → 洗净 → 沥干 → 干燥 → 调味 → 二次干燥 → 冷却 →成品

（二）　工艺要点

1. 漂烫

经沸水漂烫盐渍后的裙带菜，用淡水或海水去盐、沙粒等其他杂质。

2. 脱盐

将裙带菜浸泡在淡水中，换水2~3次，充分脱盐。如盐分含量高，调味干燥后，制品表面收缩，质地变硬。

3. 干燥

将脱盐后的裙带菜沥干。为防止干燥过程中裙带菜收缩变硬，可在沥干后直接加入一种至多种单糖或低聚糖，加入量为裙带菜初始质量的2%~20%，加糖后应搅拌均匀，静置5min以上。然后将裙带菜置于50~70℃环境下缓慢干燥，使其水分降至15%以下。

4. 调味

用酱油、酒精性调味料、香料及砂糖等配制成的调味料，以喷雾或浸渍法，使干燥的裙带菜表面的调味液分布均匀。

5. 二次干燥

再进一步加热干燥，温度控制在70~90℃。最终产品应为色泽美观、质地柔软，适口的调味食品。

🔍 **思考题**

1. 海藻食品的种类有哪些？
2. 海藻食品加工的关键技术是什么？
3. 如何正确认识海藻食品的食用价值？

参 考 文 献

[1]刘承初．海洋生物资源综合利用[M]．北京：化学工业出版社，2006.

[2]沈月新．水产食品学[M]．北京：中国农业出版社，2001.

[3]王朝谨、张饮江．水产生物流通与加工贮藏技术[M]．上海：上海科学技术出版社，2007.

[4]纪家笙．水产品加工手册[M]．北京：中国轻工业出版社，1999.

第十三章

CHAPTER

13

水产品的综合利用

[学习目标]

了解水产品综合利用的现状和甲壳质的制取与应用，掌握对鱼粉、鱼油等质量等级的判断与评价，懂得资源高度利用是水产品精深加工的基本出路和社会经济以及生态效益的必然要求。

第一节 鱼粉生产

一、 饲料鱼粉

世界渔获物的 1/3 左右被用来生产鱼粉，可见鱼粉在渔业中占有重要地位。鱼粉富含蛋白质和多种营养素，即含有 18 种氨基酸、矿物质钙、磷、镁及微量元素铁、锰、锌、硒，还含有 B 族维生素、EPA 和 DHA 等，是动物、禽、鱼养殖业的高级饲料，也是药用及微生物发酵工业的原料。

（一） 工艺流程

新鲜原料鱼 → 预处理 → 破碎 → 溶解 → 过滤 → 脱色 → 凝固 → 离心脱水 → 真空干燥 → 粉碎、包装 → 成品

（二） 工艺要点

（1） 原料鱼及预处理　原料鱼采用市场购得的体长 2~3cm 的小杂鱼。经清水洗涤以祛除表皮的泥沙和黏液。

（2） 破碎　由于鱼体较小，可直接用绞肉机绞碎，但不可绞的太碎，以免在以后的清洗过程中鱼体蛋白损失太大。

（3） 冲洗　以鱼重 5~6 倍的冷水冲洗鱼肉，在洗涤过程中可加入少量的 Na_2CO_3 和少量乙醇。

（4） 溶解　以 NaOH 溶液溶解鱼肉蛋白，加热 2~3min，边加热边搅拌，直到鱼肉蛋白

完全溶解。

（5）脱色 以质量浓度为 0.5% 的脱色剂对鱼蛋白进行脱色，消除鱼皮及内脏溶解下来的黑色。

（6）凝固 采用凝固剂，将经脱色的蛋白溶液进行凝固，使蛋白质析出。

（7）过滤及离心脱水 24 目筛网过滤，得到凝固蛋白。将凝固蛋白以 1500~2000r/min 离心 5~10min，去除附着于蛋白表面的大部分游离水。

（8）真空干燥 离心后的蛋白固体在 0.01MPa，45~50℃干燥，直到水分含量小于 10% 为止。

（9）粉碎包装 将经真空干燥后的蛋白在粉碎机中粉碎成粉末状，称重包装。

二、 浓缩鱼蛋白

浓缩鱼蛋白（Fish Protein Concentrate，FPC）是一种将新鲜鱼经过化学、生物及物理方法处理后的高蛋白低脂肪的鱼蛋白浓缩物。该产品营养丰富，易于消化，可代替鸡蛋、牛奶并用作小麦粉强化剂。

制取浓缩鱼蛋白有许多方法，如酶法水解、酸水解、碱水解、酒精脱脂等。酶法制取浓缩鱼蛋白。生产成本较高，投资大，而且酶解的反应终点难以控制，产物的苦味和鱼腥味难以去除。酸水解制取浓缩鱼蛋白的缺点是在水解过程中色氨酸部分地被破坏。碱水解制取浓缩鱼蛋白的缺点在水解过程中精氨酸、半胱氨酸和胱氨酸被破坏，大多数氨基酸产生外消旋和部分地脱去氨基，使产品的氨基酸组成不完全，营养价值降低。酒精萃取法制取的浓缩鱼蛋白可以添加到营养米粉中作为食品强化剂，缺点是它的水溶性较差。工业上常采用酒精作为脱脂溶剂制取浓缩鱼蛋白。

另外，针对浓缩鱼蛋白贮藏一段时间后会出现返腥现象，可采用生制一次完成，在脱脂、脱色、脱臭处理上采取联合技术处理（捣碎、预处理、低温加工、离心脱脂），对影响产品质量的各因素（脱脂溶剂浓度、脱脂温度、脱脂时间、脱脂次数）等进行系统试验，最终确定较优生产工艺。

三、 水解鱼蛋白粉

应用酶法水解加工技术，从低值鱼类生产乳化性水解蛋白，操作方便，设备简单，产品功能特性及营养价值优良，可加工成具有保健或治疗作用的功能性食品。

（一） 工艺流程

原料 → 捣碎 → 酶解 → 过滤 → 脱盐 → 脱色 → 真空浓缩 → 喷雾干燥 → 成品

（二） 工艺要点

（1）原料处理 将小杂鱼或提取脂肪后的干贝或贻贝粉，先加入 5 倍水浸泡搅碎，后置于温度控制良好的水浴锅中，待料温升至一定温度时，进行恒温酶解。

（2）酶解 选择适宜的蛋白酶进行水解，也可选用多种酶联合水解，不同种类蛋白酶最好分批加入。参考酶解工艺：胃蛋白酶，pH2~2.5，恒温 50℃，4h；胰蛋白酶，pH7.0，50℃，5h。酶解完全后，加热升温至 85℃，保持 10min，灭酶。

（3）过滤 离心去渣得酶解上层液，滤液可根据产品需要采用不同相对分子质量超滤膜进行分段式超滤。将酶解原液用蒸馏水稀释 3 倍后直接通过超滤装置，加入 1g/L 苯甲酸钠防腐。超滤时应不断搅拌，并充氮气加压至 0.3MPa，即得棕黄色超滤液。

（4）脱盐　用 701# 羧酸型的弱碱性阴离子交换树脂及氢型 1×25 强酸性阳离子交换树脂，借助调节氨基酸的带电状态，通过阴阳离子交换达到脱盐的目的。

将阴、阳离子交换树脂按常规装柱，将超滤液适当浓缩，调至 pH9.0，使大部分氨基酸呈阴离子状态流入阳离子交换柱（流出液 pH2～3），则其中 K^+、Mg^{2+}、Ca^{2+} 等大多被吸附；将上述流出液调至 pH1.0 以下，流入阴离子交换柱（流出液 pH7～8），Cl^-、SO_4^{2-} 等被吸附。

（5）脱色　脱盐后的复合氨基酸液颜色不够理想，须经过活性炭脱色处理，脱盐后的水解液中，加入 5g/L 的活性炭，90℃ 保温搅拌 2h，取出冷至 4～10℃，沉降后抽滤除去活性炭即可。

（6）浓缩、干燥　脱色液于 70℃，66～80kPa 下真空浓缩后，喷雾干燥，即为水解鱼蛋白粉。

（三）　蛋白水解液的脱苦处理

1. 理化脱苦

（1）吸附　①活性炭脱苦：这种方法不实用，因为脱苦的同时会损失很多氨基酸，其中色氨酸 63%，苯丙氨酸 36%，精氨酸 30%。②聚苯丙烯树脂脱苦：它是通过吸附苦味肽中的疏水性区域而将苦味去除的。除去了含有苦味肽的高分子多肽，而且几乎不会改变水解产物中的氨基酸组成。③酵母脱苦：酵母也是一种很好的脱苦脱腥剂，向水解液中加入一定量的酵母粉，35℃ 下培养 1h，可部分脱除苦味，这可能是因为酵母发酵过程中，分解了部分腥味成分，同时产生了部分外切蛋白酶降解了苦味肽部分疏水区域所致。

（2）萃取　①共沸异丁醇萃取：一种可普遍使用的去除苦味复合物的方法。但必需氨基酸及其他氨基酸损失较大，大大影响其营养价值。②乙醚萃取：不仅可去除水解液中的苦味腥味，还可除去部分脂肪。

（3）沉淀　疏水性多肽在等电点附近有很小的溶解性，因此，可以通过调节 pH 使其沉淀而将苦味去除。

（4）层析　苦味肽中含有大量的疏水性氨基酸，因此，用能结合疏水性基团的柱层析可将苦味肽去除，如硅胶层析柱、酚甲醛树脂层析柱、己基-琼脂糖凝胶柱，但是从目前的研究结果看，采用柱层析脱苦不彻底。

（5）利用食品添加剂脱苦　向蛋白水解液中加入一些能掩盖蛋白水解液苦味的物质，使苦味物质不会与味蕾接触而达到去苦的目的。水解过程中添加聚磷酸盐可掩盖酪蛋白水解物的苦味，明胶或糖胶也有类似的效果，尤以甘氨酸的掩盖效果最佳。环状糊精、磷脂和溶血磷脂也有掩盖苦味的效果。

2. 酶法脱苦

（1）氨肽酶处理　氨肽酶是一种外肽酶，它是通过作用于多肽和蛋白质肽链氮端的疏水性氨基酸，使其释放出来，例如，来自嗜热链球菌的氨肽酶对肽链氮端含有精氨酸和芳香环氨基酸的肽具有高度的专一性，它可将苦味肽水解，释放芳香环氨基酸而将苦味去除。

（2）羧肽酶处理　羧肽酶是通过作用于肽链碳端的疏水性氨基酸，使其释放出来，达到脱苦的目的。例如，用小麦羧肽酶处理酪蛋白胃蛋白酶水解液后，游离氨基酸增加，苦味减弱。鱿鱼肝脏中的丝氨酸羧肽酶可以将大豆蛋白和玉米麸质的胃蛋白酶和胰蛋白酶复合水解的产物中的苦味去除。

（3）塑蛋白反应　高浓度的蛋白质水解物与蛋白酶在一定条件下可以形成凝胶状蛋白质物质，称为塑蛋白。疏水性的氨基酸在水中的溶解度很小，它们相互聚集成小颗粒，并形成了不溶性的塑蛋白。疏水性氨基酸残基的聚集使它们隐藏起来，不能与味蕾接触，从而去除了苦味。但是，这种方法得不到可溶性的蛋白水解物，且具有可逆性，在进一步加工过程中，苦味可能重新形成。

第二节　鱼油和鱼肝油生产

一、生产操作要点

（一）鱼油的提取

鱼油包括从鱼粉厂来的鱼体油，从水产动物（鲸、海豚等）皮下脂肪熔炼出来的油以及从鱼肝和其他水产动物肝脏提炼出来的肝油或内脏油。

1. 用水产动物皮下脂肪提取油脂

脂肪组织主要是由含大量油脂的细胞组成。这种细胞是由凝胶状态的膜和内部的脂肪滴所构成，呈圆形或椭圆形。在细胞间隙则有胶原纤维束、弹性纤维束和无定形的基本物质。分离油脂的方法主要有加热熔出、压榨、电溶以及酸、碱等法。

（1）间接蒸汽加热法　蒸汽通入夹层或蛇管，以加热原料，温度易于控制。在密闭的熔出锅内，排除空气，从而减少空气对油脂的氧化，一般加热2~3h，即可熔出油脂。

（2）直接蒸汽加热法　此法是用高压蒸汽在密闭的加热容器中熔出油脂。高压蒸汽直接加热油脂，虽有效破坏细胞组织，但会使油脂产生较稳定的乳胶体，影响质量。

（3）真空熔出法　此法一般分为三个阶段：开始在真空条件下，使原料脱水；接着在1.5~2.5倍大气压下熔油；最后在真空下脱水。当油脂呈透明状时，说明脱水完全。

（4）酸碱熔出法　酸和碱都有加速破坏组织细胞的作用，碱还能中和油脂中的游离脂肪酸，使成品油的色泽较浅，酸价较低，且浓度不大的碱液对维生素A的破坏程度小，为此稀碱水解广泛地用于鱼肝油加工厂中。此法的缺点是碱和油脂容易发生皂化反应，引起产量降低。所以控制碱水浓度至关重要。一般碱水浓度为1.50%~1.75%，用量为原料重的40%。酸法虽然可以提高油脂的产量，但只能生产工业用油，不宜提炼食用油，残渣用作肥料，但不能作饲料。

（5）电流熔出法　将油脂原料切碎，浸于30g/L食盐水中，通以直流电电解，在电流的作用下，组织细胞遭到破坏，使油脂流出，然后采用离心分离方法分离油脂。其优点为生产时间短，出油率高；缺点是溶液发热，油脂与水极易产生稳定的乳化液，分离困难。

（6）冷压榨提油法　利用机械法加压，将细胞组织破坏，从而分离其中油脂。

（7）脉冲法　利用对液体介质的高速机械撞击或高频放电所产生的脉冲作用，将含油细胞破坏，以分离其中的油脂。

2. 鱼肝油的提取

在我国的水产资源中，有丰富的鱼肝油原料，如鲨鱼、鲐鱼、比目鱼、大黄鱼等。一般说鲨鱼体大肝重（占体重 10%~15%），肝的含油量高（40%~70%），有的鲨鱼肝中的维生素 A 含量很高（20000IU/g）。我国从渤海湾到广东沿海都盛产鲨鱼，产量多，是我国鱼肝油工业的主要原料，可适合任何方法的生产。其他如鳐鱼肝、鳕鱼肝、比目鱼肝、马面鲀鱼肝，也可用作鱼肝油的生产原料。鱼肝油提取方法主要包括：

（1）发酵法　此法是原始的方法，将鱼肝放入容器中，任其自然发酵或将蛋白酶放入肝中，在 pH4.5，温度 38~40℃的条件下保持 1~2d，蛋白质分解后，油即可分出。

（2）蒸煮法　有直火、间接蒸汽和直接蒸汽三种方法。

①直火法：方法是将肝洗净，切碎，放入锅中蒸煮，同时加少量水，不断搅拌，熬煮完成，取出上层清油，得到粗制鱼肝油。

②间接蒸汽法：如前所述，鱼肝在水中蒸煮，水可防止油的过热。这样蒸煮，搅拌，吸出上浮油。再用沉降法将其中蛋白质粒子和水分离，即得粗制鱼肝油。

③直接蒸汽法：如前所述，鱼肝用蒸汽直接加热，成油熔出，加热不可太快，避免温度升得太高，使肝油质量下降。

（3）稀碱水解法　采用稀碱将鱼肝蛋白质组织分解，破坏蛋白质与肝油的结合，从而可更充分地分离肝油，此法出油率高，肝油质量好，为国内外普遍采用的方法。

（4）萃取法　用油或有机溶剂自鱼肝中萃取肝油的方法，对肝油中维生素具有较好的保护作用。

（二）　稀碱水解法提取鱼肝油

稀碱水解法一般是用于多脂的鱼肝，国内外大型鱼肝油厂常采取此法。利用稀碱在加热情况下，将鱼肝蛋白质组织分解，破坏油脂与蛋白质的结合，从而使油脂分离出来。此种方法称为稀碱水解法（国外称为消化法）。与蒸煮法比较，它不但出油率高，维生素含量也高，而且碱也能中和原料中的游离脂肪酸，降低酸价，并有一定的脱色作用，使鱼肝油质量好，透明，美观。缺点是蛋白质遭到彻底破坏，肝渣不能很好利用，而且肝中 B 族维生素都遭到破坏，不能很好地加以提取利用。

1. 工艺流程

鱼肝→ 水洗 → 切碎 → 水解 → 过筛 →油水溶液→ 分离 →油→ 洗涤 → 离心分离 →粗油→ 冷滤 →固体脂肪→清油

2. 工艺要点

（1）鱼肝的检查和切碎　鱼肝在切碎前，先捡出已腐败变质的鱼肝，对鱼肝冻品，需先解冻。对盐藏的鱼肝，先用水冲洗。然后把肝放在切肝台上，加适量的热水（为鱼肝量的 1~2 倍），放入切肝机内，把肝均匀切碎。

（2）鱼肝的水解　将肝浆放入水解锅中，加入定量水及碱液，pH9 左右，搅拌加热至 40℃左右时，进行水解。

①加碱量：碱的用量要求适中，过多过浓会使油脂皂化，不但增加了损耗，而且会形成乳浊液，增加分离困难；过少则水解不完全，会影响油脂的得率和成品质量。因此，在确定碱的用量时，需视鱼肝种类、新鲜度、含油及含盐量等因素综合考虑。总的要求是新鲜鱼肝

水解时，保持 pH9 左右；而盐藏鱼肝保持 pH10 左右；碱液应分两次加入，防止多量的碱与油脂皂化及避免 pH 超过范围允许值，碱的浓度根据不同鱼肝种类而定。含油量多的鱼肝，碱浓度可以稀一些。含油量少的鱼肝，碱浓度高一些。

②加水量：鱼肝水解时，水量不足会使蛋白质水解慢又不均匀，且易使油脂水解，也不利于离心分离。而水量多时，则冲淡碱液的浓度，增加碱液消耗。一般在生产中加水量为（包括碱水在内），新鲜的鲨鱼肝、鳐鱼肝与水的比例为 1∶1，大黄鱼肝、鳗鱼肝与水比例是 3∶2。

③水解温度和时间：在水解过程中，加热可促使蛋白质分解加速，而且在热的状态下，油的黏稠度低，容易分离，肝中所含的脂肪酶和臭味液可在加热时被破坏和驱除。温度不宜过高，过高会促使大量的油脂皂化及维生素被破坏，一般以 80℃ 为宜。并且开始加碱时，温度要低（约 40℃）。因为温度高，蛋白质凝固得较紧密，势必要消耗较多的碱量，并延长水解时间。而且在高温下油脂和碱接触，就会皂化产生大量肥皂，增加肝油损耗，还会生成乳浊液给分离造成困难，所以要先加热到 40℃ 左右加碱，加碱完毕，继续升温至 80～90℃。水解时间，因肝品种而异，一般含油量高的新鲜鱼肝，水解时间可以短些（约 1h），反之时间长些（约 2h）。因盐藏鱼肝的蛋白质组织变硬，不宜水解，时间可长些。

（3）肝油的分离和洗涤

①分离：肝经水解后，在水解锅中的油、水溶液和肝渣等组分，用离心机进行分离。由于相对密度不同，在离心力作用下，分为三层：相对密度大的肝渣在最外层，附在离心机的内壁上，油最轻在最内层，从内层壁管上的出油孔排出机外；而水溶液介于两者之间。因此，从中层管上面的出水孔排出机外。肝油和水溶液可连续不断地分别从导管流出，而肝渣要拆洗时取出。若有自动排渣装置，则可不停地连续排出。

②盐析：经过第一次分离而获得的肝油中，含有较多水分、蛋白质和肥皂等杂质，基本上呈乳状液体，需要用一定浓度的盐水来进行盐析，在不断搅拌下加入肝油中，滤后加热到 80℃，便可再一次进行分离。

③水洗：第二次分离出来的油中还有一部分碱，必须用热水洗油数次，直至洗涤水呈中性为止。一般采用 7000～8000r/min 的离心机，新鲜鱼肝的肝油分离 3～4 次即可。经过分离、盐析、水洗的粗制鱼肝油，在室温下应澄清、透明、并有光泽。酸价小于 2.0mg KOH/g 油，无酸败反应，水分应在 0.1% 以下。

④肝渣处理：肝渣一般是直接做饲料或肥料，肝渣中残存相当数量的维生素，可适当用油萃取回收。

⑤鱼肝油的低温处理：分离所得的鱼肝油，含有 30%～40% 固体脂质（主要是硬脂酸甘油酯），其凝固点较高，因此，必须在规定的温度下进行低温处理，使其中较高凝固点的甘油酯先行析出，经过压滤，这样所得的鱼油，即使贮藏于冬季，仍是清澈透明状态。鱼肝油的低温处理包括预冷、冷却、冷滤三部分内容。

肝油预冷：先将肝油置于冷库预冷间 7～10℃ 一周左右，采用逐渐降温的方法，目的是为了获得大晶粒的硬脂，以提高压榨效果。

肝油的冷却：一般最低温度达到 −2～4℃。从预冷室把肝油移入低温冷库中，继续冷却 3d 以上，这样析出固体脂肪，结晶完善，便于压滤。

压滤：已经冷却并析出沉淀的肝油，采用板框压滤机分离清油。压滤要求在 0～1℃ 的条件下进行。固体脂肪可用作工业用油，用于制革、制皂等方面。

（三）　鱼油的精制

原料经压榨、萃取或溶出法提取的油脂，通过沉降、离心或压榨、过滤等初步精制之后，其中的水分、蛋白质、黏液以及机械夹杂物已经全部或大部分被除掉。但油中或多或少会存在些蛋白质颗粒、色素、无机盐、游离脂肪酸及一些挥发物质等，不利于长期贮藏，因此需进一步精制，主要包括脱酸、脱色、脱臭。

1. 鱼油的脱酸

脱酸主要是除去油脂中的游离脂肪酸。在中和脱酸的方法中，产生肥皂可以吸附一部分色素和其他杂质。主要方法有蒸馏脱酸法和碱液脱酸法，又称中和脱酸，所用碱有石灰、纯碱、烧碱和纯碱-烧碱混合法等。目前普遍采用烧碱脱酸法。其优点是脱色力强，能有效地除去油中的蛋白质和黏液等杂质，而且设备较简单。

2. 鱼油的脱色

鱼油颜色变动很大，鳕鱼肝油几乎无色，而鲑鳟油呈暗红或褐色。鱼油颜色形成有两个原因，一是天然色素；二是鱼油发生化学变化而呈色。脱色主要去除天然色素，而对于化学变化而产生的颜色，则很难脱去。

鱼油脱色的方法：①化学法：化学法是借氧化和还原作用来破坏油中色素。采用氧化法实际应用少，因为鱼油本身极易氧化酸败。氢化法具有很大实用价值。鲱鱼油在180℃，用0.7%的镍粉催化剂，以1.36MPa的氢压进行氢化10min，颜色即从黄色变到淡黄。此外，锌粉在150℃以上与油的混合可达脱酸脱色的双重效果。②物理法：此法不会使鱼油发生化学反应，因此适用广。采用一种表面积很大，不溶于油的物质，靠表面吸附作用除去油中的色素。吸附剂有活性炭、活性白土等。吸附剂的活性取决于单位重量上的表面积大小及其表面性质。鱼油脱色多采用酸性白土，价格便宜，效果好。为了提高活性，可用酸进行处理，为达到目的，还必须将其所含水分烘干，提高脱色效果。

3. 鱼油的脱臭

油脂的臭味来源于两方面：一是加工和贮藏中由外界混入的污物及原料蛋白质等分解产物；二是油脂本身氧化酸败产生许多臭味物，如醛类、酮类、低级酸类、过氧化物等。鱼油带有令人不快的腥味，如要彻底脱臭需采用特殊的加工方法如氢化工艺等。脱臭的一般方法：①气体吹入法：将油加热到适当温度（不起聚合），通入惰性气体，如 CO_2、N_2、H_2 等，使臭味挥发。此法仅用于一般植物油。②真空脱臭：在减压和水蒸气、蒸馏结合的基础上进行脱臭，是国内外应用最广泛的方法。

（四）　鱼油保健品

1. 鱼油的营养与保健

在鱼油中含有较多种类的脂肪酸，特别是含有相当多的二十碳及二十二碳的不饱和（常含有5~6个双键）的 ω-3 型脂肪酸，与一般动植物油脂的脂肪酸主要是 ω-6 型的相比，代谢和生理作用有很大差异。二十碳或二十二碳的长碳链多不饱和脂肪酸在鱼油中一般占1/4~1/3，在某些种类的鱼油中可达近一半。在绝大多数动植物油中，长碳链多不饱和脂肪酸一般少于1%，很少有超过5%的。鱼油中的 ω-3 型多烯酸是鱼油特征，脂肪酸 PEA（二十二碳五烯酸，Eicosapentaenoic Acid）和 DHA（二十二碳六烯酸，Docosahexaenoic Acid）是鱼油特别是海产鱼油的重要组成成分。鱼油的高度不饱和脂肪酸在营养学和医药学的各个领域日益被重视。作为海洋食品的主要成分，鱼油脂肪酸制剂已被用于抗心血管病药物，鱼油中 $\omega-3$ 脂肪酸对婴儿和抗衰老的意义被重视，它们具有降低血脂和胆固醇的功效。

2. 鱼油保健品的制备

（1）EPA 和 DPA　EPA 是脂肪酸中二十碳五烯酸，DHA 是脂肪酸中二十二碳六烯酸的缩略名词。EPA 主要是在硅藻等浮游生物及红藻、褐藻等藻类生物中合成，并通过食物链被转移蓄积于鱼类和甲壳海洋动物中，部分代谢成 DHA。EPA 和 DHA 大量存在于海鱼和海兽的油脂中，而在其他动物油脂中，一般都很少。鱼油提取通常从多脂的中上层鱼类（如沙丁鱼、鲱鱼等）中提取。经过专门处理的鱼油，EPA 含量丰富。

提取方法：原料鱼 → 捣碎 → 蒸干 → 压榨 → 粗油 → 精制 → 过滤 → 鱼油 → 精制 → 浓缩 → EPA、DHA

将含 EPA、DHA 的鱼油进行精制、浓缩，可制成各种药剂胶囊或直接加到婴儿食品中，或供人服用。

（2）维生素 A 浓缩剂　作为药用鱼肝油，以高单位的维生素来满足人们特别是儿童的需要。因此需要将低单位的鱼肝油经物理或化学处理，制成浓缩剂。方法如下：①皂化-萃取法：将鱼肝油经过部分皂化或全部皂化之后，用有机溶剂萃取其不皂化物，蒸去溶剂，即得维生素 A 浓缩剂。如果鱼肝油仅皂化一部分，维生素则集中到剩下的一部分肝油中，可直接将这种高单位的维生素用离心机分出，而不需用有机溶剂来萃取。参考工艺：烧碱以 50% 溶液加入，温度 $45 \sim 50 ℃$，时间 1h 左右。皂化后用溶剂萃取。冷却处理萃取液和经过滤后的清油，然后在真空下蒸出溶剂，即得维生素 A 浓缩剂。因维生素 A 极易被空气氧化，在加工过程中，做好通入 CO_2 或 N_2 惰性气体。如果原料肝油全部皂化，蒸去溶剂后的浓缩维生素 A 应入少量食用油将其溶解保存。为了避免在低温季节由于固醇结晶析出而使浓缩剂发生混浊现象，有必要在 $-50 ℃$ 的温度下将固醇先行沉淀析出。②分子蒸馏法：分子蒸馏是指高真空条件下，液体分子受热从液面逸出，利用不同分子平均自由程差异导致其表面蒸发速率不同而达到分离目的的分离方法。在分离后真空条件下，维生素 A 分子可以在高于沸点的温度下，不分解地蒸馏出来，与大部分油脂实现分离。维生素 A 含量高达每克数百万国际单位，具有维生素损失少、不使用化学药品、原料油仍可利用。为了保证产品在一定时间内的质量，配油时应适当增加一定量的维生素 A 和维生素 D。以及含油量 0.002% 抗氧化剂丁基羟基茴香醚（BHA）和含油量 0.005% 的抗氧化增效剂柠檬酸。

（3）鱼肝油维生素 A、维生素 D 浓缩胶丸　将定量的鱼肝油封闭在胶囊中，制成胶囊制剂。剂型有球形、蛋形、管状形等。由于鱼肝油封闭在胶囊中，故服用和携带方便，且吞服时无鱼肝油腥味，受到消费者欢迎，并且和外界完全隔绝，这样维生素效价较稳定，可以保存较长的时间。

3. 鱼肝油滋补品的制备

鱼肝脏中一般有含量较高的油脂，即鱼肝油，其中维生素 A 和维生素 D 是重要的天然药用资源。鱼肝油制品主要是鱼肝油乳化剂产品，即在饴糖、麦芽糖等稠厚液中或在乳化剂中，加入适量的鱼肝油、几种维生素和调味剂，复制成果味芳香、易被人们服用和吸收的滋补品，如乳白鱼肝油、橙汁鱼肝油、麦精鱼肝油等。

（1）鱼肝油乳的制备　鱼肝油乳由于含油量高，经乳化后，无鱼腥臭味，香甜可口。乳白鱼肝油是鱼肝油与乳化剂、调味剂配制而成的鱼肝油乳。配制方法如下：①选取鱼肝油 400g（含维生素 A 500IU/g，维生素 D 150IU/g），西黄蓍胶 10g，甘油 20g，"吐温 80" 12g，杏仁油 2.5g，香蕉油 1g，苯甲酸 1.5g，柠檬酸 0.3g，糖精钠 0.25g，蒸馏水加至 1000mL。②将甘油、蒸馏水、柠檬酸、糖精钠一起加入搅拌器内，搅拌 5min。③加入"吐温 80"，再搅拌 5min。然后将西黄蓍胶、苯甲酸分散于 2 倍量的油中后加入上述溶液。④连续搅拌 20min，至均匀。继之在 1.5h 内加入鱼肝油。⑤加入香精并搅拌 0.5h。整个搅拌过程都在压力为 0.02MPa 下进行，同时在夹层中通冷却盐水，使料温不超过 40℃。⑥搅匀后，再经均质乳化机高压乳化 3 次，压力为 9.81MPa。抽样化验合格后，即可包装。

（2）橙汁鱼肝油的制备　鱼肝油与乳化剂、果汁调味剂配制而成的营养饮料。工艺分两步：一是糖料部分；二是初乳部分。

糖料部分：先将蒸馏水吸入锅内，加入白砂糖，加热搅拌，糖熔化后，加入苯甲酸钠、柠檬酸、甜味剂，搅拌后，再加入维生素 B₂ 的色素液，再搅拌均匀，经尼龙袋过滤。

初乳部分：在初乳锅内吸入鲜橙汁，溶入维生素 C、羧甲基纤维素、鱼肝油、"吐温 80" 等搅拌均匀。将糖料部分吸入初乳锅内，搅拌，加热灭菌。出料前加入香精，过滤，料液均质一次，压力 8~10MPa，最后在真空下脱泡，室温下灌装，即为橙汁鱼肝油。

二、　主要质量问题与原因

鱼肝油的主要质量问题是油水离析分层，有辛辣味等。造成油水离析的主要原因：一是选用的乳化剂不适宜，乳化不良；二是搅拌不充分；三是加油过快，油分子扩散不均匀。造成制品有辛辣味的原因是油脂氧化，因此，控制清油及精炼植物油质量是非常必要的。此外，为了避免制品内杂菌生长，导致瓶内产气升压，容器爆裂，必须加强生产过程中的卫生管理。

第三节　鱼鳞、鱼皮、鱼头的利用

一、　鱼胶原制品

胶原蛋白诸多的优良性质，使其越来越多地应用于医药、食品、高档化妆品、生物肥料等工业领域。目前工业胶原蛋白多来自牛、猪等陆产动物，原料来源有限，且存在牛的海绵状脑病（疯牛病）及猪瘟、口蹄疫等人畜共患病的影响，其安全性受到质疑。而水产动物的皮、骨、鳍等含丰富的胶原蛋白，是安全的胶原蛋白来源。

（一）　鱼胶原蛋白的原料特征

鱼胶原蛋白是基质蛋白，在鱼体中分布广泛，占鱼体的 15%~45%；在鱼皮、鱼鳞中含量较高，约占鱼皮鱼鳞中粗蛋白的 70% 左右。鱼鳞、鱼皮胶原蛋白属于 I 型胶原。鱼鳞、鱼皮中除了胶原蛋白外，还有弹性硬蛋白等，约占 30%。鱼胶原的热稳定性、蛋白质纤维的热收缩性和热变性温度低于猪和牛的胶原，原因在于其亚氨基酸（脯氨酸和羟脯氨酸）比例低于哺乳动物源胶原。不同鱼类品种间，亚氨基酸含量有差别，也影响着相应胶原蛋白的性质。鱼胶原蛋白的这些原料特征决定和影响了其工业产品的品质指标以及在工业化制造时的工艺条件。

（二）鱼胶原蛋白多肽

蛋白肽由一个或多个氨基酸通过酰胺键连接而成，由于其分子质量较小，容易被人体吸收，因此，在食品和化妆品工业中广泛应用。鱼的胶原蛋白多肽是由鱼体中分离的胶原蛋白通过酶解而成的。对应用于不同领域中的胶原蛋白多肽安全标准应符合 GB 31645—2018《食品安全国家标准　胶原蛋白肽》规定，但应用于食品、饮料、化妆品等不同行业的产品在水溶性、分子量、色泽、透明度、气味等方面有各自的要求。

（三）胶原制品的制造工艺

从鱼皮、鱼鳞中制备胶原制品的基本工艺流程：

鱼皮、鳞 → 脱灰、脱脂 → 提取胶原 → ┬ 酶解 → 脱腥 → 浓缩 → 喷雾干燥 → 胶原蛋白多肽
　　　　　　　　　　　　　　　　　 └ 分级 → 脱腥 → 浓缩 → 分级干燥 → 配料 → 明胶

在工业制造过程中，影响胶原蛋白多肽品质的关键是酶解、脱腥，影响明胶品质的主要环节是提胶浓缩和干燥。

（四）鱼胶原制品的生产线

为了使用同一鱼胶原蛋白的原料制成不同应用范围的产品，生产线中的设备安排可采取分段、有分有合的方法，以达到用一条基本生产线适应多种工艺的要求和获得不同产品的目的，工艺设备流程见图 13-1。

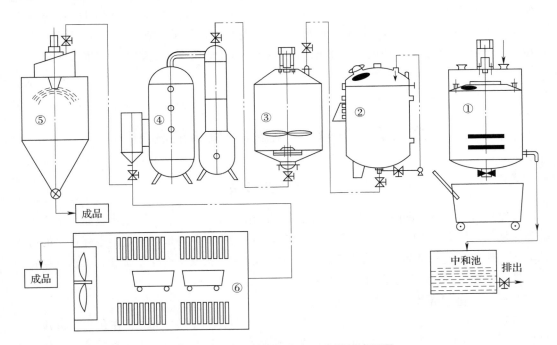

图 13-1　鱼胶原制品生产工艺设备流程图

①鱼鳞脱灰设备　②鱼鳞胶原提取设备　③胶原蛋白酶解设备
④胶原浓缩设备　⑤胶原蛋白喷干设备　⑥明胶低温干燥设备

二、　鱼骨、　鱼鳞明胶的制作方法

1. 工艺流程

鱼鳞（骨）料 → 预处理 → 脱脂 → 脱矿物质 → 胶原明胶化 → 萃取 → 澄清、过滤 →

离子交换 → 蒸发 → 灭菌 → 冷却成型 → 烘干 → 成品

2. 工艺要点

（1）预处理　将原料破碎。

（2）脱脂　使用 75~85℃ 的热水，加入少量 HCl，调 pH 至 6，与原料一同进行高速搅拌 2~3min，使脂肪球壁破裂，油脂从中释放出并进行分离。

（3）脱矿物质　使用低浓度的 HCl、H_2SO_3、H_2SO_4 对胶原浸渍处理，脱除其矿物质。

（4）胶原明胶化　用 20~50g/L 石灰乳浸渍，以破坏胶原中存在的分子间共价交联，并除去杂质、非胶原蛋白质和碳水化合物等，让残留的油脂转化为不溶性钙皂。浸灰温度 15~20℃，浸灰时间 4~10 周或更长时间。浸灰后水洗、中和，此为碱法处理。新鲜皮、鳞可用酸法处理，采用 HCl、H_2SO_3、H_2SO_4，浓度在 5% 以下，pH4 左右，处理温度 15~20℃，时间 10~48h，再水洗、中和。

（5）萃取　常压下热水多道萃取（3~8 道）。萃取温度第一道 45℃ 左右，以后每道升高 5~10℃，直至邻近沸腾。每道萃取到胶液浓度 30~80g/L 时，将萃取液放出，每道胶分别处理，以生产不同档次和用途的明胶产品。

（6）澄清、过滤　用以棉浆板为过滤介质的板框压滤机过滤，过滤后的淡胶液用阴阳离子交换树脂脱盐。

（7）蒸发　常使用多效真空蒸发设备和最后采用带刮板的降膜式蒸发器蒸发。

（8）灭菌　浓明胶采用 141℃，5s 高温瞬时灭菌，所用的设备如管道、包装容器、操作场均需严格消毒灭菌。明胶成品可用三氯甲烷或环氧乙烷蒸汽熏蒸。

（9）冷却、成型、干燥　浓缩的胶液冷却后成凝胶，做成薄片状或小块状。烘干设备用卡网式，干燥空气与物料逆向流动，温度比一般干燥器低，物料进口处空气 40℃，干物料出口处空气 75℃，干燥空气脱水后可循环使用，空气脱水采用氯化锂或三甘醇吸收法。

在工艺流程中，脱灰是制作鱼胶原蛋白的基本环节，是保证后续产品品质的首要措施，因此，可作为一个单独的工艺阶段设置。第二个工艺阶段是胶原蛋白的明胶化。将鱼鳞和鱼骨中的非胶原蛋白成分（如硬蛋白、角蛋白等）与胶原蛋白分离，要严格控制工艺操作条件，使胶原蛋白的含量至少在 80% 以上，且充分破坏胶原分子间共价交联，以利于提取时明胶分子的溶出。第三个阶段是对提取的胶原进行应用性处理。就是将提取和分离出的胶原蛋白按不同的应用要求进行处理，主要是水解、浓缩，控制其分子质量和黏度的大小，以满足不同用途的产品质量要求。第四阶段是产品最终成型。胶原制品的工业性产品有两种干燥方法：一种是喷雾干燥，它只能适用于黏度在 1.0 以下的产品；另一种是热风干燥，主要用于大分子、高黏度的产品。由于必须严格控制最终产品的微生物含量，所以生产线的布局应分为 3 个区域：原料处理区、一般操作区和洁净生产操作区，这样才能保证产品的细菌总数在 1000 个/g 以下。

三、　鳕鱼皮明胶的操作要点

通过控制适宜的生产工艺，鳕鱼皮明胶产品具有一定凝胶强度、高黏度和高透明度的特征，完全可以用于照相材料、医用胶囊等要求较高的领域。

（1）除去夹在原料中的头、鳍、内脏及附着在鱼皮的鱼鳞，剔除腐败发臭的鳕鱼皮。

（2）将预处理后的原料用 0.1mol/L 氯化钙处理 14h，然后用水冲洗 4h 进行脱盐，再在 20℃下浸灰 4~7d，加入石灰浆至整个水溶液含氧化钙 1%~2%。每隔 8h 翻动 1 次，1d 后即可换灰，随后每隔 2~3d 换灰 1 次。浸灰时如 pH<12 或灰液混浊变黄，需及时换灰。

（3）取出鳕鱼皮漂洗，并用稀盐酸中和，在 pH4 左右保持 3~4h 后取出，再用水漂洗几小时至鳕鱼皮 pH7 时，即可进行下一道工序。

（4）将处理后的鳕鱼皮放入熬胶锅内，加适量水，调节 pH 至 6~6.5，于 70℃熬胶 4h，然后放出胶液（头道胶），再往渣内加入适量水，在 0.05MPa 压力下熬胶 2 次，每次 30min，待压力为零后出溶液。

（5）提取的明胶溶液中有少量的原料细粒、脂肪等杂质，用脱水式离心机进行分层分离。

（6）在真空度不低于 0.1MPa、温度 75℃以下进行减压浓缩，胶液在浓缩器内停留最长不超过 6h，至浓缩液含量达 20%左右即可放料。

（7）往浓胶液中加入为干胶量 0.075%的二氧化硫，然后将浓缩液盛入铝或不锈钢盘中，置于 10℃冷却凝固后，切成厚约 0.5cm 的薄片。

（8）置于干燥网上推进烘道内，先用 10℃左右的冷风干燥至半干品，再用 25~30℃热风干燥至成品。干燥时相对湿度控制在 75%以下，产品色泽为黄色或淡黄色，水分含量为 10%~15%。

四、 淡水鱼头骨粉加工的操作要点

鱼头和鱼骨不仅含有大量的矿物质，且富含蛋白质和脂肪。有效地利用淡水鱼加工中废弃的鱼头，可以极大地提高经济效益。加工鱼骨粉的操作要点如下：

（1）将去鳃白鲢鱼头在高压锅中 120℃下加热 30min，使鱼头软化。

（2）将软化的鱼头用粉碎机打成浆状。

（3）在浆状物中加入等量 1%盐水，以粗孔尼龙筛为过滤介质，离心过滤，滤渣以等量 1%盐水洗涤再次过滤，合并液汁。

（4）将过滤残渣加入等量热水，充分搅拌后离心，弃去水洗液，残渣烘干，粉碎即为鱼头骨粉。

（5）将步骤（3）中的滤液置 0~5℃下过夜，取出上层析出的脂肪，加热熔化冻状液汁后过滤或精滤，即可制得汤料配料。

第四节　蟹虾副产品综合利用

一、 甲壳质及其分布

甲壳素（Chitin）又称甲壳质，是一类多聚氨基糖、脱乙酰甲壳素及其衍生物等的统称。

自然界中，甲壳素广泛存在于低等植物菌类、藻类的细胞，节肢动物虾、蟹和昆虫的外壳中、贝类、软体动物的外壳和软骨，高等植物的细胞壁等中。每年生物合成的资源量高达100亿t，是地球上仅次于植物纤维的第二大生物资源，其中海洋生物的生成量在10亿t以上，是一种用之不竭的生物资源。甲壳素经自然界中的甲壳素酶、溶菌酶、壳聚糖酶等的生物降解后，参与生态体系的碳和氮循环，对地球生态环境起着重要的调控作用。

（一）　甲壳质的化学性质

甲壳质是 N-乙酰基-D-葡胺糖通过 β-1,4 糖苷键联结的直链多糖，因而可命名为 β-1,4-2-乙酰氨基-2-脱氧-D 葡聚糖。因晶态结构的不同，存在着 α、β、γ 三种晶型物，其中 α-甲壳素最为丰富和稳定，除能在少数酸性溶剂中溶解外，不溶于一般溶剂。由于大分子间的氢键作用强烈，导致甲壳素无熔点，加热至200℃以上则开始分解，因此又称不溶性甲壳质。当脱去分子中的乙酰基后，转变成脱乙酰甲壳素（又称甲壳胺或壳聚糖），因其能溶于多种溶剂也被称为可溶性甲壳素。基本结构如下：

甲壳素　　　　　　　　　脱乙酰甲壳素

（二）　甲壳素的制备

甲壳素可以从虾、蟹的外壳等多种原料中分离制得，其含量在35%以上，也比较容易分离制备。其工艺方法是：将废弃的虾、蟹外壳去杂，洗净晾干后研磨破碎；用 1mol/L NaOH 浸泡 24h 以上，以除去所含的约30%总壳重的蛋白质和脂质；水洗至中性后再用 1mol/L HCl 在经常搅拌下浸泡并经常搅拌，直至不再出现 CO_2 气泡，以除去占总壳量45%左右的 $CaCO_3$ 等矿物质；用有机溶剂处理，萃取出色素；干燥可得投料量的 20%~30% 甲壳素粗品。重复处理即可得白至灰白色甲壳素，总收率为 15%~20%。

将甲壳素用 400~600g/L NaOH 在 80~180℃下隔氧回流处理，随反应温度、时间的控制不同则可得不同分子质量的脱乙酰甲壳素。如用较低温度、缩短反应时间、增加反应次数和进行中间产物的溶解（沉淀处理），则可得脱乙酰度达99%的脱乙酰甲壳素。

二、　虾综合利用

（一）　虾皮

虾皮是毛虾的干制品，有生干品和熟干品两种。用中国毛虾生产的虾皮为上乘，因其虾体小、皮薄，干制后很易使人感到只是一层皮，虾皮一名即由此而来。虾皮的营养价值很高，在水产品中属价格比较低廉的大众化海味品。经化验每100g虾皮中含蛋白质39.3g，脂肪3g，糖类8.6g，钙2000mg，磷1005mg，铁5.5mg，硫胺素0.03mg，核黄素0.07mg，尼克酸2.5mg。虾皮中钙和磷的含量在水产品中最为可观，儿童适当食用虾皮，对其生长发育有一定益处。

（二）　虾头的综合利用

1. 甲壳质及其衍生物

目前，甲壳质的制备主要利用甲壳动物虾蟹的外壳，产品是一种白色粉末或半透明的小片状物。由虾壳制备甲壳质及其衍生物，其主要操作步骤是：先将虾壳去掉杂物，清洗干净，用过量的 4%~6% 盐酸浸泡至气泡消失，水洗至中性，再用过量的 5%~10% NaOH 溶液于 90~95℃ 的条件下煮 1~2h，用水洗至中性后，用 1% KMnO₄ 酸性溶液氧化，用水洗去附着的 KMnO₄，再用 1%~1.5% 的 NaHSO₃ 溶液还原，水洗中性，干燥即可。脱乙酰壳聚糖的制备方法有浓碱法、酒精-水-稀碱法、碱融法、低温法和生物法等。主要作用是在甲壳质分子上脱乙酰基，生成乙酰壳聚糖。

2. 蛋白质和脂肪

虾头、虾壳是海产虾类加工的副产品，是蛋白质的丰富来源，是含钙量很高的天然食物成分之一。采用酸处理虾头和虾壳，可获得蛋白质含量为 76.55%，钙含量为 15.20%，磷含量为 5.28% 的优质钙磷蛋白，其必需氨基酸组成与牛乳极为相似。部分钙以蛋白质钙复合形态存在，磷蛋白含量也较多。虾头为原料，用 1mol/L HCl 和 1mol/L NaOH 分别在室温下处理提取，合并滤液，调节 pH 至 5~6，过滤，将沉淀物烘干即得虾头蛋白，收率为 35%~38%。总氨基酸含量为 47.6%，必需氨基酸含量为 26.8%，与秘鲁进口鱼粉十分接近。虾脑油的制取方法有油浸取法和溶剂抽提法。以油浸取法为例，取虾头肉加 1~2 倍量的混合油（精炼的豆油与花生油 1：1 混合而成）于 100℃ 下提取 5min，冷却，离心可得虾脑油。溶剂抽提法是将虾头以 5 倍的石油醚、丙酮和水组成（比例为体积比 15：75：10）的溶剂，振摇放置过夜，过滤，滤渣用石油醚洗至无色，滤液用蒸馏水洗掉微量的丙酮，再用无水硫酸钠吸去残留的水分，分离，在 40℃ 蒸去石油醚，可得虾脑类脂物。

3. 调味品

用虾头可生产调味品。采用研磨、喷雾干燥的方法可制成虾味调味品；采用乙醇抽提，经浓缩干燥制成虾味料；采用加酶发酵法可制成虾黄酱；酶解条件为：用中性蛋白酶，加量 0.05%~0.10%，45℃ 下酶解 3h，加盐量 4%，酶解液经加工后，制成调味品；用酶法水解虾头生产虾调味汁，较优工艺条件是酶用量 1.4%，水解时间 20h，水解温度 40℃，pH6.8，虾头水解率可达 33.6%，水解液具有浓郁的虾风味，可作为色、香、味和营养的天然调味珍品。

4. 虾黄素

虾黄素是海洋动物中所含有的一种主要类胡萝卜素，它具有较强的灭活氧自由基及清除其他自由基的作用，其功能主要与其结构中多聚烯的共轭双键有关。虾黄素有极强的清除自由基的作用，而自由基在许多疾患中起基本的病理损害作用。虾黄素在临床休克、肠缺血、心肌缺血、肝缺血性损害等作用有广阔的应用前景。可用丙酮冷浸法、硫酸固定丙酮提取两种方法提取虾黄素，测定虾黄素最大吸收光谱 $\lambda_{max} = 469nm$，以此计算提取虾黄素的回收率和纯度。

第五节　贝类综合利用

一、对虾配合饵料

对虾配合饵料是以贝类（如贻贝、珍珠贝等）为主要原料，添加酵母、维生素、油料作为饼粕、海带粉等，加工成营养齐全、消化率高、在水中稳定性好的适合对虾生长需要的新型饲料，即对虾配合饵料。对虾配合饵料包括对虾苗期饵料（即微粒饵料）、对虾幼虾饵料和对虾成虾饵料。

由于贻贝产量高、数量大，蛋白质含量高、营养丰富，已成为对虾饲料中动物蛋白的重要来源。

（一）　配方（质量分数，%）

例1：贻贝37，花生粕35，麸子8，虾糠8，酵母2，全麦粉10。

例2：贻贝10，猪血20，花生粕42，麸子8，虾糠8，酵母2，全麦粉10。

例3：贻贝5，冻墨鱼30，鱼粉17，虾糠5，豆粕15，酵母2，糖蜜6，维生素1，地瓜面10，海带粉3，鱼油2.5。

（二）　技术要点

（1）将新鲜贻贝用分粒机分粒，清水洗去污泥。

（2）用粉碎机将鲜贻贝打碎成浆状，用离心机离去大部分贝壳，碎壳及同碎壳粘连的少部分贝肉晒干后做贝壳粉。

（3）分离出的贻贝肉按配方比例和其他饲料成分混合，用搅拌机充分拌匀，送入造粒机内制成颗粒饲料。

（4）将颗粒饲料晒干或烘干至水分10%左右，收起冷至室温后包装。

（5）一般使用内衬有聚乙烯塑料袋的编织袋包装，以防吸潮、发霉变质。饲料应放在干燥处保存。

二、　蚝油

蚝油又称牡蛎油（Oyster Oil），是以原蚝汁为原料加工精制而成的复合调味品，是我国广东、福建、香港、台湾等省的传统调味珍品。

（一）　配方（质量分数，%）

配方1：浓缩蚝汁5%，浓缩毛蚶汁1%，调味液25%~30%，水解液15%，砂糖20%~25%，酱油5%，味精0.3%~0.5%，增鲜剂0.025%~0.05%，食盐7%~10%，变性淀粉1%~3%，增稠剂0.2%~0.5%，增香剂0.00625%~0.0125%，黄酒1%，白醋0.5%，防腐剂0.1%，其余为水。

配方2：浓缩蚝汁25%，砂糖4%~6%，食盐5%~8%，变性淀粉3%~4%，味精1%~1.5%，增稠剂0.3%~0.4%，焦糖色0.25%~0.5%，防腐剂0.1%，其余为水。

（二）　工艺流程

原料 → 去壳 → 清洗 → 绞碎 → 煮沸 → 脱腥 → 浓缩

（三）　工艺要点

工艺流程见图13-2。

（1）原料　采用鲜活的牡蛎或毛蚶。

（2）去壳　用沸水使牡蛎或毛蚶的韧带收缩，两壳张开，去掉壳，或冷后去壳。

（3）清洗　将牡蛎肉或毛蚶肉放入容器内，加入肉重1.5~2倍的清水，缓慢搅拌，洗除附着于蚝肉身上的泥沙及黏液，拣去碎壳，捞起控干。

（4）绞碎　将清洗干净的蚝肉或毛蚶肉放入绞肉机中绞碎。

（5）煮沸　把搅碎的蚝肉或毛蚶肉称重，放入夹层锅中煮沸，使其保持微沸状态 2.5～3h，用 60～80 目筛网过滤。过滤后的蚝肉或毛蚶肉再加 5 倍的水继续煮沸 1.5～2h，过滤，将两次煮汁合并。

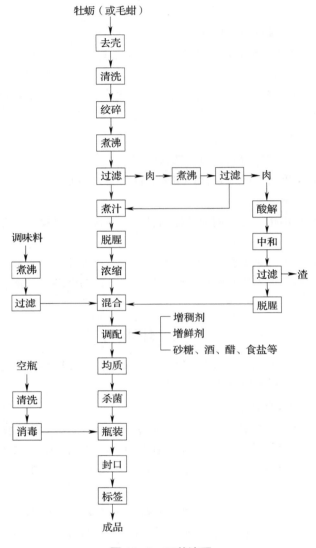

图 13-2　工艺流程

（6）脱腥　在煮汁中加入汁重 0.5%～1% 的活性炭，煮沸 20～30min，去除腥味，过滤，去掉活性炭。

（7）浓缩　将脱腥的煮汁真空浓缩锅浓缩至水分含量低于 65%，即为浓缩毛蚶汁或毛蚶汁。为利于保存，防止腐败变质，加入占浓缩汁重量 15% 左右的食盐，备用。使用时用水稀释按配方调配。

（8）酸解　将煮汁后的蚝肉或毛蚶肉称重，加入肉重 0.5 倍的水，0.6 倍的 20% 食用盐酸，在水解罐中 100℃下水解 8～12h。水解后在 40℃左右用碳酸钠中和至 pH5 左右，加热至沸，过滤，滤液即为水解液。在水解液中加入 0.5% ~ 1% 的活性炭，煮沸 10 ~ 20min，补足失去的水分，过滤。

（9）制调味液　将八角、姜、桂皮等调味料放入水中，加热煮沸 1.5 ~ 2h，过滤。

（10）混合调配　将浓缩汁、水解液、砂糖、食盐增鲜剂、增稠剂等分别按配方称重放入配料罐中混合搅拌，加热至沸，最后加入黄酒、白醋、味精、香精，搅拌均匀。

（11）均质　用胶体磨将调配好的蚝油进行均质处理，使蚝油分子颗粒变小，分布均匀，否则易沉淀分层。

（12）灭菌　将均质后的蚝油加热至 85 ~ 90℃，保持 20 ~ 30min，达到灭菌的目的。

（13）装瓶　灭菌后的蚝油装入预先经过清洗、消毒、干燥的玻璃瓶内，压盖封口，贴标，即为成品。

（四）　质量标准

（1）感官指标　具有蚝油的独特风味，不得有苦涩味或不良气味。色泽为红褐色或棕褐色。体态为黏稠状，不得有颗粒。

（2）理化指标　在 GB/T 21999—2008《蚝油》中规定，氨基酸态氮（g/100g）≥0.3，总酸（以乳酸计，g/100g）≤1.2，食盐（以氯化钠计，g/100g）≤14.0，总固形物（g/100g）≥21.0，挥发性盐基氮（mg/100g）≤50。

（五）　注意事项

（1）增稠剂溶解较困难，调配时可先用少量水或调味液溶化后再加入。

（2）该产品可分为两阶段生产，即沿海地区可专门生产浓缩纯蚝汁，供给内地各厂生产蚝油，各调配厂可根据当地的口味、消费水平，选择配方进行调配。

（3）水解罐应耐强酸，避免酸腐蚀。

（4）蚝油为稀糊状，营养丰富，易导致微生物污染。在生产过程中应注意环境、器具的清洁卫生。

三、　蛏油

缢蛏，又称蛏子、青子，为海洋常见贝类，广泛分布于我国沿海，是沿海重要贝类养殖品种。缢蛏肉嫩味鲜，既可鲜食，也可加工成罐头、蛏干、蛏油、冷冻品等，下面主要介绍蛏油的加工工艺。

（一）　工艺要点

（1）原料处理　选择鲜活蛏为原料，用清水洗涤，除去泥沙杂质。

（2）煮蛏　锅内注水 15 ~ 20L，煮沸后，倒入洗净的鲜蛏 15 ~ 20kg，用铲搅拌，使蛏子全部浸入水中。加盖，加热到重新沸腾后再次搅拌，使蛏子受热均匀。约经 35min，有 90% 以上的蛏子煮熟时，便可出锅。观察蛏子是否煮熟的方法是：用手握住蛏壳一抖，如果蛏肉和蛏壳自然脱落就表明已煮熟。然后迅速把蛏子捞出。装入筐内，立即翻动震筐，以利剥壳。再次把煮蛏水加热沸腾，倒入蛏子，重复以上操作。每次倒入的蛏子可逐渐增多，最后可达 30kg 左右。经几次煮蛏后，蛏水越来越浓，便可用于加工蛏油。

（3）浓缩　煮蛏的水（即蛏卤）放置 3 ~ 4h 沉淀，用纱布或尼龙绢筛过滤，除去泥沙、污物及被搅碎的蛏壳。经过滤后的蛏卤用夹层锅进行浓缩。浓缩炼制时，因数量较多，可多次煮制，每次用温火慢慢煎煮，到浓度增大，体积减小后，可以合并再继续浓缩，直到相对密度为1.2时结束。为了缩短浓缩时间，在刚开始时可稍加火力，但不宜过猛，防止蚝卤沸腾溢出锅外。到后期，切忌猛火加热，以免烧焦。在加热过程中须不断搅拌，使之逐渐浓缩。如能真空浓缩，则有利于提高成品质量。

（4）防霉　浓缩结束前，加入1g/L苯甲酸钠，以延长蚝油的保藏期。

（5）入坛包装　蚝卤经浓缩后即为蚝油，可用大缸、酒坛及玻璃瓶等容器盛装。但容器预先一定要洗净，最好用开水冲洗，并充分干燥，以防蚝油遇水变质。

（二）　成品质量

具有蚝油特殊的香气味，无腐败味或发酵异味。味道鲜美适口，无焦苦等异味和霉味。体态浓厚适当，无渣粒杂质。

第六节　其他水产副产品的综合利用

一、　大麻哈鱼下脚料制作鱼糜制品工艺

采用大麻哈鱼下脚料制作鱼排，不仅降低了原料成本，也使大麻哈鱼的附加值得到提高，而且制作的鱼排味道鲜美，营养丰富，外观诱人。而以大麻哈鱼下脚料制作鱼糜，铺膜成型制成一种薄片状小食品，是以全鱼肉为主料的小食品，蛋白质含量高，营养丰富，故该产品是一种营养、风味、口感俱佳的休闲小食品。

（一）　大麻哈鱼下脚料鱼肉的营养成分

大麻哈鱼水分含量为76%，蛋白质17.4%，脂肪8.7%，灰分1%，可见麻哈鱼肉含有丰富的蛋白质，易于消化吸收，脂含量较低，钙磷比约为1:3，适合人体需要；麻哈鱼蛋白含有18种氨基酸，包括人体必需的八种氨基酸营养均衡，是健康食品的良好原料来源。

（二）　工艺流程

大麻哈鱼下脚料 → 化冻 → 除腥 → 采肉 → 配料搅拌混合 → 预冷 → 成型 → 上浆 → 上粉 → 排盘冷冻 → 包装 → 成品 → 贮藏

（三）　工艺要点

（1）将冷冻的大麻哈鱼下脚料放在解冻槽内进行流水解冻，洗去表面的污物和杂质。

（2）用1.5g/L CaCl$_2$和1.5g/L的柠檬酸溶液浸泡60min，除去鱼体腥味。浸泡液的质量为鱼体质量的3倍，然后用流动水冲洗10min。

（3）用滚筒采肉机采肉，注意不要加鱼太多，以免鱼体被过分挤搓，同时挑出肉糜中的黑膜、筋、小骨刺等。在解冻和采肉过程中控制鱼体的温度在15℃以下。

（4）添加物的混合和搅拌

①将鱼糜与各种配料按以下比例配合好：大麻哈鱼鱼糜60%、水20%、大豆组织蛋白8.5%、复合调味料4.5%、盐1.5%、植物油5.5%、色素少许（主要为使产品呈现大麻哈鱼肉的色泽）。复合调味料可根据各地消费者的不同口味做相应调整，可加一些白胡椒粉、味

精、干芫荽叶、大葱粉等调味料。

②先将色素溶于热水（60~80℃）中，待其完全溶解后，加入冷水，混合均匀。再将色素溶液倒入大豆组织蛋白中混匀，静置 10min，让大豆组织蛋白充分吸收水分。

③在采得的鱼糜中加食盐，搅拌 5min，使松散的鱼糜具有一定的黏度。

④加入吸水后的大豆组织蛋白，搅拌 2min 使其混合。然后再加入复合调味料，搅拌 2min 最后加入植物油搅拌均匀。

（5）将混合好的鱼糜摊入不锈钢盘中，放入冷库冷却，待鱼糜的温度降至-4~-3℃时取出。

（6）将预冷好的鱼糜放在成型机内成型。

（7）上浆、上粉

①按面粉与淀粉为 4:6 的比例配浆料，再用 1.4 倍的水调制。

②上浆、上粉要均匀，裹粉要严密，要求鱼肉无外露现象，面包粉粒度一致，无结团现象。如有结团，应及时筛出。

（8）将裹好面包粉的鱼排排入不锈钢盘中，排盘时轻拿轻放，避免面包粉脱落和鱼排变形。为节省不锈钢盘所占空间，每盘可摆 2~3 层鱼排，中间用油纸隔开，上面再覆盖一层油纸，然后放入冷库内冻结。待鱼排的中心温度降到-15℃以下时，即可包装放入-18℃以下的冷库内保存。

（四）　质量要求

鱼排应为淡红色，与大麻哈鱼的肉色相似；具有鱼的鲜香，质地均匀，规格一致，外裹面包粉，面包粉无脱落，无不良气味及杂质。

（五）　技术特点

（1）大麻哈鱼下脚料多为头部的肉和腹肉，含有丰富的蛋白质、脂肪和人体必需的微量元素。其脂肪中含有丰富的不饱和脂肪酸（EPA、DHA 等）。

（2）用大麻哈鱼下脚料制作鱼排，提高了大麻哈鱼的资源利用率。下脚料成本较低，制作鱼排有很大的利润空间。

（3）本工艺操作简便，设备投资少。成型、上浆、上粉，如无大型设备，也可手工操作；成型模板可用橡皮模板刻制，鱼排的形状和大小根据客户要求灵活掌握。

（4）上浆、上粉工艺可根据客户的要求选择。上粉后的鱼排适于油炸，适用面较广，如家庭、小型快餐店等。鱼排成型后也可直接冷冻、包装，此产品适合于在铁板上煎制。煎出的鱼排色泽更诱人，再配上沙拉作料，味道更美。

由大麻哈鱼肉制取的鱼松片口感独特新颖，既有膨化食品的酥脆感，又有肉松、鱼松类食品的柔糯感，富含优质蛋白和人体必需氨基酸，营养丰富。

二、　海蜇副产品加工

每年 8~10 月是海蜇的收获加工季节。由于海蜇体内含水量特别多，而且海蜇生产季节气温高，如果只用食盐腌渍，其本身的分解腐败速度要比食盐的渗透过程快得多，故起不到有效防腐和保持产品质量的作用。因此，必须用一种脱水和凝固蛋白质作用比食盐更强的物质与食盐混合使用。明矾（硫酸铝钾）就是一种既有很强脱水能力和凝固力，又廉价的理想物质。在海蜇加工工序中，先用较高浓度的明矾，使海蜇迅速脱水并使蜇体蛋白达到一定程度的浓缩，然后用一定比例的盐、矾混合物腌渍，使蜇体所含水体继续均匀渗出，并使蛋白等有机成分逐渐凝固。

（一） 海蜇皮加工工序

（1）初矾　用手或竹刀将鲜海蜇的皮部（伞部）和头部口（柄部）分离，并分别放置，避免头"血"污染蜇皮。蜇皮分离后，用刀（竹刀或泥板刀）割去留在蜇皮部的红墩（即柄部残留部分），再用竹板刮去红衣和背面的黏液。割红墩时，要注意使刀水平与蓄厚度一致为宜。分离好的蜇皮用海水冲洗后，再将蜇皮用矾渍于池、缸等容器中。矾渍方法为在蜇皮入池之前，预先在池内备好浓度为5%的矾水。腌渍中每放入100kg蜇皮，需要均匀撒入0.6kg矾粉，并及时搅动，使矾的浓度均匀，但应严防蜇皮破损而降低成品质量。渍24h后进行二矾。

（2）二矾　将初矾蜇皮取出，沥卤0.5h，每100kg初矾海蜇使用盐、矾混合物9kg（盐、矾比例为100∶5）。先在池底均匀地撒一层盐、矾混合物，再将蜇皮逐个腌渍，即平摊蜇皮于木板或水泥地面上，撒一把盐、矾混合物在膛心（割去红墩的地方），放入池中，腌满为止。最后撒一层食盐封顶，以不露出蜇皮为度。经5~7d卤度达到14~16°Bé，即为二矾品。

（3）三矾　将二矾蜇皮取出，沥卤0.5h，每100kg二矾海蜇使用盐、矾混合物9kg（盐、矾比例为100∶2）。逐个腌渍后，放入池中，池满后，用食盐封顶。经7d，卤度达22~24°Bé，即为三矾成品。

（4）提干　将三矾蜇皮用水泥块（或其他物品）擦去遗留的红斑，在原卤水中洗净。然后用木方或竹板垫底，取出洗净的蜇皮层层垛起，堆65cm高，沥卤7d。在沥卤期间需要自上而下翻转2~3次，并在翻转中进行分级筛选等。提干的海蜇皮可进行装箱（包装）出口或贮存。

（二） 海蜇头加工工序

海蜇头加工与蜇皮加工方法大同小异。主要不同之处是蜇皮与蜇头分离后，蜇皮应立即进行初矾处理，而蜇头必须放置一段时间，待血污渗出后（即棒状和丝状附器等烂掉后），才能进行初矾处理。放置蜇头的时间长短，应视气温高低而定。8~9月气温达25~28℃时为10h左右。

（1）初矾　将已渗出血污的蜇头用海水冲洗后，入池矾渍，每100kg鲜品撒矾粉1kg，边撒矾粉边加海水同时搅拌，池满为止。加入的海水量以淹没蜇头为度。矾渍24h后，进行二矾。

（2）二矾　将初矾蜇头取出，沥卤0.5h，每100kg矾品使用盐矾混合物14~16kg（盐、矾的比例为100∶3.5）。先在池底撒少许盐矾混合物，然后将初矾蜇头投入池内，放一层蜇头后（层厚10~20cm），均匀地撒上盐矾混合物，逐层腌渍，腌满池为止，并用食盐封顶，以不露出蜇头为度。经5~7d，卤度达12~14°Bé，即为二矾品。

（3）三矾　将二矾蜇头取出，沥卤0.5h，每100kg使用盐矾混合物14~16kg（盐和矾比例为100∶1.5）。操作程序与二矾相同，逐层腌渍，池满后用食盐封顶。经7d，卤度达22°Bé以上，即为三矾品。

（4）提干　将三矾蜇头用原卤洗净，取出置筐内或堆放在下支架的清洁地面上，沥卤7d（沥卤期间需翻转1~2次），即为提干成品。

（三） 盐渍海蜇皮和盐渍海蜇头的规格、 感官要求、 理化指标

（1）盐渍海蜇皮和盐渍海蜇头的规格见表13-1。

表 13-1 盐渍海蜇皮和盐渍海蜇头的规格

规格	特大	大	中	小
直径/cm	≥33	≥25	长径≥20，短径≥17	短径≥13
质量/g	—	≥350	≥150	不限

（2）感官要求

①盐渍海蜇皮的感官要求见表 13-2。

表 13-2 盐渍海蜇皮的感官要求

项目	一级品	二级品	三级品	四级品
外形	自然、圆形、完整，片张平整，允许 3cm 以内破洞一处和不影响外观小缺角	基本完整，片张平整，允许 3cm 以内破洞一处但裂缝总长度不得超过长径的 1/3，无"头血"	形状不定，允许破洞裂缝和沾染少量"头血"	形状不定，允许破洞裂缝和沾染"头血"
颜色		黄褐色或红琥珀色（自然色泽），无蜇须		
肉质		厚实均匀，有韧性		
气味		无异味		
口感		松脆		
杂质	无红衣，无泥沙	允许带少量红衣，无泥沙		

②盐渍海蜇头的感官要求见表 13-3。

表 13-3 盐渍海蜇头的感官要求

项目	一级品	二级品	三级品
外形	只形完整，无蜇须	只形基本完整，允许有残缺，无蜇须	单瓣或两瓣以上相连接
颜色	白色	黄褐色或红琥珀色（自然色泽）	
肉质		厚实，有韧性	
气味		无异味	
口感		松脆	
杂质		无泥沙	

（3）理化指标 盐渍海蜇皮和海蜇头的理化指标见表 13-4。

表 13-4   盐渍海蜇皮和海蜇头的理化指标

项　目	指　标
水分/%	≤68
食盐含量/%	18~25
明矾/%	1.2~2.2
砷/（以 As 计）/（mg/kg）	符合 GB 2762—2017
铅/（以 Pb 计）/（mg/kg）	《食品安全国家标准
汞/（以 Hg 计）/（mg/kg）	食品中污染物限量》

注：盐渍海蜇皮和海蜇头不允许使用硼酸或硼砂作防腐剂。

（四）　即食海蜇的加工

即食海蜇以三矾海蜇皮为原料，加工而成，开封后即可食用，味道鲜美，口感脆嫩。

（1）加工方法　将三矾后海蜇皮清洗干净，挑选肉质好又脆嫩的蜇皮，去除泥沙和杂质，剔除边缘破碎部分和红色斑块，切成不同规格的海蜇皮丝；在一定工艺下，添加由食盐、味精等构成的综合汤料而成；最后称重、装盒、封口。温度-3~25℃条件下，保质期为 10 个月。

（2）技术指标

①感官指标：即食海蜇的感官指标见表 13-5。

表 13-5   即食海蜇的感官指标

项　目	感官指标
色泽	具有海蜇固有的白色、浅黄色、褐色（自然色泽），有光泽
组织及形态	条状或块状，咀嚼有脆性
气味和滋味	具有海蜇固有的气味和滋味，无异味
杂质	无正常视力可见外来杂质，品尝时无异物感

②理化指标：在中华人民共和国水产行业标准 SC/T 3311—2018《即食海蜇》中规定，即食海蜇的理化指标见表 13-6。污染物限量、微生物限量、农药和兽药残留限量指标符合 GB 10136—2015《食品安全国家标准　动物性水产制品》的规定。

③塑料袋指标：封边宽度 8~10mm，封口强度 3kg/15mm 以上，封边不得有皱折，残留空气量小于 5mL，耐压强度在 5MPa 压力下，静压 1min 不破，跌落试验合格。

表 13-6   即食海蜇的理化指标

项　目	理化指标
固形物/（g/100g）	>50
氯化物（以固形物中 Cl⁻计）/%	≤3.0
铝残留量（以固形物中 Al 计）/（mg/kg）	≤500

三、　生化制品生产

现代捕捞中渔获物中的小鱼、小虾及水产品加工下脚料一般占渔获物的28%。目前低值鱼类及水产副产品主要用于生产鱼粉等低附加值产品，甚至部分作为废物直接丢弃，不仅导致资源浪费、产品附加值低，而且造成海洋、陆地环境的严重污染。实际上，低值虾、蟹类开发利用具有很大的商业价值和环境价值。例如，以小虾为原料，经深加工后制成人造对虾，其附加值可高出原料几倍甚至十几倍。随着海水和淡水产品低值鱼、虾、蟹类的增多，低值水产品的开发前景看好。同时，随着鱼类加工业的飞速发展，占鱼体总重量35%~55%的鱼头、鱼皮、鱼骨和内脏等副产品的加工利用水平成了影响水产业经济效益的关键所在，而这些副产物中除含有大量的蛋白质外，还含有丰富的脑磷脂、矿物质和其他生物活性成分。因此，充分利用低值产品和副产物中的功能成分，开发健康产品，提高产品附加值，延长产业链条，对于满足我国人民美好生活向往和促进乡村振兴战略实施具有积极意义。

（一）　硫酸软骨素

硫酸软骨素（Chondroitin Sulfate，CS），是一种天然酸性黏多糖，属生物高分子化合物。CS有A、C和D的3种异构体，均是由D-葡萄糖醛酸和N-乙酰-D-氨基半乳糖硫酸酯为单位组成，只是硫酸基位置不同。CS广泛存在于人和一些动物如猪、牛、羊和鱼等软骨组织中，且通过共价键与核心蛋白相结合。CS为白色、无臭、略带咸味的固体粉末，吸水性强，易溶于水而成黏度大的溶液，难溶于乙醇、丙酮等有机溶剂，其盐类对热较稳定。CS具有促进冠状动脉循环、降血脂、抗凝血、抗肿瘤和心血管硬化等活性，主要是治疗风湿和类风湿疾病的药物，对冠心病、动脉粥样硬化、心肌梗塞等心血管疾病的防治有一定疗效。目前，研究较多的是鲨鱼硫酸软骨素。据研究，其含氮量为3.05%~3.15%，氨基己糖质量分数为27%~29%。也有从长吻鲟、赤魟等软骨鱼中提取的。

（二）　牛磺酸

牛磺酸的提取多采用水煮法，其工艺流程为：下脚料预处理→蒸煮→过滤→沉淀酸性蛋白质→沉淀碱性蛋白质→离子交换脱盐→收集牛磺酸组分→浓缩洗脱液→加乙醇重结晶。即原料经水煮后，由于提取液中除含牛磺酸外，还有大量的无机盐类、蛋白质和多糖等物质，其中蛋白质和多糖可用沉淀分离法去除，而提取液中的牛磺酸和无机盐类则通过阳离子交换树脂分离，用蒸馏水洗脱，因电解质盐类先被洗脱即可除去，接取电导率下降部分的流分即含牛磺酸组分，通过浓缩，可得牛磺酸粗品，经过重结晶，即可制得牛磺酸纯品。牛磺酸在鱼、贝类中含量十分丰富，软体动物中尤甚。研究较多的是蛤蜊、翡翠贻贝、珍珠贝、牡蛎、江瑶等海产软体动物。

（三）　抗菌肽

抗菌肽是一类广泛存在于生物体中的小分子多肽，具有抗菌活性强、抗菌谱广、合成和杀菌速度快、不易产生耐药性等特点，有望成为新一代的抗菌制剂。水生生物长期生活于富含各种各样微生物的环境中，为了适应生存，使其形成了有效防御功能的抗菌肽。例如，罗非鱼，有人利用其下脚料提取抗菌肽，获得了分子质量小于1ku的粗肽组分。Claire Hellio等人用乙醇从鱼的背部皮肤及黏液中提取到了抗细菌、抗真菌成分，研究发现这些成分对细菌、真菌具有很好的抑制作用，而且不会对小鼠的纤维原细胞产生毒害作用，因此，具有开发成药用制剂的可能。

（四） 骨糊和鱼蛋白钙糖

在鱼品加工过程中，鱼骨（脊骨）常被作为废弃物丢掉。实际上鱼骨中含有能促进人体生长发育的天然优质活性钙和多种微量元素，如磷、铁、硒等。鱼骨经蒸煮、干燥、粉碎加辅料等加工工序可制成营养保健食品——骨糊。它是孕妇、婴幼儿和老年人补充钙质和微量元素的健康食品。另一种"鱼蛋白钙糖"也是以鱼蛋白骨粉为主要原料，经脱腥、除臭和添加维生素 D 等制成。该产品营养丰富，易于消化吸收，能增进食欲，促进生长发育，也适合孕妇、婴幼儿和老年人食用，有一定的保健治疗功能。

（五） 胆色素钙盐和胆酸盐

鱼胆囊在鱼品加工中往往作为废弃物，胆汁经加工可制成胆色素钙盐、胆酸盐和牛磺酸等，可作医药工业的原料，可作人造牛黄、抗生素制剂。能促进胰液对脂肪质的消化吸收，还可作为细菌培养基的成分之一，供科研用。现将制作技术介绍如下。

（1）胆色素钙盐 胆汁加 20%氢氧化钙饱和溶液，再通入水蒸气加热 4~5h，此时有黄绿色的固体浮于液面或附于容器内壁，静置 2~3h 分离出该固形物，即为胆色素钙盐，经烘干后即为成品，可以装瓶贮存。上述钙盐混合物，如加稀盐酸使其生成氯化钙，可溶于水，而还原后的胆深红素及胆绿素不溶于水，经过滤分离，滤渣加三氯甲烷使胆深红素与胆绿素分离（前者可溶于三氯甲烷而后者不溶），再分别经过重结晶法提纯，即可得胆深红素及胆绿素的纯品。

（2）胆酸盐 利用已提取过胆色素钙盐的胆汁，调整其 pH 至原有新鲜胆汁的程度（pH7.8），经过滤除其杂质。放入浓缩锅中加热浓缩，去掉 5/6 的水分，使成膏状后加 3 倍量的 95%酒精及 5%的活性炭，移入蒸馏瓶中，按分馏柱进行蒸馏（蒸出的酒精可回收再用），至瓶中剩余物为原料体积的 1/3 时，取出过滤，滤渣再用酒精萃取 2 次后弃去（可作为肥料），3 次滤液合并在一起置于 0℃的冷库内，加乙醚，边加边搅拌至出现稳定乳浊状态为止。乙醚用量为溶液的 2 倍左右，时间约 10min，再静置 48h，可见分层，分离出下层液体（上层为乙醚，可经过蒸馏、纯制后再用），而后注入搪瓷盘，摊成薄薄的一层，在通风条件下吹去残留的乙醚，放入真空干燥箱中烘干。烘干后取出用球磨机磨细，经 150 目的筛网筛选，马上装瓶包装，即为成品。成品极易吸潮，故磨细、装瓶工作必须在干燥环境中进行。该胆酸盐为牛胆酸和甘胆酸的钠盐的混合物，可分离提纯。

我国水产加工业虽然取得了很大的成就，但仍与渔业的迅速发展和人民生活水平的逐步提高不相适应，水产加工品仅占水产品总产量的 33.4%，发达国家占 70%以上，而且初级产品多，深加工、精加工产品少，尤其是大宗、低值水产品，如淡水鱼、中上层鱼类和贝藻类的加工仍是薄弱环节。关键在于理念的更新和加工技术的不断创新。充分利用新技术，不断研发附加值高的新产品，使丰富的低值水产品资源得到充分利用，将会给水产业带来更大的经济效益。

🔍 思考题

1. 什么是浓缩鱼蛋白、水解鱼蛋白？
2. 如何控制鱼粉的品质质量？
3. 你认为海洋生物资源可开发哪些最有前景的生化制品？
4. 什么是蚝油、蜇油和对虾配合饵料？
5. 鱼皮等下脚料可开发哪些生化制品和食品？
6. 如何对虾头和蟹壳开展综合利用？
7. 鱼肝油有哪些质量问题？如何解决？

参 考 文 献

[1]陈景川,温惠美,吴明昌,等.水产饲料及鱼粉品质之探讨[J].台湾水产饲料研究与发展(上册).1986,225~234.

[2]马作圻.鱼粉生产及储存中的质量问题[J].现代渔业信息,1994,5:37.

[3]陈培基,李刘冬,李来好,等.利用小杂鱼、低值鱼提取浓缩鱼蛋白[J].湛江海洋大学学报,1999,19(1):38~43.

[4]王长云,林洪,周东,等.从鳕鱼碎肉中提取水解蛋白[J].海洋湖沼通报,1995(4):33~39.

[5]潘风,顾学新,仇波,等.用鳕鱼肝油制备鱼肝油酸钠[J].水产科技情报,1999,26(2):54~57.

[6]周艳军,李培仁.鱼明胶的制备及其性质[J].明胶科学与技术,2002,22(2):65~74.

[7]王建中,邓仁芳,朱瑞龙,等.淡水鱼鱼头与鱼骨的利用[J].食品科学,1994(2):47~50.

[8]张雪,王雪涛.虾壳制备甲壳素工艺研究[J].粮油食品科技,2007,15(4):36~38.

[9]陈金秋.蚝油加工技术[J].食品工业科技,1999,20(3):58~59.

[10]尹晴红,张玳华,刘邮洲,等.即食海蜇的加工工艺[J].农牧产品开发,2000(10):21~22.

[11]胥传来,周康.鲨鱼硫酸软骨素的研制[J].无锡轻工大学学报,1999,18(3):57~61.

CHAPTER
14

第十四章

水产品中的危害与控制

[学习目标]

了解水产品危害的来源及水产品相关食源性疾病的中毒机制和预防控制措施。

第一节　水产品的危害概述

水产食品是以生活在海洋和内陆水域中有经济价值的水产动物为原料，经过各种方法加工制成的食品。水产动物原料以鱼类为主，其次是虾蟹类、头足类、贝类；水产植物以藻类为主，并以生鲜、冷冻、干制以及烟熏等形式呈现给消费者，具有高蛋白、低脂肪、营养平衡性好的特点，是合理膳食结构中不可缺少的重要组成部分，也是国民摄取动物性蛋白质的重要来源之一。

但随着环境全球化污染的日益加重，水产品质量存在一定的问题。就其疾病暴发的性质而言，引起水产品危害主要分三大类，即生物性危害、化学性危害和物理性危害。

一、　生物性危害

大多数水产品中的质量问题都是由于生物性危害引起的，生物危害主要包括细菌、病毒、寄生虫和真菌危害。

（一）　细菌

生物污染最主要的是致病性细菌污染，不论是淡水还是海水的水产品均易被副溶血性弧菌（*Vibrio parahaemolyticus*）、霍乱弧菌（*Vibrio cholerae*）、创伤弧菌（*Vibrio vulnificus*）、沙门菌（*Salmonella*）、单核细胞增生李斯特菌（*Listeria monocytogenes*）、大肠杆菌（*Escherichia*）、金黄色葡萄球菌（*Staphylococcus aureus*）等细菌或其他病原菌的感染。其中以致病性弧菌为主，尤其是副溶血性弧菌。从速冻鱿鱼、冻海螺肉中分离到副溶血弧菌、沙门菌，鱼类中检出溶藻弧菌、变形杆菌等。从历史资料总结来看，细菌性污染是涉及面最广，影响最大，问题最多的一种污染，而且未来这种现象还将继续下去。

病原菌引起人体疾病的机制一般有两种：第一种机制是产生毒素，这些毒素既可以引起短期轻微的症状，也可引起长期的或危及生命的严重后果，即所谓的"食源性中毒"。能够产毒的细菌常见的有金黄色葡萄球菌、肉毒梭状芽孢杆菌（*Clostridium botulinum*）以及产气荚膜梭状芽孢杆菌（*Clostridium perfringens*）等。这些细菌在适宜的条件下，繁殖产毒，并引起一系列人体中毒现象。第二种机制是因摄入能够感染寄主的活体生物而产生病理反应，即所谓的"食源性感染"。常见的细菌有沙门菌属、致病性大肠杆菌、变形杆菌属、副溶血性弧菌以及蜡样芽孢杆菌（*Bacillus cereus*）等。这些细菌通常在人体的肠道内生长，导致人生病。

（二）　病毒

容易污染水产品的病毒有甲型肝炎病毒（Hepatitis A Virus，HAV）、诺瓦病毒（Norovirus）、积雪山病毒（Snow Mountain Virus）、嵌杯病毒（Calicivirus）、星状病毒（Astro Virus）等。这些病毒主要来自病人、病畜或带毒者的肠道，污染水体或与手接触后污染水产品。已报道的所有与水产品有关的病毒污染事件中，绝大多数是由于食用了生的或加热不彻底的贝类而引起的。滤食性贝类过滤的水量很大（如每只牡蛎滤水量达1500L/d），导致贝类体内富集的病毒远高于周围水体。

（三）　寄生虫

水产品中引起寄生虫感染主要发生在喜欢生食或半生食水产品的特定人群中。多种水产品可以感染对人体有害的寄生虫，其中感染比较严重并且易致人体患病的海水鱼有鳕鱼、真鲷、带鱼、牙鲆等，淡水鱼有鲢鱼、草鱼、鲫鱼等，海洋头足类动物中的乌贼有感染异尖线虫的报道，虾、蟹、螺也是寄生虫的宿主。目前，我国水产品中对人类健康危害较大的寄生虫有线虫、吸虫和绦虫。其中，比较常见的有吸虫中的华枝睾吸虫和卫氏并吸虫，线虫中的异尖线虫、广州管圆线虫。2006年，我国北京、广州等地人们食用污染广州管圆线虫的福寿螺时，由于加工不当，未能及时有效地杀死寄生在螺内的管圆线虫，致使寄生虫的幼虫侵入人体，到达人的脑部，造成大脑中枢神经系统的损害，患者出现一系列的神经症状。

（四）　真菌

真菌广泛存在于自然界中，其产生的毒素致病性强，但在水产品中并不多见，相对较少，有报道称连续低温的阴雨天气容易使鱼患上水霉病，甚至引发细菌性感染，因此也应引起重视。

二、　化学性危害

水产品因化学物质引起的疾病暴发事件虽比生物性引起的疾病暴发频率低，但化学物质引起的危害程度更大，引起的死亡率较生物危害高。来自水产品中的化学危害因素主要有：天然毒素、重金属污染、兽药残留以及环境污染物。

（一）　天然毒素

水生生物中的天然有毒物质主要包括河豚毒素、组胺等鱼类毒素以及麻痹性贝类毒素、腹泻性贝类毒素、神经性贝类毒素、健忘性贝类毒素等贝类毒素。这些毒素有的是生产过程中产生，如鲨鱼、鲅鱼、旗鱼肝脏去除不完全；有的是生物富集作用产生的，如：某些热带和亚热带鱼类食用有毒藻类对人体产生毒性鱼肉毒素；某些贝类因食用一些微生物和浮游植物而产生贝类毒素，如麻痹性贝类毒素，健忘性贝类毒素等；有的是本身具有的，如某些对特定鱼种因时间或温度处理不当而形成的组胺等。2007 年 3 月 7—9 日，广东徐闻县发生一起因食用河豚鱼而引起食物中毒，患者 11 人，死亡 1 人。

（二） 重金属污染

水产品中的重金属污染主要包括汞、砷、铅、镉、铜等，这些物质主要通过污染的水体富集在生物体内。水体重金属污染主要来源是未经处理的工业废水和生活污水。油轮漏油、农药随雨水冲刷于江河中，都可使重金属如汞、铅等沉积于水体底质。水质的重金属污染极其复杂，一般常见的无机物质有汞、铅、铜、锌、砷、矾、钡等重金属类及其氰化物、氟化物等。污染水体具有很大的迁移性，伴随着水流的运动，水体中的浮游生物过滤性吸收获得较高水平的重金属。因此，重金属在以浮游生物为食物链的水生动物体内也有明显的蓄积倾向。

水生生物体中蓄积的镉、汞、铅及其化合物，尤其是甲基汞，对人体主要脏器、神经、循环等各系统均存在危害。医学和兽医的文献中有大量关于重金属毒性的文献。根据它们的毒性，不同的金属可以分为较大、一般、较小或无潜在毒性。一般认为，可能有较大毒性的金属有锑、砷、镉、铬、汞和镍，一般毒性的污染物包括铜、铁、锰、硒和锌。较小或无潜在毒性的有铝、银、锶和锡。因此像镍、铬这样的金属，是吸入性的致癌物，被归为毒性较大的一类，而硒和锡则归为较小的那一类。但是，同一类金属，当其作为水产品的污染物来源时，它们的相对毒性会发生变化。

（三） 兽药残留

兽药残留是指动物产品的任何可食部分所含兽药的母体、代谢产物以及与兽药有关的杂质残留。水产品中的兽药和药物添加剂残留对人类的健康构成了威胁，成为全球范围内的共性问题和一些国际贸易纠纷的起因。随着养殖业的迅速发展，兽药和药物添加剂的使用范围及用量也不断增加，在增加了动物产品产量的同时，也带来了水产品的兽药残留，尤其是不遵守停药期规定，超量使用或滥用常导致水产品中兽药残留超标。常见的兽药和药物添加剂有抗生素、磺胺类、呋喃类、激素等。

为了保证动物性食品安全，1986 年 FAO/WHO 成立了食品中兽药残留立法委员会（CCRVDF），其主要任务是制定动物组织和产品中兽药最高残留量法规和停药期。

我国也很重视兽药残留的危害及检测。1999 年，农业农村部和国家出入境检疫检验局制订了《中华人民共和国动物及动物源食品中残留物质监控计划》。2019 年，农业农村部、国家卫生健康委员会和国家市场监督管理总局发布了 GB 31650—2019《食品安全国家标准　食品中兽药最大残留限量》标准，规定了动物性食品中阿苯达唑等 104 种（类）兽药的最大残留限量，规定了乙酸等 154 种允许用于食品动物，但不需要制定残留限量的兽药，规定了氯丙嗪等 9 种允许做治疗用，但不得在动物性食品中检出的兽药。2017 年，农业农村部印发通知，成立全国兽药残留与耐药性控制专家委员会，主要负责为兽药残留控制、动物源细菌耐药性防控工作的推进提供技术支撑。农业农村部在 2002 年颁布了 NY 5071—2002《无公害食品　渔用药物使用准则》；2006 发布了 NY/T 468—2006《动物组织中盐酸克伦特罗的测定 气相色谱–质谱法》行业标准；2013 年颁布了 NY/T 472—2013《绿色食品　兽药使用准则》；2016 年颁布了 NY/T 5030—2016《无公害农产品　兽药使用准则》。

（四） 环境污染物

水产品中环境污染物主要体现在一些持久性环境污染物，如：多氯联苯、石油烃等，这些物质在生物体内大多不容易分解，代谢周期长，对人具有"三致"作用。水上交通运输尤其是海上运输引起的原油泄漏对水体及水产品的污染物更为严重。目前世界上通过不同途径排入海洋的石油数量每年为几百万吨至上千万吨，约占世界油总量的 5%。其中大洋石油污染的主要来源是油轮及其他航运，导致每年大约 147 万 t 油类污染物进入海洋，占石油年入海量的 46%。据统计，日本石油污染事件占海洋污染事件总数的 83%，美国沿海每年发生1 万起海洋污染事件，有 3/4 是石油污染，导致每年有 8% 的海域所产的贝类不能食用。虽然石油中的烃组分在海水中能挥发掉 25%~30%，但大部分受波浪和湍流作用成小油滴混入海水中，使海水和海洋生物遭受污染，由此说明石油烃对海洋污染的严峻。

三、 物理性危害

物理危害通常是对个体消费者或相当少的消费者产生问题，危害结果通常导致个人损伤，如牙齿破损、嘴划破、窒息等，或者其他不会对人的生命产生威胁的问题。潜在的物理危害由正常情况下水产品中的外来物质造成，包括金属碎片、碎玻璃、木头片、碎岩石或石头。法规规定的外来物质也包括这类物质，如水产品中的碎骨片、鱼刺、昆虫以及昆虫残骸、啮齿动物及其他哺乳动物的头发、沙子以及其他通常无危害的物质。

第二节 水产品生产体系中的主要危害

一、 水产品中可能存在的天然有毒有害成分

水产品中除了人为引起的各种污染危害之外，因生活的环境复杂和种类之间的差异，其本身就可能存在很多天然有毒有害物质，目前关注较多的便是一系列的毒素，其中包括鱼类毒素、贝类毒素、螺类毒素、海兔毒素、藻类毒素等。本节将水产品中常见的重要毒素物质介绍如下。

（一） 鱼类毒素

1. 河豚毒素

河豚毒素（Tetrodotoxin，TTX）是从豚毒鱼类体内分离得到的一种氨基喹唑啉型剧毒物质。结晶的河豚毒素无臭无味，不溶于水，也不溶于有机溶剂，如苯、乙醚、丙酮、三氧甲烷中，易溶于酸性甲醇中，呈弱碱性。其化学性质稳定，在中性或弱酸性条件下，一般的家庭烹调加热、盐腌、紫外线和太阳光照射均不能使其破坏。但在强酸和强碱条件下不稳定，会发生降解，从而失去毒性。

河豚毒素是一种剧毒的神经毒素，其 LD_{50} 为 $8.7\mu g/kg$ 小白鼠，其毒性甚至比剧毒的氰化钠要强 1250 倍。它能使人神经麻痹，最终导致死亡。鈍毒鱼类以东方鈍为代表，广泛分布于温带、亚热带及热带海域，是近海食肉性底层鱼类。河豚毒素在鈍毒鱼类体内分布不均，主要集中在卵巢、睾丸和肝脏，其次为胃肠道、血液、鳃、肾等，肌肉中则很少。若把生殖腺、内脏、血液、皮肤去掉，洗净的新鲜河豚鱼肉一般不含毒素，但若河豚鱼死后较久，内脏毒素流入体液中逐渐渗入肌肉，则肌肉也有毒而不能食用。

河豚毒素虽然最早发现于豚毒鱼类的内脏，但目前发现许多其他的海洋生物中也含有该种毒素。现代研究表明，豚毒鱼类体内的河豚毒素并非源自于其自身，而是源自如下的两个方面：一是有多种嗜盐性海洋细菌都可产生河豚毒素，这些产生河豚毒素的细菌附生在豚毒鱼类肠道壁及皮肤上，产生的河豚毒素被豚毒鱼类吸收转贮于体内；二是已查明河豚毒素主要来源是豚毒鱼类在海洋中摄食的含河豚毒素的饵料生物，它们是扁平动物门的平涡虫、纽形动物门的多种纽虫、软体动物门的多种海螺。

我国每年河豚中毒人数为 200~250 人，在总的食物中毒人数中所占比例极小，但死亡率几乎均在 20% 以上，居食物中毒病死率之首。因此，严禁有毒河豚鲜品上市和自由贩卖，不得擅自处理或乱扔。

2. 组胺

鱼类组胺（Histimine）又称鲭亚目鱼毒（Scombiod Toxin）。组胺中毒是由于食用高含量组胺的鱼而引起的。含高组胺的鱼类主要是海产鱼中的青皮红肉鱼类，如鲐鱼、蓝点马鲛、秋刀鱼、沙丁鱼、青鳞鱼、金线鱼等。由于这些鱼的肌肉中含血红蛋白较多，因此组氨酸含量也较高，当受到能产生组氨酸脱羧酶的细菌污染后，鱼肉中的游离组氨酸在酶的催化下脱羧产生组胺。目前发现有 112 种细菌能产生组氨酸脱羧酶，包括莫根变形杆菌、组胺无色杆菌、大肠杆菌、链球菌、葡萄球菌，最主要的是莫根变形杆菌（*Morganella morganii*）。

组胺往往是因为处理或贮存不当产生的。在 15~37℃，有氧、中性或弱酸性（pH6.0~6.2）、渗透压不高（盐分 3%~5%）的条件下，易于产生大量组胺。当组胺含量积蓄至 4mg/g，人体摄入组胺 100mg 以上时，易发生中毒。组胺中毒是由于组胺使毛细血管扩张和支气管收缩所致，中毒症状轻，主要是脸红、胸部以及全身皮肤潮红和眼结膜充血，同时还有头痛、头晕、胸闷等现象。部分病人出现口、舌、四肢发麻以及恶心、呕吐、腹痛、腹泻、荨麻疹等。有的可出现支气管哮喘、呼吸困难、血压下降。病程大多为 1~2d，预后良好。

组胺可作为某些鱼是否腐败的指示物。欧美及我国对部分食品中组胺含量做了限量要求，FDA 要求进口水产品中组胺的含量不得超过 50mg/kg，欧盟规定鲭科鱼类中组胺含量不得超过 100mg/kg，其他食品中组胺不得超过 100mg/kg。我国规定鲐鱼中组胺不得超过 400mg/kg，其他海水鱼不得超过 200mg/kg。

3. 胆毒

鱼胆囊内的胆汁含有天然毒素，这类鱼称为胆毒鱼类（Gall Bladder Poisonous Fishes）。在动物性自然中毒案例中，胆毒鱼类中毒人数及死亡率近年来一直居高不下，仅次于河豚中毒而居第二位，成为一大公害。

胆汁中含有硫酸酯钠（一种水溶性胆盐），经动物实验表明其为毒性物质之一。其半致死量为 668.7mg/kg，相对分子质量为 554，分子式为 $C_{27}H_{47}O_8SNa$。鲤醇硫酸酯钠具有热稳定性，且不易被乙醇所破坏，不论生吞、熟食或用酒泡过吞服，均会引起中毒。即使外用也难避免，如眼疾病人用鱼胆滴入眼内会有异物感、怕光流泪，眼睛又痛又痒、结膜混浊、视力减退，严重者还会导致失明。曾发生过 2 例剖鱼时鱼胆溅入眼中而致盲的病例。

并非所有鱼类的胆汁均有毒。有人对河鳗、海鲇、乌鳢、胡子鲶、石斑鱼、黄鳝、艾氏蛇鳗、海鳗、真鲷、黄颡鱼等的胆汁进行实验，发现它们的胆汁都对小鼠没有毒性，而另外 11 种鱼的胆汁有毒，且毒性大，实验小鼠全部先后死亡。从鱼类分类学的角度来看，这 11

种鱼隶属于鲤形目、鲤科。因此可以推断胆毒鱼类源自鲤科，吞饮任何鲤科鱼类的胆汁都是危险的。从实验小鼠死亡时间的长短来判断它们的胆汁毒性的强弱，其中以鲫鱼的胆汁毒性最强，赤眼鳟则最弱。这 11 种鱼的胆汁的毒性强弱顺序依次为：鲫鱼＞团头鲂＞青鱼＞鲮鱼＞鲢鱼＞鳙鱼＞翘嘴鲌＞鲤鱼＞草鱼＞拟刺鳊鮈＞赤眼鳟。

据调查，吞服鱼胆并非所有人均会中毒，吞服小鱼胆（鱼重 1.6kg 以下），则症状不明显或无中毒现象（但也有个别中毒的）。吞服的鱼胆越大或个数越多，则中毒症状越严重，甚至死亡。鱼胆中毒主要是胆汁毒素严重损伤肝、肾，造成肝脏变性、坏死和肾小管损伤、集合管阻塞、肾小球滤过减少、尿流排除受阻，在短期内即导致肝功能衰竭。毒素还会使脑细胞受损，造成严重脑水肿和心肌损伤，致使心血管与神经系统病变，病情急剧恶化，最后死亡。

20 世纪 70 年代中期，临床医学实验对胆的药理作用进行了动物实验。从其结果来看，某些鱼类的胆汁虽具有轻度镇咳嗽、去痰和短暂的降压作用，但鱼胆治病的疗效微乎其微。数十年来吞服鱼胆治疗的中毒事故连续发生并不断的造成死亡，期望吞服鱼胆治疗疾病，无异于饮鸩止渴一样危险，因此有必要用科学手段来修正鱼胆可以治病的错误叙述。

4. 血清毒

一些鱼类，如鳗鲡目中的鳗鲡属（Anguilla）、康吉鳗属（Conger）、裸胸鳝属（Gymno-thorax）和合鳃鱼目中的黄鳝属（Monopterus），血液（血清）中含有鱼血清毒素（Ichthyohe-motoxin）。血清毒素和河豚血中的毒素不同，可以被加热和胃液所破坏。因此在一般情况下，含血清毒素的鱼类虽未洗净血液，但经煮熟后进食，不会中毒。大量生饮含有鱼血清毒素的鱼血而引起的中毒称为血清毒鱼类中毒（Ichthyohemotoxic Fish Poisoning）。此外人体黏膜受损，接触有毒的鱼血也会引起炎症。这种血液有毒的鱼类，称为血清毒鱼类（Ichthyohemotoxic Fishes）。在我国民间少数地区有饮鲜血以滋补身体的习俗，也发生过饮用生鱼血引起中毒的病例，因此，对血清毒鱼类应引起人们的关注。

5. 卵毒

某些鱼类（豚科除外）在产卵繁殖期间为了保护自己和防止已产出的卵子被其他动物所食，其卵含鱼卵毒素（Ichthyootoxin），这种鱼卵有毒的鱼类称为卵毒鱼类（Ichthyootoxin Fishes）。卵毒鱼类和豚毒鱼类的区别是：卵毒鱼类仅成熟的卵和卵巢有毒，肌肉和其他部分无毒。即使在产卵期间，弃去鱼卵后仍可食用。

（二） 贝类毒素

贝类在世界范围内可供食用的有 28 种之多，属于滤食性水生生物，其本身并不产生毒性物质，但通过摄入毒性海藻或与藻类共生时就变成毒化的生物体，使食用贝类者发生中毒。常见的贝类毒素主要包括：麻痹性贝类毒素、腹泻性贝类毒素、神经性贝类毒素及健忘性贝类毒素等几种。

1. 麻痹性贝类毒素

麻痹性贝类毒素（Paralytical Shellfish Poisoning，PSP）是由涡鞭藻所产生的一组多种毒素，但主要还是石房蛤毒素（Saxitoxin，STX），膝沟藻毒素（Gonyantoxin，GTX）和新石房蛤毒素（Neosaxitoxin）。也是迄今为止世界范围内分布最广、中毒发生率最高的一类贝类毒素。目前我国对贝类有毒有害物质进行残留监控时，对贝类中麻痹性贝类毒素含量做了限量要求，根据 NY 5073—2006《无公害食品 水产品中有毒有害物质限量》标准规定，其值不得超过 400MU/100g 贝肉组织。

麻痹性贝类毒素是一类烷基氢化嘌呤化合物，类似于具有 2 个胍基的嘌呤核，为非结晶、水溶性、高极性、不挥发的小分子物质。这种毒素溶于水且对酸稳定，在碱性条件下容易分解失活；对热也稳定，一般加热不会使其毒性失效；不被人的消化酶所破坏。目前已经分离出 20 多种，按其基因的相似性可将这些毒素分成四类：第一类含有氨基甲酸酯的毒素，毒性最高；第二类是 N-磺酰胺甲酰的毒素，毒性中等；第三类是脱胺甲酰基的毒素，毒性较低，第四类是 N-羟基类毒素，其毒性尚不清楚。

2. 腹泻性贝类毒素

腹泻性贝类毒素（Diarrhetic Shellfish Poisoning，DSP）主要来自甲藻中的鳍藻属（*Dinophysis*）和原甲藻属（*Prorocentrum*）等藻类，它们在世界许多海域都可生长。现已证明产生腹泻性贝类毒素的藻类主要有 7 种鳍藻属和 4 种原甲藻属。腹泻性贝类毒素一般均局限于贝类中肠腺，分为毒化贝和非毒化贝，外观无任何区别。赤潮期间，贝类含毒量增加，毒化贝类常见双壳贝，主要有扇贝、贻贝、杂色蛤、文蛤、牡蛎等。同样腹泻性贝类毒素也被列入我国贝类有毒有害物质残留监控重要指标，根据无公害食品　水产品中有毒有害物质限量（NY 5073—2006）标准规定，其值不得检出。

腹泻性贝类毒素是从各种贝类和甲藻中分离出来的一类脂溶性物质，其化学结构是聚醚或大环内酯化合物。根据这些成分的碳骨架结构可以将它们分成三组。①酸性成分，软海绵酸（Okadaic Acid，OA）及其天然衍生物——鳍藻毒素（Dinophysistoxin Ⅰ-Ⅲ，DTX Ⅰ-Ⅲ）；②中性成分，聚醚内酯–蛤毒素（Pectenotoxins，PTXs）；③其他成分，硫酸盐化合物即扇贝毒素（Yessotoxin，YTX）及其衍生物 45-OH 扇贝毒素。目前研究人员利用现代化学分离和分析技术从受有毒污染的贝类体内和有毒赤潮生物细胞中已分离出 23 种腹泻性贝类毒素，确定了其中 21 种成分的化学结构。大田软海绵酸和鳍藻毒素是导致腹泻性贝毒中毒的主要毒素类型，属于长链聚醚毒素，分子中有羟基和羧基基团。

3. 神经性贝类毒素

神经性贝类毒素（Neurotoxic Shellfish Poisoning，NSP）与短裸甲藻（*Ptychodisus brevis*）、剧毒冈比甲藻（*Gambierdiscus toxincus*）细胞及毒素污染贝类有关，是短裸甲藻、剧毒冈比甲藻细胞裂解、死亡时会释放一组毒性较大的毒素——神经毒素的一种。在美国，神经性贝类毒素通常与食用来自墨西哥沿岸的软体贝类有关，在南大西洋沿岸也时有发生。在新西兰，类似神经性贝类毒素的毒素高频率地发生。由于目前我国还没有神经性贝类毒素相关标准检测方法，因此，对其限量要求尚未做具体规定。

神经性贝类毒素属于高脂溶性毒素，结构为多环聚醚化合物，主要为短裸甲藻（*Ptychodisus brevis*）毒素。据估计每年有 5000 例因消费含毒素的水产品而导致神经性贝毒中毒，神经性贝毒素耐热、耐酸、稳定性强，是已知最毒的海洋毒素之一，通过增强细胞膜对 Na^{2+} 的渗透性来破坏神经细胞的膜电位。

4. 健忘性贝类毒素

健忘性贝类毒素（Amnesia Shellfish Poisoning，ASP）主要来自于硅藻属尖刺菱形藻（*Zitzschia pungens*）等，这些藻类主要生长在美国、加拿大、新西兰等海域。在日本海域的微藻也可导致健忘性贝类毒素的发生。健忘性贝毒引起的中毒现象通常与食用北美的东北和西北沿海的软体贝类有关。另外还有从美国西海岸的太平洋大蟹、石蟹、红石蟹和凤尾鱼的内脏中检出健忘性贝毒的报道。健忘性贝类毒素和神经性贝类毒素一样，在我国对其限量要求尚未做具体规定。

　　健忘性贝类毒素本质上是软骨藻酸（Domoic Acid），有相当一部分海洋生物能够累集软骨藻酸，其中包括双壳贝类、鱼类、甲壳类中的一些生物。软骨藻酸是一种从海藻中分离出来的一种神经性毒素——红藻氨酸（Kainic Acid）相近的刺激性氨基酸。软骨藻酸抑制谷氨酸在中枢神经系统突触后受体（Kainate）接受器上的作用。这会引起去极化作用，Ca^{2+} 的流入，最终导致细胞的死亡。软骨藻酸被鉴定为导致 1987 年加拿大东部养殖贻贝毒素中毒的物质，食用 3d 后症状出现，包括恶心和腹泻，而腹泻有时会伴有神智错乱，丧失方向感甚至昏迷。

（三）　螺类毒素

　　螺类已知有 8 万多种，其中少数种类含有有毒物质，如节棘骨螺（*Murex trircmis*）、蛎敌荔枝螺（*Purpura gradtata*）和红带织纹螺（*Nassarius suecinctua*）等。其中有毒部位分别在螺的肝脏或鳃下腺、唾液腺、肉和卵内。人类误食或食用过量可引起中毒。骨螺毒素、荔枝螺毒素（主要有千里酰胆碱和丙烯酰胆碱）和织纹螺毒素均属于非蛋白类麻痹型神经性毒素，易溶于水，耐热耐酸，且不被消化酶分解破坏。能兴奋颈动脉窦的受体，刺激呼吸和兴奋交感神经带，并阻碍神经与肌肉的神经传导作用。其作用的机理和中毒原因与症状，同石房蛤毒素相似。

（四）　海兔毒素

　　海兔又名海珠，以各种海藻为食物，是一种生活在浅海的贝类，但贝壳已退化为一层薄而透明的角质壳。头部有触角两对，短的一对为触觉器官，长的一对为嗅觉器官，爬行时向前和两侧伸展，休息时向上伸展，恰似兔子的两只耳朵，故称为海兔。海兔的种类较多，常见的种类有蓝斑背肛海兔（*Notarchus leachiicirrosus*）和黑指纹海兔，为我国东南沿海居民所喜食，还可入药。海兔体内毒腺（蛋白腺）能分泌一种略带酸性、气味难闻的乳状的液体，其中含有一种为芳香异环溴化合物的毒素，是御敌的化学武器。此外，在海兔皮肤组织中含有一种挥发油，对神经系统有麻痹的作用，误食其有毒部位，或皮肤有伤口接触海兔时均会引起中毒。食用海兔者常会引起头晕、呕吐、双目失明等症状，严重者有生命危险。

二、　养殖及捕获前可能产生的危害

　　某些水产品除了本身就含有一些天然的有毒有害物质外，在养殖及捕获前受到的污染也是不可忽视的。生活污水、工业废水的任意排放，使得江、河、湖、海中的化学物质、病原微生物、病毒以及寄生虫迅速增加。直接或间接进入水生生物体内，加之生物富集作用，使这些有毒有害物质在生物体内迅速累积，从而影响水产品质量。

　　近年来，随着人们生活水平的提高，对水产品的需求量日渐增加，水产养殖业便得到迅猛发展，养殖品种及产量也相应扩大。通过增大养殖密度来追求养殖产量从而获得更高利润的养殖方式是目前绝大多数养殖户常采用的养殖手段。养殖密度的增加，必然会增大投饵料，残饵及排泄物极易引起各种水产动物疾病，各种抗生素、杀虫剂、激素等物质的应用，这些物质有的对人体具有致癌作用。尤其是一些不法养殖户，乱用药、滥用药的现象特别严重。本小节将水产品在捕获前可能受到的污染物质介绍如下：

（一） 致病菌

1. 副溶血性弧菌

副溶血性弧菌（*Vibrio parahaemolyticus*）为革兰染色阴性细杆菌，呈弧状、杆状、丝状等多种形态，无芽孢，嗜盐，主要来自海产品，如墨鱼、海鱼、海虾、海蟹、海蜇以及盐分较高的腌制食品，如咸菜、腌肉等。在温度 37℃，含盐量 3%~3.5%，pH7.4~8.5 的培养基中生长良好。该菌不耐热，56℃时 5~10min 即可死亡。在抹布和砧板上能生存 1 个月以上，海水中可存活 47d。对酸较敏感，pH6 以下即不能生长，在普通食醋中 1~3min 即死亡。在 3%~3.5%盐水中繁殖迅速，每 8~9min 为一个周期。

据统计，1965—1974 年，日本副溶血性弧菌食物中毒占所有食物中毒的比例高达 24%。1985—1998 年的 13 年间，日本共发生副溶血性弧菌食物中毒 5160 起，中毒人数达 12.34 万人，即平均每年 400 起，中毒人数 1 万人/年，中毒率占细菌性食物中毒总量的 40%~60%。在中国，对副溶血性弧菌的报道最早见于 1962 年，在随后的几十年里出现了大量由该菌引起的中毒事件，以沿海城市最为严重。上海市嘉定区卫生防疫站对嘉定区 1988—1993 年间细菌性食物中毒样品进行了检测分析，在所检 323 份食物中毒样品中，检出致病菌 138 株，致病菌菌型以副溶血性弧菌为首，比例高达 76.8%。

2. 霍乱弧菌

霍乱弧菌（*Vibrio cholera*）是人类霍乱的病原体，霍乱是一种古老且流行广泛的烈性传染病之一。世界上曾经引起多次大流行，主要表现为剧烈的呕吐，腹泻，失水，死亡率甚高。属于国际检疫传染病。霍乱弧菌包括两个生物型：古典生物型（Classical Biotype）和埃尔托生物型（EL Tor Bio Type）。这两种型别除个别生物学性状稍有不同外，形态和免疫学性基本相同，在临床病理及流行病学特征上没有本质的差别。自 1817 年以来，全球共发生了七次世界性大流行，前六次病原是古典型霍乱弧菌，第七次病原是埃尔托型所致。

从病人体内分离出古典型霍乱弧菌和埃尔托弧菌比较典型，为革兰阴性菌，菌体弯曲呈弧状或逗点状，菌体一端有单根鞭毛和菌毛，无荚膜与芽孢。根据弧菌 O 抗原不同，分成 6 个血清群，第 I 群包括霍乱弧菌的两个生物型。第 I 群 A、B、C 三种抗原成分可将霍乱弧菌分为三个血清型：含 AC 者为原型（又称稻叶型），含 AB 者为异型（又称小川型），A、B、C 均有者称为中间型（彦岛型）。霍乱弧菌的抵抗力较弱，在干燥情况下 2h 即死亡；在 55℃湿热中 10min 即死亡；在水中能存活两周，在寒冷潮湿环境下的新鲜水果和蔬菜的表面可以存活 4~7d；对酸很敏感，但能够耐受碱性环境，例如能在 pH9.4 的环境中生长不受影响；容易被一般的消毒剂杀死。

3. 创伤弧菌

创伤弧菌（*Vibrio vulnificus*）是一种革兰阴性嗜盐菌，自然生存于河口海洋环境中，能引起胃肠炎、伤口感染和原发败血症。通常人类感染是因为食用生或半生的受污染海产品，或是因为伤口接触了带菌海水或海洋动物。根据生化、遗传、血清学试验的差异和受感染宿主的不同，目前将创伤弧菌分为三种生物型。人类感染通常表现为散发形式，且几乎都是由于生物 I 型所致；生物 II 型主要引起鳗鱼的疾病，极少感染人；生物 III 型于 1996 年首次报道，可引起人类败血症和软组织感染。根据 16S rRNA 基因和毒力相关基因的序列变异，生物 I 型又进一步分为两个基因型。据报道，贝类中的牡蛎分离的创伤弧菌菌株有极高的基因变异，而临床分离却似乎来源于单个菌株。

创伤弧菌是美国海产品消费引起死亡的首要病因，美国州级贝类卫生委员会（ISSC）规定，收获后经处理的牡蛎中创伤弧菌的限量不超过 30cfu/g。日本每年创伤弧菌败血症病例数约 425 例。

4. 单核细胞增生李斯特菌

单核细胞增生李斯特菌（*Listeria monocytogenes*）简称单增李斯特菌，是李斯特菌属中唯一能够引起人类疾病的。其生物学特性为：该菌为较小的球杆菌，大小为（1~3）μm×0.5μm；无芽孢，无荚膜，有鞭毛，能运动。幼龄培养物活泼，呈革兰阳性，48h 后呈革兰阴性，兼性厌氧，营养要求不高，在含有肝浸汁、腹水、血液或葡萄糖中生长更好。李斯特菌生长温度范围为 5~45℃，而在 5℃低温条件下仍能生长则是李斯特菌的特征，该菌经 58~59℃ 10min 可杀死，在-20℃可存活一年；耐碱不耐酸，在 pH9.6 中仍能生长，在 10%NaCl溶液中可生长，在 4℃的 20%NaCl 溶液中可存活 8 周。李斯特菌分布广泛，在土壤、人和动物的粪便、江河水、污水、蔬菜、青贮饲料及多种食物中可分离出此菌，并且它在土壤、污水、粪便、牛乳中存活的时间比沙门菌长。这种菌还在 pH 高于或低于 4.5 的青贮饲料中被发现。从来源于稻田、牧场、淤泥、动物粪便、野生动物饲料场和有关地带的样品中，有8.4%~40%分离出了产单核细胞增生李斯特菌。据证实，这种菌可以在潮湿的土壤中存活295d 或更长时间。

5. 致病性大肠杆菌

大肠杆菌又称埃希大肠杆菌（*Escherichia coli*），包括普通大肠杆菌、类大肠杆菌和致病性大肠杆菌等。一般情况下，它是肠道中的正常菌群，不产生致病作用。大肠杆菌的生物学特性是：革兰阴性短杆菌，大小为（1.1~1.5）μm×（2.0~6.0）μm；无芽孢，微荚膜，有鞭毛，需氧或兼性厌氧。最适生长温度为 37℃。大肠杆菌抗原构造较为复杂，主要由菌体（O）抗原、鞭毛（H）抗原和荚膜（K）抗原三部分组成。

致病性大肠杆菌（Pathogenic *Escherichia coli*）包括产毒素大肠杆菌（Toxigenic *E. coli*）、肠道致病性大肠杆菌（enteropathogenic *E. coli*）、肠道侵袭性大肠杆菌（enteroinvasive *E. coli*）、肠道出血性大肠杆菌（enterohemorrhagic *E. coli*）和肠道聚集性大肠杆菌（enteroaggregative *E. coli*）。引起食物感染的致病性大肠杆菌有免疫血清型 O157：H7、O55：B5、O26：B6、O124：B17 等。

肠道出血性大肠杆菌是能引起人的出血性腹泻和肠炎的一群大肠杆菌。以 O157：H7 血清型为代表菌株。出血性大肠杆菌 O157：H7 主要引起人的一种食源性疾病，以突发性腹痛、水样便、血痢、发热或不发热，严重时呈现出血性肠炎（HC）甚至溶血性尿毒综合征（HUS）为特征。已有研究报道该菌曾分离自血痢的犊牛，人工接种该菌导致出生 36h 内的犊牛发病。由于大肠杆菌 O157：H7 感染剂量极低，在食入不足 5 个细菌就可引起疾病，且病情发展快，死亡率高。O157：H7 也可以感染动物，并在实验动物中引起类似于出血性肠炎或溶血性尿毒综合征等症状，表明是一种人畜共患病。

出血性大肠杆菌 O157：H7 不耐热，75℃时 1min 即被杀死，但它却很耐低温，据报道在家庭的冰箱中也能够生存。另外，这种菌也很耐酸，即使在 pH3.5 的条件下也能够存活，能在水中生存相当长的时间。O157：H7 主要通过食物，经口感染。摄入被此菌污染过的食物或被患者的粪便污染后直接或间接入口，是唯一的感染途径。

6. 金黄色葡萄球菌

葡萄球菌属中的金黄色葡萄球菌（*Staphyloccocus aureus*）致病力最强，常引起食物中毒。它的生物学特性是：大多数无荚膜，革兰染色阳性，无芽孢，无鞭毛，动力试验呈阴性；需氧或兼性厌氧；最适生长温度 37℃；最适生长 pH7.4；具有高度耐盐性，生长的水分活度范围最低可达 0.82；可分解主要的糖类，产酸不产气；许多菌株可分解精氨酸，水解尿素，还原硝酸盐，液化明胶；对磺胺类药物敏感性低，但对青霉素、红霉素高度敏感。

食品被金黄色葡萄球菌污染后，在 25~30℃ 下放置 5~10h，就会产生肠毒素。这种毒素有 A、B、C、D、E 五种类型，其中 A 型的毒性最强，摄入 1μg 即能够引起中毒；B 型肠毒素，在 99℃ 条件下，经 87min 才能够破坏其毒性。

7. 沙门菌

沙门菌（*Salmonella*）属肠杆菌科，绝大部分具有周身鞭毛，能运动的革兰阴性杆菌。目前国际上有 2300 个以上的血清型，我国现已发现有 200 多个。按照菌体 O 抗原结构的差异，将沙门菌分为 A、B、C、D、E、F、G 七个组，对人类致病的沙门菌 99% 属 A~E 组。致病性最强的是猪霍乱沙门菌（*Salmonella cholerae*），其次是鼠伤寒沙门菌（*Salmonella typhimurium*）和肠炎沙门菌（*Salmonella enteritidis*）。

沙门菌并不产生外毒素，而是因为食入活菌而引起感染，食入活菌的数量越多，发生感染的机会就越大。沙门菌外界存活力强，生长温度范围为 5~46℃，最适温度 20~37℃。在人体中（35~37℃）每 25min 可以繁殖一代，能在水分活度为 0.945~0.999 的环境中生长，当 pH<4 时则不生长。在水中可生存 2~3 周，在粪便和冰水中生存 1~2 月，在冰冻的土壤中可以过冬，在含盐 12%~19% 的咸肉中可存活 75d。沙门菌属在 100℃ 时立即死亡，70℃ 经 5min 或 65℃ 经 15~20min、60℃ 经 1h 方可被杀死。水经氯化物处理 5min 可杀死其中的沙门菌。值得注意的是，沙门菌属不分解蛋白，不产生靛基质，食物污染后并无感官性状的变化。

沙门菌在水产品中检出率不高，但在污染的贝类中曾分离到此菌。另外，在食品的加工与贮藏过程中因交叉污染也会导致该菌的食物中毒。

（二）　病毒

1. 甲型肝炎病毒

甲型病毒性肝炎（Hepatitis A Virus，HAV）简称甲型肝炎，是由甲型肝炎病毒引起的一种急性传染病。临床上表现为急性起病，有畏寒、发热、食欲减退、恶心、疲乏、肝肿大及肝功能异常。部分病例出现黄疸，无症状感染病例较常见，一般不转为慢性和病原携带状态。HAV 抵抗力较强，能耐受 60℃ 1h，10~12h 部分灭活；100℃ 1min 全部灭活；紫外线（1.1 瓦，0.9cm 深）1min，余氯 10~15mg/L 30min，3% 福尔马林 5min 均可灭活。70% 酒精 25℃ 3min 可部分灭活。实验动物猕猴及黑猩猩皆易感，且可传代。因此，在加工中仅将贝类蒸汽加热至开壳并不足以使甲型肝炎病毒失活。

2. 诺瓦病毒

诺瓦病毒（Norovirus）（2002 年前称为诺瓦克病毒）通常存在于牡蛎、蛤等贝类中，人若生食这些受污染的贝类会被感染，患者的呕吐物和排泄物也会传播病毒。诺瓦病毒能引起腹泻，主要临床表现为腹痛、腹泻、恶心、呕吐。它主要通过患者的粪便和呕吐物传染，传染性很强，抵抗力弱的老年人在感染病毒后有病情恶化的危险。诺瓦病毒是一组杯状病毒属的病毒，又称诺如病毒。诺瓦病毒感染影响胃和肠道，引起胃肠炎或胃肠流感。诺瓦病毒引起的危害可通过充分加热水产品和防止加热后的交叉污染来预防。此外，控制贝类捕捞船向贝类生长水域排放未经处理的污水可以降低诺瓦病毒的可能性。2006 年冬至 2007 年初日本因生食牡蛎而引起 300 余万人出现诺瓦病毒肠胃炎。

（三） 寄生虫

1. 单线虫

单线虫（Anisakis Simplex）通常称为鲱鱼线虫（Herring Worm），是一种寄生性线虫或圆形虫，它的最终宿主是海豚科动物、海豚和抹香鲸。在鱼和鱿鱼体内的幼虫（蠕虫状）一般长 18~36mm，宽 0.24~0.69mm，粉红至白色。单线虫病（Anisakiasis）是由单线虫引起的人类疾病，与食用生鱼（生鱼片、腌泡酸鱼、醋渍鱼和冷烟熏鱼）或未熟的鱼有关。

2. 线虫

线虫（Pseudoterranova Decipiens）通常称为鳕鱼线虫（Codworm 或 Sealworm），是另一种寄生性线虫或圆形虫，通常其最终宿主是灰海豹、港海豹、海狮和海象。鱼体内幼虫长 5~58mm，宽 0.3~1.2mm，呈黄棕或红色。这种线虫也是通过食用生鱼或未熟的鱼传染人体。对其控制方法与单线虫（Anisakis simplex）相同。

3. 二叶槽绦虫

二叶槽绦虫（Diphyllobothrium Latum）寄生于各种北纬地带的食鱼哺乳类动物。在南纬地带也有类似种类发现，并以海豹为寄主。绦虫有吸附于寄主肠壁的结构特点且身体呈环节。绦虫幼虫在鱼体内长达几毫米至几厘米，呈白色或灰色。二叶槽绦虫主要感染淡水鱼类，但在鲑鱼体内也可寄生，通常发现其无囊盘绕于肌肉或囊状存在于内脏中，虫体成熟而使人致病。该绦虫也是通过食用生鱼或未熟的鱼传染人体。控制方法与单线虫（Anisakis simplex）相同。

4. 华枝叶睾吸血虫

华枝叶睾吸血虫（Clonorchis sinensis）又称肝吸虫，常寄生于人、猪、猫、犬的胆管内，虫卵随寄主粪便排出，被螺蛳吞食后，经过胞蚴、雷蚴和尾蚴阶段，然后从螺体逸出，附在淡水鱼体上，并侵入鱼的肌肉。人食用含有蚴的鱼肉，蚴在胆道内发育为成虫，引起肝脏病变。轻度患者无症状，但是可能引起肝肿大。较重的感染引起肝区不适，但全血计数和肝酶通常正常。超声波检查示胆囊扩张，有胆淤泥或胆石。有些患者经历多次发热和与吸虫团块或更常见的胆石相关的黄疸。慢性病例可出现胆汁性肝硬化，很少出现胆管癌。据对广东、辽宁、广西 176 份淡水鱼类进行调查，有 105 份（占 59.66%）染有华枝叶睾吸血虫囊蚴，其中以鲤形目的鲤形科的阳性率最高，其次为鳅科及鲶形目的鲶科鱼。

5. 卫氏并殖吸虫

卫氏并殖吸虫（Paragonimus westermani）又称肺吸虫，进入人体后，其囊蚴的囊壁在十二指肠溶解，蚴移行穿过肠壁、膜壁、横隔膜和胸膜进入肺，在那里形成与支气管相通的"巢"（空洞）。通常几个吸虫临近居住，引起产生褐色痰的咳嗽。发热、咯血、胸膜痛、呼吸困难和反复发作的细菌性肺炎是常见的症状。肺脓肿或胸膜渗出见于慢性感染者。卫氏并殖吸虫主要的传播食物为腌制的或生的淡水蟹和小龙虾。

6. 广州管圆线虫

广州管圆线虫（Angiostrongylus cantonensis）常见的中间宿主有褐云玛瑙螺、福寿螺等，此外还有皱巴坚螺、短梨巴蜗牛、中国圆田螺和方形棱螺。转续宿主有黑眶蟾蜍、虎皮蛙、金线蛙、蜗牛、鱼、虾和蟹等。人体广州管圆线虫病是由广州管圆线虫感染人体所引起的食源性寄生虫病。人体感受该病主要是食用了含有该虫第 3 期幼虫的螺类、鱼、虾以及被 3 期幼虫污染的蔬菜、瓜果和饮水。随着人们生活水平的提高，膳食结构的改变，生食或半生食的习惯逐渐普遍，增加了食源性寄生虫病的发病概率。此虫可以引起人体嗜酸粒的细胞增多性脑膜炎或脑炎。除大脑和脑膜外，还可寄生在小脑、脑干、脊髓。主要病变为充血、出血、发热、昏迷、精神失常等，严重者可造成死亡或者后遗症。

（四） 重金属

1. 砷

砷对水产品的污染主要是工业三废污染水体，从而污染了水生生物及藻类植物。

食物中所含的砷分为有机砷化物（海产品）和无机砷化物两种形式。这两种砷化物均易于为胃肠道所吸收，其吸收率为 70%~90%，一般有机砷化物的吸收率稍高。吸收后的砷经血液转运至肝、肾、脾、肺和肌肉中，主要蓄积于皮肤、毛发、指甲和骨骼中。吸收的砷大部分由尿排出，少量由粪便排出。尿砷是评价是否摄入砷和摄入多少的指标。

在食用的水生动物中主要以有机形态的形式存在，砷甜菜碱或砷胆碱。这些存在形式被称为"鱼砷"，还没有报道表明摄取后会在动物和人体产生毒性，而且没有证据显示砷甜菜碱具有诱变性。但鱼体中毒性更大的无机态砷（或在人体内可通过代谢由有机态转变为无机态的砷）的含量可以忽略。

海藻是含砷最高的食品，总砷和无机砷含量远远高于其他的食品。海藻砷化合物包括无机砷化合物亚砷酸盐（3^+）、砷酸盐（5^+），和有机砷单甲基砷酸（MMAⅢ、MMAⅤ）、二甲基砷酸（DMAⅢ、DMAⅤ）、砷糖（Arsenosugar）、砷脂（Arsenolipid）等。海藻中的砷主要为有机砷，而有机砷则主要为砷糖，海藻中砷与单糖结合的物质基本上是二甲基砷核糖，总称为砷糖。普遍认为海藻中的无机态砷无毒，而甲基化砷化合物毒性很小。对砷糖化合物的毒性研究表明，目前认为其与砷甜菜碱毒性相似，这可能是从未发生过食用海藻中毒的原因。

进入人体后，无机砷会引起急性或慢性中毒，主要作为一种致癌物质，可引起肺癌、血管肉瘤、真皮基部细胞和鳞片的癌变。砷的毒性取决于它的氧化态和释放形式。砷引起的慢性中毒有肠胃炎、肾炎、肝肿大、末梢均匀神经病和对皮肤的大量损伤，包括脚底和手掌的角化过度症以及普遍会出现的黑色素沉淀。这些症状中有一些是与毛细血管的内壁被破坏以及随后发生的浮肿和循环障碍有关。现在已知，在分子水平上，金属可以阻止磷酸化作用；与巯基反应能够打乱细胞的新陈代谢；能直接破坏 DNA 并且抑制 DNA 的修复。另外，砷酸钠和亚砷酸盐可以引起低等动物的病变。因此，金属会给孕妇、哺乳期的母亲和她们的孩子带来特别的危害。

2. 镉

镉对水产品的污染主要是工业废水的排放造成的。工业废水污染水体，经水生生物浓缩富集，使水产品中的镉含量明显增高。某些海贝类的富集系数可高达 $1 \times 10^5 \sim 2 \times 10^6$ 倍。

进入体内的镉以消化道摄入为主。镉在消化道的吸收率为 1%~1.5%，一般为 12%。低蛋白、低钙和低铁的膳食有利于镉的吸收，维生素 D 也促进镉的吸收。吸收的镉经血液转运至全身。血液中的镉一部分与红细胞结合，一部分与血浆蛋白结合。红细胞中的镉，部分与血红蛋白结合，部分可能以金属硫蛋白的形式与低分子蛋白质结合。这些结合的镉主要分布于肾和肝。肾脏含镉量约占全身蓄积量的 1/3，而肾皮质镉浓度是全肾脏镉浓度的 1.5 倍。这是因为含镉的金属硫蛋白可经肾小球过滤进入肾小管，或者排出体外，或重吸收，从而造成了镉在肾近曲管的选择性蓄积。而肝脏含镉量仅占全身镉的 1/6。因此，肾脏是慢性砷中毒的一个灵敏的靶器官。长期摄入镉后，可引起肾功能障碍，其早期的表现为尿镉和尿中低相对分子质量蛋白排出量增加。我国学者认为尿镉排出量达 15μg/L 或以上时，尿中低相对分子质量蛋白排出的阳性率明显增加，并建议个体尿镉的排出量以 15μg/L 作为临界值。镉在人体内的半衰期为 10~40 年，因此，易于在体内蓄积。吸收后的镉只有极少部分由粪尿排出体外。

镉主要损害肾近曲小管，使其重吸收的功能降低，引起蛋白尿、糖尿、氨基酸尿和尿钙排出量的增高。多钙尿可引起钙负平衡，造成软骨症和骨质疏松症。在日本发生过镉污染大米引起的"疼痛病"，主要症状为背部和下肢疼痛，行走困难。骨质疏松极易骨折。另外，镉还会引起贫血，其原因可能是镉干扰食物中铁的吸收和加速红细胞的破坏所致。

3. 铅

含铅工业三废的排放是铅污染的主要来源。工业生产中产生的烟尘和废气含有铅可污染大气，大气中的铅沉降到地面，从而污染农作物。汽车排出废气的铅可污染公路两旁的农作物。含铅废水的排放，可污染土壤和水体，污染水体的铅可通过食物链污染水产品。

进入体内的铅主要来自食物，世界卫生组织估计每日由食物中摄入的铅量为 200~300μg。铅由食物进入体内后，主要由十二指肠吸收，其吸收率为 5%~15%，平均为 10%，儿童的吸收率要高于成人。吸收的铅主要血液运转，并分布于全身，铅主要贮存于骨骼中，骨中的铅约占体负荷的 90%。体内铅主要由尿排出（约占吸收量的 76%），只有少量的铅从乳汁、汗液、头发和指甲排出。

铅的生物半衰期较长，因此，长期摄入低剂量铅后，易于在体内蓄积并出现慢性毒性作用。主要损害造血系统、神经系统、胃肠道和肾脏。常见的症状和体征为贫血、精神萎靡、烦躁、失眠、食欲降低、口有金属味、腹痛、腹泻或便秘，头昏、头痛和肌肉酸痛等。动物实验证明，铅可通过胎盘进入胎儿的体内，并引起豚鼠和小鼠等多种动物畸形。妇女接触低浓度的铅，可影响胎儿的生长发育。接触铅的男子可出现精细胞活力降低、畸形和发育不全等。

4. 铜

在自然界中，铜矿物的种类很多，有 170 种以上，但实际含铜较高的矿物只有几种。铜化合物中氯化铜、硫酸铜和硝酸铜易溶于水。铜广泛用于冶金及其制造、电镀和化学等工业中，硫酸铜在农业和林业上可防止病虫害，抑制水体中藻类的大量繁殖。

铜是生命所必需的微量元素之一，正常人体中总含铜量为 100~150mg。人体中铜大都存在于肝脏和中枢神经系统，对人体造血、细胞生长、某些酶的活动及内分泌腺功能均有重要作用。但摄入过量，则会刺激消化系统，引起腹痛、呕吐，人的口服致死量约为 10g。铜对低等生物和农作物毒性较大，其质量浓度达 0.1~0.2mg 时即可使鱼类致死，与锌共存时毒性可以增强，对贝类的毒性更大。一般水产用水要求铜的质量浓度在 0.01mg/L 以下。铜对水体自净作用有较严重的影响，当其质量浓度为 0.001mg/L 时有轻微的抑制作用，质量浓度达到 0.01mg/L 时有明显的抑制作用。我国水产品铜的污染水平较低。

5. 汞

人类通过食物摄取的汞与环境接触的汞比较具有较大的毒理学危害。汞对水产品的污染，主要是工矿企业中汞的流失和含汞三废的排放造成的。近年来我国对各种食品中汞的化学形式进行了研究，发现水产品的汞主要以甲基汞的形式存在；植物性食品中，以无机汞形式为主。一般来说，生物有富集汞的能力。陆生食物链的生物富集系数较低为 2~3，而水生食物链的生物浓集系数最高，如鳕鱼的富集系数为 3000 以上。鱼类为摄食甲基汞的重要来源，主要是由于水体底质中的无机汞在微生物的作用下转化为甲基汞，并通过食物链逐级浓缩起来。另外，鱼的肝脏也可利用无机汞合成甲基汞，且鱼体表面黏液中的微生物，甲基化能力也很强。因此，鱼中甲基汞的浓度增高是引起汞中毒的主要原因。如日本的"水俣病"就是甲基汞中毒的典型病例。鱼体内汞含量可因水体和饲料汞污染程度以及鱼龄和鱼体的大小而异。一般来说，水体和饲料中的污染程度越大，鱼的重量越大，鱼龄越增加，其甲基汞的含量也越高。

汞由胃肠道吸收与其化学形式有关。金属汞很少被胃肠道吸收，故其经口毒性极小。二价无机汞化物胃肠道吸收率为 1.4%~15.6%，平均为 7%。吸收后经血液转运，约以相等的量分布于红细胞和血浆中，并与血红蛋白和血浆蛋白的巯基结合。二价汞化物不易透过胎盘屏障，主要由尿和粪便排出。有机汞的吸收率较高，如甲基汞的胃肠道吸收率为 95%。吸收入体内的甲基汞，主要与蛋白质的巯基结合。在血液中，90% 的甲基汞与红细胞结合，10% 与血浆蛋白结合，并通过血液分布于全身。血液中的汞含量可反映近期摄入体内的水平，也可作为体内汞负荷程度的指标。甲基汞脂溶性较高，易于扩散并进入组织细胞，主要蓄积在肾脏和肝脏，并通过血脑屏障进入脑组织。大脑对甲基汞有特殊的亲和力，其浓度比血液浓度高 3~6 倍。甲基汞也可随头发的生长而进入毛发，血液中浓度与头发浓度之比为 1∶250，毛发中甲基汞的含量与摄入量成正比，因此，发汞值可以反映体内汞负荷水平。甲基汞主要由粪排出，由尿排出较少。

汞由于存在的形式不同，故其毒性也不同。无机汞化物的急性中毒多由事故摄入而引起。有汞化物，特别是烷基汞，在人体内不易降解，也不易排出，而易于积蓄。如甲基汞在人体内的生物半衰期为 70d，因此容易蓄积中毒。甲基汞中毒机制尚待研究，一般认为甲基汞能和含巯基的酶反应，成为一种酶的抑制剂，从而破坏了细胞的代谢和功能。慢性甲基汞中毒的症状主要为神经系统的损伤，起初为疲乏、头晕、失眠，而后感觉异常，手指、足趾、口唇和舌等处麻木，症状严重者可出现共济运动失调，发抖，说话不清，失明，听力丧失，精神紊乱，进而疯狂痉挛而死。甲基汞也可通过胎盘进入胎儿体内，新生儿红细胞中汞的浓度比母体高 30%。因此，甲基汞更容易危害婴儿，引起先天性甲基汞中毒。主要表现为发育不良，智力发育迟缓，畸形，甚至发生脑麻痹而死。

水产品中重金属限量要求按照 NY 5073—2006《无公害食品　水产品中有毒有害物质限量》的规定执行。

（五）　药物残留

造成水产品中的药物残留超标主要原因有以下几个方面：①使用违禁或淘汰药物；②不按照规定执行应有的休药期；③随意加大药物用量或把治疗药物当成添加剂使用；④滥用药物；⑤饲料加工过程受到污染；⑥用药方法错误；⑦捕获前使用药物；⑧养殖水体本身含有药物残留。我国部分禁用渔药名录及其危害见表 14-1。

表 14-1　　　　　　　　　　　部分禁用渔药名录及其危害

药物名称	危害
氯霉素	抑制骨髓造血功能，造成过敏反应，引起再生障碍性贫血（包括白细胞减少、红细胞减少、血小板减少等），此外还可引起肠道菌群失调及抑制抗体形成
呋喃类	长期使用和滥用会对人体造成潜在危害，引起溶血性贫血，多发性神经炎，眼部损害和急性肝坏死等病
磺胺类药	使肝肾等器官负荷过重引发不良反应，如颗粒性白细胞缺乏症，急性及亚急性溶血性贫血，以及再生障碍性贫血等症状
孔雀石绿	致癌、致畸、致突变，能溶解足够的锌，引起水生生物中毒
硫酸铜	妨碍肠道酶（如胰蛋白酶、α-淀粉酶等）的作用，影响鱼摄食生长，使鱼肾血管扩大，血管周围的肾坏死，造血组织破坏，肝脂肪增加
五氯酚钠	易溶于水，经日光照射易分解。它造成中枢神经系统、肝、肾等器官的损害，对鱼类等水生动物毒性极大。该药对人类也有一定的毒性，对人的皮肤、鼻、眼等黏膜刺激性强，使用不当，可引起中毒
甘汞、硝酸亚汞、乙酸汞等汞制剂	易富集中毒，蓄积性残留造成肾损害，有较强的"三致"作用
杀虫脒、双甲脒等杀虫剂	对鱼有较高毒性，中间代谢产物有致癌作用，对人类具有潜在的致癌性
林丹	毒性高，自然降解慢，残留期长，有富集作用。长期使用，通过食物链的传递，可对人体致癌
毒杀芬	毒性大，对斑点叉尾鮰鱼 96h 的 LC_{50} 为 0.0131mg/L，对生物有富集作用，对水产动物有致病变的潜在危险
喹乙醇	对水产养殖动物的肝肾功能造成很大的破坏，应激能力和适应能力降低，捕捞、运输时发生全身出血而死亡，还可致鲤贫血
己烯雌酚、黄体酮等雌激素	扰乱激素平衡，可引起恶心、呕吐、食欲不振、头痛等，损害肝脏和肾脏，导致儿童性早熟，男孩女性化，还可引起子宫内膜过度增生，诱发女性乳腺癌、卵巢癌、胎儿畸形等疾病
甲基睾丸酮、甲基睾丸素等雄激素	引起雄性化作用，对肝脏有一定的损害，可引起水肿或血钙过高，有致癌危险
锥虫胂胺	由于砷有剧毒，其制剂不仅可在生物体内富集，而且还可对水域环境造成污染，具有较强的毒性
酒石酸锑钾	一种毒性很大的药物，尤其是对心脏毒性大，能导致室性心动过速，早搏，甚至发生急性心源性脑缺血综合征；该药还可使肝转氨酶升高，肝肿大，出现黄疸，并发展成中毒性肝炎

三、　捕获后及加工过程中可能产生的危害

水产食品的种类繁多，除了以生鲜销售外，还加工成各种干制品、腌制品、熏制品、罐头食品、调味料、鱼粉、鱼油、鱼丸等。这些加工制品即使在原料上得到了质量保证，但在加工过程中仍容易受到微生物、化学物质以及外来异物等多种因素的影响，在正常情况下，这些不良因素是可以避免和控制的，但现在往往有一些不法生产户或经销商为了获取更高利润不仅不采取有效的控制手段，反而向水产品中掺杂使假、滥用食品添加剂或加入违禁化学添加物，给消费者安全带来极大的威胁。因此，把握好每一个生产环节，是确保水产品质量的一个关键。若加工环境的选择不合适、工作人员卫生措施不够以及添加剂的使用不当都可能带来一系列的危害。

（一）　加工环境不当引起的危害

厂址选择：水产品食品企业的厂址选择跟其他食品加工选择一样，若选择不当会造成周围环境对食品安全产生不良影响，涉及食品安全方面的主要问题有以下一些：

（1）水源　如水源含有病原微生物或有毒化学物质超标会造成食品污染。

（2）污染源　某些能产生较多毒害物质的化工厂、垃圾堆放处等，若与食品企业太近，都会对食品形成污染。此外，一些散发花粉的植物也会一定程度上污染食品。

（3）风向　即使在与污染源有一定距离的情况下，如果食品企业处于污染源的下风口，污染物也会因风力作用而对食品生产形成污染。

厂房设施与设备：由于厂房设施、设备的不合理而影响食品安全的问题也很多，常见的有以下几种情形：

（1）布局不合理　厂房设施、设备不合理是一个普遍存在的影响食品安全的问题，对部分食品加工企业的一项调查显示，不少企业生产工艺流程未按规定分开排列，整个生产线排列混乱，无污染区和洁净区的划分，甚至多个流程在同一个地点进行。工厂生产区和工人生活区离得太近，甚至混在一起，存在生活垃圾污染食品的可能性。此外，卫生间的合理布局也十分重要，车间内部一般不设卫生间。在进入车间入口处应合理设置高压空气间、胶鞋清洗池、手的清洗与消毒盆等。

（2）地板、天花板与墙壁　加工车间的地板凹凸不平，形成积水；地面不光滑或未及时清洁，都会使微生物孳生；房间内温湿度调控不当或室内外温差大，则天花板、墙壁易产生水珠，发生霉变；天花板、墙壁色彩太暗，污染物不易看清，不利于清除和消毒；交界处在设计上存在死角，会造成清洁上的困难；作业环境的照明不够，易使作业人员疲劳，影响工作，还可能分不清异物是否进入食品，从而带来食品安全上的种种问题。

（3）防鼠类、昆虫的设备不完善　造成鼠类、昆虫污染的可能原因很多，如车间与工厂内排水处理场、垃圾集中处、垃圾处理场等未隔离；作业人员进门时，昆虫随之而入；鼠类及昆虫从下水沟进入；诱虫灯与捕鼠器的设置不当等。

（4）空气的洁净程度　空气中的尘埃、浮游菌、沉降菌是造成食品污染的重要原因之一。粉状食品的原料处理，地面的冲洗都会使尘埃污染周围的空气。在生产环境中，排水沟、人体、包装材料等都可能成为尘埃发生源。车间内送风机与排风机设计不合理容易造成室内负压，那样会大大影响空气的质量。

（5）废弃物　有些企业废弃物随处丢弃，没有远离车间的废弃物集中地。有的虽设有专

门场地，但缺乏密闭措施，都会使存放地形成新的污染源。

（6）设备的材质　接触食品的工器具、容器设备和管道的材料对食品安全有直接影响。如铜制设备，由于铜离子的作用会使食品变色变味，油脂酸败等；设备表面的光洁度低或有凹坑、缝隙、被腐蚀残缺等会增加对微生物的吸附能力，易形成生物膜，增加清洁和消毒的难度，使微生物残存量增加，从而增加污染食品的机会。

（7）设备的安装　设备、管道的安装若存在死角、盲端，管道、阀门和接头拆卸不便会造成清洁上的困难，使得微生物容易滋生。

（8）厂房设备的清洗　有些企业未严格执行清洗制度和清洗方法不当，会造成厂房内环境和设备表面微生物的滋生，清洁剂残留的问题，这些对于食品安全的危害性也是显而易见的。

（9）污水的处理　根据排放物的情况，确定污水处理工艺。如果污水处理不当，一方面造成排放超标，另一方面给厂区带来卫生问题甚至影响周围环境。

（二）　工作人员卫生不合格引起的危害

在所有导致食品的微生物污染的因素中，工作人员是最大的污染源。如果工作人员不遵守卫生操作规程，极易将其在环境中所接触到的腐败微生物和病原菌传播到食品上。工作人员的手、头发、鼻子和嘴都隐藏着微生物，可能在生产过程中通过接触、呼吸、咳嗽、喷嚏等方式传播到食品上。若操作人员患有各种传染病或不宜接触食品的疾病，违章上岗，会造成病原菌污染食品。操作人员工作服的卫生也是十分重要的，一定要定期清洗与消毒，否则也会成为污染源。

（三）　添加剂使用不当引起的危害

1. 亚硫酸盐

亚硫酸盐是食品工业广泛使用的漂白剂、防腐剂和抗氧化剂，通常是指二氧化硫及能够产生二氧化硫的无机性亚硫酸盐的统称，包括二氧化硫、硫磺、亚硫酸、亚硫酸盐、亚硫酸氢盐、焦硫酸盐、低亚硫酸盐。海洋食品的兴起使得亚硫酸盐越来越多地出现在水产食品加工过程中，目的是防止氧化、褐变以及延长保存期。但亚硫酸盐的使用量是有要求的，一些不法商贩为了获得更大利益，将劣质产品加入过量亚硫酸盐来保持其外观。大量使用亚硫酸盐类食品添加剂会破坏食品的营养素。亚硫酸盐能与氨基酸、蛋白质等反应生成双硫键化合物，能与多种维生素如维生素 B_1、维生素 B_{12}、维生素 C、维生素 K 结合，特别是与维生素 B_1 的反应为不可逆亲核反应，结果使维生素 B_1 裂解成其他产物而损失。人类食用过量的亚硫酸盐会导致头疼、恶心、眩晕、气喘等过敏反应。哮喘者对亚硫酸盐更是格外敏感，因其肺部不具有代谢亚硫酸盐的能力。

2. 多聚磷酸盐

多聚磷酸盐作为保水剂和品质改良剂广泛应用于水产食品加工过程中，起到保持水分改善口感的作用，同时还有提高产品生产率的作用。但磷酸盐的过量残留会影响人体中钙、铁、铜、锌等必需元素的吸收平衡，体内的磷酸盐不断累积会导致机体钙磷的失衡，影响钙的吸收，容易导致骨质疏松症。

3. N-亚硝基化合物

N-亚硝基化合物是一类有机化合物，根据化学结构分为两类：一类为亚硝胺，另一类为 N-亚硝酰胺。亚硝胺和 N-亚硝酰胺在紫外光照射下都可发生分解反应。通过对 300 多种 N-

亚硝基化合物的研究，已经证明约 90%具有致癌性，其中的 N–亚硝酰胺是终末致癌物。亚硝胺需要在体内活化后才能成为致癌物。亚硝酸盐、氢氧化物、胺和其他含氮物质在适宜的条件下经亚硝化作用易生成 N–亚硝基化合物。

　　硝酸盐和亚硝酸盐是腌制水产品中常用的防腐剂。具有抑制多种微生物的生长，防止腐败的作用。亚硝酸盐还是一种发色剂。鱼类食品在加工焙烤过程中，加入的硝酸盐和亚硝酸盐可与蛋白质分解产生的胺反应，形成 N–亚硝基化合物，尤其是腐败变质的鱼类，可产生大量的胺类，其中包括二甲胺、三甲胺、脯氨酸、腐胺、脂肪族聚胺、精胺、胶原蛋白等。这些化合物与亚硝酸盐作用下生成 N–亚硝基化合物。

　　N–亚硝基化合物是一种很强的致癌物质。目前尚未发现哪一种动物能耐受 N–亚硝基化合物的攻击而不致癌。N–亚硝基化合物还具有较强的致畸性，主要使胎儿神经系统畸形，包括无眼、脑积水和少趾等，且有量效关系，给怀孕动物饲一定量的 N–亚硝基化合物也可导致胚胎产生恶性肿瘤。

四、　保藏及流通过程中可能产生的危害

（一）　保藏条件不当引起的危害

　　水生动物较陆生动物易于腐败变质，其原因有两个方面：一是原料的捕获与处理方式；二是其组织、肉质的脆弱和柔软性。渔业生产季节性很强，特别是渔汛期，鱼类捕获高度集中。鱼类捕获后，除金枪鱼之类大型鱼外，很少能马上剖肚处理，而是带着易于腐败的内脏和鳃等进行运输和销售，细菌容易繁殖。另外，鱼类的外皮薄，鳞片容易脱落，在用底拖网、延绳网、刺网等捕获时，鱼体容易受到机械损伤，细菌就从受伤的部位侵入鱼体。由此说明抑制微生物生长繁殖是确保水产品质量的一项重要措施。而微生物的生长繁殖除了需要一定的营养基础外，还需要一定的温度、时间等条件。因此控制细菌培养温度是抑制细菌生长繁殖的有效控制手段。研究表明，新鲜牡蛎在 5℃下可有效抑制其中的副溶血性弧菌的生长。

（二）　过敏原标识不清引起的危害

　　水产品尤其是海产品因生长的环境不同，可能存在一些特殊物质，这些物质对个别消费者食用后会导致过敏反应等。因此在对于此类特殊产品销售时，需要特殊说明标识。

第三节　与水产品相关的食源性疾病及其预防

一、　由细菌引起的食源性疾病与预防

（一）　副溶血性弧菌引起的食源性疾病

　　副溶血性弧菌（副溶血弧菌）是一种引起弧菌病的细菌。据估计，美国每年有 3600 例副溶血弧菌引起的食源性弧菌病。与创伤弧菌一样，副溶血性弧菌可能导致胃肠炎和原发性败血症，尽管原发性败血症在副溶血性弧菌中并不常见。胃肠炎的症状包括：腹泻，腹部痉挛，恶心，呕吐，头痛，发烧和发冷。症状从进食后 4h～4d 开始，持续约 2.5d。每个人都容易感染副溶血性弧菌引起肠胃炎，但败血症通常只发生于有潜在慢性病的人。

世界首例副溶血性弧菌食物中毒发生在日本，即 1950 年 10 月，在日本大阪发生了一起由沙丁鱼引起的暴发性食物中毒事件，造成了 272 人发病、20 人死亡。

1. 病原学特点

副溶血性弧菌为革兰阴性杆菌，呈弧状、杆状、丝状等多种形态，无芽孢，主要存在于近岸海水、底沉积物和鱼、贝类等海产品中。副溶血性弧菌能否被检出与海水的温度有关，只有温度上升到 19~20℃ 时，该菌的数量才能达到可被检出的水平。副溶血性弧菌引起的食物中毒是我国沿海地区最常见的一种食物中毒。副溶血性弧菌在 30~37℃、pH7.4~8.2、含盐 3%~4% 培养基上和食物中生长良好，无盐条件下不生长，故也称为嗜盐菌。该菌不耐热，56℃ 加热 5min，或 90℃ 加热 1min，或 1% 食醋处理 5min，均可将其杀灭。在淡水中生存期短，海水中可生存 47d 以上。

副溶血性弧菌有 13 种耐热的菌体抗原即 O 抗原，可用于血清学鉴定；有 7 种不耐热的包膜抗原即 K 抗原，可用于辅助血清学鉴定。副溶血性弧菌可分成 845 个血清型，该菌的致病力可用神奈川实验来区分。副溶血性弧菌能使人或家兔的红细胞发生溶血，是血琼脂培养基上出现 β 溶血带，称为"神奈川试验"阳性。在所有副溶血性弧菌中，多数毒性菌株神奈川试验为阳性（K^+），多数非毒性菌株神奈川试验为阴性（K^-）。K^+ 菌株能产生一种耐热型直接溶血素，K^- 菌株能产生一种热敏型溶血素，有些菌株能产生两种溶血素。有种耐热型相关溶血素是一种重要的毒性因子，它至少在某些副溶血性弧菌菌株中存在。耐热型直接溶血素相对分子质量为 42000，是一种致心脏病的细胞蛋白。

引起食物中毒的副溶血性弧菌 90% 神奈川试验阳性。神奈川试验阳性菌感染能力强，通常在感染人体后 12h 内出现食物中毒症状。

2. 流行病学特点

（1）地区分布特点　日本及我国沿海地区为副溶血性弧菌食物中毒发病率的高发区。据调查，我国沿海水域海产品中副溶血性弧菌检出率较高，尤其是气温较高的夏秋季节。但近年来，随着海产食品的市场流通，内地也有副溶血性弧菌食物中毒的事件发生。

（2）季节性特点及易感染性　7~9 月常是副溶血性弧菌食物中毒的高发季节。男女老幼均可患病，但以青壮年为多，病后免疫力不强，可重复感染。

（3）食物的种类　主要是海产食品，其中以墨鱼、带鱼、虾、蟹最为多见，如墨鱼的带菌率高达 93%，其次为盐渍食品。

（4）食品中副溶血性弧菌的来源

①人群带菌者对各种食品的直接污染：沿海地区饮食从业人员、健康人群及渔民副溶血性弧菌带菌率为 11.7% 左右，有肠道病史者带菌率可达 31.6%~88.8%。

②间接污染：沿海地区炊具的副溶血性弧菌带菌率为 61.9%，被副溶血性弧菌污染的食物，在较高温度下存放，食用前加热不彻底或生吃，或熟制品受到带菌者、带菌的生食品、带菌容器及工具等的污染。

3. 中毒机制

副溶血性弧菌食物中毒发生的机制主要为大量副溶血性弧菌的活菌侵入肠道所致；少数由副溶血性弧菌产生的溶血毒素所引起。

4. 临床表现

副溶血性弧菌食物中毒临床上以急性起病、腹痛、呕吐、腹泻及水样便为主要症状。此病多在夏秋季发生于沿海地区，常造成集体发病。近年来由于海鲜空运，内地城市病例也逐渐增多。其发病初期为腹部不适，尤其是上腹部疼痛或为痉挛、恶心、呕吐、腹泻，体温一般为 37.7~39.5℃。发病 5~6d 后，腹痛加剧，以脐部阵发性绞痛为本病特点。粪便多为水样、血水样、黏液或脓血便，愈后良好。近年来，国内外报道的副溶血性弧菌食物中毒，临床表现不一，可呈胃肠炎型、癫痫型、中毒性休克型或少见的慢性肠炎型。

5. 诊断和治疗

按照 WS/T 81—1996《副溶血性弧菌食物中毒诊断标准及处理原则》操作。根据副溶血性弧菌的流行病学特点与临场表现，结合细菌学检验可作出诊断。

（1）流行病学特点　在夏秋季有进食海产品或间接被副溶血性弧菌污染的其他食品的消费者为易感人群。

（2）临床表现　发病急，潜伏期短，上腹部阵发性绞痛，腹泻后出现恶心、呕吐。

（3）实验室诊断

①细菌学检验：按照 GB 4789.7—2013《食品安全国家标准　食品微生物学检验　副溶血性弧菌检验》操作。从可疑中毒食品中采样，经增菌、培养、分离以及形态、生化反应、嗜盐试验等检验确认为生物学特性或血清型别一致的副溶血性弧菌。

②血清学检验：发病早期病人血清与细菌学检验分离的菌株或已知菌株的凝集价通常增高至 1∶40~1∶320，健康人的血清凝集价通常在 1∶20 以下。

③动物实验：将细菌学检验分离的副溶血性弧菌给小鼠腹腔注射，观察毒性反应。

④快速检测：采用聚合酶链式反应（PCR）等快速诊断技术，24h 内即可直接从可疑食物、呕吐物或腹泻物标本中确定副溶血性弧菌耐热毒素的存在。治疗：以对症治疗为主，除重症患者外一般不用抗生素。

6. 预防措施

副溶血性弧菌食物中毒的预防要抓住防止污染、控制繁殖和杀灭病原菌三个主要环节，其中控制繁殖和杀灭病原菌尤为重要。应采用低温贮藏各种食品，尤其是海产食品及各种熟制品。鱼、虾、蟹、贝类等海产品应煮透，蒸煮时需加热至 100℃并持续 30min。对凉拌食物要清洗干净后置于食醋中浸泡 10min 或在 100℃沸水中漂烫数分钟以杀灭副溶血性弧菌。

（二）　大肠杆菌引起的食源性疾病

1895 年 Escherich 首次描述大肠杆菌。

1. 病原学特点

大肠杆菌为革兰阴性菌，多数菌株周生鞭毛，能发酵乳糖及多种糖类，产酸产气，在自然界生命力强，土壤、水中可存活数月，其繁殖的最小水分活度 0.935~0.96。大肠杆菌的抗原结构较为复杂，包括菌体 O 抗原、鞭毛 H 抗原及被膜 K 抗原，K 抗原又分为 A、B、L 三类，治病性大肠杆菌的 K 抗原主要为 B 类。引起食物中毒的致病性大肠杆菌的血清型主要有 O157∶H7、O111∶B4、O55∶B5、O26∶B6、O86∶B7、O124∶B17 等。目前已知的致病性大肠杆菌包括如下 4 型：

（1）肠产毒性大肠杆菌（ETEC）　是致婴幼儿和旅游者腹泻的病原菌，能从水中和食物中分离到。人类中 ETEC 主要的血清群为：O6、O8、B15、O25、O27 等。致病物质是不耐热肠毒素和耐热肠毒素。

（2）肠侵袭性大肠杆菌（EIEC）　较少见，主要侵犯少儿和成人，所致疾病很像细菌性痢疾，因此它又称志贺样大肠杆菌。不同的是，EIEC 不具有痢疾志贺菌Ⅰ型所具有的志贺毒素。

（3）肠致病性大肠杆菌（EPEC）　是引起流行性婴儿腹泻的病原菌，主要是依靠流行病学资料确认的，最初在暴发性流行的病儿中分离到。EPEC 不产生肠毒素，不具有 K88、CFAⅠ样与致病菌有关的菌毛，但能产生一种与痢疾志贺样大肠杆菌类似的毒素，侵袭点是十二指肠、空肠和回肠上段，所致疾病很像细菌性痢疾，因此容易误诊。

（4）肠出血性大肠杆菌（EHEC）　是 1982 年首次在美国发现的引起出血性肠炎的病原菌，主要血清型是 O157∶H7，O26∶B11。EHEC 不产生耐热或热敏肠毒素，不具有 K88、K99、987P、CFAⅠ、CFAⅡ等黏附因子，不具有侵入细胞的能力，但可产生志贺样毒素，有极强的致病性，其主要感染 5 岁以下儿童。临床特征是出血性结肠炎，剧烈的腹痛和便血，严重者出现溶血性尿毒症。据估计，美国每年有 17300 例食源性大肠杆菌感染病例发生。

2. 流行病学特点

（1）发病季节　多发生在夏秋季。

（2）引起中毒的食物种类　引起中毒的食物种类与沙门菌相同。

（3）食品中大肠杆菌的来源　由于大肠杆菌存在于人和动物的肠道中，健康人肠道致病菌性大肠杆菌带菌率为 2%~8%，高者达 44%；而成人患肠炎、婴儿患腹泻时，致病性大肠杆菌带菌率较健康人高，可达 29%~52%。饮食行业的餐具易被大肠杆菌污染，其检出率高达 50%。大肠杆菌随粪便排出而污染水源或土壤，进而直接或间接污染食物。

3. 中毒机制

大肠杆菌食物中毒的发病机制与致病性杆菌的类型有关。肠产毒性大肠杆菌、肠出血性大肠杆菌引起毒素型中毒；肠致病性大肠杆菌和肠侵袭性大肠杆菌引起感染型中毒。

4. 临床表现

主要由肠产毒素性大肠杆菌引起急性胃肠炎，易感染人群主要是婴幼儿和旅游者。潜伏期一般为 10~15h，短者 6h，长者 72h。临床症状为水样腹泻、腹痛、恶心、发热 38~40℃。主要由肠侵袭性大肠杆菌引起急性菌痢。潜伏期一般为 48~72h，主要表现为血便、脓黏液血便、里急后重、腹痛、发热。病程 1~2 周。主要由肠出血性大肠杆菌引起出血性肠炎。潜伏期一般为 3~4d，主要表现为突发性剧烈腹痛、腹泻，先水便后血便。病程 10d 左右，死亡率为 3%~5%，老人、儿童多见。

5. 诊断和治疗

按照 WS/T 8—1996《病原性大肠艾希氏菌食物中毒诊断标准及处理原则》执行。

（1）符合大肠杆菌食物中毒的流行病学特点　引起中毒的常见食品为各类熟肉制品，其次为蛋及蛋制品，中毒多发生在 3~9 月，潜伏期 4~48h。

（2）符合大肠杆菌食物中毒的临床表现　中毒的临床表现因引起的病原不同而异。主要为急性胃肠炎型、急性菌痢型及出血性肠炎。

（3）实验室诊断

①细菌学检验：按照 GB 4789.6—2016《食品安全国家标准　食品微生物学检验　致泻大肠埃希氏菌检验》操作。由可疑食品和患者呕吐物中均检出生化及血清学型别相同的大肠杆菌。

②测定与试验：肠产毒素大肠杆菌应进行肠毒素测定，侵袭性大肠杆菌应进行豚鼠角膜试验。

③血清学鉴定：取经生化试验证实为大肠杆菌的琼脂培养物，与致病性大肠杆菌、侵袭性大肠杆菌和肠产毒性大肠杆菌多价 O 血清和出血性大肠杆菌 O_{157} 血清进行凝集试验，凝集价有明显升高者，再进行血清分型鉴定。

④产毒大肠杆菌基因探针：Hill 等报道，从大肠菌 C600 的质粒 pEWD299 上分离的一个 850bp 片段，可用于鉴别不耐热肠毒素的存在。用这个探针对污染食品进行检测时发现，样品如不经浓缩，探针的灵敏程度可达 100 个/g 样品，编码耐热肠毒素的基因也已经克隆，但尚未见到用于食品检测的报道。

6. 治疗

大肠杆菌引起的食物中毒一般采取对症治疗和支持治疗，部分重症患者应尽早使用抗生素。首选药物为氯霉素、多黏霉素和庆大霉素。

7. 预防措施

大肠杆菌食物中毒的预防与沙门菌食物中毒预防类似。

（三）　单核细胞增生李斯特菌引起的食源性疾病

首次发现单核细胞增生李斯特菌是在 1911 年，Hulphers 对单核细胞增生李斯特菌的最低生长温度进行了描述，1923 年由 Murry 等人对单核细胞增生李斯特菌进行了详细描述。从那时以后，它被证实为 50 多种动物的病原菌，除家禽、鱼类和甲壳类动物之外，还包括人类。第一例被报道的人体因食物中毒患单核细胞增生李斯特菌病是在 1929 年，随后在世界范围内有零星的报道。

1. 病原学特点

李斯特菌属是革兰阳性、短小的无芽孢的杆菌，它包括格氏李斯特菌、单核细胞增生李斯特菌、默氏李斯特菌等 8 种。李斯特菌在 5~45℃ 均可生长，在 5℃ 低温条件下仍能生长则是李斯特菌的特征，李斯特菌的最高生长温度为 45℃，该菌经 58~59℃、10min 可杀死，在 -20℃ 可存活一年；耐碱不耐酸，在 pH9.6 中仍能生长，在 10%NaCl 溶液中可生长，在 4℃ 的 20%NaCl 中可存活 8 周。引起食物中毒的主要是单核细胞增生李斯特菌，它能致病和产生毒素，并可以在血液琼脂上产生 β-溶血素，这种溶血物质称为李斯特菌溶血素 O。

2. 流行病学特点

（1）季节性特点　春季可发生，而发病率在夏、秋季呈季节性增长。

（2）食品种类　引起李斯特菌食物中毒的主要食品有乳及乳制品、肉类制品、水产品、蔬菜及水果。尤以在冰箱中保存时间过长的乳制品、肉制品最为多见。

（3）食品中李斯特菌的污染来源及中毒发生的原因　牛乳中李斯特菌的污染主要来自粪便。人类粪便、哺乳动物和鸟类粪便均可携带李斯特菌，如人类粪便带菌率为 0.6%~6%，人群中短期带菌者占 70%，即使是消毒牛乳，其污染率也在 21% 左右。此外，由于肉尸在屠宰过程易被污染，在销售过程中，食品从业人员的手也可造成污染，以致在生的和直接入口的肉制品中该菌污染率高达 30%；受热处理的香肠也可再污染该菌；国内有人从冰糕、雪糕中检出了李斯特菌，检出率 17.39%，其中单核细胞增生李斯特菌为 4.35%。由于该菌能在冷藏条件下生长繁殖，故用冰箱冷藏食品，不能抑制它的繁殖。如饮用未彻底杀死李斯特菌的消毒牛奶以及直接食用冰箱内受到交叉污染的冷藏熟食品、乳制品均可引起食物中毒。

3. 中毒机制

中毒发生的机制主要为大量李斯特菌的活菌侵入肠道所致；此外也与李斯特菌溶血素 O 有关。

4. 临床表现

单核细胞增生李斯特菌临床表现有侵袭性和腹泻型两种。侵袭型的潜伏期为2~6周。病人开始常有胃肠炎的症状，最明显的表现是败血症、脑膜炎、脑脊膜炎、发热，有时可引起心内膜炎。孕妇、新生儿、免疫缺陷的人为易感人群。对于孕妇可导致流产、死胎等后果，对于幸存的婴儿则易患脑膜炎，导致智力缺陷或死亡；对于免疫系统有缺陷的人易出现败血症和脑膜炎。少数轻症患者仅有流感样表现。死亡率高达20%~50%。腹泻型病人的潜伏期一般为8~24h，主要症状为腹泻、腹痛、发热。

5. 诊断及治疗

（1）流行病学特点　符合李斯特食物中毒的流行病学特点，在同一人群内短期发病，且进食同一可疑食物者易感。

（2）特有的中毒表现　李斯特菌食物中毒侵袭型的中毒表现与常见的其他细菌性食物中毒的中毒表现有着明显的差别，突出的有脑膜炎、败血症，孕妇流产或死胎等。

（3）细菌学检验　按照GB/T 4789.30—2016《食品安全国家标准　食品微生物学检验 单核细胞增生李斯特氏菌检验》操作。在病人血液，或脑脊液、粪便中与食品中分理出同一血清型单细胞增生李斯特菌，也可以通过检测患者血清中抗体效价来确定诊断。

6. 治疗

进行对症和支持治疗，用抗生素治疗时一般首选药物为氨苄青霉素。

7. 预防措施

在冰箱冷藏的熟肉制品及直接入口的方便食品、牛乳等，食用前要彻底加热。

（四）　其他常见细菌性食源性疾病

其他常见细菌性疾病鉴别要点见表14-2。

表14-2　　　　　　　　　　　其他常见细菌性疾病鉴别要点

病原	霍乱弧菌	创伤弧菌	葡萄球菌毒素	肉毒梭菌毒素	变形杆菌
类型	感染中毒型（大量活菌）	感染中毒型（大量活菌）	毒素中毒型（肠毒素）	毒素中毒型（肉毒毒素）	感染中毒型（大量活菌）
潜伏期	1~3d	1~2d	2~4h	1~4d	10~12h
体温	38℃以上	38℃以上	正常	正常	37~38℃
症状特点	腹泻和呕吐症状迅速，严重脱水，肌肉痉挛	发热、下肢肿胀、剧烈疼痛、局部红斑、淤血斑坏死、水泡或血疱、蜂窝组织	剧烈、反复呕吐	特殊神经症状：眼睑下垂，复视，声音嘶哑，吞咽困难	胃肠炎，腹部刀割样绞痛
病程	病程长1~3周	病程长可达5周以上	恢复快1~2d	病程长2~3周	恢复快1~2d
死亡率	死亡率高	死亡率高	无死亡	病死率高	几乎无死亡
常见中毒食品	海产品，受海产品污染的咸菜	海产品，受海产品污染的咸菜	淀粉类食品，剩米饭，乳制品	自制发酵食品，臭豆腐，面酱，罐头	动物性食品，冷荤凉拌菜，水产品

二、 由病毒和寄生虫引起的食源性疾病

（一） 由甲型肝炎病毒引起的食源性疾病

目前已发现并鉴定的 7 种肝炎病毒中，甲型肝炎病毒（Hepatitis，HAV）是通过消化道途径传播的病毒，它可导致暴发性、流行性病毒肝炎，是通过食品传播最常见的一种病毒。

1. 病毒学特征

甲型肝炎病毒属于微小 RNA 病毒科（Picornaviridae）的肝炎病属，一般无囊膜，直径 27nm，呈正二十面体颗粒，内含一正链 RNA，全长约 7478 个核苷酸，主要分 5′非编码区（5′NTR）、编码区、3′非编码区（3′NTR）以及多聚腺苷酸尾，编码为 2300 个氨基酸。甲型肝炎是 1972 年由一位学者用免疫电镜的方法在急性肝炎病人的大便中发现的，并于 1978 年在组织培养系统中获得成功。根据甲型肝炎病毒基因结构和粪口传播方式，国际病毒分类委员会曾于 1982 年将其分类为小 RNA 病毒科肠道病毒属 72 型。

2. 流行病学

甲型肝炎是世界性疾病，全世界每年发病数超过 200 万人，加上很多病人症状较轻并未就医，因此实际病例远远高于统计数据，其中主要发生在不发达国家。

（1）甲型肝炎的发病年龄　通过甲型肝炎病毒抗体阳性率调查，世界各地人群甲型肝炎病毒感染大致分为三种类型：

①在卫生条件差的发展中国家，特别是热带地区，易感人群一般为幼儿；

②在一些经济发达、民族众多的大国，甲型肝炎感染率随年龄而递增；

③在北欧、瑞士等经济和文化发达、人口较少的国家，甲型肝炎病毒抗体基本上只在 40 岁以上的人群中存在。欧洲七国甲肝抗体调查结果显示：挪威青少年中仅少数人抗体阳性，20~39 岁年龄组中抗体阳性率为 10%；瑞士、荷兰、德国的 20 岁以下年龄组抗体阳性率不到 20%。

（2）甲型肝炎的传播途径　粪口途径是甲型肝炎病毒的主要传播途径，水和食物的传播是暴发流行的主要传播方式。较差的环境卫生和不良个人习惯可能是造成甲型肝炎病毒地方性流行的主要原因。实验表明，手和污染的水是甲型肝炎病毒传播的重要载体。接触传播也是重要的方式。也有文献报道认为，即使在低流行国家的非流行期，也是以接触传播为主，高流行地区更是如此。

最新研究表明，输液途径也可引起甲型肝炎病毒传播，现证实甲型肝炎病毒血症可持续 10~35d，但其滴度比粪便中低。Skidmore 报道 1 例剖宫产妇通过输一名两周后确诊为甲型肝炎的献血员的血而感染甲肝。

甲型肝炎病毒传播的另一感染源是感染的非人灵长类动物，受感染者多为饲养人员及其他亲密接触者，但症状较轻。可能是动物先从人或其他动物中感染了甲型肝炎病毒，再传播给饲养员。

3. 发病机制

甲型肝炎病毒经口侵入，在肝细胞内复制并发病毒血症，从粪便排出，其在肝外复制部位尚未确定。甲型肝炎病毒同肝细胞膜上的受体结合后进入细胞，脱去衣壳，其 RNA 与宿主和核糖体结合，形成聚核糖体。甲型肝炎病毒 RNA 翻译产生多聚蛋白，后者裂解成衣壳

蛋白（P1 区）和非结构蛋白（P2 和 P3 区）。病毒 RNA 多聚酶复制正链 RNA，形成含正、负链 RNA 的复制中间体，负链 RNA 作模板产生子代正链 RNA，用于翻译蛋白质并组装成成熟的病毒体。当囊泡与胆小管内胆酸结合，甲型肝炎病毒可从中释放。粪中观察到游离甲型肝炎病毒这一事实支持了这种模式。而大部分释放到细胞培养上清液中病毒则可能是膜包围的。尚不清楚甲型肝炎病毒是如何离开肝细胞的。

典型的甲型肝炎病毒感染可分为两个阶段：先是无细胞致病性的高度复制期，有大量病毒释放出来；然后是细胞致病期，病毒量已明显减少，局部有炎症细胞浸润，并产生免疫性。在甲型肝炎发病期，血清免疫球蛋白会升高。引起非特异性免疫球蛋白升高的机理并不清楚。

4. 临床表现

甲型肝炎病毒感染后，每个人临床表现差别很大。根据一次水源性感染的调查分析，其中急性黄疸型占 20%，亚临床型占 45.7%，隐性感染占 34.3%。这主要与患者的年龄有关，也与感染的病毒数量有关。

急性黄疸型甲型肝炎的病发过程可分为：潜伏期、前驱期、黄疸期和恢复期 4 个阶段。潜伏期为 1~6 周，感染剂量越大，潜伏期越短。潜伏期病人虽无明显症状，但此时病毒复制活跃，粪便中排毒量高，传染性最强。前驱期约为 1 周，半数以上病人出现厌食、恶心、呕吐等症状。由于肝肿大，大龄儿童和成人常伴有上腹痛或不适。黄疸期出现时伴有尿色加深，几天后病人粪色变浅，黏膜、结缔组织及皮肤黄染。黄疸出现后数天，病人发热减退。急性病人体征有肝区触痛，部分病人有脾肿大。

甲型肝炎病毒感染中以亚临床型比例比较高，其症状较轻，无黄疸表现，仅有乏力、食欲减退等轻微症状；体征都有肝肿大，血清转氨酶异常升高。重症肝炎的比例极低，病程一般为 6~8 周，表现为突发高烧、剧烈腹痛、呕吐、黄疸，之后有肝性脑病表现，病死率较高，并且病死率随病人年龄增长而升高。

5. 诊断和治疗

甲型肝炎的诊断除依据临床症状、体征、各种化验及流行病学资料外，也可用血清免疫学方法及病毒学方法对其进行诊断。另外分子生物学的发展也为病原提供了新的检测方法。

（1）病毒快速诊断　过去一般采用体内的抗原和抗体识别试验，体外补体结合试验和免疫粘连血凝试验来检测甲型肝炎病毒。然而，近年来具有高度敏感性和特异性的第三代放射免疫试验（RIA）和酶免疫试验（EIA）已有效的取代了上述方法。这些技术可用来检测临床标本中的甲型肝炎病毒，也可在培养实验和流行病学研究中检测该病毒。

（2）血清学诊断　采用检测发病急性期血清中的抗甲型肝炎病毒的 IgM 可诊断急性甲型肝炎病毒感染，该抗体在发病后几周内达到峰值，然后急剧下降。发病后 5 个月，50% 的病人丢失抗甲型肝炎病毒的 IgM，大部分病人中 1 年内检测不出抗甲型肝炎病毒的 IgM。

（3）放射免疫试验和酶免疫试验　改良的放射免疫试验和酶免疫试验是检测抗甲型肝炎病毒的 IgM 的最适用方法。该法通过数据密度梯度离心分离 IgG 和 IgM 组分，然后通过放射免疫试验或酶免疫试验测定抗甲型肝炎病毒的这两种组分。

（4）分子生物学检测技术　甲型肝炎病毒基因组的部分基因已被克隆，由这些基因组制备的探针 cDNA 可通过 cDNA-RNA 杂交方法用于测定甲型肝炎病毒的 RNA。用放射免疫试验和分子杂交方法可从实验性感染绢毛猴和恢复期粪便标本中检出甲型肝炎病毒和抗甲型肝炎病毒的 IgA。用分子杂交方法还可从粪便和组织标本中检测到甲型肝炎病毒的 RNA。另外，还可以应用多克隆和单克隆抗体酶联免疫吸附试验（ELISA）和甲型肝炎病毒 cDNA、cRNA 分子杂交方法检测甲型肝炎病毒。

6. 治疗

病毒性肝炎目前无特殊治疗方法，治疗原则以充分休息和加强营养为主，对各种并发症则采取对症治疗。

7. 预防

甲型肝炎病毒减毒活疫苗和灭活疫苗均已研制成功，可用于甲型肝炎的免疫预防接种。截断传播途径，加强卫生管理仍然是主要的预防措施。

（二） 由华支睾吸虫引起的食源性疾病

华支睾吸虫病（Clonorchiasis）简称肝吸虫病，是由华支睾吸虫寄生于人、家畜、野生动物的肝内胆管引起的人兽共患病。

1. 病原学特征

华支睾吸虫（*Clonorchis sinensis*）简称肝吸虫病（Liver Fluke），属于后睾目、后睾科（Opisthorchiidae）、支睾属。成虫寄生于人和哺乳动物的肝内胆管，在人体内可存活 20~30 年。第一中间宿主为淡水螺，第二中间宿主为淡水鱼和虾。

2. 流行病学

（1）传染源和传播途径　病人、带虫者、受感染的杂食动物和野生动物均可成为传染源。动物中以猫为主，其次是狗、猪和鼠。人因食入含有华支睾吸虫囊蚴的生鱼虾或未煮熟的鱼虾而感染。

（2）流行特征　华支睾吸虫病主要分布于亚洲，多见于中国、日本、朝鲜、越南、老挝、印度和东南亚等国家。国内除西北和西藏等地外，已有 25 个省区有不同程度流行，有些地区人群感染率高达 45.8%。感染率的高低与生活和饮食习惯以及淡水螺的孳生有密切关系。在一些地区性的关键因素是当地人有吃生的或未煮熟的鱼肉的习惯，如我国朝鲜族人主要食入"生鱼佐酒"而感染，广东人因生吃"生鱼""生鱼粥"或"烫鱼片"而感染。此外，用切过生鱼的刀具及砧板切熟食，或者用盛放过生鱼的容器盛装熟食，或者加工人员接触过生鱼的手未清洗再触及食品等均可造成食品的交叉污染，也有使人感染的可能。

3. 发病机制与临床表现

华支睾吸虫成虫在胆管内寄生对局部有机械性刺激作用，产生的有毒分泌物和代谢产物使胆管上皮细胞脱落、增生，胆管变窄，虫体阻塞胆管导致胆汁淤滞，并发胆管炎，胆囊炎，胆结石，甚至引起肝硬化、腹水和胰腺炎。据报道，虫体感染可引起胆管上皮细胞增生，诱发肝细胞癌变，因此本病与原发性肝细胞癌和胆管上皮细胞癌的发生有密切的关系。

潜伏期 1~2 个月，多呈慢性或隐性感染，感染虫体多时出现食欲减退，消化不良，上腹不适，肝区隐痛，乏力，轻度腹泻，水肿，消瘦，神经衰弱等症状。严重感染时有高热，寒战，腹泻，肝区疼痛，嗜酸性白细胞增多表现。反复严重感染者出现浮肿，消瘦，贫血、黄疸、心悸、眩晕、失眠，肝脾肿大等症状。儿童和青少年感染后，临床症状严重，智力发育缓慢，死亡率较高。有些患者在晚期并发肝绞痛、胆管炎、胆囊炎和肝癌。

4. 控制和预防措施

改进烹调方法和饮食习惯，淡水鱼虾热处理应充分，不食未经煮熟的鱼虾。严格保证淡水鱼虾加工卫生，防止加工用具污染。在流行地区对人群进行普查，及时治疗病人。加强人畜粪便管理，防止未经无害化处理的粪便污染水源和鱼池。禁止用生鱼虾喂养猫、狗和猪，定期对动物驱虫。

（三）　由肝片吸虫引起的食源性疾病

1. 病原

肝片吸虫（*Fasciola hepatica*）属片形科、片行属，为大型吸虫，成虫寄生于哺乳动物胆管内，幼虫在土蜗螺或萝卜螺体内经胞蚴、雷蚴发育为尾蚴后逸出，附着于水生植物或其他物体上形成囊蚴。

2. 流行病学

（1）传染源和传染途径　牛和羊是肝片吸虫的主要传染源。人因生食含囊蚴的水生植物（如水芹）而感染，也有饮用生水或生食和半生食含童虫的牛或羊的肝脏而获得感染。

（2）流行特征　肝片吸虫病呈世界性分布，遍及欧洲、亚洲、非洲和美洲等洲的 40 多个国家，牛羊感染率在 20%～60%。法国、葡萄牙和西班牙是人体肝片吸虫的主要流行区。我国人群感染率为 0.002%～0.171%，估计全国感染人数约为 12 万，散发于 15 个省区。本病多发于夏秋季节。

3. 发病机制和临床表现

肝片吸虫主要损害肝脏，引起胆管上皮细胞增生、急性肝炎、胆管扩张、肝实质梗死、肝硬化和腹膜炎。患者出现肝区疼痛，肝脏肿大，腹痛，腹泻或便秘，胸痛，营养不良，消瘦，局部水肿，发热，血小板减少。严重感染并伴有异位寄生导致发热、食欲减退、黄疸、贫血和衰竭，甚至死亡。有时童虫移行至肺、皮下、胃、脑和眼部，患者出现肺部感染和皮肤变态反应等症状。

4. 控制预防措施

①不要生食或半生食容易感染肝片吸虫的水产品，如石蟹或蝲蛄等。

②要养成不随地吐痰、不随地大小便的卫生习惯。肺吸虫病人的痰和粪便，一定要深埋或加石灰处理，这样可以避免痰和粪便中的活虫卵被冲入河水里。

③对已感染的猫和狗也要使用药物进行治疗或处理，以免其粪便中虫卵进入河水。

三、　由化学物质引起的食源性疾病与预防

（一）　河豚鱼中毒

河豚鱼是一种海洋性鱼类，品种多达百种以上，味鲜美但有剧毒。河豚鱼中毒主要发生在日本、东南亚各国和我国。我国产河豚鱼约 40 多种，均属鲀行目（Tetrodontiformes），引起中毒的主要是东方鲀、弓斑东方鲀、虫纹东方鲀等，该类鱼在我国沿海及江河入海口均可捕到。

河豚鱼鱼体为长椭形或纺锤形，头扁而口小、上下颌骨本身形成四个大板牙，背面鱼皮呈苍黑色有花纹（花纹因种类而异，有条状、纹状、点状），腹部呈白色。该鱼具有膨胀腹部的功能，故又称"气泡鱼"。我国对河豚鱼的毒性早有认识，明朝李时珍的《本草纲目》中记有"河豚有大毒，味虽珍美，修治失法，食之杀人"。

1. 有毒成分及毒性

河豚毒素是一种非蛋白质、低相对分子质量（319）、高活性的神经毒素，分子式为

$C_{11}H_{17}N_3O_8$，微溶于水，易溶于稀乙酸，在 pH3～6 的酸性环境中较稳定，在 pH>7 的碱性环境中易破坏。对光和热极为稳定，日晒或煮沸 3h 均不能将其全部破坏。河豚毒素毒性很强，小鼠腹腔注射的最小致死量为 8～20μg/kg，而剧毒物质氰化钠为 10000μg/kg，故其毒性比氰化钠强 500 倍以上。河豚鱼毒性的毒力单位是用生物学毒力单位表示，而不是用一般的化学定量法，因河豚毒素的化学定量不容易作，故以对小鼠生物学作用的强弱来间接反映毒素的毒力大小，即用小鼠单位（Mouse Unit，UN）作为河豚鱼毒性的毒力单位，规定为以原液 1mL（相当于原料 1g）所能杀死小鼠的克数作为河豚毒素毒力的小鼠单位。例如，1g 河豚组织可使 1000g 小鼠致死（50～60 只小鼠的体重），其毒力单位即为 1000 小鼠单位。河豚毒素对人的最小致死量约为 20 万小鼠单位，即摄入毒性为 10 万小鼠单位的脏器 2g 即可致死，或摄入毒性为 2000 小鼠单位的脏器 100g 才能致死。100 小鼠单位以下者实际上可认为"无毒"，100～200 小鼠单位为"弱毒"，2 万小鼠单位以上者为"剧毒"。豹纹东方鲀在二月份产卵期，其卵巢毒力为 2 万～4 万小鼠单位，肝脏毒力可高达 10 万小鼠单位。

河豚毒素的作用机理是抑制神经细胞膜对钠离子的通透性，从而阻断神经冲动的传导，使神经呈麻痹状态。首先是感觉神经麻痹，其次是运动神经麻痹。既可使神经末梢麻痹，又可使神经中枢麻痹，其呼吸抑制作用是对延髓的直接作用。河豚毒素还可引起外周血管扩张，使血压降低，也可作用于胃肠黏膜引起呕吐、腹泻等胃肠炎症状。

2. 临床表现

河豚鱼中毒的特点为发病急速而剧烈。潜伏期为 0.5～3h（一般 10～45min）。初期有颜面潮红、头痛，继而出现剧烈恶心、呕吐、腹泻等胃肠道症状。然后出现感觉神经麻痹症状，口唇、舌、指端麻木和刺痛，感觉减退。继而出现动神经麻痹症状，手、臂肌肉无力，抬手困难，腿部肌肉无力以致运动失调，步态蹒跚，身体摇摆；舌头发硬，语言不清，甚至全身麻痹、瘫痪。病情严重者出现低血压、心动过缓和瞳孔固定散大，呼吸迟缓，逐渐呼吸困难，以致呼吸麻痹、脉搏由亢进到细弱不整，最后死于呼吸衰竭，可于 5h 内死亡，病死率在 50% 左右。

3. 治疗

河豚鱼中毒目前尚无特效疗法，早期应彻底呕吐、洗胃和导泻，以排出尚未吸收的毒素。静脉补液以醋精毒素的排泄和维持水和电解质平衡。肌肉麻痹可肌肉注射 1% 盐酸士的宁 2mL，每日 3 次。

4. 预防措施

河豚鱼中毒多因缺乏有关河豚鱼有毒的知识，误食中毒，也有人因贪其美味（有"拼死吃河豚"之说），处理不当，未将毒素除尽而发生中毒。故必须加强卫生宣传，说明河豚鱼的形态特点及其毒性，禁止出售和食用河豚鱼，水产部门对出售的海杂鱼等应进行挑选，挑出的河豚鱼应深埋或进行无害化处理，不得随意扔放，以免拾去后再被误食。

河豚鱼经一般烹调加热不能破坏其毒素，有的试验表明毒素加热 100℃ 6h 只能破坏大部分，120℃ 20～60min，才可使毒素破坏。某些河豚鱼种，新鲜时去掉鱼头、内脏、剥去鱼皮，将肌肉反复冲洗后加工成罐头或盐干制品方可食用，但这种加工去毒素应在专门单位由有经验的人进行，切勿自行处理。凡是不新鲜的河豚鱼不得按上法加工去毒后食用。

（二） 鱼类的组胺中毒

鱼类引起的组胺中毒系指食用能产生大量组胺的鱼类而引起的一种过敏型食物中毒。

1. 有毒成分与毒性

新鲜的鱼中组胺含量很低，当鱼存放腐败（不新鲜）时，由组织蛋白酶将组氨酸释放出来，然后再由鱼体带有的细菌的缩氨酸脱羧酶将组氨酸脱去羧基，形成组胺。含有组氨酸脱羧酶的菌种很多，其中酶活力最强的是摩根氏变形杆菌和组胺无色杆菌。适于这些细菌生长繁殖和组氨酸脱羧酶活动的条件是适宜的温度（15~37℃）、有氧、弱酸性（pH6~6.2）和不高的渗透压（盐分含量3%~5%）。蛋白质中富含组氨酸的鱼类有：刺巴鱼、竹荚鱼、金枪鱼和沙丁鱼等。这类鱼多为海洋性鱼类，无磷、鱼皮为青色，皮下组织和肌肉中血管丰富，血红蛋白含量较高，具有青皮肉红的特征。这类鱼在37℃放置96h，其产生的组胺为1.6~3.2mg/g；而青皮白肉的鱼类，如鲈鱼仅产生0.2mg/g的组胺；比目鱼等皮不呈青色，肉亦不呈红色，故不产生组胺；淡水鱼类除鲤鱼可产生1.6mg/g组胺外，鲫鱼和鳝鱼仅能产生0.2mg/g组胺。

组胺中毒的程度与鱼肉中组胺含量及鱼肉的食用量有关，鱼肉组胺含量为100~150mg/100g时可引起轻度中毒；150~400mg/100g时引起重度中毒。由于组胺中毒是过敏型中毒，故有过敏体质的人较易发生中毒。一般认为成人组胺摄入100~400mg/100g时可引起中毒。有人认为组胺的确切作用尚未弄清，因为口服组胺在肠道被消化而丧失作用，故推测可能鱼肉中存在能引起临床症状的其他组胺样物质（如Saurine），组胺还可与其他氨基酸的脱羧产物如尸胺、腐胺、胍丁胺发生协同作用，从而使毒性增强。

2. 临床表现

特点是发病快、症状轻、恢复快。潜伏期为数分钟至3h，初期症状为颜面、颈和胸部皮肤潮红、刺痛、灼热感，眼结合膜充血，出汗，全身不适。继之有剧烈头痛、头晕、脉快、胸闷，呼吸频数似酒醉样。严重病症有呼吸困难、支气管痉挛、心悸、血压下降，有时出现荨麻疹或哮喘等过敏的症状，一部分病人伴有恶心、呕吐、腹泻和腹痛等胃肠症状。有的还有口、舌、四肢发麻、眼花目眩和晕厥。一般体温不升高，患者多于1~2d内恢复，愈后良好。未见死亡。

3. 治疗

可给予抗组胺药物和对症治疗。有报道静脉注射西咪替丁，症状可迅速减轻。

4. 预防措施

鱼类的产、运、销各环节应进行冷冻冷藏，保持鱼体新鲜。向群众宣传不吃腐败变质的鱼，特别是青皮红肉的鱼更易产生组胺，更应注意。

（三）　麻痹性贝类毒素中毒

在太平洋及大西洋沿岸海域，某些贝类可造成食用者中毒，中毒的特点是神经麻痹，故称麻痹性贝类中毒（Paralytic Shellfish Poisoning）。引起中毒的常见软体动物有：贻贝（淡菜）、蛤类、牡蛎、扇贝、螺类等，多发生在夏季温暖沿海地区。我国浙江沿海曾发生多起食用织纹螺引起的食物中毒，其症状与麻痹性贝类中毒相似。贝类中毒不仅危害健康，且造成经济损失，贝类中毒与海水形成"赤潮"有关。赤潮是指海水中某些单细胞藻类迅速繁殖，大量集结引起海水出现变色、红斑。

（1）有毒成分与毒性　从被毒化的贻贝、扇贝和巨石房蛤中提取并被定名为的石房蛤毒素（Saxitoxin），是引起以神经麻痹作用为主的贝类中毒的毒性物质，从不同的藻类中也提取到有类似作用的毒素。由于海洋污染等原因可形成赤潮。贝类摄食大量有毒藻类，对其本身无害，因毒素在其身体内呈结合状态，但毒素可在其体内富集和蓄积，当人食用贝类后，毒素迅速释放引起食用者中毒，这是生物之间物质转换关系的食物链作用的结果。

石房蛤毒为水溶性、耐热、分子质量较小的非蛋白质神经毒（胍类化合物），毒性很强，可阻断神经和肌肉的神经冲动传导而引起中毒。小鼠腹腔注射的 LD_{50} 为 $5\sim10\mu g/kg$ 体重，人的口服致死量为 $0.54\sim0.9mg$。

（2）临床表现　潜伏期为 $30min\sim3h$，初期症状是唇、舌和指端麻木，进而四肢末端和颈部麻痹，小脑症状如运动失调、站立和走路不稳、眩晕、发音困难、头痛、口渴、恶心和呕吐，最后呼吸困难麻痹死亡。病死率在10%左右，轻度中毒者愈后良好。

（3）目前对麻痹性贝类中毒无特效疗法，应及早进行催吐、洗胃和导泻，并给予对症治疗。

（4）预防措施　重要的是监测、预报海藻生长情况，许多国家规定在藻类繁殖季节的 $5\sim10$ 月，对生长贝类的水样进行定期调查，当发现海水藻类密度大于 2 万个/mL 时，即发出可能造成贝类中毒的预报，甚至禁止该海域贝类的捕获或销售；有的国家定期检测贝类毒素含量。贝类毒素的生物学毒力单位为"小鼠单位"。如果 100g 贝肉超过 400 小鼠单位，即不能食用。美国、加拿大规定，当贝类可食部分的石房蛤毒素含量超过 $80\mu g/100g$ 时（1 个小鼠单位的贝类毒素含量相当于纯品 $0.18\mu g$），即禁止该地区贝类的捕获和销售。在尚无严格的预测、预报的情况下，对可疑的尚未经鉴定的贝类严禁销售和食用。贝类体内的毒素 $60\%\sim70\%$ 存在于其内脏部分，日常蒸煮不能使之破坏，故蒸煮前应将内脏及周边暗色部分去除，仅留下白色部分的肌肉食用。

（四）　腹泻性贝类毒素中毒

腹泻性贝毒素（DSP）不是一种可致命的毒素，通常只会引起轻微的肠胃疾病，而症状也会很快消失，往往被误认为食用了被微生物污染的海产品引起，而忽视了贝毒的作用。目前已分离出 DSP 毒素成分 13 种，确定 10 种成分的化学结构，主要包括：软海绵酸（OA）及其衍生物鳍藻毒素 $1\sim3$（DTX-1~DTX-3）、蛤毒素 $1\sim7$（PTX-1~PTX-7）、虾夷扇贝毒素（YTX）。但 DSP 中的大田软海绵酸（OA）是强烈的致癌因子，其长期的毒性效应越来越引起人们的关注。能产生 DSP 的鳍藻在我国沿海广有分布，特别在一些赤潮高发区，经常可以检测出贝类中 DSP 的存在。

（五）　记忆丧失性贝类毒素中毒

记忆丧失性贝类毒素又称遗忘性贝毒素（ASP），是菱形藻类中的拟菱形藻类属和菱形藻中硅藻的某些种产生的一种兴奋神经毒素。通常也会引起在肠胃系统不适及神经系统疾病症状，包括短时间失忆，即健忘症，严重时会引发死亡。ASP 引发中毒的成分是软骨藻酸（DA），它是一种强烈的神经毒性肺蛋白氨基酸，与昏迷的发生密切相关。

（六）　神经性贝毒素

通常会引起肠胃不适及神经系统疾病的症状，如神经麻木、冷热知觉颠倒（即冷热不分）。NSP 主要是因贝类摄食短裸甲藻后在体内蓄积，被人类食用后产生中毒症状。从短裸甲藻细胞中提取的 NSP 成分有 13 种，其中 11 种成分结构已确定。

NSP 可分为 BTX-A、BTX-B、BTX-C 三种类型，其中 BTX-A 的毒性最大。在赤潮发生区域，人们吸入含有毒素的气雾，也会引起气喘、咳嗽、呼吸困难等中毒症状，NSP 也会引起鱼类的大量死亡。

贝类的危害具有突发性和广泛性，由于其毒性大、反应快、无适宜的解毒剂，给防治工作带来了很大困难。发达国家目前主要的控制办法有：

（1）一旦发现养殖的贝类染毒，应把贝类置于无有害浮游生物的海水中养殖一段时间（暂养净化），使其体内的毒素自行代谢至无毒；

（2）如果确认海水中有有害浮游生物，在贝类染毒前，将贝类移置到无毒水域；

（3）利用可杀灭有害浮游生物的生物来去除水域中有害浮游生物；

（4）利用物理化学手段引诱浮游生物并将其杀灭；

（5）消费者在加工和食用贝类产品之前，应除去肠胰等含毒较高的部位；

（6）由于贝类毒素中毒症状和体征易与细菌性肠胃炎混淆，误诊率较高，因此，病史询问时应注意是否食用过鱼贝等海产品；

（7）目前尚无有效的贝毒中毒治疗方法，一旦发生中毒应采取对症治疗。

🔍 思考题

1. 水产品危害的主要来源是什么？
2. 水产品在捕获后和加工过程中可能产生哪些危害？
3. 水产品在保藏流通过程中可能产生哪些危害？
4. 与水产品相关的食源性疾病的预防措施有哪些？

参 考 文 献

［1］Hans P. Riemann and Dean O. Cliver. *Foodborne Infections and Intoxications*［M］. 3rd edition. Amsterdam：Elsevier，Academic Press，2006.

［2］林洪，江洁. 水产品营养与安全［M］. 北京：化学工业出版社，2007.

［3］林洪. 水产品安全性［M］. 北京：中国轻工业出版社，2019.

［4］史贤明. 食品安全与卫生学［M］. 北京：中国农业出版社，2005.

［5］江伟珣，刘毅. 营养与食品卫生学［M］. 北京：北京医科大学、中国协和医科大学联合出版社，1992.

［6］BISHARAT N，COHEN D I，HARDING R M，et al. *Hybrid vibrio vulnificus*［J］. Emerg Infect Dis，2005，11（1）：30~35.

［7］WARNER E，OLIVER J D. *Refined medium foe direct isolation of Vibrio vulnificus from tissue and seawater*［J］. Appl Environ Microbiol，2007，73（9）：3098~3100.

［8］PANICKER G，BEJ A K. *Real time PCR detection of Vibrio vulnificus in oysters：comparison of oligonucleotide primers and probes targeting vvhA*［J］. Appl Environ Microbiol，2005，71（10）：5702~5709.

CHAPTER

第十五章

水产品安全与质量控制体系

15

[学习目标]

了解 GMP、SSOP、HACCP 之间的关系，掌握 HACCP 的基本原理。

食品安全一直是世界各国广泛关注的重点问题。随着科学的进步，水产食品加工方式的深化和贸易链不断延伸，以往依赖于对最终产品抽检来实现食品质量安全监控的措施无法有效控制食品安全危害。在此前提下，基于危害分析与关键控制点（Hazard Analysis and Critical Control Points，HACCP）的食品安全预防体系应运而生，并得到国际社会的广泛接受、认可和应用。与其他食品一样，一个完整的水产品安全预防控制体系（HACCP 体系），包括 HACCP 计划、良好操作规范（GMP）和卫生标准操作程序（SSOP）三个方面。尽管世界各国一直在不遗余力地着手建立健全相关的法律法规，制定相应的技术标准，持续提升本国的水产食品安全控制水平，但 HACCP 体系仍然是当今被世界公认、控制食品安全最科学和最实用的模式。GMP 和 SSOP 是企业建立以及有效实施 HACCP 计划的基础条件。只有三者有机结合在一起，才能构筑出完整的食品安全预防控制体系（HACCP）。如果抛开 GMP 和 SSOP 谈 HACCP 计划，则它只能成为空中楼阁；同样，只靠 GMP 和 SSOP 控制，也不能保证完全消除食品安全隐患，因为良好的卫生控制，并不能代替危害分析和关键控制点。

GMP 构成了 SSOP 的立法基础，规定了食品生产的卫生要求，食品生产企业必须根据 GMP 要求制订并执行相关控制计划，这些计划构成了 HACCP 体系建立和执行的前提。这些计划包括：SSOP、人员培训计划、工厂维修保养计划、产品回收计划、产品的识别代码计划。

SSOP 具体列出了卫生控制的各项指标，包括食品加工过程、环境卫生和达到 GMP 要求所采取的行动。HACCP 体系建筑在以 GMP 为基础的 SSOP 上，SSOP 可以减少 HACCP 计划中的关键控制点（CCP）数量。事实上危害是通过 SSOP 和 HACCP 共同予以控制的。

第一节　良好操作规范（GMP）

一、　概述

"GMP"是英文 Good Manufacturing Practice 的缩写，中文的意思是"良好操作规范"，或是"优良制造标准"，是一种特别注重在生产过程中实施对产品质量与卫生安全的自主性管理制度。它是一套适用于制药、食品等行业的强制性标准，要求企业从原料、人员、设施设备、生产过程、包装运输和质量控制等方面按国家有关法规达到卫生质量要求，形成一套可操作的作业规范帮助企业改善卫生环境，及时发现生产过程中存在的问题，加以解决。简要的说，GMP 要求食品生产企业应具备良好的生产设备、合理的生产过程、完善的质量管理和严格的检测系统，确保最终产品的质量（包括食品安全卫生）符合法规要求。GMP 所规定的内容，是食品加工企业必须达到的最基本的条件。

各个国家和地区都先后制订了 GMP，到目前为止，世界上已有 100 多个国家、地区实施了 GMP 或准备实施 GMP。当今世界上 GMP 分为三种类型：一是国家颁发的 GMP，例如：中华人民共和国原国家药品监督管理局颁布的《药品生产质量管理规范》（1998 年修订）；美国 FDA 颁布的《cGMP》（现行 GMP）；日本厚生省颁布的《GMP》。二是地区性制订的GMP，例如：欧洲共同体颁布的《GMP》；东南亚国家联盟颁布布的《GMP》。三是国际组织制订的 GMP，例如世界卫生组织（WHO）颁布的《GMP》（1991 年）。

食品 GMP 为食品生产提供一套必须遵循的组合标准，为卫生行政部门和食品卫生监督员提供监督检查的依据，并为建立国际食品标准提供基础，方便了食品的国际贸易。食品 GMP 使食品生产经营人员认识食品生产的特殊性，由此产生积极的工作态度，激发对食品质量高度负责的精神，消除生产上的不良习惯。并使食品生产企业对原料、辅料和包装材料的要求更为严格，有助于食品生产企业采用新技术和新设备，从而保证食品质量。

食品 GMP 的基本精神是减少食品生产过程中人为的错误；防止食品在生产过程中遭到污染或品质劣变；建立健全的自主性品质保证体系。推行食品 GMP 的主要目的是提高食品的品质与卫生安全，保障消费者与生产者的权益，强化食品生产者的自主管理体制，促进食品工业的健全发展。

食品 GMP 的推行，采取认证制度，由业者自愿参加。其制订分通则与专则两种，通则适用所有食品工厂，专则依个别产品性质不同及实际需要予以制订。食品 GMP 产品的抽验方法，订有中国国家标准者应从其规定，未订者需参照政府检验单位或学术研究机构认同的方法。

二、　我国食品企业的 GMP

GMP 是对食品生产过程中的各个环节、各个方面实行全面质量控制的具体技术要求和为保证产品质量必须采取的监控措施。目前各国家及地区的 GMP 管理内容相差不多，主要包括硬件和软件。所谓硬件是指对食品企业提出的厂房、设备、卫生设施等方面的技术要求，而软件则指对可靠的生产工艺、规范的生产行为、完善的管理组织和严格的管理制度等的规定和措施。GMP 主要包括以下内容。

1. 厂房的设计与要求

随着工业用地与建筑成本的提高，对于厂房的设计要有长远的规划，以免因日后业务的增长，不断增加设备而造成杂乱拥塞，影响生产效率。另外，建筑物适当的设计和结构对于限制食品生产环境中微生物的进入、繁殖和传播是至关重要的。建筑和设施（如地面、墙、天花板）的表面应使用经久耐用、不易损坏、易清洁、无毒、防霉的材料，应该有很好的排水系统以保证地面干燥，防止微生物的生长。厂房内的照明设施不宜安装在食品加工线上有食品暴露的正上方，并应定期清洁。对于通风设备，在管制区应当装置空气除尘器，并用过滤器进行无菌化处理，空气流动的方向应从干净的物品到脏的物品，以减少微生物通过空气传播的可能性。在厂房设计上应考虑避免室内温度出现大波动的措施，将生活区和生产区隔离开来，另外对自来水供应系统、洗手设备、更衣场所、污水排放以及垃圾的存放和清理等要做适当的结构安排，以保证生产区的卫生条件。

2. 对生产工具、设备和机器的要求

食品生产厂家在选择加工设备时，不仅要考虑其是否有执行预期的人物、生产率的高低、可靠性、操作和维护的难易程度、与其他设备的吻合程度、能否保证操作者的安全和设备的花费等，还要考虑设备的卫生设计特征。机器和设备的布局应当合理，并要保证机器设备性能能协调地用于生产。此外应建立设备目录，记录机型、性能、购置年月、制造商与代理商、保养与保养周期、异常事故分析和零件制度管理等。

3. 加工过程

从原料进入车间，到预处理和加工，再到包装、贮存、运输和销售等环节都应当在卫生的条件下进行。应当防止在生产过程中造成加工产品出现微生物或化学或物理方面的危害。原材料应当符合使用标准，并且能保持良好的卫生状况。因此应当对原料进行必要的清洗并隔离存放在良好条件下以防止微生物生长或侵染。购买的材料应当有供应者提供的保证书或这些材料的微生物污染检验报告等。应当对容器进行检查，以确保它们不会造成对原料的污染。若生产中需要用冰，并且要与原料及产品接触，应保证冰是由饮用水制得，以防止污染。生产中的加工用水必须符合饮用水标准。所有的加工步骤，包括包装和贮藏，都应在适当的条件下进行，以防止微生物的生长和交叉感染或食物变质。在生产过程的品质管理中，要找出加工中进行安全与卫生管理的关键点，制定检验项目、检验标准、抽样及检验方法等，并严格执行。同样在成品品质管理中，也应当规定品质规格、检验项目、检验标准、抽样及检验方法等。

4. 人员要求

食品企业生产和质量管理部门的负责人应至少具有药学或相关专业本科学历，应能按照规范中的要求组织生产或进行质量管理，能对食品生产和质量管理中出现的实际问题做出正确的判断和处理。从业人员上岗前必须经过卫生法规教育及相应技术培训，培训人员应包括所有的人，包括经理、监督者和操作者。企业负责人及生产、质量管理部门负责人应接受更高层次的专业培训，并取得合格证书。

5. 文件

所有的 GMP 程序都应有文件档案，并且记录执行过程中的维持情况。文件应该反映公司在贯彻应用 GMP 进行质量管理过程中各个基本控制环节的分工责任情况。GMP 与卫生有关的文件指卫生管理标准文件、生产制造标准文件以及质量管理标准文件等。与卫生有关的文件至少应包括：在生产前或生产过程中，为了防止污染和掺杂而使用的所有核心程序；对监督人和 GMP 控制环节的负责人的确定；纠正偏离的记录。

6. 建筑和设备的清洗及消毒

对食品工厂来说，进行有效的维护和保持卫生是至关重要的。在食品加工中，生产区应当保持卫生，与食品直接接触的设备和工具表面应经常清洗和进行常规检测。食品工厂在建立清洗方案时应考虑以下方面：提供合适的监控和检验清洁消毒效果的方法；提供书面指导；对清洁或消毒效果的测试结果都应做记录等。

7. 成品的贮存与运输

成品贮运时应避免阳光直射、雨淋和撞击，以防止食品的成分、质量及纯度等受到不良影响。仓库应经常整理和整顿，成品仓库应按产品的制造日期、品名、型号及批号分别堆置，加以适当标记及防护。应有防鼠、防虫等设施，定期清扫。运输工具应符合卫生要求，要根据产品特点配备防雨、防尘、冷藏和保温等设备。运输作业应防止强烈振荡、撞击，轻拿轻放，防止损伤成品外形，并不得与有毒有害物品混装、混运。对于成品要有存量记录和出货记录，内容尽可能详细。

2016 年 12 月 23 日，由国家卫生和计划生育委员会和国家食品药品监督管理总局发布了 GB 20941—2016《食品安全国家标准　水产制品生产卫生规范》。该标准规定了水产制品生产过程中原料采购、验收、加工、包装、贮存和运输等环节的场所、设施、人员的基本要求和管理准则。

该标准适用于制品的生产。

三、 国外食品企业的 GMP

我国的《出口食品厂、库卫生要求》及出口食品加工企业卫生注册规范与其他国家的 GMP 在内容、法律效率方面是基本一致的。但美国的 GMP 比我国的《出口饮料加工企业注册卫生规范》还强调了以下几点：

1. 人员

用于处理食品的手套应处于完整无损、清洁卫生的状态。手套应用非渗透的材料；不将私人用品存放在加工区；禁止在加工区内吃东西、吸烟、喝饮料等。

2. 厂房与场地

天花板、支架和管道上滴下的水滴或冷凝物不会污染食品、食品接触面或食品包装材料。

3. 卫生操作

用于清洗和消毒作业的清洗剂和消毒剂不能带有有害微生物，而且在现场的使用条件下必须是绝对安全的；有毒化学品应合理标识、存放和使用；食品厂的任何区域均不得存在任何动物或害虫，经证明不会形成污染的看门狗除外；食品厂用于生产的不与食品接触的设备表面也应当尽量经常清洗以防止食品受到污染；一次性用品（如一次性用具、纸杯、纸巾）应合理存放、处理、分发、使用和弃置；在使用条件下，消毒剂必须量足而且安全；合理存放已清洗的可移动设备及用品。

4. 卫生设施及管理

供水设施要防止虹吸或水倒流；卫生间安装能自动关闭的门；洗手消毒处有明显、易懂的标识。

5. 设备及用具

不与食品接触的设备必须结构合理，便于保持清洁卫生。

国内外 GMP 所包含内容的对比见表 15-1。

表 15-1   国内外 GMP 所包含内容的对比

基本内容编号	国家标准类卫生规范	出口食品企业卫生要求及卫生注册规范	美国的 GMP 法规
1	原材料采购、运输和贮藏的卫生	卫生质量管理	人员
2	工厂设计与设施卫生	厂区环境卫生	厂房和场地
3	工厂的卫生管理	车间及设备、设施卫生	卫生操作
4	个人卫生与健康要求	原料、辅料机加工用水卫生	卫生设施和管理
5	加工过程中的卫生	加工检验人员卫生	设备和工器具
6	成品储藏、运输卫生	加工卫生	加工和控制
7	卫生与质量检验管理	包装、储存和运输卫生	仓储和销售
8		卫生检验管理	

第二节　食品卫生标准操作程序（SSOP）

一、食品卫生标准操作程序的内容

SSOP 至少包括 8 项内容：

（1）与食品接触或与食品接触物表面接触的水（冰）的安全。

（2）与食品接触的表面（包括设备、手套、工作服）的清洁度。

（3）防止发生交叉污染。

（4）手的清洗与消毒，厕所设施的维护与卫生保持。

（5）防止食品被污染物污染。

（6）有毒化学物质的标记、储存和使用。

（7）雇员的健康与卫生控制。

（8）虫害的防治。

SSOP 文本是：描述在工厂中使用的卫生程序；提供这些卫生程序的时间计划；提供一个支持日常监测计划的基础；鼓励提前做好计划，以保证必要时采取纠正措施；辨别趋势，防止同样问题再次发生；确保每个人，从管理层到生产工人都理解卫生（概念）；为雇员提供一种连续培训的工具；显示对买方和检查人员的承诺；引导厂内的卫生操作和状况得以完善提高。

二、　卫生监控与记录

在食品加工企业建立了标准卫生操作程序之后，还必须设定监控程序，实施检查、记录和纠正措施。

企业设定监控程序时描述如何对 SSOP 的卫生操作实施监控。它们必须指定何人、何时及如何完成监控。对监控要实施，对监控结果要检查，对检查结果不合格者还必须采取措施以纠正。对以上所有的监控行动、检查结果和纠正措施都要记录，通过这些记录说明企业不仅遵守了 SSOP，而且实施了适当的卫生控制。

食品加工企业日常的卫生监控记录是工厂重要的质量记录和管理资料，应使用统一的表格，并归档保存。

（一）　水的监控记录

生产用水应具备以下几种记录和证明：

（1）每年 1~2 次由当地卫生部门进行的水质检验报告的正本。

（2）自备水源的水池、水塔、储水罐等要有清洗消毒计划和监控记录。

（3）食品加工企业每月一次对生产用水进行细菌总数、大肠菌群的检验记录。

（4）每日对生产用水的余氯检验。

（5）生产用直接接触食品的冰，如是自行生产者，应具有生产记录，记录生产用水和工器具卫生状况，如是向冰厂购买者应具备冰厂生产冰的卫生证明。

（6）申请向国外注册的食品加工企业需根据注册国家要求项目进行监控检测并加以记录。

（7）工厂供水网络图（不同供水系统，或不同用途供水系统用不同颜色表示）。

（二）　表面样品的检测记录

表面样品是指与食品接触表面，例如加工设备、工器具、包装物料、加工人员的工作服和手套等。这些与食品接触的表面的清洁度直接影响食品的安全与卫生，也可以验证清洁消毒的效果。

表面样品检测记录包括：

（1）加工人员的手（手套）、工作服。

（2）加工用案台桌面、刀、筐、案板。

（3）加工设备如去皮机、单冻机等。

（4）加工车间地面、墙面。

（5）加工车间、更衣室的空气。

（6）内包装物料。

检测项目为细菌总数、沙门菌及金黄色葡萄球菌。

经过清洁消毒的设备和工器具食品接触面细菌总数低于 100 个/cm² 为宜，对卫生要求严格的工序，应低于 10 个/cm²，沙门菌及金黄色葡萄球菌等致病菌不得检出。

对于车间空气的洁净程度，可通过空气暴露法进行检验。表 15-2 是采用普遍肉肠琼脂，直径为 9cm 平板在空气中暴露 5min 后，经 37℃ 培养的方法进行检测，对室内空气污染程度进行分级的参考数据。

表 15-2   空气污染程度评价指标

细菌总数/（个/cm²）	空气污染程度	评 价
30 以下	清洁	安全
30~50	中等清洁	一般
50~70	低等清洁	应加注意
70~100	高度污染	对空气要进行消毒
100 以上	严重污染	禁止加工

（三） 雇员的健康与卫生检查记录

食品加工企业的雇员，尤其是生产人员，是食品加工的直接操作者，其身体的健康与卫生状况，直接关系到产品的卫生质量。因此食品加工企业必须严格对生产人员，包括从事质量检验工作人员的卫生管理。对其检查记录包括：

（1）生产人员进入车间前的卫生点检记录，检查生产人员工作服、鞋帽是否穿戴正确，检查是否化妆、头发外露、手指甲是否修剪等，检查个人卫生是否清洁，有无外伤，是否患病等，检查是否按程序进行洗手消毒等。

（2）食品加工企业必须具备生产人员健康检查合格证明及档案。

（3）食品加工企业必须具备卫生培训计划及培训记录。

（四） 卫生监控与检查纠偏记录

食品加工企业应为生产创造一个良好的卫生环境，才能保证产品是在适合的食品生产条件及卫生条件下生产的，才不会出现掺假食品。

食品加工企业的卫生执行与检查纠偏记录包括：

（1）工厂灭虫灭鼠及检查、纠偏记录（包括生活区）。

（2）厂区的清扫及检查、纠偏记录（包括生活区）。

（3）车间、更衣室、消毒间和厕所等清扫消毒及检查纠偏记录。

（4）灭鼠图。

食品加工企业应注意做好以下几个方面的工作：

（1）保持工厂道路的清洁，经常打扫和清洗路面，可有效地减少厂区内飞扬的尘土。

（2）清除厂区内一切可能聚集、滋生蚊蝇的场所，生产废料、垃圾要用密封的容器运送，做到当日废料、垃圾当日及时清除出厂。

（3）实施有效的灭鼠措施，绘制灭鼠图，不宜采用药物灭鼠。

（五） 化学药品购置、 贮存和使用记录

食品加工企业使用的化学药品有消毒剂、灭虫药物、食品添加剂、化验室使用化学药品以及润滑油等。消毒剂有：

（1）氯与氯制剂 常用的有漂白料、次氯酸钠和二氧化氯。常用的浓度（余氯）为洗手液 50mg/L，消毒工器具 100mg/L，消毒鞋靴 200~300mg/L。

（2）碘类 常用消毒工器具设备，有效碘含量 25~50mg/L。

（3）季铵化物 新洁尔灭属于此类，不适用于与肥皂以及阴离子洗涤剂共用，使用浓度应不少于 200~1000mg/L。

（4）两性表面活性剂。

（5）65%~78%的酒精液。

（6）强酸、强碱。

使用化学药品必须具备以下证明及记录：

（1）购置化学药品具备卫生部门批准允许使用证明。

（2）储存保管登记。

（3）领用记录。

第三节　水产食品危害分析与关键控制点（HACCP）

一、HACCP 的产生与发展过程

HACCP 是 Hazard Analysis and Critical Control Point 英文缩写，即危害分析与关键控制点。HACCP 体系被认为是控制食品安全和风味品质的最好和最有效的管理体系。什么是 HACCP 体系？国家标准 GB/T 15091—1994《食品工业基本术语》对 HACCP 的定义为：生产（加工）安全食品的一种控制手段；对原料、关键生产工序及影响产品安全的人为因素进行分析，确定加工过程中的关键环节，建立、完善监控程序和监控标准，采取规范的纠正措施。国际标准 CAC/RCP1《食品卫生通则》对 HACCP 的定义为：鉴别、评价和控制对食品安全至关重要的危害的一种体系。

（一）HACCP 的产生与国外发展概况

HACCP 已经成为国际上共同认可和接受的食品安全保证体系，主要是对食品中微生物、化学和物理危害的安全进行控制。政府及消费者对食品安全性的普遍关注和食品传染病的持续发生是 HACCP 体系得到广泛应用的动力。HACCP 系统是 20 世纪 60 年代由美国 Pillsbury 公司 H. Bauman 博士等与宇航局和美国陆军 Natick 研究所共同开发的，经过一系列演变和完善，并于 1997 年颁发了新版法典指南《HACCP 体系及其应用准则》，该指南已被广泛地接受并得到了国际上普遍的采纳，HACCP 概念已被认可为世界范围内生产安全食品的准则。

HACCP 体系已在世界各国得到了广泛应用和发展，并针对不同种类的食品分别提出了 HACCP 模式。HACCP 推广应用较好的国家有：加拿大、泰国、越南、印度、澳大利亚、新西兰、冰岛、丹麦、巴西等国，这些国家大部分是强制性推行采用 HACCP。HACCP 体系深入到食品的各个领域。

我国食品和水产界较早关注和引进 HACCP 质量保证方法。1991 年农业部渔业局派遣专家参加了美国 FDA、美国国家海洋和大气管理局（NOAA）、美国国家渔业研究所（NFI）组织的 HACCP 研讨会，1993 年国家水产品质检中心在国内成功举办了首次水产品 HACCP 培训班，介绍了 HACCP 原则、水产品质量保证技术、水产品危害及监控措施等。1996 年农业部结合水产品出口贸易形势颁布了冻虾等五项水产品行业标准，并进行了宣讲贯彻，开始了较大规模的 HACCP 培训活动。目前国内约有 500 多家水产品出口企业获得商检 HACCP 认证。2002 年 12 月中国认证机构国家认可委员会正式启动对 HACCP 体系认证机构的认可试点工作，开始受理 HACCP 认可试点申请。2015 年 11 月，全球食品安全倡议（GFSI）正式承认我国 HACCP 认证制度。

（二） HACCP 体系与常规质量控制模式的区别

1. 常规质量控制模式运行特点

对于食品安全控制惯常做法是：监测生产设施运行与人员操作的情况；对成品进行抽样检验，包括理化、微生物和感官等指标。这种传统监控方式有以下几点不足之处：

（1）常用抽样规则本身存在误判风险，而且食品涉及单个易变质生物体，样本个体不均匀性十分突出，误判风险难以预料。

（2）按数理统计为基础的抽样检验控制模式，必须做大量成品检验，费用高、周期长。

（3）检验技术发展虽然很快，但可靠性仍是相对的。

（4）消费者希望无污染的自然状态的食品，检测结果符合标准规定的危害物质的限量不能消除对食品安全的疑虑。

2. HACCP 控制体系的特点

HACCP 作为科学的预防性食品安全体系，具有以下特点：

（1）HACCP 是预防性的食品安全保证体系，但它不是一个孤立的体系，必须建筑在良好操作规范（GMP）和卫生标准操作程序（SSOP）的基础上。

（2）每个 HACCP 计划都反映了某种食品加工方法的专一特性，其重点在于预防，设计上防止危害进入食品。

（3）HACCP 不是零风险体系，但使食品生产最大限度趋近于"零缺陷"，可用于尽量减少食品安全危害的风险。

（4）恰如其分地将食品安全的责任首先归于食品生产商及食品销售商。

（5）HACCP 强调加工过程，需要工厂与政府的交流沟通。政府检验员通过确定危害是否正确的得到控制来验证工厂 HACCP 实施情况。

（6）克服传统食品安全控制方法（现场检查和成品测试）的缺陷，当政府将力量集中于 HACCP 计划制订和执行时，对食品安全的控制将更加有效。

（7）HACCP 可使政府检验员将精力集中到食品生产加工过程中最易发生安全危害的环节上。

（8）HACCP 概念可推广延伸应用到食品质量的其他方面，控制各种食品缺陷。

（9）HACCP 有助于改善企业与政府、消费者的关系，树立食品安全的信心。

上述诸多特点根本在于 HACCP 是使食品生产厂或供应商从以最终产品检验为主要基础的控制观念转变为建立从收获到消费，鉴别并控制潜在危害，保证食品安全的全面控制系统。

二、 水产品 HACCP 体系的建立

（一） 总则

（1）HACCP 体系是通过对原料生产、加工作业、贮藏、销售和消费过程中的生物、化学和物理的危害进行分析并加以控制的食品安全管理体系。

（2）HACCP 体系应建立在有效实施良好操作规范的基础上。水产品加工企业应保证各生产过程具备符合国家有关食品安全卫生要求的环境和操作条件。

（3）HACCP 体系的成功应用，需要管理层的承诺和员工的全面参与。

（二）　HACCP 体系的基础计划

1. 一般原则

（1）企业应按照 CAC/RCP1 及适用的食品卫生法律法规和规定，制订本企业的基础计划。在 HACCP 计划制订和实施过程中，对基础计划的有效性予以评价和监控。基础计划一旦失控，应采取纠正措施。

（2）所有的基础计划应形成文件，并按计划规定的频率进行审查，相关记录应予以保存。

（3）基础计划通常应与 HACCP 计划分别制订和实施，必要时，基础计划的某些内容也可列入 HACCP 计划内，例如，加工设备和监控仪器的维修保养和校准计划。

2. 卫生标准操作程序（SSOP）

建立和实施卫生标准操作程序，应包括（但不限于）以下方面：

（1）与食品接触或与食品接触表面接触的水（冰）的安全。

（2）与食品接触的表面（包括设备、手套、工作服等）的状况及清洁度。

（3）确保食品免受交叉污染。

（4）保证操作人员手的清洗与消毒，保持卫生间设施的清洁。

（5）防止润滑剂、燃料、清洗消毒用品、冷凝水及其他化学、物理和生物等污染物对食品造成安全危害。

（6）适宜的标识、存放和使用各类有毒化学物质。

（7）保证与食品直接或间接接触的员工的身体健康和卫生。

（8）清除和预防鼠害、虫害。

3. 卫生设施和生产设备的维修保养计划

企业的厂区和车间的设计、结构和布局应符合所加工的水产品工艺流程和加工卫生要求，设施、设备和工器具应易于清洗消毒，能将污染减少到最低程度。企业要制订经常性的或定期的维修保养计划，内容包括：厂区环境、厂房和场地、设施和设备、工器具和监控仪器（表）的检查、维修保养、校准和检定。

4. 原/辅料供应的安全控制计划

企业应制订所有的原/辅料、产品、包装材料书面的规格标准，能提供原/辅料安全性的证明，在原料收购时，应充分考虑与水产品品种有关的各种潜在危害，并对供方的卫生控制体系予以验证。所有原料和辅料应贮藏在卫生和适宜的环境条件下，以确保其安全和卫生。

5. 可追溯性和回收程序计划

应建立和实施批次、代码等管理程序，以确保从原料到成品标识清楚，具有可追溯性。应建立和实施回收程序，以确保能及时召回不安全的产品。生产、加工和销售记录应予保存，记录的保存期限应超过产品的保质期。回收的产品应在监督下贮存，直至销毁、变更为非食用品或再加工处理以确保安全性。

6. 人员培训计划

从事水产品生产加工的所有员工应接受必要的培训，并有记录。培训计划的内容应包括个人卫生、国家/进口国有关食品卫生要求、清洁消毒程序和作业要求、水产品的专业知识和员工在 HACCP 计划中的作用等内容。

7. 其他基础计划

可以包括质量保证程序、产品配方、加工标准操作程序、玻璃控制、标贴和食品生产作业规范等。

（三） HACCP 计划

1. HACCP 计划的预备步骤

（1）组成 HACCP 小组　HACCP 小组的成员应该具备必需的知识、经验或资格，并接受相应的培训。HACCP 小组应包括具备专业知识如食品加工、卫生、质量保证和食品微生物等方面的人员，也应包括熟悉现场的人员，还可以从其他途径获得专家的支持。

HACCP 小组的成员应参加 HACCP 计划的制订、验证活动，确认危害分析和 HACCP 计划的完整性。

（2）描述产品特性　HACCP 小组应对产品特性进行全面的描述，包括相关的安全信息，如：食品的成分、物理/化学特性，包括水活度（A_w），pH 等；加工方式，如热处理、冷冻、盐渍和烟熏等；包装、保质期、贮藏条件和销售方式，如销售过程中是否要冷冻、冷藏或在常温下进行。

（3）描述水产品预期用途和消费人群　预期用途应基于最终用户和消费人群对产品的使用期望，描述水产品通常是如何使用的；预期消费者是普通公众还是特定群体（如：婴儿、免疫缺损者、老年人、团体进餐者或其他易受伤害的消费人群）。预期的使用者也可以是对产品做进一步加工的其他加工者。

（4）制定加工过程的流程图　流程图应由 HACCP 小组制作。流程图应提供对水产品从原料收购到产品分销整个加工流程的清晰、简明描述。该流程图应覆盖加工过程的所有步骤，并包括对非水产品配料的收购以及贮存在内。其范围应包括加工过程中在企业直接控制下的所有工序，还可以包括食品链中加工前或加工后的步骤。流程图可以使用方块图的形式表示。

（5）验证流程图　HACCP 小组要确定操作过程是否与流程图一致，验证流程图的准确性和完整性，应进行现场审查。必要时，要对流程图加以修改并记录在案。

完成上述五个预备步骤后，方可应用 HACCP 的七个原理。

2. HACCP 计划的制订

（1）进行危害分析（原理1）　在 HACCP 计划内，只考虑可能产生的食品安全危害。HACCP 小组应列出每个步骤中可能产生的所有危害，包括原料生产、产品成分、加工中的各步骤、产品贮藏、销售和消费者最终食用方式，以判定水产品在进行加工时是否有可能产生食品安全危害，并确定所能采用的危害控制措施。

①危害识别：HACCP 小组在对产品的成分、每一步工序和使用设备、最终产品及其贮藏和销售方式、预期用途和消费人群进行审查的基础上，列出各步骤可能引入、增加或所控制的生物的、化学的和物理的潜在危害，对历史上曾经发生过的食品安全事件要予以充分考虑。

应充分考虑水产品中可能发生的以下食品安全危害，包括但不限于：天然毒素（化学危害）、微生物污染（生物危害）、化学污染（化学危害）、杀虫剂（化学危害）、农药残留（化学危害）、旗鱼毒素或其他分解毒素（化学危害）、寄生虫（生物危害）、未许可的食品添加剂或食品添加剂超量使用（化学危害）和物理危害。

②危害评价：HACCP 小组对潜在危害进行评价，确定应列入 HACCP 计划的显著危害。在危害评价时要考虑该危害在未予控制条件下发生的可能性和潜在后果的严重性。危害严重性是指消费有该危害的产品（危害暴露）后产生后果的严重程度，如后遗症、疾病以及伤害的程度和持续时间。危害发生的可能性的评价要建立在经验、流行病学数据和技术文献的基础上。

确定危害的显著性时，应充分考虑危害发生的可能性、消费者消费产品的方式（蒸煮、即食等）、消费群体（老人、儿童等）、贮藏和销售的方式（如冷藏或冷冻）等因素。

③食品安全风险评估：食品安全风险评估有助于对危害进行识别。虽然风险评估的过程和结果明显有别于危害分析，但如果说明特定危害和控制因素的风险评估有结论性意见，HACCP 小组应当对风险评估结果加以考虑。

④控制危害的措施：在完成危害分析的基础上，列出各加工工序相关联的危害和用于控制危害的措施。控制某一特定危害可能需要一个以上的控制措施，另一方面，某个特定的控制措施也可以控制一个以上的危害。

（2）确定关键控制点（CCP）（原理 2）　经危害分析后所确定的显著危害应设立 CCP 予以控制，否则需要对产品或加工方式加以修改，以建立相应的控制措施。

CCP 的准确和完整的识别是控制食品安全危害的基础，在进行危害分析和确定 CCP 的过程中形成的资料应文件化。CCP 的识别可以使用判断树（Decision Tree），也可参考专家的建议。

CCP 实例可知：加热杀菌、冷却、产品成分控制、产品金属探测等工序或作业，由于工厂的布局、设施设备、原/辅料的选择、加工过程不同，生产同样水产品的不同工厂可能在识别危害和 CCP 的确定上会各不相同。

（3）建立关键限值（原理 3）　对每个关键控制点应规定关键限值，并保证其有效性。

每个 CCP 的控制措施可有一个或多个相应的关键限值。关键限值通常采用的指标包括对温度、时间、尺寸大小、水分含量、湿度、水分活度（A_w）、pH、余氯浓度的测量等以及感官参数，如外观和品质。关键限值应建立在科学的基础上，可以来自强制性标准、指南、文献、实验结果和专家的建议等。

关键限值不应与操作限值相混淆。操作限值要严于关键限值，以降低偏离关键限值的风险。

（4）建立关键控制点（CCP）的监控系统（原理 4）　监控系统应能及时发现在关键控制点上关键限值的失控。

监控的目的是对加工过程进行跟踪，在关键限值有失控趋势时能采取措施，恢复到控制状态，确定 CCP 上何时失控和发生偏离，如发生偏离则应采取纠偏行动（原理 5），为验证提供书面文件。

由于关键限值偏离会产生严重的潜在后果，监控程序应实时有效。监控应尽可能采取连续式物理和化学监测方式，尽量能快速得到结果（例如，时间、温度、pH）。如果监控是不连续的，监控频率或数量应保证 CCP 处于受控状态。监控仪器设备应定期校准和检定，以确保其准确性。

应指定专人负责对各 CCP 实施监控。CCP 监控人员可以是生产人员，也可以由质量控制人员担任。这些人员应接受培训，了解监控技术、监控目的和重要性，准确报告监控结果。员工还应掌握当出现失控趋势时要采取的措施，以便及时调整，以确保加工处于控制之下。监控人员应立即报告发现关键限值偏离的工序和产品。

CCP 的监控行动应该详细记录，包括负责观察或测量的人员、使用的方法、监控的参数和检查的频率。与 CCP 监控有关的记录和文件应由监控人员和复核的人员签署日期和姓名。

（5）建立纠偏行动计划，以便当监控表明某个特定关键控制点（CCP）失控时采用（原理 5）　应该针对 HACCP 体系中每个 CCP 制订特定的书面纠偏行动计划，以便出现关键限值偏离时能够快速有效地进行处理。纠偏行动的重要目的是防止不安全的食品进入消费领域，当关键限值发生偏离时，应采取纠偏行动。

纠偏行动应确定和纠正产生偏离的原因，恢复控制或隔离偏离期间生产的产品并对其进行评估处置。

各个 CCP 纠偏程序应事先制订并包括在 HACCP 计划内。纠偏程序应至少规定当发生偏离时如何处理，由谁负责执行和对纠偏行动加以记录并予以保存。

应由充分了解工序、产品和 HACCP 计划的人员负责纠偏行动的实施。如需要，可以向专家咨询，帮助确定偏离期间生产的产品的处置方法。偏离和产品的处置方法应记载在 HACCP 体系记录并保存在档案中。

纠偏行动记录应进行审核，必要时，应对 HACCP 计划进行修改。

（6）建立验证程序，以确认 HACCP 体系运行的有效性（原理 6）　验证的频率应足以证实 HACCP 体系运行的有效性。验证将有助于确定 CCP 是否在控制之中。在工厂内进行的观察、测量和检验活动应作为验证程序的一部分。

验证的一个方面是对 HACCP 计划使用前的首次确认，即确定计划是科学的，技术是良好的，所有危害已被识别以及如果 HACCP 计划正确实施，危害将会被有效控制。确认 HACCP 计划的信息通常包括：专家的意见和科学研究；生产现场的观察、测量和评价，例如，加热过程的所需加热时间和温度的科学证据和加热设备的热分布资料。同时，当 HACCP 计划执行中出现了难以解释的系统失效时，或产品、加工和包装发生显著变化时，以及发现新的危害时，要进行再确认。

验证的另一个方面是评估工厂的体系是否按照 HACCP 计划正常运作。企业应经常性地定期审查 HACCP 计划，验证 HACCP 计划是否正确执行，审查 CCP 监控记录和纠偏行动记录。验证应包括定期对成品、半成品的监测和监控设备的校准。从事验证工作的人员应具备相应的专门知识和技术。

企业验证的频率可参照如下：

①验证活动的组织安排：1 次/年或 HACCP 体系有变化时；

②HACCP 计划的首次确认：计划首次实施和执行中；

③HACCP 计划的随后确认：关键限值变更、加工或设备有明显变更，或体系失效时；

④对 CCP 监控的验证：按 HACCP 计划，例如，1 次/生产班次；

⑤对监控、纠偏行动记录的审查：1 次/月；

⑥综合性 HACCP 体系验证：1 次/年（由 HACCP 小组以外的独立专家完成，有时需做实验室测试）。

除了企业自身验证外，验证按实施者的不同，可分为官方验证和第三方验证。

（7）建立文件和记录保持程序（原理7）　应有效、准确地保存记录。有效准确的记录保持体系将会极大地提高 HACCP 计划的有效性和有利于验证程序。文件和记录的保存应与实际情况相适应。

HACCP 体系的记录应包括但不仅限于如下内容：HACCP 计划及制订 HACCP 计划的支持性材料，包括危害分析工作单、HACCP 计划表、HACCP 小组名单和各自的责任、描述食品特性、销售方法、预期用途、消费人群、流程图和计划确认记录等；CCP 的监控记录；纠偏行动记录；验证记录；生产加工过程的卫生操作记录。

冷藏品的记录至少要保存一年，冷冻、腌制或保质期稳定的产品至少要保存两年。

三、 HACCP 体系的实施步骤

HACCP 计划需要得到企业上层领导的承诺。没有管理层的支持，HACCP 计划将不会得到有效地实施。企业建立、实施及持续改进 HACCP 体系的人员应接受 HACCP 培训。培训的内容应至少包括 HACCP 原理、基础计划、操作程序、表格和监控、纠偏程序等。

通常企业可以建立一个时间表，来反映 HACCP 计划在最初实施过程中的各种活动。HACCP 体系的运行包括连续监控、纠偏行动程序、记录保持和 HACCP 计划中的其他活动以及基础计划中的活动。企业应定期对 HACCP 体系进行自我验证，也可通过外部验证，以确保 HACCP 体系的有效运行和持续改进。

HACCP 体系的实施包括以下步骤：

1. 成立 HACCP 小组

HACCP 计划在拟定时，需要事先搜集资料，了解分析国内外先进的控制办法。HACCP 小组应由具有不同专业知识的人员组成，必须熟悉企业产品的实际情况，有对不安全因素及其危害分析的知识和能力，能够提出防止危害的方法技术，并采取可行的实施监控措施。

2. 描述产品

对产品及其特性，规格与安全性进行全面描述，内容应包括产品具体成分，物理或化学特性、包装、安全信息、加工方法、贮存方法和食用方法等。

3. 确定产品用途及消费对象

实施 HACCP 计划的食品应确定其最终消费者，特别要关注特殊消费人群，如老人、儿童、妇女、体弱者或免疫系统有缺陷的人。食品的使用说明书要明示由何类人群消费、食用目的和如何食用等内容。

4. 编制工艺流程图

工艺流程图要包括整个 HACCP 计划的范围。流程图应包括关键操作步骤，不可含糊不清，在制作流程图和进行系统规划的时候，应有现场工作人员参加，为潜在污染的确定和提出控制措施提供便利条件。

5. 现场验证工艺流程图

HACCP 小组成员在整个生产过程中以"边走边谈"的方式，对生产工艺流程图进行确认。如果有误，应加以修改调整。如改变操作控制条件、调整配方和改进设备等，应对偏离的地方加以纠正，以确保流程图的准确性、适用性和完整性。工艺流程图是危害分析的基础，不经过现场验证，难以确定其准确性和科学性。

6. 危害分析及确定控制措施

在 HACCP 方案中，HACCP 小组应识别生产安全卫生食品必须排除或减少到可以接受水平的危害。危害分析是 HACCP 最重要的一环。按食品生产的流程图，HACCP 小组要列出各工艺步骤可能会发生的所有危害及其控制措施，包括有些可能发生的事，如突然停电而延迟加工、半成品临时贮存等。危害包括生物性（微生物、昆虫及人为的）、化学性（农药、毒素、化学污染物、药物残留及合成添加剂等）和物理性（杂质、软硬度）的危害。在生产过程中，危害可能是来自于原辅料、加工工艺、设备、包装贮运、人为等方面。在危害中尤其是不能允许致病菌的存在与增殖及不可接受的毒素和化学物质的产生。因而危害分析强调要对危害出现的可能、分类、程度进行定性与定量评估。

对食品生产过程中每一个危害都要有对应的、有效的预防措施。这些措施和办法可以排除或减少危害出现，使其达到可接受水平。对于微生物引起的危害，一般是采用：原辅料、半成品的无害化生产，并加以清洗、消毒、冷藏、快速干制和气调等；加工过程采用调 pH 与控制水分活度；实行热力、冻结、发酵；添加抑菌剂、防腐剂、抗氧化剂处理；防止人流物流交叉污染等；重视设备清洗及安全使用；强调操作人员的身体健康、个人卫生和安全生产意识；包装物要达到食品安全要求；贮运过程防止损坏和二次污染。对昆虫、寄生虫等可采用加热、冷冻、辐射、人工剔除和气体调节等消灭措施。如是化学污染引起，应严格控制产品原辅料的卫生，防止重金属污染和农药残留，不添加人工合成色素与有害添加剂，防止贮藏过程有毒化学成分的产生。如是物理因素引起的伤害，可采用提供质量保证书、原料严格检测、遮光和去杂等办法解决。

7. 确定关键控制点

尽量减少危害是实施 HACCP 的最终目标。可用一个关键控制点去控制多个危害，同样，一种危害也可能需要几个关键点去控制，决定关键点是否可以控制主要看是否能防止、排除或减少到消费者接受的水平。CCP 的数量取决于产品工艺的复杂性和性质范围。HACCP 执行人员常采用判断树来认定 CCP，即对工艺流程图中确定的各控制点使用判断树按先后顺序回答每一个问题，按次序进行审定。

8. 确定关键控制限值

关键控制限值是一个区别能否接受的标准，即保证食品安全的允许限值。关键控制限值决定了产品的安全与质量。关键限值的确定，一般可参考有关法规、标准、文献和实验结果，如果一时找不到适合的限值，实际中应选用一个保守的参数值。在生产实践中，一般不用微生物指标作为关键限值，可考虑用温度、时间、流速、pH、水分含量、盐度和密度等参数。所有用于限值的数据、资料应存档，以作为 HACCP 计划的支持性文件。

9. 关键控制点的监控制度

建立监控程序，目的是跟踪加工操作，识别可能出现的偏差，提出加工控制的书面文件，以便应用监控结果进行加工调整和保持控制，从而确保所有 CCP 都在规定的条件下运行。监控有两种形式：现场监控和非现场监控。监控可以是连续的，也可以是非连续的，即在线监控和离线监控。最佳的方法是连续的即在线监控。非连续监控是点控制，样品及测定点应有代表性。监控内容应明确，监控制度应可行，监控人员应掌握监控所具有的知识和技能，正确使用好温度计、湿度计、自动温度控制仪、pH 计、水分活度计及其他生化测定设备。监控过程所获数据、资料应由专门人员进行评价。

10. 建立纠偏措施

纠偏措施是针对关键控制点控制限值所出现的偏差而采取的行动。纠偏行动要解决两类问题。一类是制订使工艺重新处于控制之中的措施；一类是拟订好 CCP 失控时期生产出食品的处理办法。对每次所施行的这两类纠偏行为都要记入 HACCP 记录档案，并应明确产生的原因及责任所在。

11. 建立审核程序

审核的目的是确认制订的 HACCP 方案的准确性，通过审核得到的信息可以用来改进HACCP 体系。通过审核可以了解所规定并实施的 HACCP 系统是否处于准确的工作状态中，能否做到确保食品安全。内容包括两个方面：验证所应用的 HACCP 操作程序，是否还适合产品，对工艺危害的控制是否正常、充分和有效；验证所拟订的监控措施和纠偏措施是否仍然适用。

审核时要复查整个 HACCP 计划及其记录档案。验证方法与具体内容包括：要求原辅料、半成品供货方提供产品合格证明；检测仪器标准，并对仪器仪表校正的记录进行审查；复查HACCP 计划制订及其记录和有关文件；审查 HACCP 内容体系及工作日记与记录；复查偏差情况和产品处理情况；CCP 记录及其控制是否正常检查；对中间产品和最终产品的微生物检验；评价所制订的目标限值和容许误差；不合格产品淘汰记录；调查市场供应中与产品有关的意想不到的卫生和腐败问题；复查已知的、假想的消费者对产品的使用情况及反映记录。

12. 建立记录和文件管理系统

记录是采取措施的书面证据，没有记录等于什么都没有做。因此，认真、及时和精确的记录及资料保存是不可缺少的。HACCP 程序应文件化，文件和记录的保存应合乎操作种类和规范。保存的文件有：说明 HACCP 系统的各种措施（手段）；用于危害分析采用的数据；与产品安全有关的所做出的决定；监控方法及记录；由操作者签名和审核者签名的监控记录；偏差与纠偏记录；审定报告等及 HACCP 计划表；危害分析工作表；HACCP 执行小组会上报告及总结等。

各项记录在归档前要经严格审核，CCP 监控记录、限值偏差与纠正记录、验证记录和卫生管理记录等所有记录内容，要在规定的时间（一般在下、交班前）内及时由工厂管理代表审核，如通过审核，审核员要在记录上签字并写上当时时间。所有的 HACCP 记录归档后妥善保管，美国对海产品的规定是生产之日起至少要保存 1 年，冷冻与耐保藏产品要保存 2 年。

在完成整个 HACCP 计划后，要尽快以草案形式成文，并在 HACCP 小组成员中传阅修改，或寄给有关专家征求意见，吸纳对草案有益的修改意见并编入草案中，经 HACCP 小组成员一次审核修改后成为最终版本，供上报有关部门审批或在企业质量管理中应用。

第四节　HACCP 体系认证与审核

一、　HACCP 认证与审核的基础知识

食品安全管理体系审核，即 HACCP 体系审核是验证食品安全活动及其结果是否达到生产

安全食品目标的系统性的、独立的审核。审核依据审核准则评审企业自身的 HACCP 体系，验证体系是否有效并能持续满足企业内部策划的安排和要求。审核程序应该执行 GB/T 19011—2021《质量和环境体系审核指南》的要求。

HACCP 体系的审核，包括了对 GMP、SSOP 和 HACCP 计划的审核。

HACCP 体系的认证就是：由经国家相关政府机构认可的第三方认证机构依据经认可的认证程序，对食品生产企业的食品安全管理体系是否符合规定的要求进行审核和评价，并依据评价结果，对符合要求的食品企业的食品安全管理体系给予书面保证。

二、 HACCP 体系认证与审核的主要内容

食品企业建立和实施 HACCP 管理体系的目的，是提高企业质量管理水平和生产安全食品，再就是通过 HACCP 认证，提高置信水平。企业通过认证有利于向政府和消费者证明自身的质量保证能力，证明自己能提供满足顾客需求的安全食品和服务，因而有利于开拓市场，获取更大利润。

企业申请认证应满足几个基本条件，首先，产品生产企业应为有明确法人地位的实体，产品有注册商标，质量稳定且批量生产；其次，企业应按 GMP 和 HACCP 基本原理的要求建立和实施质量管理体系，并运行有效；另外，企业在申请认证前，HACCP 体系应至少有效运行三个月，至少做过一次内审，并对内审中发现的不合格之处实施了确认、整改和跟踪验证。许多企业在建立体系之初，总希望获证越快越好，但随着工作的深入，企业就会认识到，建立和实施 HACCP 体系实际上是一个学习和实践的过程，必须要经过一定的时间才能完成。要想顺利通过 HACCP 认证并取得效果，学好标准是前提，编好文件是基础，有效运行是保证，而每一个环节都需要时间作为基本保证条件。

当企业具备了以上的基本条件后，可向有认证资格的认证机构提出意向申请。此时可向认证机构索取公开文件和申请表，了解有关申请者必须具备的条件、认证工作程序和收费标准等有关事项。这时认证机构通常要求企业填写企业情况调查表和意向书等。当然，不同的认证机构对此有不同的要求。在正式申请认证时，申请者应按认证机构的要求填写申请表，提交 SSOP、HACCP 计划书及其他有关证实材料。

认证机构对申请企业提交的申请材料进行审查，决定是否受理申请。如果决定受理申请，则双方签订合同；如果不受理，认证机构以书面形式通知申请者并说明理由。文件审查主要看企业编写的体系文件能否满足相关认证标准的要求，卫生标准控制程序（SSOP）能否满足 GMP 的要求，HACCP 计划书制订得是否合理，危害分析是否充分等。

当签订了认证合同后，认证机构一般按如下程序进行审核：组成审核组、文件审核、初访或预审核（需要时进行）、现场审核前的准备、现场审核并提交报告。对于申请产品 HACCP 认证的企业，还要进行产品型式检验，认证机构根据规定要求审查提交的质量体系审核报告和产品形式检验报告后，编写产品质量认证综合报告，提交认证机构的技术管理委员会审批，据此作出是否批准认证的决定。对批准通过认证的企业颁发认证证书并进行注册管理。对不批准认证的企业书面通知，说明原因。

认证证书上注明了获证企业的名称、生产现场地址（如为多现场，应注明每一现场的地址）、体系覆盖产品、审核依据的标准及发证日期等。获得认证证书的企业，应按认证证书及标志管理程序的有关规定使用证书，并接受认证机构的监督与管理，认证机构将依据规定

的要求做出维持、暂停或撤销的决定。

企业获证后还应接受认证机构的证后监督和复评。根据《基于 HACCP 的食品安全管理体系认证的认可基本要求》的有关规定,认证机构可确定对获证企业以 HACCP 为基础的食品安全体系进行监督审核,通常为半年一次(季节性生产在生产季节至少每季度一次)。如果获证企业对其 HACCP 为基础的食品安全体系进行了重大更改,或者发生了影响到其认证基础的更改,还需增加监督频次。复评是又一次完整的审核,对以 HACCP 为基础的食品安全体系在过去的认证有效期内的运行进行评审,认证机构每年对供方全部质量体系进行一次复评。

企业了解和熟悉认证的全过程,有助于企业进行认证前的准备和通过认证。认证前,企业要积极做好内审和培训,严格按程序办事。认证过程中,要积极配合认证机构的审核,对审核中发现的不合格项及时查找原因,进行整改或提出整改计划,这样可以缩短认证时间,使企业早日通过认证。

三、 HACCP 认证审核的程序

第三方认证机构的 HACCP 认证,不仅可以为企业食品安全控制水平提供有力佐证,而且将促进企业 HACCP 体系的持续改善,尤其将有效提高顾客对企业食品安全控制的信任水平。在国际食品贸易中,越来越多的进口国官方或客户要求供方企业建立 HACCP 体系并提供相关认证证书,否则产品将不被接受。HACCP 体系认证通常分为四个阶段,即企业申请阶段、认证审核阶段、证书保持阶段和复审换证阶段。

(1)企业申请阶段　首先,企业申请 HACCP 认证必须注意选择经国家认可的、具备资格和资深专业背景的第三方认证机构,这样才能确保认证的权威性及证书效力,确保认证结果与产品消费国官方验证体系相衔接。在我国,认证认可工作由国家认证认可监督管理委员会统一管理,其下属机构中国认证机构国家认可委员会(CNAB)负责 HACCP 认证机构认可工作的实施,也就是说,企业应该选择经过 CNAB 认可的认证机构从事 HACCP 的认证工作。

食品企业在提交认证申请前,应与认证机构进行全面有效的信息沟通。HACCP 不是空中楼阁,它要求食品企业应首先具备一定的基础,这些基础包括:良好生产作业规范(GMP)、良好卫生操作(GHP)或卫生标准操作程序(SSOP)以及完善的设备维护保养计划、员工教育培训计划等;企业应该已经按照现有中国法律法规的相关规定,如原国家出入境检验检疫局于 1994 年发布的《出口食品厂库卫生要求》或国家标准 GB 14881—2013《食品安全国家标准　食品生产通用卫生规范》等建立了食品卫生控制基础,企业应该已经具备在卫生环境下对食品进行加工的生产条件。申请认证的企业应就审核依据,特别是认证所涉及产品的安全卫生标准及产品消费对象、消费国家和地区等达成一致。

认证机构将对申请方提供的认证申请书、文件资料、双方约定的审核依据等内容进行评估。认证机构将根据自身专业资源及 CNAB 授权的审核业务范围决定受理企业的申请,并与申请方签署认证合同。

在认证机构受理企业申请后,申请企业应提交与 HACCP 体系相关的程序文件和资料,例如:危害分析、HACCP 计划表、确定 CCP 点的科学依据、厂区平面图、生产工艺流程图和车间布局图等。申请企业还应声明已充分运行了 HACCP 体系。认证机构对企业提供的所有资料和信息负有保密责任。认证费将根据企业规模、认证产品的品种、工艺、安全风险及审核所需人天数，按照 CNAB 制定的标准计费。

（2）认证审核阶段　认证机构受理申请后将确定审核小组，并按照拟定的审核计划对申请方的 HACCP 体系进行初访和审核。鉴于 HACCP 体系审核的技术深度，审核小组通常会包括熟悉审核产品生产的专业审核员，他们是那些具有特定食品生产加工方面背景并从事以 HACCP 为基础的食品安全体系认证的审核员。必要时审核小组还会聘请技术专家对审核过程提供技术指导。申请方聘请的食品安全顾问可以作为观察员参加审核过程。

HACCP 体系的审核过程通常分为两个阶段，第一阶段是进行文件审核，包括 SSOP 计划、GMP 程序、员工培训计划、设备保养计划和 HACCP 计划等。这一阶段的评审一般需要在申请方的现场进行，以便审核组收集更多的必要信息。审核组根据收集的信息资料将进行独立的危害分析，在此基础上同申请方达成关键控制点（CCP）判定的一致。审核小组将听取申请方有关信息的反馈，并与申请方就第二阶段的审核细节达成一致。第二阶段审核必须在审核方的现场进行。审核组将主要评价 HACCP 体系、GMP 或 SSOP 的适宜性、符合性和有效性。其中会对 CCP 的监控、纠正措施、验证、监控人员的培训教育，以及在新的危害产生时体系是否能自觉地进行危害分析并有效控制等方面给予特别注意。

现场审核结束，审核小组将根据审核情况向申请方提交不符合项报告，申请方应在规定时间内采取有效纠正措施，并经审核小组验证后关闭不符合项。同时，审核小组将最终审核结果提交认证机构作出认证决定，认证机构将向申请人颁发认证证书。

（3）证书保持阶段　鉴于 HACCP 是一个安全控制体系，因此，其认证证书有效期通常最多为一年，获证企业应在证书有效期内保证 HACCP 体系的持续运行，同时必须接受认证机构至少每半年一次的监督审核。如果获证方在证书有效期内对其以 HACCP 为基础的食品安全体系进行了重大更改，应通知认证机构，认证机构将视情况增加监督认证频次或安排复审。

（4）复审换证阶段　认证机构将在获证企业 HACCP 证书有效期结束前安排体系的复审，通过复审，认证机构将向获证企业换发新的认证证书。

此外，根据法规及顾客的要求，在证书有效期内，获证方还可能接受官方及顾客对 HACCP 体系的验证。

🔍 思考题

1. HACCP 体系建立的基础条件是什么？
2. HACCP 控制体系的特点是什么？
3. HACCP 的七个基本原理是什么？
4. HACCP 实施的步骤是什么？